Anfangsfestes Fügen von flachleiterbasierten Formspulen zur optimierten Schweißvorbereitung in der Hairpin-Technologie

Initial Strength Joining of Flat Conductor Coils for Optimized Welding Preparation in Hairpin Technology

Von der Fakultät für Maschinenwesen
der Rheinisch-Westfälischen Technischen Hochschule Aachen
zur Erlangung des akademischen Grades eines
Doktors der Ingenieurwissenschaften
genehmigte Dissertation

vorgelegt von

Christian Stäck

Berichter/in:

Univ.-Prof. Dr.-Ing. Achim Kampker, MBA
apl. Prof. Dr.-Ing. Dipl.-Wirt.-Ing. Heiner Hans Heimes

Tag der mündlichen Prüfung: 07. November 2023

ERGEBNISSE AUS DER ELEKTROMOBILPRODUKTION

Christian Stäck

Anfangsfestes Fügen von flachleiterbasierten Formspulen zur optimierten Schweißvorbereitung in der Hairpin-Technologie

Herausgeber:
Univ.-Prof. Dr.-Ing. Achim Kampker, MBA

Band 28

Bibliografische Information der Deutschen Nationalbibliothek
Die Deutsche Nationalbibliothek verzeichnet diese Publikation in der Deutschen Nationalbibliografie; detaillierte bibliografische Daten sind im Internet über https://portal.dnb.de abrufbar.

Christian Stäck:

Anfangsfestes Fügen von flachleiterbasierten Formspulen zur optimierten Schweißvorbereitung in der Hairpin-Technologie

1. Auflage, 2023

Gedruckt auf holz- und säurefreiem Papier, 100% chlorfrei gebleicht.

Wissenschaftsverlag des Instituts für Industriekommunikation und Fachmedien
an der RWTH Aachen
Steinbachstr. 25, 52074 Aachen
Internet: www.apprimus-verlag.de, E-Mail: info@apprimus-verlag.de

Druck: CPI Druckdienstleistungen GmbH, Ferdinand-Jühlke-Straße 7 I 99095 Erfurt

ISBN 978-3-98555-193-4

D 82 (Diss. RWTH Aachen University, 2023)

Danksagung

„Ich kann freilich nicht sagen, ob es besser werden wird, wenn es anders wird; aber so viel kann ich sagen, es muss anders werden, wenn es gut werden soll.“

Georg Christoph Lichtenberg in Sudelbücher Heft K (293)

Die vorliegende Doktorarbeit entstand während meiner Tätigkeit als wissenschaftlicher Mitarbeiter am Lehrstuhl Production Engineering of E-Mobility Components (PEM) der Rheinisch-Westfälischen Technischen Hochschule (RWTH) in Aachen. Ein Forschungsschwerpunkt des Instituts liegt in der Produktionstechnik für elektrische Antriebe und deren Aktivkomponenten. Die unmittelbaren Eindrücke aus dem gegenwärtigen Anlauf der Produktion automobiler Elektromotoren haben mich motiviert, im Rahmen meiner Arbeit einen Beitrag zur Veränderung der gegenwärtigen Produktionsprozesse zu erarbeiten.

Besonderen Dank möchte ich an dieser Stelle Professor Achim Kampker aussprechen, der mich als Doktorvater stets ergebnisoffen und mit viel Weitsicht durch die verschiedenen Phasen dieser Arbeit geführt hat. Sein entgegengebrachtes Vertrauen und seine Begeisterung für mein Thema waren für mich stets eine hohe Anerkennung. Ebenfalls gilt mein Dank Professor Heiner Heimes, welcher das Zweitgutachten meiner Arbeit übernommen und jederzeit eine fruchtbare Zusammenarbeit ermöglicht hat. Ebenfalls möchte ich mich bei Professorin Verena Nitsch bedanken, die meine Prüfungskommission als Vorsitzende mit ihrer angenehmen Art geleitet hat. Ein weiterer Dank gilt Professor Jakob Andert, der den Beisitz meiner Prüfung übernommen hat.

Während meiner gesamten Zeit am PEM habe ich mich immer gut aufgehoben gefühlt und konnte stets mit allen Bereichen und Abteilungen des Instituts erfolgreich zusammenarbeiten. Dafür danke ich allen meinen derzeitigen und ehemaligen Kolleginnen und Kollegen am PEM. Besonderer Dank gilt meiner Gruppe Electric Drive Production (EDP) und meinen Oberingenieuren Sebastian Kawollek und Benjamin Dorn, welche mich in meinem Vorhaben auf fachlicher und freundschaftlicher Basis unterstützt haben. Die Bereitschaft zur Diskussion der verschiedensten Themen hat mich zu neuen Ideen inspiriert und maßgeblich zum Fortschritt meiner Arbeit beigetragen. Auch danke ich all meinen studentischen Hilfskräften und Abschlussarbeiter/innen für ihre operative Unterstützung.

In zahlreichen Industrie- und Forschungsprojekten konnte ich mich persönlich sowie fachlich weiterentwickeln und durfte dabei bemerkenswerte Persönlichkeiten kennenlernen. Diese Begegnungen haben mich nachhaltig geprägt und werden mir fortan in guter und inspirierender Erinnerung bleiben. Besonders hervorheben möchte ich an dieser Stelle die gute Zusammenarbeit mit der Firma Marelli, die mich in über zwei Jahren fortlaufender Kooperation dazu bestärkt hat, die vorliegende Dissertationsschrift anzufertigen. Einzelne Teile dieser Arbeit entstanden im Rahmen der Bearbeitung des Forschungsprojektes „Anfangsfestes Fügen in der Hairpin-Technologie“ (anfaHair) unter dem Förderkennzeichen KK 5057502PK0. Daher möchte ich mich bei dem Bundesministerium für Wirtschaft und Klimaschutz (BMWK) für die Förderung dieses spannenden Projektes bedanken. Darüber hinaus danke ich der Röscher GmbH für die fruchtbare Zusammenarbeit in diesem Konsortialprojekt. Ein besonderer Dank gilt Matthias Beranek von der Firma Trumpf, der mir stets als Schweißexperte mit Rat und Tat zur Seite stand.

Schließlich gilt mein ganz persönlicher Dank meiner Familie. Zunächst danke ich meinen Eltern, die mich mit viel Liebe früh zur Selbstständigkeit erzogen haben. Eure Unterstützung und das Vertrauen in alle Dinge, die ich angefangen habe, geben mir stets das Selbstvertrauen, Initiative zu ergreifen und meine Ziele zu erreichen. Abschließend gilt mein größter Dank meiner Frau Marie, die mich trotz einer für sie schweren und turbulenten Zeit stets unterstützt und an mich geglaubt hat. Ihre Zuversicht und unsere gemeinsamen Pläne nach dem Dissertationsprozess haben mich permanent dazu motiviert, beim Verfassen meiner Doktorarbeit das Ziel nicht aus den Augen zu verlieren und zum Abschluss zu kommen.

Christian Stäck

Bielefeld im November 2023

Zusammenfassung

Flachleiterbasierte Formspulen ersetzen zunehmend die Runddrahtwickeltechnologie in der Statorproduktion für elektrische Traktionsmotoren im automobilen Produktionsumfeld. Das Kontaktieren einer Vielzahl von Flachleiterverbindungen im Parallelstoß stellt in der Prozesskette einen qualitätssensiblen Prozess dar, wobei zahlreiche Effizienzeinbußen auf eine unzureichende geometrische Schweißstellenvorbereitung zurückzuführen sind. Etablierte Spann- und Ausrichtverfahren stellen einen Kompromiss zwischen optimaler Positioniergenauigkeit und Handhabbarkeit der Vorrichtung dar.

Im Rahmen dieser Dissertationsschrift wird die Entkopplung der Schweißvorbereitung vom Kontaktierprozess untersucht. Hierfür wird der Lösungsansatz der spannvorrichtungslosen Schweißvorbereitung gewählt, indem die Fügestelle durch ein mechanisches Fügeverfahren anfangsfest vorfixiert wird. Die Verbindung erfüllt die Anforderungen an die geometrische Ausrichtung der Fügepartner für das Laserkontaktieren, bildet aber keine dauerfeste und elektrisch leitfähige Verbindung aus. Vier anfangsfeste Fügeverfahren für Kupferflachleiter werden entwickelt, charakterisiert und ihre Integrationsfähigkeit in die Statorproduktion untersucht.

Das *Durchsetzfügen mit Vorlochoperation* und das *Umfließen* werden als umformbasierte, formschlüssige Fügetechnologien ohne Zusatzelement entwickelt. Das Durchsetzfügen mit Vorlochoperation stellt eine Adaption des klassischen Clinchens dar, bei dem ein Sackloch das Durchsetzen für vergleichsweise dicke Fügepartner ermöglicht. Beim Umfließen werden die Fügepartner in einem zweistufigen Fügeprozess zunächst gestaucht und anschließend Material von einem Fügepartner um den anderen geformt. Das Durchsetzfügen ist besonders für Drahtquerschnittsverhältnisse aus Drahtbreite zu Drahtdicke größer als zwei geeignet, wohingegen das Umfließen für Verhältnisse kleiner als zwei zu empfehlen ist. Darüber hinaus werden zwei Fügeverfahren mit Zusatzelement erprobt, welche aufgrund der zusätzlichen Material- und Handhabungsaufwände eher für kleinere Stückzahlen, wie z. B. den Prototypenbau, geeignet sind. Sowohl das *Fügen mit Hülse* als auch das *Fügen durch Nieten* ermöglichen hohe Festigkeiten der vorfixierten Fügestelle. Die Materialverträglichkeit zwischen Grundwerkstoff und Zusatzelement ist sicherzustellen.

Entsprechend den Produktmerkmalen des Stators weisen die Verfahren anwendungsbezogene Stärken und Schwächen auf. Sowohl technisch als auch wirtschaftlich können den Verfahren Vorteile gegenüber dem gegenwärtigen Status quo attestiert werden.

Neben der ursprünglich angezielten Anwendung der anfangsfesten Fügetechnologie für flachleiterbasierte Formspulen eröffnen sich für die entwickelten Hybrid-Fügeverfahren weitere Anwendungsgebiete in artverwandten Bereichen der Elektro- und Energietechnik.

Summary

The bar winding technology with flat conductors is increasingly replacing round wire winding technology in stator production for electric traction motors in the automotive production environment. The contacting of a large number of flat conductor connections represents a quality-sensitive process, where numerous efficiency losses can be traced back to inadequate geometric weld joint preparation. Established clamping and alignment methods represent a compromise between optimal positioning accuracy and manageability of the fixture.

In this doctoral thesis, the decoupling of welding preparation from the contacting process is investigated. For this purpose, the solution approach of fixtureless welding preparation is chosen, in which the joining partners are initially fixed by a mechanical joining process. The joint meets the requirements for geometric alignment of the joining partners for laser contacting, but does not form a permanent and electrically conductive joint. Four initial strength joining processes for flat conductors are developed, characterized and their integration capability in stator production is investigated.

The joining techniques *clinching with pre-hole operation* and *enclosing* are developed and investigated. They are based on a form-fit mechanism without additional element. Clinching with pre-hole operation is an adaptation of the classic clinching process, in which a pre-hole enables comparatively thick conductors to be clinched. In the enclosing process, the joining partners are first compressed and then material of one joining partner is formed around the other. Clinching is especially suitable for wire cross-section ratios of wire width to wire thickness bigger than two, whereas enclosing is recommended for ratios smaller than two. Furthermore, two joining processes with additional element are tested, which are more suitable for smaller quantities, such as prototype construction, due to the additional material and handling costs. Both *joining with sleeve* and *joining by riveting* allow high strengths of the pre-fixed joint. Material compatibility between the base material and the additional element must be ensured.

According to the product characteristics of the stator, the processes have application-related strengths and weaknesses. It can be attested that the processes possess technical and economic advantages over the current status quo.

In addition to the originally projected application of the initial strength joining technology in bar winding technology, further areas of application for the hybrid joining processes arise in related areas of electrical and energy technology.

Inhaltsverzeichnis

Content

Abbildungsverzeichnis

List of Figures

Tabellenverzeichnis

List of Tables

Abkürzungs- und Symbolverzeichnis

List of Abbreviations and Symbols

Abkürzungen

Ag	Silber
anfaHair	Anfangsfestes Fügen in der Hairpin-Technologie – Forschungsprojekt (Förderkennzeichen: KK 5057502PK0)
AP	Arbeitspaket
As	Arsen
ASM	Asynchronmaschine
Bi	Bismut
BMWK	Bundesministerium für Wirtschaft und Klimaschutz
COVID	Corona Virus Disease (Coronavirus-Krankheit)
Cr	Chrom
CT	Computertomographie
Cu	Kupfer
Cu-ETP	Electrolytic Tough Pitch Copper (Elektrolytisches, sauerstoffhaltiges Kupfer)
CuNiSi	Kuperlegierung mit den Legierungsbestandteilen Nickel und Silizium
Cu-OFE	Oxygen Free Copper (Sauerstofffreies Kupfer)
cw	Continuous Wave (Dauerstrich-Betrieb)
DHD	Distributed High Density (Verfahren für verteilte Wicklungen hoher Dichte)
DIN	Deutsches Institut für Normung
DNA	Desoxyribonukleinsäure
DOF	Degree of Freedom (Freiheitsgrad)
DSM	Drehstrommaschine
EBW	Electron Beam Welding (Elektronenstrahlschweißen)
EC	Electronically Commutated (Bürstenlos)
EDP	Gruppe Electric Drive Production des PEM der RWTH
EG	Ereigniswert
EOL	End of Line (Ende der Fertigungslinie)
Fe	Eisen
FESM	Fremderregte Synchronmaschine
FSO	Full Scale Output (Vollständige Ausgabe)

G	Gewichtung
GSM	Gleichstrommaschine
HF	Hauptfunktion
HP	Hairpin
IPC	International Patent Classification (Internationale Patentklassifikation)
IQR	Interquartile Range (Interquartilsabstand)
LASER	Light Amplitfication of Stimulated Emission of Radiation (Lichtverstärkung der stimulierten Emission von Strahlung)
m. V.	mit Vorlochoperation
Max	Maximum
Min	Minimum
Mo	Molybdän
N.i.O	Nicht in Ordnung (Ausschuss)
NC	Numerical Control (Numerische Steuerung)
Nd:YAG	Neodym-dotierter Yttrium-Aluminium-Granat-Laser
NIR	Nahinfrarot
NPE	Nationale Plattform Elektromobilität
NW	Nutzwert
NWA	Nutzwertanalyse
O	Sauerstoff
OCT	Optical Coherence Tomography (Optischer Kohärenz Tomographie)
OFAT	One Factor at a Time (Ein Faktor zu einem Zeitpunkt)
PAI	Polyamidimid
Pb	Blei
PEEK	Polyetheretherketon
PEI	Polyesterimid
PEM	Production Engineering of E-Mobility Components (Institutsname)
PFA	Perfluoralkoxy-Polymere
PI	Polyimid
PKW	Personenkraftwagen
PMSM	Permaneterregte Synchromaschine
PS	Prozessschritt
pw	Puls Wave Mode (Puls-Betrieb)
QT	Wärmebehandlungszustand "vergütet"

REM	Rasterelektronenmikroskop
RFU	Relative Fluorescence Units (Relative Fluoreszenzeinheiten)
RG	Real Geometry (Realgeometrie)
RWTH	Rheinisch-Westfälische Technische Hochschule in Aachen
S	Schwefel
Sb	Antimon
SD	Standard Deviation (Standardabweichung)
SG	Simplified Geometry (Vereinfachte Geometrie)
SM	Synchronmaschine
SSG	Super-Simplified Geometry (Stark vereinfachte Geometrie)
TF	Teilfunktion
TL	Teillösung
Ü	Übergang zwischen Prozesschritten
Var.	Variante
VDI	Verein Deutscher Ingenieure
wbk	Institut für Produktionstechnik in Karlsruhe (Institutsname)
WEZ	Wärmeeinflusszone
WIG	Wolfram-Inertgasschweißen
WZ	Werkzeug

Symbole

$\overrightarrow{F_K}$	N	Korrekturkraft
$[D_N]$	mm/N	Nachgiebigkeitsmatrix
θ_K	J	Gesamtwärmestrahlung
θ_H	J	Wärmestrahlung Hintergrund
θ_P	J	Wärmestrahlung Probe
θ_U	J	Wärmestrahlung Reflexion
AD_H	mm	Außendurchmesser Hülse (Fügen mit Hülse)
A_F	mm²	Schweißlinsenquerschnitt parallel zur Einschweißtiefe
A_L	mm	Abisolierlänge
A_S	mm²	Projizierter elliptischer Schweißlinsenquerschnitt
A_g; A_b	%	Gleichmaßdehnung; Bruchdehnung

B_F	mm	Fügestellenbreite
B_S	mm	Schweißlinsenbreite
CB_A	mm	Crimpmaß (Fügen mit Hülse)
CB_B; CB_{B1}; CB_{B2}	mm	Crimpbackenbreite (Fügen mit Hülse)
CB_T; CB_{T1}; CB_{T2}	mm	Crimpbackentiefe (Fügen mit Hülse)
CL_A	mm	Stempelhub (Durchsetzfügen m. V.)
CL_{MD}	mm	Matrizendurchmesser (Durchsetzfügen m. V.)
CL_{MT}	mm	Matrizentiefe (Durchsetzfügen m. V.)
CL_{SD}	mm	Stempeldurchmesser (Durchsetzfügen m. V.)
D_F	mm	Fügestellendicke
D_S	mm	Schweißlinsendicke
F_S	N	Verschiebekraft zum Schließen des Fügespaltes
F_S	N	Korrekturkraft
F_W	N	Werkzeugkraft
HL_H	mm	Hülsenlänge (Fügen mit Hülse)
I_S	µm	Isolationsschichtdicke
I_x	mm³	Axiales Flächenmoment 2. Grades um X
L_0	mm	Probenlänge
L_{MK}	mm	Messtellenabstand (Widerstandsmessung)
L_R	mm	Referenzmessstellenlange (Widerstandsmessung)
NB_A	mm	Nietmaß (Fügen durch Nieten)
NB_B	mm	Nietbackenbreite (Fügen durch Nieten)
NB_D	mm	Nietbackendurchmesser (Fügen durch Nieten)
NB_T	mm	Nietbackentiefe (Fügen durch Nieten)
N_D	mm	Nietschaftdurchmesser (Fügen mit Hülse)
N_L	mm	Nietschaftlänge (Fügen durch Nieten)
R_L	Ω	Leitungswiderstand (Widerstandsmessung)
R_{MK}; R_K	Ω	Kontaktstellenwiderstand gemessen/normiert (Widerstandsmessung)
R_m; $R_{p0,2}$	MPa	Zugfestigkeit; Streckgrenze
R_z	µm	gemittelte Rautiefe
SN_A	mm	Schleppmaß (Umfließen)
SN_{B1}	mm	Schleppnutbreite 1 (Umfließen)

SN_{B2}	mm	Schleppnutbreite 2 (Umfließen)
SN_L	mm	Fügestellenlänge/Schleppnutlänge (Umfließen)
SN_T	mm	Schleppnuttiefe (Umfließen)
U_{MK}	V	Messspannung (Widerstandsmessung)
U_{MK}	V	Prüfspannung (Widerstandsmessung)
VL_D	mm	Vorlochdurchmesser (Durchsetzfügen m. V.)
VL_N	mm	Vorlochdurchmesser Niet (Fügen durch Nieten)
VL_T	mm	Vorlochtiefe (Durchsetzfügen m. V.)
VN_A	mm	Vorstauchmaß (Umfließen)
VN_B	mm	Vorstauchnutbreite (Umfließen)
VN_T	mm	Vorstauchnuttiefe (Umfließen)
VN_X	mm	Breite der Eckengeometrie (Umfließen)
VN_Y	mm	Tiefe der Eckengeometrie (Umfließen)
WD_H	mm	Wanddicke Hülse (Fügen mit Hülse)
c_p	#	Streuungsindex
c_{pk}	#	Niveauindex
$\vec{s}$	mm	Verschiebung (Vektor)
α_{Cu}	K^{-1}	Temperaturbeiwert Kupfer
α_{SN1}	°	Öffnungswinkel Schleppnut 1 (Umfließen)
α_{SN2}	°	Öffnungswinkel Schleppnut 2 (Umfließen)
α_{VN}	°	Öffnungswinkel Vorstauchnut (Umfließen)
α_W	°	Winkel Kraftumlenkung Werkzeug
$\Delta X;\ \Delta Y$	mm	Zugänglichkeit in X- und Y-Richtung
$A;\ A_{...}$	mm^2	Leiterfläche; Fügestellenrestquerschnitt
B	mm	Drahtbreite
$B1; B2$	mm	Drahtbreite stempel-/ matrizenseitig (Umfließen und Fügen mit Hülse)
$BL1; BL2; BL3$	mm	Beinlänge
D	mm	Drahtdicke
$D1; D2$	mm	Drahtdicke stempel-/ matrizenseitig (Umfließen)
E	MPa	E-Modul
$HD1; HD2$	mm	Halsdicke (Durchsetzfügen m. V. und Umfließen)
$I;\ I_M$	A	Stromstärke; Messstromstärke

LF	mm	Fügestellenlänge
$MD1; MD2$	mm	Manteldicke (Durchsetzfügen m. V.)
N	mm	Nutsprungweite
R	Ω	Widerstand
$RBD;\ RBD1; RBD2$	mm	Restbodendicke (Durchsetzfügen m. V.)
RT	°C	Raumtemperatur
S	mm	Dachhöhe S-Schlag
$SB1; SB2$	mm	Setzkopfdurchmesser; Schließkopfdurchmesser (Fügen durch Nieten)
$SH1; SH2.1; SH2.2$	mm	Setzkopfhöhe; Schließkopfhöhe oberflächlich; Schließkopfhöhe mit Einprägung (Fügen durch Nieten)
T	mm	Durchsetztiefe (Durchsetzfügen m. V.)
$W1;\ W2$	mm	Wickelkopfhöhe
Z	mm	Abstand von der Fügezonenmitte bis zur Stirnseite der Probe (Z-Maß)
$f1; f2$	mm	Hinterschnitt (Durchsetzfügen m. V. und Umfließen)
k	%	Nutfüllfaktor
n	#	Probenanzahl
α	°	Absorptionskoeffizient
$\alpha1;\ \alpha2$	°	Verdrehung der Hairpin-Beine
β	°	Öffnungswinkel
γ	°	Schränkwinkel
ε	%	Dehnung (mechanisch); Emissionsgrad (Strahlung)
ζ	%	Transmissionsgrad
η	#	Relativer Hub
λ	nm	Wellenlänge
ρ	$(\Omega \times mm^2) / m$	spezifischer Widerstand (Verwendung 1)
ρ	%	Reflexionsgrad (Verwendung 2)
σ	MPa	Mechanische Spannung
τ	#	Verhältnis aus Drahtbreite und Drahtdicke

1 Einleitung

Derzeit[1] werden ca. 40 Prozent des weltweit erzeugten Stroms von Elektromotoren verbraucht.[2] Der Elektromotor und dessen industrielle und private Nutzung entspricht zweifelsohne dem gegenwärtigen Stand der Technik. Die erste Anwendung eines Elektromotors in der Praxis ist auf das Jahr 1834 zu datieren und auf den Physiker Moritz Hermann Jacobi zurückzuführen.[3] Seither hat sich der Elektromotor stets weiterentwickelt und ist aus unserem Alltag nicht mehr wegzudenken. Im automobilen Antriebstrang war der Elektromotor bis vor wenigen Jahren jedoch kaum zu finden.[4]

Strengere gesetzliche Vorgaben für CO_2-Grenzwerte, Verknappung von fossilen Energieträgern und das sich ändernde Umweltbewusstsein auf Seiten der Bevölkerung stellen die Automobilbauer vor neue Herausforderungen. Die Kernherausforderung besteht dabei in der erfolgreichen Etablierung von Alternativen zum jahrzehntelang dominierenden Verbrennungsmotor.[5] Der elektrische Antrieb ist hinsichtlich der Energieeffizienz und Leistungsdichte dem Verbrennungsmotor deutlich überlegen.[6] Die technologische, marktwirtschaftliche und politische Lösung für den Individualverkehr liegt in der Elektromobilität.[7] Prognosen rechnen bis 2030 mit Neuzulassungsszenarien von ca. 130 Millionen voll-, hybrid- und brennstoffzellenelektrischen Fahrzeugen auf dem europäischen Markt. Hieraus errechnet sich, unter der Annahme von 1,5 elektrischen Traktionsantrieben je Fahrzeug, ein potenzieller Bedarf von 195 Millionen Elektromotoren in Europa.[8]

1.1 Ausgangssituation

Initial Situation

Das Anforderungsprofil für elektrische Traktionsantriebe aus höchster Leistungsdichte und Energieeffizienz, gepaart mit dem Qualitäts- und Produktionsverständnis in Bezug auf Automobile, hat in den vergangenen Jahren zu einem hohen Innovationsdruck rund um den Elektromotor und dessen Produktion geführt. Die Steckspulentechnologie für die Produktion elektrischer Traktionsstatoren ist als disruptive Technologieinnovation der letzten Dekade zu identifizieren, die „klassische" Wickelverfahren[9] zunehmend substituiert bzw. bereits substituiert hat.[10] Sie bietet sowohl auf der Produkt- als auch

[1] Stand 2020.
[2] Vgl. Perregaux et al. (Electromagnetic Motors are the World's Biggest Energy Consumers) 2022.
[3] Vgl. Lindner (Elektromagnetismus als Triebkraft im zweiten Drittel des 19. Jahrhunderts) 1986.
[4] Vgl. Link et al. (Abschätzung des Marktpotenzials und zukünftigen Marktanteils von Elektroautos) 2012.
[5] Vgl. Seiffert (Fahrzeugantrieb im Wandel) 2014.
[6] Vgl. Kreyenberg (Fahrzeugantriebe für die Elektromobilität) 2016.
[7] Vgl. Tober (Praxisbericht Elektromobilität und Verbrennungsmotor) 2016, S. 176ff.
[8] META-Studie vom PEM der RWTH Aachen im Jahr 2022.
[9] Unter klassischen Wickelverfahren werden die etablierten Runddraht-Wickeltechniken subsumiert.
[10] Vgl. Intelligence Market Report (Global Hairpin Stator Market Growth) 2022.

auf der Prozessseite hohe Potenziale. Anders als bei den bisher etablierten Verfahren, bei denen ein biegeschlaffer Runddraht kontinuierlich in das Statorblechpaket eingelegt wird, werden bei der Steckspulentechnologie flachleiterbasierte Formspulenelemente aus massivem Kupferdraht deterministisch in das Blechpaket eingebracht und miteinander kontaktiert. Dieses Verfahren ermöglicht hohe Kupferfüllfaktoren und bietet damit große Potenziale zur Erreichung der Ziele hinsichtlich Leistung und Effizienz bei gleichzeitig guter Eignung für die automobile Großserienproduktion.[11] Eine in dieser Arbeit näher behandelte Ausprägung dieser Technologie ist der Segment-Hairpin in U-Form, siehe Kapitel 2.1.3.

Der Automobilbau strebt stets nach perfektionierten Produktionsprozessketten und minimalen Ausschussraten nach dem Prinzip der Null-Fehler-Produktion[12], wohingegen die Hairpin-Statorproduktion den Automobilbau hinsichtlich der auftretenden Fehlerraten im Hochlauf vor neue Herausforderungen stellt. Die Steckspulentechnologie wurde in der Vergangenheit vorrangig für kleine Stückzahlen, z. B. für Transformatoren, Generatoren und Großmotoren, eingesetzt. Die Transformation der Prozesskette hin zur Großserientauglichkeit offenbart im Anlauf signifikante Effizienzeinbußen, die sich in hohen Ausschussquoten manifestieren. Aktuelle Ausschussverteilungen aus Produktionsanläufen zeigen eine hohe Fehlerauftrittswahrscheinlichkeit im Kontaktierprozess auf.[13]

1.2 Problemstellung und Motivation

Problem Definition and Motivation

Im Rahmen der Hairpin-Prozesskette stellt das Kontaktieren der Kupferenden durch Laserschweißverfahren den maßgeblich qualitätsbestimmenden Prozessschritt der gesamten Prozesskette dar.[14] Im Kontaktierprozess werden die einzelnen Spulensegmente zu einer zusammenhängenden Wicklung verschaltet. Je nach Motorentopologie verfügt ein Hairpin-Stator über weit mehr als 100 Kontaktierstellen. Für das Gesamtprodukt ist jede Kontaktierung singulär qualitätsbestimmend und irreversibel: Ist nur eine der Schweißstellen unzureichend oder fehlerhaft kontaktiert, ist keine einwandfreie Bestromung möglich und der Stator, mit einer Wertschöpfung von über einhundert Euro, vergleiche Kapitel 7.3, ist Ausschuss. Analog dem Sprichwort „jede Kette ist nur so stark wie ihr schwächstes Glied“ ist jeder Hairpin-Stator nur so gut wie der schwächste Schweißpunkt. Die Qualität der Kontaktierung wird beispielhaft anhand von Anbindungsquerschnitt, Einschlüssen und Poren oder mechanischen Kennwerten bewertet.[15] Wird der Kontaktierprozess isoliert betrachtet, so kann unter konstanten

---

[11] Vgl. Kampker et al. (Herausforderung Hairpintechnologie) 2018.
[12] Vgl. Westkämper (Null-Fehler-Produktion in Prozessketten) 1997.
[13] Vgl. Dorn (An Integrated View on Variables in Electric Drive Production) 2022, S. 9.
[14] Vgl. Kampker et al. (Produktionsprozess eines Hairpin-Stators) 2020.
[15] Vgl. Glaessel et al. (Challenges in the Manufacturing of Hairpin Windings and Application Opportunities) 2017.

Randbedingungen die Prozessstabilität des Laserstrahlschweißens für Kupferflachleiter nachgewiesen werden.[16,17] In der industriellen Praxis lässt sich diese Prozessfähigkeit aber nur bedingt reproduzieren. Der Grund dafür liegt beispielsweise in der notwendigen Schweißvorbereitung.[18] Bestandteil der Schweißvorbereitung ist das geometrische Ausrichten und Spannen der Fügepartner. Dies impliziert den unmittelbaren Einfluss der Spannvorrichtung auf den Schweißprozess und damit eine mögliche Fehlerursache.

Die Motivation und Vision der vorliegenden Dissertation liegt darin, die Qualität und Prozessstabilität der Hairpin-Prozesskette durch eine aktive Entkopplung von Schweißvorbereitung und Kontaktierprozess zu verbessern. Hierzu wird der Ansatz des *anfangsfesten Fügens*, also der mechanischen Vorfixierung der Fügepartner, strukturiert erarbeitet und erprobt.

1.3 Aufbau und Struktur der Arbeit

Structure

Die vorliegende Arbeit untergliedert sich in acht Kapitel.

Im **zweiten Kapitel** werden die Grundlagen des Betrachtungsbereichs dargelegt. Um ein gemeinsames Verständnis des Anwendungszusammenhangs zu schaffen, werden zunächst die Grundlagen und Produktionsprozesse von Elektromotoren mit dem Fokus auf flachleiterbasierten Formspulen erläutert. Daran anschließend wird auf Qualitätsmerkmale und die Prozessstabilität im Umfeld der Elektromotorenproduktion eingegangen.

Das **dritte Kapitel** dient der Einordnung des Betrachtungsbereiches und der Formulierung von Zielsetzung und Forschungsfrage des Dissertationsvorhabens.

Das **vierte Kapitel** behandelt die technische Konzeptionierung, die Auswahl und die Beschreibung möglicher spannvorrichtungsloser Verfahren zur Schweißvorbereitung flachleiterbasierter Formspulen. Zunächst werden die Anforderungen an das technische System erfasst. Anschließend wird der Lösungsraum sukzessive eingegrenzt und der Betrachtungsbereich für die praktische Erprobung festgelegt.

Das **fünfte Kapitel** beschreibt die Planung und Vorbereitung eines repräsentativen Versuchsablaufs zur Charakterisierung anfangsfester Fügesysteme für Kupferflachleiter. Zunächst wird ein einheitlicher Prüfkörper definiert und die technische Versuchsinfrastruktur vorgestellt. Des Weiteren werden die Untersuchungsmethoden und der Untersuchungsumfang für die Charakterisierung der Fügeverbindungen festgelegt.

---

16 Vgl. Neugebauer et al. (Manufacturing Electric Motors) 2019.
17 Vgl. Glaessel et al. (Process Reliable Laser Welding of Hairpin Windings) 2019.
18 Vgl. Kampker et al. (Initial Strength Joining of Flat Conductor-Based Shaped Coils) 2021.

Im **sechsten Kapitel** erfolgt die Auswertung und die Analyse der Versuchsergebnisse. Hierfür werden die veränderlichen Prozessparameter und ihre Wirkung diskutiert. Anschließend erfolgt die geometrische und mechanische Charakterisierung der anfangsfesten Fügeverbindung. Abschließend wird der Einfluss des anfangsfesten Vorfixierens auf das stoffschlüssige Laserkontaktieren bewertet und ein Zwischenfazit formuliert.

Das **siebte Kapitel** dient der Integrationsbetrachtung der anfangsfesten Fügeverfahren. Als Praxisbeispiel dient dabei ein Demonstrationsstator, der die Realanforderungen des Produktes repräsentiert. Auf Grundlage einer prototypischen Validierung wird die technische Umsetzbarkeit des Verfahrens für die industrialisierte Anwendung bewertet. Neben der technischen Beurteilung erfolgt die wirtschaftliche Bewertung der inkrementellen Prozessinnovation.

Im **achten Kapitel** werden die Ergebnisse der Dissertation zusammengefasst, ein Fazit formuliert und weiterer Forschungsbedarf aufgezeigt.

2 Die Schweißvorbereitung in der Hairpin-Statorproduktion

Welding Preparation in the Context of Hairpin Stator Production

In der Produktionsprozesskette von segmentierten Hairpin-Statoren in der U-Konfiguration stellt das Kontaktieren einer Vielzahl massiver Leiterenden aus Kupfer einen stark qualitätssensitiven Prozess dar. Gegenwärtig findet vielfach das kontaktlose Laserstrahlschweißen Anwendung, welches hohe Anforderungen an die reproduzierbare Schweißvorbereitung der Fügestelle erfordert und starke Interdependenzen zu Vorprozessen aufweist. In diesem Kapitel werden zunächst die Grundlagen der Elektromotoren und der Wickeltechnik vorgestellt. Zudem erfolgt in Kapitel 2.1 eine Charakterisierung der Steckspulentechnologie inklusive eindeutiger Begriffsdefinitionen. Die zeitweise als disruptive Technologie[19] bezeichnete Hairpin-Technologie wird in Kapitel 2.2 in das Produktionsverständnis der Automobilindustrie eingeordnet und der Status quo in der Kontaktierung flachleiterbasierter Formspulen inklusive der geltenden Schweißanforderungen beschrieben.

2.1 Grundlagen der Hairpin-Technologie

Fundamentals of Hairpin Technology

In der Prozesskette der Elektromotorenherstellung finden üblicherweise Wickel- und Einziehverfahren Anwendung, welche in Anbetracht ihrer produkt- und prozessseitigen Charakteristik im Automobilbau jedoch an ihre Grenzen geraten. Etablierte Automobilhersteller forcieren zunehmend die Entwicklung von Elektromotoren mit gesteckten Stabspulen und überführen diese in die großserienreife Produktion.[20,21] Der Vorteil dieser deterministisch herstellbaren Spulen basiert auf einer Erhöhung des Nutfüllfaktors, der durch vorgeformte, massive Drahthalbzeuge in der Motorenwicklung erzielt wird.[22] Im Folgenden werden der grundlegende Aufbau und die Funktion eines Elektromotors beschrieben. Anschließend erfolgt die Darstellung „klassischer" Wickelverfahren sowie die Einordnung der Steckspulentechnologie in der Hairpin-Konfiguration.

2.1.1 Aufbau und Funktion des Elektromotors

Design and Function of the Electric Motor

Ein Elektromotor ist eine als Energiewandler fungierende, rotierende elektrische Maschine. Diese kann entweder mechanische in elektrische Energie (generatorischer Betrieb) oder elektrische in mechanische Energie (motorischer Betrieb) umwandeln.[23,24]

---

[19] Vgl. Kampker et al. (Efficiency Deficits and Solution Principles of Requirements Management) 2020.
[20] Vgl. Arzillo et al. (Challenges and Future Opportunities of Hairpin Technologies) 2020.
[21] Vgl. Kampker et al. (Herausforderung Hairpintechnologie) 2018.
[22] Vgl. Kubes (Cost Improvements Through Innovation for Electric Traction Drive Systems) 2011.
[23] Vgl. Binder (Elektrische Maschinen und Antriebe) 2017, S. 1.
[24] Vgl. Reif et al. (Kraftfahrzeug-Hybridantriebe) 2012, S. 17ff.

Der Grundaufbau eines Elektromotors besteht aus einem mechanisch stationären Teil, dem Stator, und einem rotierenden Teil, dem Rotor. Der geometrische Aufbau ist entsprechend den zu erzeugenden Drehbewegungen zylindrisch. Für die Nutzung des motorischen Effektes werden magnetische Felder in Stator und Rotor benötigt, wobei eines der Felder in der gewünschten Drehzahl in Umfangsrichtung wandert und das zweite Magnetfeld diesem synchron oder leicht versetzt, asynchron, folgt.[25,26] Es werden verschiedene Motorentopologien anhand der Versorgungsspannung, dem Wirkprinzip und dem mechanischen Aufbau unterschieden. Eine allgemeingültige Unterteilung ist in Abbildung 2-1 dargestellt.

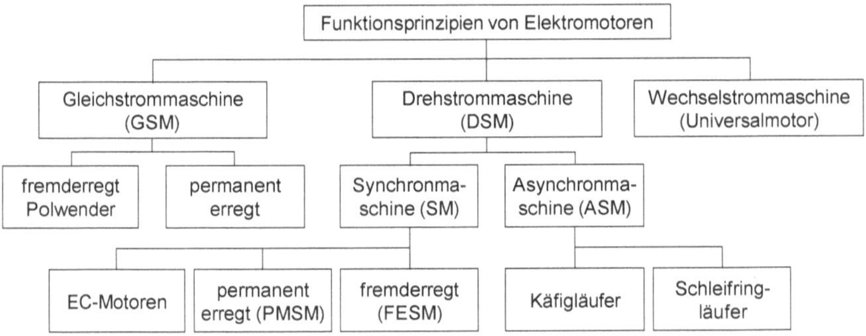

Abbildung 2-1: Unterteilung verschiedener Funktionsprinzipien von Elektromotoren[27,28,29]
Subdivision of different operation principles of electric motors

Im Automobilbau sind vor allem zwei Leistungsklassen von Elektromotoren relevant. So finden sich in modernen Fahrzeugen mittlerweile eine Vielzahl von sog. Kleinmotoren mit Leistungen zwischen 1 W und 750 W, die z. B. als Stellmotoren für die Sitze, Fenster oder Heckklappe eines Fahrzeugs fungieren.[30] Im Gegensatz dazu stehen die Traktionsmotoren und Generatoren mittlerer Leistungsklasse. Traktionsmotoren, auch Fahr- oder Triebmotoren genannt, sind laut JANICKI und REINHARDT definiert als Motoren, die direkt mit einem oder mehreren Radsätzen eines Fahrzeugs verbunden sind.[31] Sie haben bei PKWs in der Regel Leistungen zwischen 5 kW und 500 kW.[32] Im Vergleich zu den Kleinmotoren werden an Traktionsmotoren deutlich höhere Funktions- und Qualitätsanforderungen gestellt. Im Antriebsstrang stehen Anforderungen an die

[25] Vgl. Hagedorn et al. (Handbuch der Wickeltechnik für hocheffiziente Spulen und Motoren) 2016, S. 70.
[26] Vgl. Spring (Elektrische Maschinen) 2009, S. 329ff.
[27] Vgl. Hagedorn et al. (Handbuch der Wickeltechnik für hocheffiziente Spulen und Motoren) 2016, S. 73.
[28] Vgl. Schuisky (Elektromotoren) 1951, S. 36ff.
[29] Vgl. Fischer (Elektrische Maschinen) 2017, S. 15ff.
[30] Vgl. Kinnaird et al. (Wie viele Elektromotoren befinden sich in Ihrem Auto?) 2018.
[31] Vgl. Janicki et al. (Schienenfahrzeugtechnik) 2008, S. 4.
[32] Vgl. e-mobil BW GmbH (Strukturstudie BWe Mobil 2015) 2015, S. 21.

Effizienz, Leistungsdichte und Haltbarkeit im Fokus, woraus abgeleitete Anforderungen an die Wicklung formuliert werden.[33,34] Die Produktion von Traktionsmotoren besitzt in der Automobilindustrie eine hohe Relevanz, die sich u. a. anhand der Wertschöpfungstiefe manifestiert.[35]

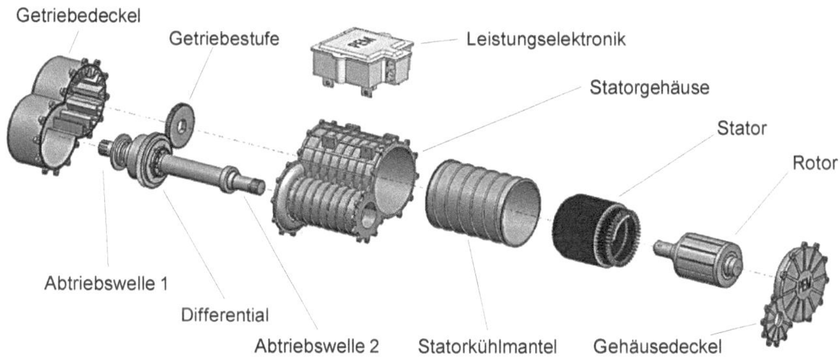

Abbildung 2-2: Komponenten eines Elektromotors in automobiler Anwendung (Radialflussmaschine)[36]
Components of an electric motor in automotive application (radial flux machine)

Abbildung 2-2 stellt schematisch die Komponenten und den Aufbau einer Radialflussmaschine in der Innenläuferkonfiguration dar. Die Hauptkomponenten eines Elektromotors sind der Stator und der Rotor, diese werden auch als Aktivkomponenten[37] bezeichnet. Die Fertigung eines Stators umfasst etwa 35 % der gesamten Fertigungskosten eines Elektromotors.[38] Der Stator, der in der abgebildeten Konfiguration die Abtriebswelle und den Rotor umschließt, dient der Erzeugung eines rotierenden, elektromagnetischen Feldes. In einzelnen Anwendungsfällen kann der Rotor als sog. Außenläufer um den Stator rotieren.[39]

Der Stator besteht primär aus Blechpaket, Erregerwicklung, Isolationssystem und Verschaltung. Das Blechpaket dient als mechanischer Rumpf des Stators und des Elektromotors. Durch den Aufbau aus dünnwandigen, geschichteten und gegeneinander isolierten Elektroblechen wird durch das Blechpaket eine Magnetfeldverstärkung erzielt.[40] Die Wicklung eines Elektromotors dient der Erzeugung eines Magnetfeldes im Stator. Hierzu werden elektrische Leiter, z. B. aus Kupfer, eingesetzt. Ein gerader

[33] Vgl. Hagedorn et al. (Handbuch der Wickeltechnik für hocheffiziente Spulen und Motoren) 2016, S. 86.
[34] Vgl. Kampker et al. (Elektromobilität) 2018, S. 21.
[35] Vgl. Stanek et al. (Wertschöpfungspotenziale von E-Motoren für den Automobilbereich) 2021, S. 100ff.
[36] Abbildung des PEM der RWTH Aachen.
[37] Vgl. Fleischer et al. (Wissen Kompakt) 2020.
[38] Vgl. Fleischer et al. (Quo Vadis Winding Technology) 2017, S. 14.
[39] Vgl. Kampker et al. (Elektromobilität) 2018, S. 317.
[40] Vgl. Bernstein (Elektrotechnik/Elektronik für Maschinenbauer) 2012, S. 56.

Leiter, der von einem elektrischen Strom durchflossen wird, erzeugt ein Magnetfeld, das in konzentrischen Kreisen senkrecht zum Stromfluss verläuft. Zur Skalierung dieses Magnetfeldes werden Leiter um einen Kern gewickelt, sodass ein homogenes, verstärktes Magnetfeld in Wickelrichtung entsteht. Gemäß dem Durchflutungsgesetz von AMPERE, welches besagt, dass gleichgerichtete Magnetfeldstärken sich absolut aufsummieren, lassen sich Magnetfeldstärken über die Windungszahl, die Steigung der Wicklung und die Stromstärke skalieren. Zudem besitzen Elektromagnete im Gegensatz zu Dauermagneten die Eigenschaft der Schaltbarkeit, was die Erzeugung eines Drehfeldes ermöglicht.[41,42] Als aktive Länge wird die Statorlänge bezeichnet, in der die Erregerwicklung vom Blechpaket umschlossen wird. Dieser Bereich trägt primär zur Drehmomenterzeugung bei. Der Wickelkopf, also der Bereich der Drahtverlegung außerhalb des Statorrumpfes, trägt nicht aktiv zur Drehmomenterzeugung bei und senkt durch parasitäre Magnetfelder sowie Widerstandsverluste den Wirkungsgrad des Elektromotors.[43]

Die Polpaarzahl eines Elektromotors ist eine weitere Größe, die die Wicklung eines Elektromotors charakterisiert. Bei Drehstrommaschinen mit einem dreiphasigen Wechselstrom entsteht ein Polpaar durch die Einbringung von drei um 120° versetzten Spulen. Bei einer Maschine mit einer Polpaarzahl von zwei werden insgesamt drei weitere Spulen, jeweils zwischen die vorhandenen Spulen, eingebracht. Die Polpaarzahl eines Elektromotors beeinflusst die Drehzahl des Magnetfeldes antiproportional. Zudem lassen sich durch die Erhöhung der Polpaarzahl unterproportionale Steigerungen des Drehmoments erzielen.[44] Als Leiterwerkstoff wird i. d. R. Kupfer eingesetzt, welches die Anforderungen der elektrischen und thermischen Leitfähigkeit sowie der vergleichsweise niedrigen Materialkosten erfüllt. Alternative Werkstoffe können beispielhaft Aluminium, Messing und Silber sein.[45]

Der Rotor eines Elektromotors ist fest mit der Antriebswelle verbunden. Er erfüllt die Funktion des Gegenmagnetfeldes. Durch die ständige Umpolung des Statormagnetfeldes während einer Umdrehung stoßen sich die Magnetfelder von Stator und Rotor in Umfangsrichtung ab. So erzeugt der Elektromotor Umfangskräfte und folglich ein Drehmoment. Die Gestalt des Rotors ist von der Motortechnologie abhängig. Beispielsweise erzeugen in der Konfiguration der permanent erregten Synchronmaschine (PMSM) Permanentmagnete das Gegenmagnetfeld. In der Konfiguration der fremderregten Synchronmaschine (FESM) wird dieses durch die Rotorwicklung erzeugt.[46,47]

---

[41] Vgl. Binder (Elektrische Maschinen und Antriebe) 2017, S. 15ff.
[42] Vgl. Hagedorn et al. (Handbuch der Wickeltechnik für hocheffiziente Spulen und Motoren) 2016, S. 21ff.
[43] Vgl. Kampker et al. (Elektromobilität) 2018, S. 332.
[44] Vgl. Binder (Elektrische Maschinen und Antriebe) 2017, S. 161ff.
[45] Vgl. Hagedorn et al. (Handbuch der Wickeltechnik für hocheffiziente Spulen und Motoren) 2016, S. 102.
[46] Vgl. Fischer (Elektrische Maschinen) 2017, S. 15ff.
[47] Vgl. Fleischer et al. (Quo Vadis Winding Technology) 2017, S. 7.

Auf die Architektur und Morphologie des Rotors wird in dieser Arbeit nicht eingegangen.

Weitere Bauteile des Elektromotors sind die Leistungselektronik sowie der optionale Drehlagegeber. Die Leistungselektronik transformiert den z. B. von der Traktionsbatterie stammenden Gleichstrom in Wechselstrom und sorgt für die ständige Umpolung der einzelnen Wicklungsphasen. Der Drehlagegeber misst stetig die aktuelle Drehlage des Rotors und leitet diese Information an die Steuerungselektronik weiter.[48] Zusätzlich zu den Kernbestandteilen benötigt eine elektrische Maschine weitere Maschinenelemente wie Zahnräder, Lager, Dichtungen, Gehäuse- und Kühlungskomponenten sowie Verbindungselemente.[49]

2.1.2 Grundlagen der Wickeltechnologie

Fundamentals of Winding Technology

In der Spulentechnik sind verschiedene Spulenformen bekannt, die sich anhand ihrer Herstellungsverfahren zur Erzeugung von Leiterwindungen unterscheiden: [50]

- gegossene Spule
- gedruckte Spule
- gewickelte Spule
- geätzte Spule
- gesteckte Spule/Formspule
- Einziehwicklung

Der Raum, in dem die Wicklung im Blechpaket aufgenommen wird, wird als (Stator-)Nut bezeichnet. Ein wichtiger Qualitätsparameter eines Elektromotors ist der sogenannte Nutfüllfaktor *k*. Dieser berechnet den Anteil des Nutquerschnitts, der vom Kupferdraht ausgefüllt wird. Der Nutfüllfaktor *k* ist immer kleiner oder ideal gleich eins. Es wird zwischen dem mechanischen und dem elektrischen Nutfüllfaktor, k_{mech} bzw. k_{el}, unterschieden. Während k_{mech} den Leiterdraht inklusive Isolation zur Berechnung heranzieht, berücksichtigt k_{el} nur den Anteil des elektrisch leitfähigen Materials. Der elektrische Nutfüllfaktor ist also immer kleiner als der mechanische Nutfüllfaktor. Im Allgemeinen wird beim Statorbau ein möglichst hoher Nutfüllfaktor angestrebt, um den steigenden Anforderungen der Leistungsdichte und der Bauraumminimierung gerecht zu werden.[51,52] Als wesentlicher Verlustfaktor elektrischer Maschinen kann der Stromwärmeverlust der Wicklung identifiziert werden. Bei höheren Füllfaktoren können größere Motorströme bei geringeren elektrischen Widerständen genutzt werden. Dadurch verkürzt sich die aktive Länge des Motors. Zudem besteht ein proportionaler Zusammenhang zwischen dem Füllfaktor und dem resultierenden Drehmoment, der

[48] Vgl. Basler (Encoder und Motor-Feedback-Systeme) 2016, S. 125ff.

[49] Vgl. Kampker et al. (Elektromobilität) 2018, S. 147.

[50] Vgl. Hagedorn et al. (Handbuch der Wickeltechnik für hocheffiziente Spulen und Motoren) 2016, S. 20.

[51] Vgl. Kampker et al. (Elektromobilität) 2018, S. 331.

[52] Vgl. Zerbe (Innovative Wickeltechnologien für Statorspulen zur Erhöhung des Füllfaktors) 2019, S. 36.

Leistungsdichte und der thermischen Leitfähigkeit. Ein hoher Nutfüllfaktor wird in der Elektromotorenherstellung zudem zur Erhöhung des Wirkungsgrades und zur Reduzierung des Leitermaterialaufwandes angestrebt.[53,54,55]

Abbildung 2-3 stellt schematisch die erreichbaren Nutfüllfaktoren der konventionellen Wickeltechnik, der Steckspulentechnologie und der gegossenen Spule dar.

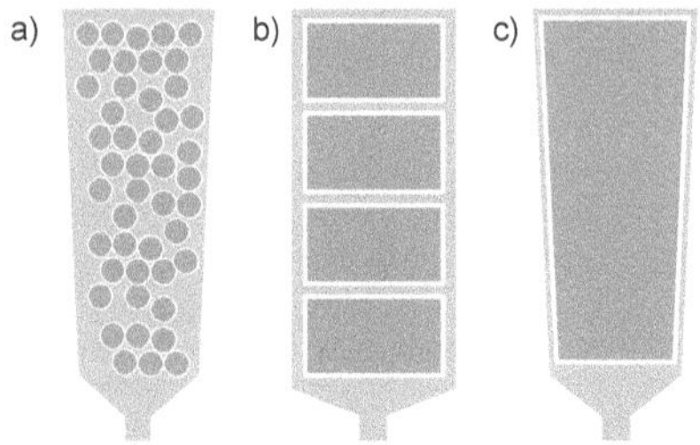

	Verfahren	**El. Nutfüllfaktor k_{el}**
a)	Konventionelles Wickeln	45–50 %
b)	Steckspulen-technologie	68–73 %
c)	Gegossene Spule	ca. 90 %

Leiter Nutquerschnitt

Abbildung 2-3: Verfahrensabhängiger elektrischer Nutfüllfaktor[56,57,58]
Process-dependent slot fill factor

Bei der konventionellen Wicklung wird i. d. R. ein mit Isolierlack beschichteter Runddraht eingesetzt. Unterschieden werden die wilde, ungeordnete Wicklung und die orthozyklische, geordnete Wicklung. Dabei strebt die orthozyklische Wicklung die größte Packungsdichte ohne Drahtkreuzungen an. Durch den runden Drahtquerschnitt und unvermeidbare Drahtkreuzungen ergeben sich jedoch stets Hohlräume zwischen den einzelnen Leitern, sodass effektiv bei der automatisierten Statorwicklung elektrische Nutfüllfaktoren k_{el} von lediglich 45–50 % erzielt werden.[59,60,61] Mit Spezialverfahren, wie z. B. dem automatisierten Träufelwickelverfahren[62] oder dem Distributed High Density Verfahren (DHD)[63] lassen sich die Füllfaktoren in der Runddrahtwicklung erhöhen.

In der gegenwärtigen Dekade der Elektromotorenentwicklung forcieren die Forschung und Industrie den Einsatz von Steckspulenwicklungen mit rechteckigen

[53] Vgl. Motor Design Ltd (Maximising E-Machine Efficiency with Hairpin Windings) 2021.
[54] Vgl. Berardi et al. (A Comparison between Random and Hairpin Winding) 2020.
[55] Vgl. Pinhal et al. (Driving Cycle Simulation of Wound-Rotor Synchronous Machine) 2019.
[56] Vgl. Kubes (Cost Improvements Through Innovation for Electric Traction Drive Systems) 2011, S. 5.
[57] Vgl. Juergens et al. (Innovative Design of an Air Cooled Ferrite Permanent Magnet Assisted Synchronous Reluctance Machine) 2016.
[58] Vgl. Bachheibl (Von Manufaktur bis Serie) 2021.
[59] Vgl. Hagedorn et al. (Handbuch der Wickeltechnik für hocheffiziente Spulen und Motoren) 2016, S. 97ff.
[60] Vgl. Kubes (Cost Improvements Through Innovation for Electric Traction Drive Systems) 2011, S. 5.
[61] Vgl. Herrmann et al. (Optimization Algorithms for Maximizing the Slot Filling Factor) 2016.
[62] Vgl. Klusmann (Automatisiserte Träufelwickeltechnik) 2020.
[63] Vgl. Kiefer (DHD Winding Technology for Electric Motors) 2021.

Leiterquerschnitten für Traktionsanwendungen.[64,65] In der Steckspulen-Technologie wird der Nutquerschnitt durch wenige massive Leiterprofile gefüllt. Durch die an die Nutgeometrie angepassten Leiterquerschnitte ergeben sich weniger Hohlräume zwischen den Leitern. Es werden elektrische Füllfaktoren k_{el} von 68–73 % erzielt, wobei der begrenzende Faktor die beschädigungsfreie Montage der Wicklung und ihrer Komponenten ist.[66,67] Durch die Hairpin-Technologie lassen sich Effizienzsteigerungen gegenüber der klassischen Wickeltechnik von ca. 1 % erzielen.[68]

Mittels Gießverfahren kann theoretisch der maximale Füllfaktor des Nutquerschnittes erreicht werden, da bei diesem Verfahren ein an die Nutgeometrie angegossener Einzelleiter vorliegt. Reduzierungen des Nutfüllfaktors ergeben sich beispielsweise durch Porenbildung, das Nutisolationssystem oder Schwindung, sodass der Nutfüllfaktor k_{el} bis zu 90 % betragen kann. Jedoch werden die Gestaltungmöglichkeiten der Wicklung bei diesem Verfahren stark eingeschränkt, sodass es in der Statorserienfertigung nur selten eingesetzt wird.[69]
Im Bereich der Wicklungsverlegung, auch Wicklungskonfiguration genannt, werden konzentrierte und verteilte Wicklungen unterschieden. Während konzentrierte Wicklungen nur um einen Spulenzahn gewickelt werden, verlaufen verteilte Wicklungen um mehrere Zähne alternierend und ermöglichen eine Verteilung der Wicklungen über den gesamten Statorumfang. Der Vorteil einer verteilten Wicklung ist eine höhere Drehfeldqualität. Nachteilig wirken sich der höhere Drahtverlegungsaufwand sowie die resultierende größere Wickelkopfhöhe aus.[70,71]

Zur fertigungstechnischen Abgrenzung der Draht-Wickeltechnik von der Hairpin-Technologie werden nachfolgend die am Markt etablierten Wickelverfahren erläutert.

Draht-Wickeltechnologie

Die klassischen Wickelverfahren mit Kupferlackdraht werden gemäß der DIN 8580 der vierten fertigungstechnischen Hauptgruppe *Fügen* zugeordnet und im Teil *Fügen durch Umformen* (DIN 8593-5) genauer kategorisiert. Hierunter ordnet sich die Drahtwickeltechnik in der Gruppe *Fügen durch Umformen drahtförmiger Körper* als eigenes Fertigungsverfahren *Wickeln mit Draht* ein. Industriell wird die automatisierte

---

64 Vgl. wbk Institut für Produktionstechnik (AnStaHa) 2020.
65 Vgl. Dorn (HaPiPro²) 2020.
66 Vgl. Kubes (Cost Improvements Through Innovation for Electric Traction Drive Systems) 2011.
67 Vgl. Kampker et al. (Produktionsprozess eines Hairpin-Stators) 2020.
68 Vgl. Berardi et al. (A Comparison between Random and Hairpin Winding) 2020.
69 Vgl. Bachheibl (Von Manufaktur bis Serie) 2021.
70 Vgl. Zerbe (Innovative Wickeltechnologien für Statorspulen zur Erhöhung des Füllfaktors) 2019, S. 35.
71 Vgl. Böcker (Geregelte Drehstromantriebe) 2016, S. 27ff.

Drahtwickeltechnik bereits seit Anfang des 20. Jahrhunderts forciert untersucht und weiterentwickelt.[72,73,74]

Im Allgemeinen werden die Linear-, die Flyer- und die Nadelwickeltechnik sowie das Einziehverfahren unterschieden.[75] Beim *Linearwickeln* legt ein Drahtführer den Kupferdraht direkt auf dem rotierenden Wickelkörper ab. Durch die lineare Drahtverlegung ist eine hohe Wickelgeschwindigkeit und eine gute Automatisierbarkeit gewährleistet. Außerdem erzeugt das Verfahren eine orthozyklische Wicklung, die einen hohen Nutfüllfaktor sicherstellt. Weiterhin ermöglicht die Linearwickeltechnik geringe Anlagenkosten. Mit der Linearwickeltechnik lassen sich nur konzentrierte und i. d. R. externe Wicklungen umsetzen. Damit ist diese Technologie für den Traktionsstatorbau nur indirekt einsetzbar. Für das *Flyerwickeln* ist der sogenannte Flyerwickelarm namensgebend, der den Draht in einer schnellen rotierenden Bewegung aufwickelt. Im Unterschied zum Linearwickeln bleibt der Wickelkörper beim Flyerwickeln stationär. Allgemein bietet das direkte Flyerwickeln kurze Taktzeiten und eine relativ hohe Variantenflexibilität. Allerdings sind bei direktem Wickeln nur konzentrierte und wilde Wicklungen möglich. Bei der *Nadelwickeltechnik* erfolgt der Drahteinzug direkt in die Nut. Die sog. Wickelnadel oder -düse legt den Draht direkt im Stator ab. Der Spulenkörper ist hierbei üblicherweise fest eingespannt. Die Kinematik der Wickelnadel führt die Drahtablage durch eine mehrachsige Bewegungsfolge unter stetigem Drahtzug durch. Diese Technologie gilt als flexibel, ermöglicht niedrige Werkzeugkosten und einen geringen Rüstaufwand. Allerdings bewirkt die Wickelnadeldurchfahrt eine Reduzierung des Nutfüllfaktors. Bedingt durch die geringen Wickelgeschwindigkeiten des Nadelwickelns wird das Verfahren in der Regel bei Wicklungen mit großem Drahtdurchmesser und geringen Windungszahlen eingesetzt. Die *Einziehtechnik* ist ein indirektes Wickelverfahren. Kennzeichnend für dieses Verfahren ist die Bewicklung einer Schablone durch eine sog. Luftspule, z. B. im Flyerwickelverfahren und das anschließende Einziehen der Wicklung in den Statorkörper mittels eines Einziehwerkzeuges. Dieser Prozess ermöglicht kurze Prozesszeiten. Das Einziehen der Wicklung erzeugt hohe mechanische Drahtbeanspruchungen. Aufgrund von Verschiebungen der Windungen beim Einziehen werden mit diesem Verfahren wilde Wicklungen erzeugt.[76,77,78,79]

---

[72] Vgl. Deutsches Institut für Normung (DIN 8580) 2020.
[73] Vgl. Deutsches Institut für Normung (DIN 8593-5) 2003.
[74] Vgl. Hagedorn et al. (Handbuch der Wickeltechnik für hocheffiziente Spulen und Motoren) 2016, S. 13f.
[75] Vgl. Kampker et al. (Elektromobilproduktion) 2014, S. 152.
[76] Vgl. Dobroschke (Flexible Automatisierungslösungen für die Fertigung wickeltechnischer Produkte) 2011, S. 14ff.
[77] Vgl. Fleischer et al. (Quo Vadis Winding Technology) 2017.
[78] Vgl. Sell-Le Blanc et al. (Coil Winding Process Modelling with Deformation Based Wire Tension Analysis) 2016.
[79] Vgl. Zerbe (Innovative Wickeltechnologien für Statorspulen zur Erhöhung des Füllfaktors) 2019, S. 40ff.

Neben den vorgestellten Verfahren existieren weitere oder adaptierte Wickelverfahren, wie z. B. das Träufelwickeln, die an dieser Stelle nicht weiter erläutert werden. In der Runddrahtwickeltechnik werden üblicherweise Drahtdurchmesser von 0,05 mm bis 3 mm verarbeitet.[80]

Hairpin-Technologie

Unter Hairpin-Spulen werden Steck- bzw. Stabspulen verstanden, die aus massivem Profildraht oder Kunststäben bestehen.[81,82] Die Leiter erhalten außerhalb des Spulenkörpers durch Umformprozesse nach Hauptgruppe 2 der DIN 8580[83] ihre charakteristische Formgebung. Der Begriff Hairpin (HP) basiert dabei auf der Geometrie des geformten Drahthalbzeuges, die der Form einer zwei- oder dreidimensionalen Haarnadel ähnelt. Konkret werden sog. Flachleiter verwendet, die in der Regel eine deutlich höhere Querschnittsfläche als die Runddrähte in der Wickeltechnik besitzen, was mit einer erhöhten Biegesteifigkeit einhergeht. So lassen sich die Flachleiter in eine exakt vorgegebene dreidimensionale Geometrie biegen, deren unterschiedlichen Topologien nachfolgend erläutert sind. Im Anschluss an die Biegung werden die Flachleiter in den Stator montiert (eingesteckt) und zu einer zusammenhängenden Wicklung verschaltet.[84] Zum Verschalten werden vorrangig stoffschlüssige Fügeverfahren nach DIN 8593-6, wie das Laserschweißen, eingesetzt.[85] Es handelt sich deswegen um ein indirektes Verfahren zur Wicklungsherstellung. Wie in Abbildung 2-4 dargestellt, wird zwischen der Segment-Hairpin-Wicklung und der kontinuierlichen Hairpin-Wicklung unterschieden. In der segmentierten Konfiguration wird die Wicklung über den Umfang in eine Vielzahl einzelner Segmente unterteilt. Diese Segmente können z. B. als I- oder U-Pin ausgeführt werden, wobei die U-Konfiguration der Namensgeber der Technologie ist.[86,87] Die Segmentierung bedingt einen erhöhten Verschaltungsaufwand in den Wickelköpfen der Wicklungen. Durch nachgelagerte Biegeprozesse, Schränken oder Twisten genannt, werden die Wicklungsenden geometrisch zusammengeführt und anschließend, z. B. stoffschlüssig, kontaktiert.[88]

---

[80] Vgl. Hagedorn et al. (Handbuch der Wickeltechnik für hocheffiziente Spulen und Motoren) 2016, S. 13.
[81] Vgl. Braymer (Armature Winding and Motor Repair) 1920, S. 3f.
[82] Vgl. Sequenz (Die Wicklungen elektrischer Maschinen) 1950, S. 15f.
[83] Vgl. Deutsches Institut für Normung (DIN 8580) 2020.
[84] Vgl. Kampker et al. (Produktionsprozess eines Hairpin-Stators) 2020.
[85] Vgl. Deutsches Institut für Normung (DIN 8593-0) 2003.
[86] Vgl. Fleischer et al. (Wissen Kompakt) 2020.
[87] Vgl. Fleischer et al. (Quo Vadis Winding Technology) 2017.
[88] Vgl. Kampker et al. (Produktionsprozess eines Hairpin-Stators) 2020.

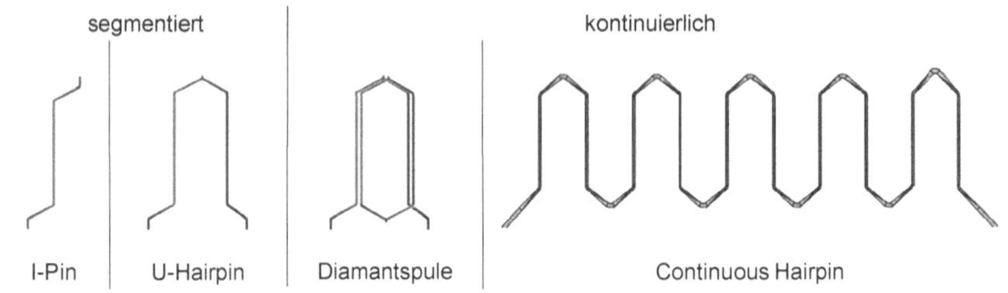

Abbildung 2-4: Übersicht verschiedener Konfigurationen von Hairpins[89,90,91]

Overview of different configurations of hairpins

Produktseitig können durch dieses Verfahren die in Abbildung 2-3 aufgezeigten exzellent hohen Füllfaktoren, bei gleichzeitig komplexen Wickelschemata, abgebildet werden.[92] Prozessseitige Vorteile lassen sich in der deterministisch geprägten Prozessführung aus vorrangig Biege-, Montage- und Fügeoperationen sowie der guten Automatisier- und Skalierbarkeit erkennen.[93,94] Auf die Prozesscharakteristik in der U-Pin-Konfiguration wird in Kapitel 2.1.3 explizit eingegangen.

Im Gegensatz dazu verwendet die kontinuierliche Hairpin-Technologie (eng. "continuous hairpin technology") über den Umfang nicht unterbrochene Flachdrahtmatten. In Literatur und Anwendung werden auch die Bezeichnungen S-Wind[95] oder Wellenwicklung[96] als Synonyme verwendet. In einem kombinierten Wickel- und Biegeprozess werden einzelne oder parallel ineinander verwobene Wickelmatten hergestellt und anschließend durch eine Einbringkinematik radial in die Statornuten eingelegt.[97,98,99] Der Verschaltungsaufwand in dieser Technologie reduziert sich auf ein Minimum, indem nur die Mattenanfänge und -enden kontaktiert werden müssen. Die kompakte Prozesskette erfordert aufgrund der Wicklungs- und Einbringkinematik im Vergleich zur segmentierten Hairpin-Technologie größere Statordurchmesser und für das radiale Einbringen offene Statornuten.[100,101]

---

89 Vgl. Fleischer et al. (Quo Vadis Winding Technology) 2017.
90 Vgl. Ishigami et al. (Stator With Thick Rectangular Wire) 2015.
91 Vgl. Glaessel (Prozessketten zum Laserstrahlschweißen von flachleiterbasierten Formspulenwicklungen) 2020, S.17.
92 Vgl. Weiße (Aktuelle Trends der Wickeltechnologie) 2021.
93 Vgl. Kampker et al. (Produktionsprozess eines Hairpin-Stators) 2020.
94 Vgl. Motor Design Ltd (Maximising E-Machine Efficiency with Hairpin Windings) 2021.
95 Vgl. Olsson (P2 On and Off Axis) 2019.
96 Vgl. Schaeffler Technologies AG & Co. KG (Technologien für die Elektromobilität) 2021.
97 Vgl. Sadiku et al. (US7703192B2) 2010.
98 Vgl. Fleischer et al. (Quo Vadis Winding Technology) 2017.
99 Vgl. Kampker et al. (Produktionsprozess eines Continuous-Hairpin-Stators) 2022.
100 Vgl. Kampker et al. (Challenges of the Continuous Hairpin Technology for Production Techniques) 2022.
101 Vgl. Halwas et al. (Influences of Design and Manufacturing on the Performance of Electric Traction Drives) 2020.

Bei Verwendung einer Diamantspulen-Konfiguration wird außerhalb des Stators zunächst eine geschlossene und konzentrierte Stabspule vorgeformt, die anschließend analog zur kontinuierlichen Hairpin-Technologie radial in die Statornuten eingebracht wird.[102]

Der Markteindruck belegt aktuell besonders die Relevanz der U-Pin-Technologie für Traktionsstatoren im automobilen Antriebsstrang. Charakteristisch ist hierbei eine hohe Variantenvielfalt zwischen den jeweiligen am Markt befindlichen Derivaten, die sich z. B. in Abmessung, Leistungsklasse und Wickelschema signifikant unterscheiden.[103] Die kontinuierliche Hairpin-Technologie ist beispielsweise im Schwerlastbereich, in dem Statorkonfigurationen mit Durchmessern größer 250 mm und Nutanzahlen größer 96 Nuten eingesetzt werden, von Relevanz.[104,105] Ein anwendungstechnischer Vergleich verteilter Wicklungstypen ist in Tabelle 2-1 dargestellt.

Tabelle 2-1: Vergleich verteilter Wicklungstypen[106]
Comparison of distributed winding types

Merkmal	Runddraht-wicklung	I-Pin	U-Hairpin	Continuous Hairpin
Windungszahl	Hoch	Niedrig	Niedrig	Mittel
Nutanzahl	Mittel	Mittel	Mittel	Hoch
Leitergeometrie	Rund	Rechteckig	Rechteckig	Rechteckig
Leiterquerschnitt	Klein	Groß	Groß	Groß
Mech. Füllfaktor	> 70 %	> 90 %	> 90 %	> 90 %
Wickelkopfhöhe	Hoch	Hoch	Hoch[1]/Niedrig[2]	Niedrig
Kontaktierungs-komplexität	Hoch	Hoch	Mittel	Gering

[1]Schweißseite; [2] Steckseite

Die vorliegende Dissertation bezieht sich auf die U-Hairpin-Technologie, wobei ein Erkenntnistransfer auf die artverwandten Formspulenwicklungen möglich ist. Im Folgenden wird der Begriff „Hairpin" als Synonym für die U-Hairpin-Technologie verwendet.

2.1.3 Charakterisierung der Hairpin-Prozesskette

Characterization of the Hairpin Process Chain

Ausgehend von der allgemeinen Einordnung der Hairpin-Technologie in das Feld der Wickeltechnologien, wird in diesem Abschnitt die Charakterisierung der U-Hairpin-

[102] Vgl. Ishigami et al. (Stator With Thick Rectangular Wire) 2015.
[103] Vgl. Stäck (Research Project HaPiPro²) 2022.
[104] Vgl. Kampker et al. (Challenges of the Continuous Hairpin Technology for Production Techniques) 2022.
[105] Vgl. Weiße (Aktuelle Trends der Wickeltechnologie) 2021.
[106] Vgl. Weiße (Aktuelle Trends der Wickeltechnologie) 2021.

Produkt- und -Prozessarchitektur vorgenommen. Zunächst wird ein einheitliches Verständnis der Produktarchitektur aufgebaut. Ausgehend von der Beschreibung der generischen Architektur werden charakteristische Begrifflichkeiten und Größen am Hairpin und Hairpin-Stator definiert. Darüber hinaus wird die Variantenvielfalt anhand einer Übersicht der Gestaltungsmerkmale eingeordnet. Abschließend erfolgt die Vorstellung der Produktionsprozesskette und die qualitätsbezogene Analyse ihrer Einzelprozesse.

Produktarchitektur und Begrifflichkeiten in der Hairpin-Technologie

Am Hairpin-Stator werden die Steck- und die Schweißseite unterschieden. Von der Steckseite wird die segmentierte Wicklung in das Blechpaket axial eingebracht. Diese Seite des Wickelkopfes ist geschlossen und vergleichsweise kompakt. Die gegenüberliegende Seite wird als Schweißseite tituliert, da hier die freien Hairpin-Enden entsprechend des Wickelschemas umgeformt und kontaktiert werden. Die einzelnen Pfade der Wicklung werden entsprechend einem Verschaltungsschema, z. B. in der Stern- oder Dreieckskonfiguration, verschaltet und die Phasenanschlüsse aus der Wicklung herausgeführt. Sowohl vorgefertigte Kontakt- und Verschaltungsringe als auch in die Wicklung integrierte Sonderdrähte kommen für diese Funktion zum Einsatz. Die Statorseite mit der herausgeführten Anschlussklemme wird auch als Verschaltseite bezeichnet. Abbildung 2-5 stellt den generischen Produktaufbau dar. Der linke Teil der Abbildung zeigt die Gestaltänderung des Kupferdrahtes. Der rechte Teil der Abbildung stellt die Produktarchitektur im Zusammenbau dar.

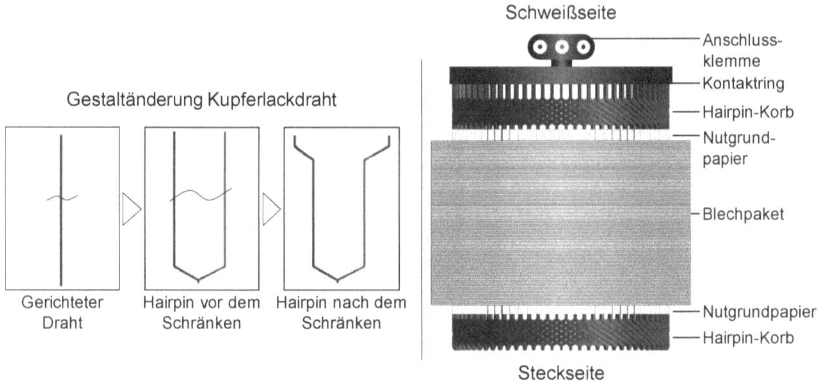

Abbildung 2-5: Generischer Produktaufbau eines U-Hairpin-Stators; links: Gestaltänderung eines Hairpins; rechts: Statoraufbau[107]

Generic product structure of a U hairpin stator; left: shape change of hairpin; right: stator structure

[107] Vgl. Kampker et al. (Produktionsprozess eines Hairpin-Stators) 2020.

Die charakteristischen Begrifflichkeiten und Größen am Hairpin und am Hairpin-Stator werden in Tabelle 2-2 eingeordnet. Abbildung 2-6 stellt als Visualisierungsunterstützung den exemplarischen Auszug der technischen Zeichnung eines Hairpins dar.

Tabelle 2-2: Begriffsdefinitionen am Hairpin und am Hairpin-Stator

Definitions of terms on the hairpin and on the hairpin stator

Hairpin:	U-förmig gebogener, massiver Leiter, i. d. R. aus isoliertem Rechteckprofildraht. Gebräuchlichste Grundwerkstoffe sind elektrolytische ETP- oder sauerstofffreie OFE-Kupfer. Als Isolationssystem werden für Standardanwendungen mehrschichtige Lackisolationen basierend auf Polyamidimiden und Polyimiden eingesetzt.[108] Der Begriff Hairpin leitet sich aus der geometrischen Ähnlichkeit mit einer Haarnadel ab.[109] Neben Standard-Hairpins, wie in Abbildung 2-6 dargestellt, existieren je nach Statortopologie auch Sonderformen.
Hairpin-Korb:	Vormontage aus einer Vielzahl an Hairpins zu einem hinterschnittigen Korbgebilde gemäß einer Rezeptur.[110]
Steckseite:	Statorseite, von der die Hairpins bzw. Hairpin-Körbe in das Statorblechpaket eingesteckt werden.
Schweißseite:	Statorseite, auf der die Mehrzahl der Standardpins nach dem Schränkvorgang paarweise miteinander kontaktiert (verschweißt) werden.
Verschaltseite:	Statorseite, auf der der Hauptverschaltungsaufwand am Stator stattfindet. Hierzu kann beispielsweise eine Verschaltbaugruppe zum Einsatz kommen.
Leiter pro Nut:	Anzahl der Leiterquerschnitte (Leiterdurchgänge) in einer Statornut.
Hairpin-Lagen:	Anzahl der radial hintereinander liegenden Leiterquerschnitte (Leiterdurchgänge) in einer Nut.
Hairpin-Ebenen/-Reihen:	Je zwei Hairpin-Lagen sind durch die geschlossene Hairpin-Geometrie in radial benachbarten Positionen über den Umfang verbunden. Diese verbundenen Lagen werden als Ebene (Reihe) bezeichnet.
Fügespalt:	Steckspalt zwischen Flachdraht und ausgekleideter Nutwand beim Stecken der Hairpins.
Größen am Hairpin:[111]	
Drahtquerschnitt $B \times D$:	Die Geometrieparameter von Standardwickeldrähten sind in der DIN EN 60317 festgelegt. Der für die Hairpin-Technologie relevante Teil 0-2 behandelt lackisolierte Flachdrähte aus Kupfer für die Isolationsklassen Grad 1 und Grad 2. Als Nenndrahtquerschnitt wird der reine Blankdrahtquerschnitt angegeben.[112] Der Drahtquerschnitt errechnet sich in Näherung aus der Drahtdicke D multipliziert mit der Drahtbreite B.[113]
Beinlänge *BL1*, *BL2*, *BL3*:	Länge der gestreckten Hairpin-Enden vor dem Schränken, bestehend aus Aktivlänge, beidseitigem Nutisolationsüberstand und der gestreckten Schränkzugabe sowie ggf. einer Beschnittzugabe. Die Schränklänge ist abhängig vom Teilkreisdurchmesser, auf dem die Schränkung erfolgt, und kann damit zwischen den Beinen eines Hairpins variieren (*BL1*, *BL2*). *BL3* gibt die projizierte Länge nach dem Schränken an.

[108] Vgl. Hagedorn et al. (Handbuch der Wickeltechnik für hocheffiziente Spulen und Motoren) 2016, S. 100ff.

[109] Vgl. Schmidt (Hairpin-Technologie) 2021.

[110] Vgl. Kampker et al. (Produktionsprozess eines Hairpin-Stators) 2020.

[111] Vgl. Kampker et al. (Inline Testing Method Based on Paschen's Law) 2020.

[112] Vgl. Deutsches Institut für Normung (DIN EN 60317-0-2) 2014.

[113] Die Rechteckdrähte verfügen über in der DIN EN 60317 festgelegte Kantenradien.

Verdrehung *α1*, *α2*:	Verdrehung der Hairpin-Beine, bezogen auf den Querschnitt zueinander. *α1* gibt die Verdrehung am Hairpin vor dem Schränken an und sollte dem Winkel zwischen den zu bestückenden Statornuten entsprechen. *α2* entspricht der Verdrehung der Hairpin-Enden nach dem Schränken.
Nutsprungweite *N*:	*N* gibt den Abstand zwischen den parallelen Hairpin-Beinen an und sollte dem Teilungsmaß der Statornuten entsprechen.
Öffnungswinkel *β*:	*β* gibt den Winkelfehler in der Parallelität der Hairpin-Beine an. Die ideale Parallelität und Geradheit der Beine ist prozessbedingt gewünscht.
S-Schlag:	Charakteristischer Versprung in der Dachform eines Hairpins, der den hinterschnittigen Spurwechsel zweier benachbarter Leiter ermöglicht.
Dachhöhe *S*:	Höhe der Hairpin-Wölbung in der Draufsicht.
Wickelkopfhöhe *W1*, *W2*:	Höhe des außerhalb des Stators befindlichen Leitermaterials. *W1* gibt das Maß auf der geschlossenen Steckseite an, *W2* das Maß auf der Schweißseite.
Schränkwinkel *γ*:	Winkel, um den der Leiter beim Schränken gebogen wird.
Abisolierlänge A_L:	Abisolierte Länge an den Hairpin-Enden, die zwischen den Beinen variieren kann.

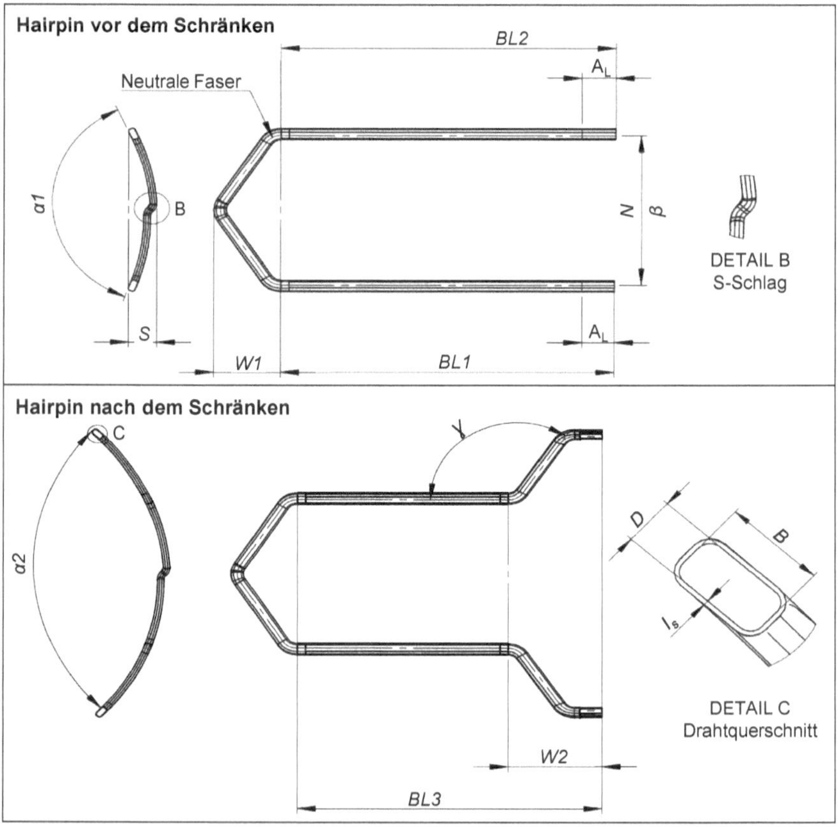

Abbildung 2-6: Charakteristische Maße am Hairpin (Formelzeichen in Tabelle 2-2 erläutert)

Characteristic hairpin dimensions

Die Produkteigenschaften eines Hairpin-Stators können anhand zahlreicher Gestaltungsmerkmale eingestellt werden, was wiederum zu einer hohen Designdiversität in der Produktgestalt führt. In Tabelle 2-3 ist eine detaillierte Übersicht von Gestaltungsmerkmalen am Hairpin-Stator dargestellt. Die Designmerkmale nehmen durch ihre Ausprägung direkten Einfluss auf die Produkt- und Produktionsprozesseigenschaften, welche z. B. von KAMPKER ET AL. analysiert wurden.[114]

Tabelle 2-3: Übersicht der Gestaltungsmerkmale von Hairpin-Statoren[115]

Overview of design features of hairpin stators

Allgemein					
Anwendung	Generator	Startergenerator	Traktionsantrieb		
Spannung [V]	bis 48	400–800	>800		
Gewicht [kg]	<10	10–20	>20		
Hairpin					
Material	Kupfer	Aluminium			
Querschnittsform	Rund	Rechteck	Quadrat	Trapez	
Verhältnis Höhe zu Breite	1 zu 1	1 zu 2	1 zu 3	1 zu 5	
Querschnittsfläche [mm²]	5–6	6–8	8–12	12–17	>17
Drahtisolation	Lackdraht	Kunststoffüberzug (Extrusion)	Bandagierung		
Blechpaket					
Statorhöhe [mm]	<50	50–100	100–150	150–200	200–250
Außendurchmesser [mm]	<130	130–160	160–220	220–300	>300
Blechschnitt	Vollblechschnitt außengenutet	Vollblechschnitt innengenutet			
Wicklung					
Wicklungsart	Verteilte Wicklung	Konzentrierte Wicklung			
Phasenanzahl	3-phasig	6-phasig			
Nutenanzahl	<36	36–56	56–72	>72	
Leiter pro Nut	2	4	6	8	10–16
Leiterausrichtung in Nut	Quer zur Nut	Längs zur Nut			
Phasenanschlussseite	Steckseite	Schweißseite			
Wickelkopfhöhe [mm]	<25	25–50	>50		
Nutgrundisolation					
Isolationsmaterial	Ohne	Beschichtung	Nutgrundpapier	Formteil	
Formgebung	O-Form	S-Form	B-Form		

Legende: Mögliches Merkmal | Standardmerkmal

[114] Vgl. Kampker et al. (Stator Design for Flexible Manufacturing in Hairpin Technology) 2022.

[115] Für die Analyse der Marktsituation wurden 22 industrielle Hairpin-Stator-Designs aus den Jahren 2017 bis 2021 untersucht und analysiert.

Prozesskette der Hairpin-Statorproduktion und ihre Einzelprozesse

KAMPKER ET AL. gliedern die Hairpin-Prozesskette in 15 Prozessschritte (PS).[116] Abänderungen und Modifikationen entsprechend der individuellen Produktarchitektur und fertigungsorganisatorischen Strukturierung der Prozessabläufe sind vorbehalten. Das WBK INSTITUT FÜR PRODUKTIONSTECHNIK beschreibt diese Prozesskette unter Zusammenfassung mehrerer Einzelprozesse zu übergeordneten Hauptprozessen makroskopisch mit sieben Hauptprozessen.[117,118] Abbildung 2-7 zeigt eine an die Literatur angelehnte eigene Beschreibung der Hairpin-Prozesskette mit 5 Hauptprozessen und insgesamt 15 Subprozessen. Die Hauptprozesse folgen einander chronologisch, wohingegen die Subprozesse in Abfolge und Ausprägung von der Produkt- und Technologiearchitektur abhängig sind. Je nach Ausprägung können Subprozesse erweitert oder eingespart werden.

Die Prozessschritte 1 bis 4 umfassen die Hairpin-Herstellung (Cluster A). Der Kupferdraht wird von einem Coil abgehaspelt und durch einen Richtprozess (PS1) begradigt. In einem mehrstufigen Biegeprozess (PS4) erfolgt die zwei- und dreidimensionale Formgebung des Hairpins. Begleitende Prozesse der Hairpin-Herstellung sind das partielle Abisolieren (PS2) und das Ablängen (PS3) isolierbeschichteter Leiter an den Leiterenden, wobei deren Anordnung in dieser Subprozesskette als variabel anzusehen ist. Das nachfolgende Prozesscluster B beschreibt die Nutisolation und die Montage der Hairpins. Das Blechpaket wird gemäß dem Stand der Technik im Nutgrund mit einer Flächenisolation ausgekleidet (PS5). Die Hairpins werden zu einem Vormontagekorb entsprechend der durch das Wickelschema vorgegebenen Rezeptur zusammengestellt (PS6) und anschließend axial als Gesamtvormontage oder in mehreren Stufen in das Blechpaket eingesteckt (PS7). Die Prozessschritte 8 bis 10 umfassen das geometrische Formen des Wickelkopfes auf der Schweißseite (Cluster C). In einem mehrstufigen Umformprozess werden die Hairpin-Enden zunächst radial freigestellt (PS8) und anschließend lagenweise gegenläufig tangential verschränkt (PS9). Für den Toleranz- und Höhenausgleich erfolgt ein optionaler Beschnitt der Leiterenden (PS10). Das elektrische Kontaktieren (Cluster D) der Leiterenden kann in zwei Subprozesse unterteilt werden. Dabei handelt es sich um das Kontaktieren von Standardpins je zweier benachbarter Leiterenden im Parallelstoß (PS11) und das Kontaktieren von Sonderpins zum Verschalten der Wicklung (PS12), oftmals mit zusätzlichen Verschaltelementen. Die Prozesskette der Hairpin-Statorproduktion endet mit dem Prozesscluster E, der Nachbearbeitung der Wicklung durch die Sekundärisolation und die End-of-Line-Prüfung (EOL). Die Sekundärisolation wird in das Isolieren der blanken und kontaktierten Leiterenden (PS13) und das Imprägnieren oder Vergießen der

---

[116] Vgl. Kampker et al. (Produktionsprozess eines Hairpin-Stators) 2020.

[117] Vgl. wbk Institut für Produktionstechnik (AnStaHa) 2020.

[118] Vgl. Wirth et al. (Einfluss geometrischer Materialtoleranzen auf die werkzeuggebundene Formgebung) 2019.

Statornuten (PS14) unterteilt. Zudem erfolgt eine finale elektrische und ggf. mechanisch-optische Prüfung des Stators (PS15).[119] Nachfolgend werden die Einzelprozesse eingehender charakterisiert, indem die wesentlichen Prozesszielgrößen beschrieben und Technologiealternativen vorgestellt werden.

Abbildung 2-7: Generische Hairpin-Prozesskette[120]

Generic hairpin process chain

PS1: Draht richten

Zielbeschreibung: Der auf Spulen aufgewickelte Flachdraht wird gerichtet, sodass die Vorbiegung und Krümmung im Draht sowie weitere Abweichungen in der Ebenheit der Oberfläche entfernt und gleichzeitig die mechanischen Materialeigenschaften homogenisiert werden. Eine maßliche Querschnittsänderung oder Beschädigung der Isolation ist dabei unzulässig. Die Geradheit des Wickeldrahtes nach dem PS1 beeinflusst maßgeblich die Toleranzfehler am Hairpin, in der Nutfüllung und im Wickelkopf.

Technologiebeschreibung: Mit Richtwerkzeugen bzw. Richtrollen wird die Krümmung des Drahtes stufenweise kompensiert, indem dieser in zwei um 90° versetzten Ebenen in der Höhe und Breite begradigt wird. Ein typisches Verfahren ist das Walzrichten, bei welchem durch hintereinander angeordnete Walzwerkzeuge Wechselbiegungen erzeugt werden, die stufenweise die Restkrümmung des Drahtes reduzieren. Die initiale plastische Deformation, die in das Werkstück eingebracht wird, muss dabei einen größeren Krümmungsradius aufweisen als die größte vorhandene Krümmung im ungerichteten Draht.[121,122] Darüber hinaus wird durch die mehrfache plastische Deformation das Materialgefüge beeinflusst, sodass eine Homogenisierung der mechanischen Materialeigenschaften im Draht beobachtet werden kann.[123,124,125] Im Wesentlichen wird das progressive und degressive Richten unterschieden, wobei die Umformarbeit über die Richtstrecke beim progressiven Richten zunimmt und beim degressiven Richten abnimmt. Für das Richten von Flachdraht wird zur Homogenisierung chargenbedingter Schwankungen der Materialeigenschaften das degressive Richten vielfach präferiert. Der Draht sollte mit möglichst konstanter Geschwindigkeit durch den Richtapparat

---

[119] Vgl. Kampker et al. (Produktionsprozess eines Hairpin-Stators) 2020.
[120] Vgl. Fleischer et al. (Quo Vadis Winding Technology) 2017.
[121] Vgl. Schuler GmbH (Handbuch der Umformtechnik) 1996, S. 383ff.
[122] Vgl. Heller, Burkhard: Chatti,Sami et al. (Blechbiegen) 2015, S. 214ff.
[123] Vgl. Bauschinger (Über die Veränderung der Elastizitätsgrenze und der Festigkeit) 1886.
[124] Vgl. Gui et al. (The Influence of Bauschinger Effect in Straightening Process) 2015.
[125] Vgl. Dietz (Beitrag zum Wesen und zu den Ursachen des Bauschinger-Effekts) 1978.

bewegt werden. Hierfür werden unterschiedliche Vorschubtechnologien, wie Rollen- oder Bandvorschübe, aber auch getaktete Greifereinzüge angewendet.

PS2: Draht abisolieren

Zielbeschreibung: Die meisten Kontaktierverfahren für das stoffschlüssige Fügen von metallischen Leiterwerkstoffen erfordern eine blanke metallische Oberfläche der Fügepartner. Der mit Isolationsmaterial beschichtete Leiter muss daher an den Kontaktierflächen partiell abisoliert werden. Qualitätsrelevant ist hierbei die rückstandsfreie und geometrisch exakte Entschichtung der Leiteroberfläche. Üblicherweise werden Drahtbeschichtungen aus PAI, PI, PEI, PEEK oder PFA, aber auch Folien und Laminate eingesetzt.[126,127,128] Die Qualität der Abisolierung kann durch die Messung organischer Rückstände durch ein Fluoreszenzmessverfahren erfolgen und mit der dimensionslosen Größe „Relative Fluorescence Units" (RFU) angegeben werden.[129]

Technologiebeschreibung: Der Vorgang der Isolationsschichtentfernung differenziert sich in thermische, mechanische und chemische Fertigungsverfahren. In der Flachdraht-Technologie werden vorrangig laserbasierte Verfahren zum thermischen Abisolieren eingesetzt. Das induktive Entschichten wird hingegen vorrangig bei Litzendraht verwendet.[130] Das Laserlicht eines CO_2-Lasers (Wellenlänge ca. 10.600 nm) wird von den verschiedenen Drahtbeschichtungen fast vollständig absorbiert, was zu einem prozesszeiteffizienten thermischen Zersetzen der Beschichtung führt, wobei jedoch eine Restschicht von etwa ¼ der Wellenlänge zurückbleibt.[131] Alternativ kann die Oberfläche direkt oder nachträglich durch Impulse im Nanosekundenbereich mit einem Faserlaser (Wellenlänge ca. 1.064 nm) bearbeitet werden. Die Laserstrahlung durchdring die Isolationslackschicht und führt in Wechselwirkung mit dem Leitergrundwerkstoff zu einer Erhitzung und Ablösung der Lackschicht, welche durch Ausbildung einer Dampfblase „abgesprengt" wird.[132] Mechanische Verfahren zum Abisolieren können z. B. Schleif-, Fräs-, Bürst- oder Schabverfahren sein, welche einen geringen Abtrag des Leitergrundwerkstoffes zur prozesssicheren Entschichtung erfordern.[133] Chemische Verfahren finden in der industriellen Statorfertigung nahezu keine Anwendung.

---

[126] Vgl. Levermann (High Performance Merkmale bei innovativen Wickeldrähten) 2021.
[127] Vgl. HEW-Kabel GmbH (Werkstoff-Portfolio für innovative Kabellösungen) 2022.
[128] Vgl. Deutsches Institut für Normung (DIN EN 60317-0-2) 2014.
[129] Vgl. Büttner (Qualitätssicherung mittels Prozessmesstechnik) 2021.
[130] Vgl. Spreng et al. (Qualification of Main Impacts on the Inductive Skinning Process) 2016.
[131] Vgl. Spreng (Numerische, analytische und empirische Modellierung des Heißcrimpprozesses) 2020, S. 21.
[132] Vgl. Glaessel (Prozessketten zum Laserstrahlschweißen von flachleiterbasierten Formspulenwicklungen) 2020, S. 60f.
[133] Vgl. Glaessel (Prozessketten zum Laserstrahlschweißen von flachleiterbasierten Formspulenwicklungen) 2020, S. 28.

PS3: Draht ablängen

Zielbeschreibung: Der Draht ist in einem Ablängprozess in eine für die Folgeprozesse maßlich auf wenige zehntel Millimeter exakte Länge zu kürzen. Damit der Draht in den folgenden Schritten weder die Nutisolation oder die Drahtisolation der umliegenden Drähte beschädigt, noch sich in den Statornuten verkeilt, muss die Schnittfläche gratfrei sein. Gegebenenfalls ist prozessbedingt eine leichte Fase an der Schnittfläche wünschenswert. Erfolgt vor dem Schweißprozess kein weiterer Beschnitt, so ist eine reproduzierbare Schnittfläche für die optische Erkennung und Einkopplung im Kontaktierprozess eine Teilanforderung des Ablängprozesses.[134]

Technologiebeschreibung: Das Scherschneideverfahren gehört als eine von mehreren Unterkategorien zu den zerteilenden Fertigungsverfahren nach DIN 8588 und kann in vier Phasen, nämlich elastische Verformung, plastische Verformung, plastische Strömung und Rissbildung, eingeteilt werden.[135] Für dieses in der Flachdrahtverarbeitung gebräuchliche Verfahren ist die Scherbewegung des Schneidstempels entlang der Schneidplatte kennzeichnend. Dieser Prozess kann im Drahtvorschub oder bei Drahtstillstand erfolgen.[136] Eine Alternative stellt das Beißschneiden dar, welches beidseitig am Draht ansetzt. Dieses Verfahren wird ggf. mit dem Reißen kombiniert.[137] Weiterführend kann das integrierte Anspitzen (Anfasen) der Kupferenden erwähnt werden. Dieses dient zur einfacheren Montage. Grundsätzlich sind alle Technologiealternativen geeignet, allerdings neigen einige Verfahren zu stärkerer Gratbildung.

PS4: Draht biegen

Zielbeschreibung: Ziel ist die dreidimensionale, plastische Umformung des isolierten Flachdrahtes in die charakteristische „U"-Form, sodass zwei parallele Beine und eine Endwicklung in Dachform entstehen, siehe Abbildung 2-6. Herausforderungen stellen in diesem Prozess die geometrische Diversität der möglichen Hairpin-Geometrien, die Beschädigungsfreiheit der Isolation und die Streuung der mechanischen Materialparameter dar. Für die nachfolgenden Prozessschritte ist die exakte Einhaltung der erforderlichen Geometrieparameter, wie z. B. die Verdrehung der Beine $\alpha 1$, essenziell.

Technologiebeschreibung: Die eingesetzten zwei- und dreidimensionalen Biegeverfahren sind von der Wickelkopfgestaltung und Varianz der Hairpins sowie den geforderten Stückzahlen abhängig. Das zweidimensionale Biegen wird beispielweise durch Schwenkbiegeverfahren, unter Berücksichtigung der Rückfederung, umgesetzt. Die Dreidimensionalität kann im Folgeprozess durch Gesenkbiegen oder freies Reckbiegen realisiert werden. Eine Alternative stellt das CNC-gestützte Biegen dar, bei dem die Geometrie des Hairpins in inkrementelle Einzelbiegungen zerlegt und der

[134] Vgl. Treichel (Expertenseminar Hairpin-Statorproduktionstechnologien) 2020.
[135] Vgl. Deutsches Institut für Normung (DIN 8588) 2013.
[136] Vgl. Treichel (Expertenseminar Hairpin-Statorproduktionstechnologien) 2020.
[137] Vgl. Demmel et al. (Schneiden) 2015.

Endgeometrie angenähert wird. Die Verfahren unterscheiden sich in gegenläufiger Ausprägung hinsichtlich ihrer Varianten- und Stückzahlflexibilität. Zu beachten ist, dass jede Biegeoperation eine Beanspruchung der Drahtisolation bedingt und dementsprechend eine mögliche Fehlerursache darstellt.[138,139,140,141]

PS5: Nuten isolieren

Zielbeschreibung: Die geringsten räumlichen Entfernungen zwischen den Leitern und dem Blechpaket sind in einem (Hairpin-)Stator in den Statornuten zu identifizieren, in welchen zur Optimierung des Füllfaktors ein theoretischer Nullspalt gewünscht ist. Die Einzelleiter verfügen über eine eigene Isolation, z. B. durch Isolierlack, welche je nach Anforderung als ausreichendes Isolationsmedium für die Zwischenkreisspannungen der Phasenwicklungen dient. Die Durchschlagfestigkeit zwischen den Leitern und dem Blechpaket ist durch eine zusätzliche Nutisolation sicherzustellen, um einen Spannungsdurchschlag auf Gehäusebauteile prozesssicher auszuschließen. Deswegen werden die Wände der Blechpakete durch eine Nutgrundisolation, i. d. R. einen Flächenisolationsstoff, ausgekleidet, um eine elektrische Isolation zwischen dem Erdpotenzial des Blechpaketes und dem Leiter zu gewährleisten.[142] Es können verschiedene Formen der Nutisolation, wie z. B. die O- oder die B-Form, ausgeführt werden.[143] Die Nutisolation wird außerhalb der Statornuten auskragend ausgestaltet. Der sog. Kragenüberstand stellt die Durchschlagsfestigkeit der minimalen Luft- und Kriechstrecken sicher.

Technologiebeschreibung: Die Flächenisolation wird von einer Rolle abgehaspelt, fortlaufend an den Knickstellen vorgeprägt, geformt, abgelängt und in die Blechpaketnuten eingelegt. Während des Prozessschrittes muss eine stetige Synchronisation des Materialvorschubs, der Taktung des Einlegens bzw. des Einschießens sowie der Umformkraft und -kinematik vorliegen. Es ist auf eine Beschädigungsfreiheit der Isolation sowie die maßliche und geometrische Exaktheit der Nutgrundauskleidung zu achten. Als Alternative zu dem Nutisolationspapier können der Kunststoffspritzguss, die Pulverisolation oder der 3D-Druck aufgeführt werden.[144,145]

---

138 Vgl. Kampker et al. (Produktionsprozess eines Hairpin-Stators) 2020.

139 Vgl. Pushev G. et al. (Advanced Conductor Shape Technology) 2016.

140 Vgl. Riedel et al. (Challenges of the Hairpin Technology for Production Techniques) 2018.

141 Vgl. Doege et al. (Handbuch Umformtechnik) 2010, S. 471.

142 Vgl. Hagedorn et al. (Handbuch der Wickeltechnik für hocheffiziente Spulen und Motoren) 2016, S. 143.

143 Vgl. Jurkovic et al. (Design, Optimization and Development of Electric Machine for Traction Application) 2015.

144 Vgl. Mayer et al. (Systematic Investigation of the Grooving Process and its Influence on Slot Insulation of Stators with Hairpin Technology) 2019.

145 Vgl. Kirkhoff (Processes and Design Considerations for Automatic Assembly of Electric Motor Stators) 2003.

PS6: Vormontieren

Zielbeschreibung: Hinterschnitte und Überdeckungen im Wickelkopf limitieren die sequenzielle Direktmontage der Hairpins in das Blechpaket und erfordern aus diesem Grund eine statorexterne Vormontage. Diese vereinfacht den Montageprozess und ermöglicht die Abbildung komplexer Wickelschemata.[146]

Technologiebeschreibung: Die Hairpins werden zunächst in einem Werkstückträger oder in einer Übergabevorrichtung eingesetzt und durch verschiedene Montagebewegungen, wie das Eindrehen, das radiale Zustellen oder das Aufrichten, zu einem Hairpin-Korb zusammengesetzt. Die richtige Anordnung der Spulensegmente entsprechend dem Wickelschema muss dabei zwingend beachtet werden. Die Komplexität der Korbvormontage ist direkt von der Produktgestalt abhängig. Ein Stator kann aus einem oder mehreren Hairpin-Körben bestehen oder in einfachen Konfigurationen auch eine Direktmontage ohne Vorassemblierung ermöglichen. Technologiealternativen sind die automatisierte (Roboter-)Vormontage und für Kleinserien die manuelle Vormontage oder die direkte Montage in das Statorblechpaket. Zu beachten ist, dass bei der Vormontage keine plastische Deformation der Hairpins oder eine Beschädigung der Drahtisolation verursacht wird.[147,148,149]

PS7: Hairpins fügen

Zielbeschreibung: Die Hairpins werden einzeln und/oder als Vormontagebaugruppe axial in das mit Nutisolation ausgekleidete Blechpaket eingeführt. Der Fügeprozess endet bei Erreichen der axialen Endposition der Flachleiter auf der Steckseite, welche ggf. durch feste Anschläge limitiert ist. Qualitätsrelevant ist bei diesem Prozess zum einen die Beschädigungsfreiheit des Isolationssystems und zum anderen die geometrisch exakte Lage und Abmessung der montierten Hairpins sowohl auf der Steck- als auch auf der Schweißseite.

Technologiebeschreibung: Ein Handlingsystem greift den Hairpin-Korb und richtet ihn entlang von Montagehilfen passend zu den Nuten aus. Der Fügespalt beträgt dabei in der Regel weniger als 0,1 mm. Die Hairpins werden durch die Nuten geführt und mithilfe einer Nachdrückplatte in ihre axiale Endposition gebracht. Einführschrägen helfen beim Einführen der Drahtenden in die Nuten. Zudem gilt es zu beachten, dass die Drähte nicht mit dem Isolationspapier oder dem Blechpaket kollidieren, was eine Deformation der Drähte oder Beschädigung der Isolation zur Folge hätte. Da beim Fügen, je nach Steck- und Geometrietoleranzen, eine signifikant hohe Reibung erwartet werden kann, sind bei automatisierten Fügesystemen gesteuerte Kraft-Weg-Systeme empfehlenswert. Oftmals überlagern sich die physikalischen Eigenschaften im

146 Vgl. Kampker et al. (Produktionsprozess eines Hairpin-Stators) 2020.
147 Vgl. Kampker et al. (Produktionsprozess eines Hairpin-Stators) 2020.
148 Vgl. Kampker et al. (Ex-Ante Process-FMEA for Hairpin Stator Production) 2018.
149 Vgl. Riedel et al. (Challenges of the Hairpin Technology for Production Techniques) 2018.

Fügeprozess jedoch so stark, dass das Kollabieren einzelner Drähte oder der Nutgrundisolation im Kraft-Weg-Diagramm neben den natürlichen Prozesskraftschwankungen nicht zu erkennen ist.[150]

PS8: Freistellen

Zielbeschreibung: Als Ausgangslage liegen die zu verschaltenden Hairpin-Enden je Nut als kompaktes Drahtpaket vor. Beim Separieren werden die Hairpins durch Umformung radial freigestellt, sodass die axiale Zugänglichkeit für das Schränkwerkzeug gewährleistet werden kann. Die Biegelängen der Drähte variieren entsprechend der radialen Lage der Hairpins. Beim Konfektionieren der Drähte ist dieser Einfluss zu berücksichtigen.[151]

Technologiebeschreibung: In Vorbereitung auf den freien Biegeumformprozess[152] werden die Drahtenden radial gegen einen Gegenhalter am Blechpaket gestützt. Die Enden werden von einem radial auffahrenden Formwerkzeug gegriffen und über den Gegenhalter durch die radial wirkenden Umformkräfte nach außen gebogen. Auf diese Weise werden die Enden je Nut einzeln oder lagenweise voneinander freigestellt und für die Schränkwerkzeuge zugänglich gemacht. Das Freistellen kann entweder durch radial auffahrende Umformwerkzeuge, durch Einführen der Drahtenden in ein Werkzeug mit trichterförmigen Nuten oder durch die axiale Bewegung eines keilförmigen Formwerkzeugs zwischen den Hairpins erzeugt werden. Die Verfahrensalternativen können nutweise, lagenweise oder in einem Schritt erfolgen, was die erreichbaren Prozesszeiten, die Variantenflexibilität und die Investitionskosten beeinflusst.[153]

PS9: Schränken

Zielbeschreibung: Die Hairpins sind lagenweise tangential zu verschränken, um diese in ihre endgültige S-förmige Schränkgeometrie zu bringen. Das Umformen erfolgt wechselseitig, sodass die zu kontaktierenden Hairpin-Enden parallel zueinander ausgerichtet werden.

Technologiebeschreibung: Aufgrund des gegenläufigen Verschränkens besteht die Zugänglichkeit für das Schränkwerkzeug nur stirnseitig. Die Drahtenden einer Lage sind synchronisiert zu schränken. Der Prozess kann lagen- oder statorweise ausgeführt werden. Die Schränkwerkzeuge sind als Variantenbauteile auszuweisen. Direkt am Blechpaket sind die Hairpin-Enden für eine geführte Drahtbiegung zu stützen. Während des Schränkvorgangs reduziert sich die Wickelkopfhöhe, sodass das Schränkwerkzeug oder der Stator in Abhängigkeit von dem Schränkwinkel synchronisiert axial nachzuführen ist. Rückfederungseffekte müssen durch Überbiegen kompensiert werden. Eine Relativbewegung der Drähte in den Schränkkronen während des

[150] Vgl. Riedel et al. (Challenges of the Hairpin Technology for Production Techniques) 2018.
[151] Vgl. Kampker et al. (Produktionsprozess eines Hairpin-Stators) 2020.
[152] Vgl. Deutsches Institut für Normung (DIN 8586) 2003.
[153] Vgl. Kampker et al. (Produktionsprozess eines Hairpin-Stators) 2020.

Schränkvorgangs ist zu vermeiden, da diese zu Geometrieungenauigkeiten und einem Verkanten der Flachleiter in den Nuten führen kann. Die absolute Schränkkraft summiert sich aus der eigentlichen Umformkraft für die Drahtumformung zuzüglich aller parasitärer Kräfte, die durch das lagenweise Abstreifen der Drähte zwischen den Lagen auftreten können.[154,155,156]

PS10: Ablängen

Zielbeschreibung: Höhenunterschiede zwischen zu kontaktierenden benachbarten Hairpins sind für ein homogenes Einkopplungsverhalten der Laserstrahlung nicht zuträglich. Dementsprechend sollen aus den Vorprozessen resultierende Höhenunterschiede durch einen zusätzlichen Beschnitt nivelliert werden. Zielstellung ist neben der geometrisch angeglichenen Drahthöhe auch ein gratfreier Schnitt und eine homogene Schnittfläche. Je nach Statortopologie können homogene oder auch heterogene Höhenprofile auf der Schweißseite eines Stators gefordert sein.

Technologiebeschreibung:

Der Schneidprozess kann für jedes Drahtende einzeln, im Verbund einer Nut oder als Vollschnitt durchgeführt werden. Dazu wird ein Positionierelement, als Schutz und Fixierung, auf die Hairpin-Enden geschoben und anschließend kürzt z. B. ein Scherschneidelement[157] diese auf einheitlicher Höhe. Dabei kann zwischen dem Standardschneiden, bei dem alle Drahtenden auf eine einheitliche Höhe gekürzt werden und dem selektiven Sonderschneiden einzelner Drahtenden unterschieden werden. Für die Wahl des geeigneten Schneidsystems ist die Zugänglichkeit zu den Drahtenden zu berücksichtigen. Neben dem Scherschneiden stehen auch weitere Trennverfahren, wie das Schleifen oder das Fräsen, zur Auswahl. Beim Ablängen wird stets ein Kupferabtrag verursacht, welcher prozesssicher aus dem Stator abzuführen ist, da leitfähige Verunreinigungen im Wickelkopf zu Kurzschlüssen im Stator führen können.[158]

PS11: Kontaktieren

Zielbeschreibung: Das Kontaktieren hat das Ziel, die einzelnen U-förmigen Wicklungssegmente zu einer durch den Stator mäandernden Wicklung zu verbinden. Das Kontaktieren soll eine elektrisch leitfähige, i. d. R. stoffschlüssige, Verbindung herstellen,

---

[154] Vgl. Fleischer et al. (Production-Oriented Design of Electric Traction Drives with Hairpin Winding) 2021.
[155] Vgl. Hausmann et al. (Opportunities of Model-Based Production-Oriented Design of Stators with Hairpin Winding) 2020.
[156] Vgl. Kampker et al. (Ex-Ante Process-FMEA for Hairpin Stator Production) 2018.
[157] Vgl. Demmel et al. (Schneiden) 2015.
[158] Vgl. Kampker et al. (Produktionsprozess eines Hairpin-Stators) 2020.

die weder eine lokale Widerstandserhöhung in der Wicklung noch eine mechanische Schwächung der Wicklungsstruktur darstellt.[159,160,161]

Technologiebeschreibung: Für das Kontaktieren von Kupferflachleitern existieren gemäß der Fügeverfahren nach DIN 8593 in den Teilen 6 und 7, „Fügen durch Schweißen" und „Fügen durch Löten", verschiedene Verfahrensalternativen.[162,163] Einsatzpotenziale existieren z. B. für die Kontaktierungstechnologien des Laser- und Elektronenstrahlschweißens, der Widerstandsschweißtechnik und des Lichtbogenschweißens.[164, 165, 166, 167, 168] In der Serienfertigung von Hairpin-Statoren haben sich laserbasierte Fügetechnologien weitestgehend durchgesetzt, da sich diese gut an die limitierte Zugänglichkeit zur Fügestelle adaptieren und durch kurze Prozesszeiten eine hohe Wirtschaftlichkeit aufweisen.[169] Jedes Kontaktierverfahren erfordert eine ausreichende Schweißnahtvorbereitung durch geeignete Ausrichtung der Fügepartner vor dem eigentlichen Schweißprozess. Die zwei zu verschweißenden Drahtenden werden mit einer Spannvorrichtung gemäß dem Wickelschema, zueinander positioniert, fixiert und anschließend stoffschlüssig miteinander verbunden. Dabei gilt unter anderem zu beachten, dass Spritzer vermieden werden und die Wärmeeinflusszone gering zu halten ist, damit die Drahtisolation nicht beschädigt wird.[170,171] Eine ausführliche Behandlung der Kontaktiertechnologien für Kupferflachleiter und der zugehörigen schweißvorbereitenden Prozesse erfolgt in Kapitel 2.2.

PS12: Verschalten

Zielbeschreibung: Mit dem Kontaktieren (PS11) erfolgt nur die lineare Kontaktierung einzelner Wicklungsstränge. Die freien Wicklungsenden der erstellten Teilwicklungen bedürfen der Verschaltung entsprechend einem funktionsfähigen Wicklungsschema.[172] Ziel ist das Montieren und Kontaktieren von Verschaltelementen und -baugruppen durch eine zusätzliche Verbindung nicht benachbarter Drahtenden entsprechend dem Wickelschema. Neben der Kontaktiergüte ist auch die geometrische Güte der Verschaltung ein Zielkriterium.

---

[159] Vgl. Glaessel et al. (Process Reliable Laser Welding of Hairpin Windings) 2019.
[160] Vgl. Tóth et al. (Electron Beam Welding of Rectangular Copper Wires) 2021.
[161] Vgl. Sievi (Solutions for E-Mobility by Scansonic) 2020.
[162] Vgl. Deutsches Institut für Normung (DIN 8593-6) 2003.
[163] Vgl. Deutsches Institut für Normung (DIN 8593-7) 2003.
[164] Vgl. Glaessel (Prozessketten zum Laserstrahlschweißen von flachleiterbasierten Formspulenwicklungen) 2020, S. 31.
[165] Vgl. Tóth et al. (Electron Beam Welding of Rectangular Copper Wires) 2021.
[166] Vgl. Agapiou et al. (Resistance Mash Welding) 2013.
[167] Vgl. Glaessel et al. (Challenges in the Manufacturing of Hairpin Windings and Application Opportunities) 2017.
[168] Vgl. Peterson et al. (Resistance-Spot-Mash-Welding) 2015.
[169] Vgl. Beranek (Hochintegrierte Lasersysteme) 2021.
[170] Vgl. Bocksrocker et al. (Reduction of Spatters and Pores in Laser Welding) 2019.
[171] Vgl. Kampker et al. (Initial Strength Joining of Flat Conductor-Based Shaped Coils) 2021.
[172] Vgl. Berardi et al. (Design Guideline of an AC Hairpin Winding) 2018.

Technologiebeschreibung: Zunächst werden die noch freien Drahtenden positioniert und anschließend die Kontaktelemente oder Baugruppen montiert. Daraufhin folgt das Kontaktieren. Das Verschalten ist ein sehr statorindividueller Prozess. Neben den in PS11 vorgestellten Kontaktierverfahren finden auch mechanische Fügeverfahren und Lötverfahren Einsatz.[173]

PS13: Isolieren

Zielbeschreibung: Die Beschichtung der blanken Leiterenden dient der Isolierung und im Allgemeinem den Sicherheitsaspekten, das heißt Schutz vor Kurzschlüssen und elektrischem Durchschlag.

Technologiebeschreibung: Für das Isolieren der Leiterenden existiert eine große Prozessvielfalt an geeigneten Beschichtungsverfahren. So eignen sich z. B. pulverbasierte Sinterverfahren, Träufel-, Dip- und Tauchverfahren sowie der Vollverguss. Der Materialauftrag erfolgt i. d. R. bei erhöhter Werkstücktemperatur. Das Aushärten der Kunststoffmatrix erfolgt physikalisch oder chemisch. Entscheidend ist die vollständige Benetzung der zu beschichtenden Oberfläche in einer ausreichenden Isolationsschichtdicke, weswegen am Bauteil scharfkantige Bereiche zu vermeiden sind. Neben der Isolationswirkung kann, z. B. durch den Vollverguss, eine mechanische Fixierung des Wickelkopfes erfolgen.[174,175,176]

PS14: Imprägnieren

Zielbeschreibung: Der Stator und dessen Wicklung sind im Betrieb vielfältigen elektrischen, thermischen und mechanischen Einflüssen sowie Umwelteinflüssen ausgesetzt. Um die Wicklung bestmöglich zu schützen, die Lebensdauer des Motors zu erhöhen und die thermische Verlustleistung effizient aus dem Motor abzuführen, werden die nicht gefüllten Zwischenräume in den Statornuten mit einem Harz verschlossen. Ziel ist eine nahezu vollständige Füllung der Nut.[177, 178, 179]

Technologiebeschreibung: Der Imprägnierprozess erfolgt bei erhöhter Temperatur. Hierfür werden sowohl der Stator als auch das Imprägnierharz vor der Applikation erwärmt und Letzteres anschließend durch Träufel- oder Tauchverfahren auf den Wickelköpfen verteilt. Dabei durchdringt das Harz die Nuten durch Kapillareffekte, was zu einem hohen Füllfaktor insbesondere am Nutgrund führt. Zudem werden durch Rotieren des Stators ungefüllte Hohlräume vermieden. Im Nachgang erfolgen unter

[173] Vgl. Kampker et al. (Produktionsprozess eines Hairpin-Stators) 2020.

[174] Vgl. Franzoni (The Impregnation Process of Hairpin Winding Electric Motors for Automotive) 2019.

[175] Vgl. Steinacker et al. (Possible Impregnation and Encapsulation Techniques, Materials and Variables) 2020.

[176] Vgl. Schütz (Trickle Impregnation and Powder Coating Solutions) 2022.

[177] Vgl. Ruf et al. (Lebensdauermodellierung von nicht-teilentladungsresistenten Isoliersystemen) 2018.

[178] Vgl. Schütz (Trickle Impregnation and Powder Coating Solutions) 2022.

[179] Vgl. Richnow et al. (Influence of Different Impregnation Methods and Resins) 2014.

Temperatureinfluss das Gelieren und das Aushärten des Harzes, bevor der Stator abkühlt. Im Prozess durchläuft der Stator spezifische Temperaturprofile. Im Prozess werden Funktionsflächen ggf. mit Harz kontaminiert, die abschließend nachzuarbeiten sind.[180,181,182]

PS15: Stator testen

Zielbeschreibung: Dieser Schritt dient der Kontrolle des fertigen Stators, bevor dieser mit anderen Komponenten zum Elektromotor assembliert wird. Dabei werden qualitäts- und sicherheitsrelevante Attribute geprüft.

Technologiebeschreibung: Zum einen wird der Stator einer maßlichen und geometrischen Kontrolle der Funktionsmaße, wie z. B. der Phasenanschlusspositionen und Wickelkopfhüllkurven, unterzogen. Zudem erfolgt eine (Sicht-)Prüfung des Stators auf Beschädigungen im Isolationssystem oder am Blechpaket. Ein wichtiger Bestandteil der EOL-Prüfung ist der elektrische Test. Neben der Widerstandsprüfung der Einzelphasen können weiterführend z. B. die Stoßspannungsprüfung und Teilentladungsmessung der inneren Isolation sowie die Hochspannungsprüfung der äußeren Isolation durchgeführt werden.[183,184] Eine Herausforderung bei der Interpretation der Prüfergebnisse ist die eindeutige Identifizierung von Fehlerentstehungsorten und Fehlerursachen.[185]

2.2 Qualität und Prozessstabilität in der Elektromotorenproduktion

Quality and Process Stability in Electric Motor Production

Elektrofahrzeuge weisen aufgrund der limitierten Erfahrungswerte bezüglich der Produkt- und Produktionstechnologie ihrer charakteristischen Komponenten, wie z. B. dem Elektromotor, dem Energiespeicher und der Fahrzeugstruktur, während des Markthochlaufs hohe Industrialisierungskosten auf.[186] Elektromotoren werden seit über 100 Jahren entwickelt und industriell produziert.[187,188] Leistungsfähige Elektromotoren fanden und finden Anwendung in vielfältigen Ausführungen, z. B. in stationären Industrieantrieben mit hohen Effizienzklassen, welche beispielsweise in der DIN EN 60034 standardisiert sind.[189] Nichtsdestotrotz stellt die Anwendung als Traktionsantrieb neue Anforderungen an die Produktstruktur und die Herstellung. Die

---

180 Vgl. Kampker et al. (Produktionsprozess eines Hairpin-Stators) 2020.
181 Vgl. Guo et al. (Challenges in Electric Machine Stator Manufacturing and Their Influences on Thermal Performance) 2019.
182 Vgl. Thurman (Trickle Impregnation of Small Motors) 1989.
183 Vgl. Simons et al. (Non-Destructive Electrical Test Methods) 1962.
184 Vgl. Stone et al. (Common Questions on Partial Discharge Testing) 2016.
185 Vgl. Kampker et al. (Ex-Ante Process-FMEA for Hairpin Stator Production) 2018.
186 Vgl. Kampker et al. (Produktionseffizienz in der Kleinserie) 2017.
187 Vgl. Schuisky (Elektromotoren) 1951, S. 1ff.
188 Vgl. Peter et al. (Trends im Elektromaschinenbau) 2013.
189 Vgl. Deutsches Institut für Normung (DIN EN 60034-30-1) 2014.

Nationale Plattform Elektromobilität (NPE) ordnete 2011 die elektrische Antriebstechnologie als Leuchtturmthema auf dem Weg zur Leitanbieterschaft ein.[190] Anforderungen sind neben einem höheren Wirkungsgrad eine lange Lebensdauer sowie geringere Geräuschemissionen (Noise Vibration Harshness). Die bislang durch hohe Variantenflexibilität und geringe Stückzahlen geprägte Produktion von Industriemotoren ist durch den Einsatz teilautomatisierter Montageautomaten charakterisiert. Eine Studie der Unternehmensberatung Roland Berger attestierte der produzierenden Industrie bereits 2011 eine mangelnde Erfahrung in der Automatisierung der Elektrotraktionsmotorenproduktion. Der vollautomatisierte, stückzahlbezogene Produktionshochlauf würde bei dem aktuellen Prozessverständnis der Automobilindustrie eine große Herausforderung darstellen.[191] Diese betrifft in der Elektromotorenproduktion vorrangig die Herstellung des Blechpakets, die Isolations- und Wickeltechnik und die Endmontage.[192] Die begleitenden Effizienzeinbußen können derzeit, ca. ein Jahrzehnt später, im Produktionshochlauf der Elektrotraktionsmotoren beobachtet werden. DORN berichtet 2022 von Ausschussraten im Hochlauf der Statorproduktion von teilweise über 50 % und spricht von Herausforderungen, das Qualitätsniveau auch mittelfristig zu stabilisieren. Ursächlich sei das Spannungsfeld zwischen einer Technologie im Hochlauf und einer wachsenden Komplexität der Anforderungen, welches nur durch ein detailliertes Produkt-Prozess-Verständnis aufgebrochen werden könne.[193,194]

Der Automobilbau begegnet dieser Wahrnehmung zunehmend mit einem verstärkten Aufbau eigener Kompetenz und der Umlenkung der Wertschöpfung in regionale Zulieferstrukturen oder sogar in die eigenen Produktionswerke. Geforderte Qualitäts- und Technologieniveaus, hohe Automatisierungsgrade, gebundenes Kapital und Transportzeiten sind weitere Faktoren für die zunehmende Eigenfertigungstiefe im elektrischen Antriebsstrang.[195,196] Aktuellen Neuzulassungsszenarien für elektrische Fahrzeuge zufolge ist bis 2030 ein weltweiter jährlicher Bedarf von ca. 90 bis 100 Millionen E-Antrieben für automobile Traktionsantriebe zu erwarten. Bei einer durchschnittlichen Produktionskapazität von 200.000 Einheiten pro Produktionslinie und Jahr bestünde allein im Jahr 2030 ein theoretischer Bedarf von 450–500 Linien weltweit.[197,198]

Als Bewertungsgrößen für die Leistungsfähigkeit einer Produktionsinfrastruktur werden oftmals die Begriffe der Qualität und Stabilität genutzt. Was Qualität und

---

[190] Vgl. Nationale Plattform Elektromobilität (Zweiter Bericht der Nationalen Plattform Elektromobilität) 2011, S. 18.
[191] Vgl. Schlick et al. (Zukunftsfeld Elektromobilität) 2011, S. 26ff.
[192] Vgl. Peter et al. (Trends im Elektromaschinenbau) 2013.
[193] Vgl. Dorn (An Integrated View on Variables in Electric Drive Production) 2022.
[194] Vgl. Ott et al. (Sensitivity Analysis on Production Tolerances for Electric Drive Systems) 2016.
[195] Vgl. Schlick et al. (Zukunftsfeld Elektromobilität) 2011, S. 11.
[196] Vgl. Marelli Electric Powertrain Cologne GmbH (Marelli baut Elektro-Motoren in Köln) 2020.
[197] Vgl. META-Studie PEM der RWTH Aachen, 2021 (internes Dokument).
[198] Vgl. Dorn (An Integrated View on Variables in Electric Drive Production) 2022.

Prozessstabilität aussagen und wie die Elektromotorenproduktion, insbesondere die Hairpin-Technologie, hier eingeordnet werden kann, soll im Folgenden behandelt werden.

Unter der Qualität eines Prozesses wird laut DIN EN ISO 9000 der „Grad, in dem ein Satz inhärenter Merkmale eines Objektes Anforderungen erfüllt“[199] verstanden. Die Erfüllung oder Nichterfüllung der geforderten Dimension definiert die Qualität eines Produktes oder einer Dienstleistung im Sinne des heutigen Qualitätsmanagements. Sie kann nach dem unternehmerischen Qualitätsverständnis unterteilt werden in die Produktqualität, die Systemqualität und die Prozessqualität.[200]

Gemessen wird die Qualität im unternehmerischen Qualitätsverständnis durch die Gegenüberstellung der Anforderungen (Soll) und den aktuellen Eigenschaften (Ist).[201] Da die Qualität eines Produktes oder Prozesses i. d. R. kein binäres Kriterium darstellt, werden für bestimmte Merkmale Zielbereiche festgelegt. Mit Hilfsmitteln, wie Qualitätsregelkarten, erfolgt das kontinuierliche oder stichprobenartige Monitoring einzelner, messbarer Merkmale. Durch geeignete Warn- und Eingriffsgrenzen kann im Idealfall ein Eingriff in den Prozess ausgelöst werden, bevor ein N.i.O.-Kriterium identifiziert wird.[202,203] Für die Festlegung der Warn- und Eingriffsgrenzen werden oftmals statistische Werkzeuge bemüht.[204]

Die Prozessstabilität beurteilt die Streuungsparameter eines Prozesses. Es besteht die Anforderung, dass ein stabiler und beherrschbarer Prozess gleichbleibende und vorhersagbare Ergebnisse liefert. Die Fähigkeit eines Prozesses, reproduzierbare Ergebnisse zu liefern, kann durch Prozessfähigkeitsindizes beschrieben werden.[205] Es werden der Streuungsindex c_p, und der Niveauindex c_{pk} unterschieden. Beide Betrachtungsweisen setzen die definierte Toleranzbreite, errechnet aus oberer und unterer Toleranzgrenze, ins Verhältnis zur vorherrschenden Prozessstreuung. Der Niveauindex berücksichtigt zusätzlich noch die Verschiebung der Streuung durch Einbeziehung des Mittelwertes der Verteilung. Von einem fähigen Prozess wird in der Automobilindustrie häufig gesprochen, wenn c_{pk} und $c_p > 1{,}33$ gilt.[206] Dies entspricht dem 4σ-Level der Six-Sigma-Methode.[207] Eine Einhaltung dieses Intervalls garantiert eine 99,99367-prozentige Fehlerfreiheit des zu prüfenden Produkts.[208] Die Streuung von Stichproben wird durch die Standardabweichung (SD) oder Varianz der Messwerte beschrieben.[209]

---

199 Deutsches Institut für Normung (DIN EN ISO 9000) 2015, S. 39.
200 Vgl. Schmitt (Basiswissen Qualitätsmanagement) 2015, S. 18ff.
201 Vgl. Deutsches Institut für Normung (DIN EN ISO 9000) 2015.
202 Vgl. Geiger et al. (Handbuch Qualität) 2008, S. 484ff.
203 Vgl. Brüggemann et al. (Grundlagen Qualitätsmanagement) 2015, S. 115ff.
204 Vgl. Geiger et al. (Handbuch Qualität) 2008, S. 381ff.
205 Vgl. Kamiske et al. (Qualitätsmanagement von A bis Z) 2011, S. 212.
206 Vgl. Brüggemann et al. (Grundlagen Qualitätsmanagement) 2015, S. 105f.
207 Vgl. Melzer (Six Sigma) 2015, S. 4, 142-144.
208 Vgl. Brüggemann et al. (Grundlagen Qualitätsmanagement) 2015, S. 106ff.
209 Vgl. Eckstein (Statistik für Wirtschaftswissenschaftler) 2014, S. 118f.

Die Maßnahmen zur Erreichung der geforderten Qualitäts- und Prozessfähigkeitsniveaus stehen im Umfeld der Elektromotorenproduktion vielfältigen Einfluss- und Störfaktoren gegenüber. So weisen z. B. die in Abschnitt 2.1.2 vorgestellten Wickeltechnologien eine komplexe und oftmals stochastisch geprägte Prozessführung auf, wobei sich Produkt- und Prozessrandbedingungen teilweise diametral entgegenstehen.[210,211,212]

In den nachfolgenden Abschnitten erfolgt die Einordnung der Hairpin-Technologie in das Produktionsverständnis der Automobilindustrie sowie die technische Aufbereitung der Kontaktierungstechnologien für flachleiterbasierte Formspulenwicklungen und die zugehörige Schweißvorbereitung.

2.2.1 Einordnung der Hairpin-Technologie in die automobile Produktion

Classification of Hairpin Technology in the Automotive Production

Die lineare Prozessabfolge der Hairpin-Statorproduktion ist durch starke Prozessinterdependenzen zwischen den einzelnen Prozessschritten sowie Abhängigkeiten von Halbzeugen, Ausgangsprodukten und Randbedingungen charakterisiert, welche in komplex analysier- und beherrschbaren Fehlerfortpflanzungsfolgen resultieren.[213]

Bereits das Ausgangsmaterial Lackdraht offenbart in Bezug auf geometrische und mechanische Kennwerte sowie Isolationskennwerte vielfältige Prozesseinflussparameter, die von den individuellen Verarbeitungsprozessen beherrscht werden müssen. Schwankungen der Festigkeit und des Rückfederungsverhaltens, welche sowohl zwischen als auch innerhalb von Drahtchargen zu beobachten sind, haben einen signifikanten Einfluss auf die Geometrieexaktheit nach den Biege- und Umformprozessen. Fehlstellungen aus der Hairpin-Herstellung führen z. B. zu Kollisionen beim Fügen in das Blechpaket oder Einführen der Schränk- oder Schweißwerkzeuge in den Wickelkopf.[214,215] Die Eigenschaften und Toleranzen von lackisolierten Flachdrähten aus Kupfer sind in der DIN EN 60317 festgehalten.[216] Das Isolationssystem eines lackisolierten Wickeldrahtes besteht i. d. R. aus 12–30 Schichten und erlaubt, in Abhängigkeit von Leiterquerschnitt und Isolationssystem, sowohl Schwankungen in der Isolationsschichtdicke, als auch eine definierte Anzahl an Fehlstellen je Drahtlänge.[217] Wickeldrähte in der Hairpin-Technologie müssen in den Biege- und Montageprozessen hohe Biegebeanspruchungen und Dehnungen ertragen, die zur Schwächung und

[210] Vgl. Schlick et al. (Zukunftsfeld Elektromobilität) 2011, S. 28.
[211] Vgl. Treichel (Expertenseminar Hairpin-Statorproduktionstechnologien) 2020.
[212] Vgl. Dorn (An Integrated View on Variables in Electric Drive Production) 2022.
[213] Vgl. Kampker et al. (Ex-Ante Process-FMEA for Hairpin Stator Production) 2018.
[214] Vgl. Wirth et al. (Influence of Wire Tolerances on Hairpin Shaping Processes) 2019.
[215] Vgl. Wirth et al. (Characterization of Rectangular Copper Wire Forming Properties) 2020.
[216] Vgl. Deutsches Institut für Normung (DIN EN 60317-0-2) 2014.
[217] Vgl. Hagedorn et al. (Handbuch der Wickeltechnik für hocheffiziente Spulen und Motoren) 2016, S. 111ff.

Beschädigung des Isolationssystems führen können.[218,219] Dies hat zur Folge, dass in der automobilen Traktionsanwendung zunehmend kundenspezifische Drahtspezifikationen herangezogen werden, um die herausfordernden Prozess- und Produktanforderungen über die gesamte Produktlebensdauer zu erfüllen.[220]

Besonders zwischen den Prozessen Biegen (PS4), Schränken (PS9) und Kontaktieren (PS11) können in der Hairpin-Prozesskette starke Ursache-Wirkungs-Beziehungen und wechselseitige Abhängigkeiten identifiziert werden.[221] Der Umformprozess des Hairpin-Biegens und Schränkens wird von Materialparametern wie dem E-Modul, der Streckgrenze und der Rückfederung sowie auch vom Werkzeug und der Prozessführung beeinflusst. So müssen beispielsweise die Umformgeschwindigkeit und -kraft entsprechend den Materialeigenschaften eingestellt werden, um einen zuverlässigen Biegeprozess zu erzielen.[222] In der industriellen Anwendung werden in PS4 und PS9 häufiges manuelles Nachstellen und Feinjustieren der Prozessparameter sowie ein signifikant hoher Ausschussanteil beobachtet.[223]

Aus dem sehr sensitiven Schweißprozess bei Flachleitern resultieren gegenwärtig hohe Ausschussquoten in der Serienproduktion von Hairpin-Statoren. In Industrie und Wissenschaft wird dieses Thema im Hinblick auf Qualität und Prozessstabilität vielschichtig diskutiert.[224,225,226] Interviews sind eine verbreitete Möglichkeit, qualitative Daten zu generieren. Anhand eines Leitfadens wurden im Januar 2021 strukturierte Experteninterviews durchgeführt, die in den jeweiligen Subthemenfeldern durch Elemente des problemzentrierten Interviews ergänzt wurden.[227] Zielstellung der Expertenstudie war die Identifikation von Praxisdefiziten im Kontaktierprozess. Neben der Beschreibung des jeweiligen Praxisdefizites galt es auch, mögliche Prozessalternativen und Lösungsansätze zu diskutieren (Ausführungen hierzu in Kapitel 3.2.2). Der Interviewleitfaden kann dem Anhang 1 entnommen werden. In einstündigen Interviews wurden fünf Prozessexperten aus drei Unternehmen befragt, die die Zielgruppen der Technologieanwender sowie des Anlagen- und Maschinenbaus repräsentieren.

Zentrale Erkenntnis der Expertenstudie ist, dass gemäß den befragten Prozessexperten die Mehrzahl der Herausforderungen beim Hairpin-Kontaktieren in der Schweißvorbereitung zu verorten sind. Eine Vielzahl an Herausforderungen ist auf die geometrische Schweißvorbereitung zurückzuführen. „Der Laserschweißprozess selbst ist

[218] Vgl. Wirth et al. (FE-Based Simulation of Hairpin Shaping Processes for Traction Drives) 2018.
[219] Vgl. Hess (Die Isolierstoffe elektrischer Maschinen) 1942, S. 6ff.
[220] Vgl. Nategh et al. (Review and Trends in Traction Motor Design) 2018.
[221] Vgl. Kampker et al. (Ex-Ante Process-FMEA for Hairpin Stator Production) 2018.
[222] Vgl. Wirth et al. (Einfluss geometrischer Materialtoleranzen auf die werkzeuggebundene Formgebung) 2019.
[223] Vgl. Dorn (An Integrated View on Variables in Electric Drive Production) 2022.
[224] Vgl. Dorn (An Integrated View on Variables in Electric Drive Production) 2022.
[225] Vgl. Glaessel et al. (Process Reliable Laser Welding of Hairpin Windings) 2019.
[226] Vgl. Kampker et al. (Ex-Ante Process-FMEA for Hairpin Stator Production) 2018.
[227] Vgl. Helfferich (Leitfaden- und Experteninterviews) 2014.

sehr prozessstabil, wenn die Vorbereitung hinreichend ist."[228] Es herrscht Konsens darüber, dass die Kernherausforderungen nicht primär im Laserschweißprozess selbst liegen, sondern in den vorgelagerten Prozessen und der direkten Schweißvorbereitung. Neben Herausforderungen in der Abisolierqualität (PS2) und der Materialeigenschaften des Kupferwerkstoffes lassen zahlreiche Anforderungen und mögliche Defizite in der geometrischen Schweißnahtvorbereitung aufzeigen. Als Beispiele können die Anforderungen nach der Spaltfreiheit, der Höhenversätze von maximal 0,5 mm und der Vermeidung von Geometriefehlern genannt werden. Zudem wurde aufgezeigt, dass eingesetzte Spannvorrichtungen stets einen Kompromiss zwischen optimaler Positioniergenauigkeit und Handhabbarkeit der Vorrichtung darstellen und niemals eine optimale Positionierung aller Fügestellen zulassen. Auch wird auf den Einfluss der Spannvorrichtung auf die Wärmeabfuhr des Fügesystems verwiesen.

Der Kontaktierprozess durch Schweißen fungiert in der Hairpin-Prozesskette in einem, auf die Wertschöpfung bezogen, fortgeschrittenen Stadium als selbstinduziertes „Quality Gate"[229], in welchem vorgeschaltete Prozessabweichungen subsumiert und in physisch erfassbaren Fehlern identifiziert werden.[230] Der stark interdependente Charakter der beteiligten Technologien manifestiert sich in diesem Prozessschritt in zahlreichen, durch die Vorprozesse determinierten, physikalischen Rand- und Einflussbedingungen, wie in Abbildung 2-8 dargestellt.

Schweißsituation

$\Delta\varphi_x$: Winkelverdrehung um X
$\Delta\varphi_y$: Winkelverdrehung um Y
$\Delta\varphi_z$: Winkelverdrehung um Z
Δx: Fügespalt in X
Δy: Lateralversatz in Y
Δz: Höhenversatz in Z
P: Position des Drahtenden
I: Isolationsrückstände
G: Grat (auf Schnittfläche)
R: Oberflächenbeschaffenheit
M: Material (Kupferart)
Q: Drahtquerschnitt
V_H: Verschmutzung Draht
V_O: Verschmutzung Optik

Schweißprozess

S: Schweißpfad
λ: Wellenlänge (Laser)
A_L: Spotdurchmesser (Laser)
n: Schweißwiederholungen
v: Schweißgeschwindigkeit
P: Laserleistung
x: Leistungsverteilung
F: Fokuslage/Defokussierung
S_S: Spannmethode
F_S: Spannkraft

Schweißergebnis

σ: Elektrische Leitfähigkeit
R_m: Zugfestigkeit
B_S: Breite der Schweißnaht
D_S: Dicke der Schweißnaht
H_S: Höhe der Schweißnaht
A_S: Anbindungsquerschnitt
P_S: Porosität
V: Oberflächendefekte
K: Oberflächenkontamination
S: Schweißspritzer
D: Delamination Beschichtung
E: Einschlüsse

Abbildung 2-8: Parameterliste – Schweißsituation, Schweißprozess, Schweißergebnis[231]
Parameter list – welding situation, welding process, welding result

---

[228] Anonymisiertes Zitat im Rahmen der Experteninterviews zum Thema „Anfangsfestes Hairpinschweißen", Januar 2021.
[229] Fauth et al. (Den Anlauf im Griff) 1999.
[230] Vgl. Kampker et al. (Initial Strength Joining of Flat Conductor-Based Shaped Coils) 2021.
[231] Formelzeichen nicht Teil des Formelverzeichnisses.

2.2.2 Kontaktierung flachleiterbasierter Formspulenwicklungen

Contacting of Flat Conductor Coils

Wie bereits in Kapitel 2.2.1 aufgezeigt, stellt das Kontaktieren einen qualitätssensiblen Prozess innerhalb der Hairpin-Technologie dar. Neben hohen Anforderungen an die Qualität der Verbindungen existieren komplexe Anforderungen hinsichtlich der Integration des Kontaktierprozesses in die Prozesskette. Die Festigkeit und die Leitfähigkeit der Fügestelle sollen denen des unbeeinflussten Leiters entsprechen.[232,233]

Im Vergleich zu herkömmlichen Wickeltechnologien ist bei der Steckspulentechnologie eine ungleich höhere Anzahl an Fügeoperationen notwendig. Damit eine Produktion von Statoren mit Formspulenwicklung langfristig rentabel gestaltet werden kann, ist es erforderlich, dass mit dem gewählten Kontaktierverfahren kurze Prozesszeiten, ein hoher Grad der Automatisierung und eine hohe Prozessstabilität realisierbar sind.[234,235,236] Die Anforderungen lassen sich qualitativ wie folgt zusammenfassen:[237,238,239,240]

- Hohe statische und dynamische Festigkeit
- Minimale Widerstandsüberhöhung der Fügestelle
- Poren- und Einschlussfreiheit
- Maximaler Anbindungsquerschnitt (gleichwertig zu Drahtausgangsquerschnitt)
- Geringer Wärmeeintrag und Beschädigungsfreiheit der Leiterisolation
- Minimale Schmelzeauswürfe (Spritzer)
- Homogene, symmetrische und „weiche" Fügestellengeometrie
- Kurze Prozesszeiten <0,3 s je Fügestelle
- Kurze Nebenzeiten für das Ausrichten des Prozesses
- Maximale Prozesssicherheit
- Angepasster Platzbedarf wegen eigeschränkter Fügestellenzugänglichkeit

Als Leiterwerkstoff finden in der Flachdrahtwickeltechnik fast ausschließlich die Kupfersorten Cu-ETP und Cu-OFE Einsatz.[241,242,243] Kupfer und Kupferlegierungen

---

[232] Vgl. Dümpelmann (Schmelzschweißung von Nichteisenmetallen) 1956.
[233] Vgl. Du Rietz et al. (Praktisches Handbuch der Lichbogenschweissung) 1948, S. 231f.
[234] Vgl. Neugebauer et al. (Manufacturing Electric Motors) 2019.
[235] Vgl. Glaessel et al. (Challenges in the Manufacturing of Hairpin Windings and Application Opportunities) 2017.
[236] Vgl. Sievi et al. (Hairpins für E-Mobility schweißen) 2021.
[237] Vgl. Neugebauer et al. (Manufacturing Electric Motors) 2019.
[238] Vgl. Glaessel (Prozessketten zum Laserstrahlschweißen von flachleiterbasierten Formspulenwicklungen) 2020, S. 21.
[239] Vgl. Kampker et al. (Herausforderung Hairpintechnologie) 2018.
[240] Vgl. Gäbler (Optimizing Automotive Welding Applications with CleanWeld) 2019.
[241] Vgl. Promet AG (Material-Information Kupfer) 2022.
[242] Vgl. Hagedorn et al. (Handbuch der Wickeltechnik für hocheffiziente Spulen und Motoren) 2016, S. 101.
[243] Vgl. Berin et al. (Effect of Oxygen) 1978.

können durch Schweißen und Löten stoffschlüssig miteinander gefügt werden.[244] Beim Fügen durch Schweißen wird eine Schweißverbindung mit artgleichem Schweißgut erzeugt, während eine Lötverbindung durch die Verwendung von artfremdem Zusatzwerkstoff gekennzeichnet ist.[245,246] Weitere Kontaktierverfahren von Wicklungen lassen sich in umformbasierte Verfahren gemäß der DIN 8593-5 einordnen, finden in der Elektromotorenproduktion aber gewöhnlicherweise nur für das Kontaktieren der Verschaltbaugruppen Anwendung.[247,248]

Neben den prozessseitigen Anforderungen sind die werkstoffseitigen Eigenschaften bei der Kontaktierung von Kupfer zu beachten. Cu-ETP wird durch elektrolytische Raffination hergestellt und besitzt mit einem Kupfergehalt > 99,9 % eine elektrische Leitfähigkeit von mindestens 58 m/Ωmm². Das Material besitzt einen Restsauerstoffgehalt von maximal 0,06 %, welcher als Kupfer(I)-oxid an den Korngrenzen ausgeschieden wird oder in Form von sphärischen Einschlüssen im kubisch-flächenzentrierten Metallgitter vorliegt.[249] Sauerstoffhaltiges Kupfer neigt bei Temperaturen ab 500 °C wegen Diffusion von Wasserstoff in das Gefüge zur Versprödung, weswegen diese Kupferwerkstoffe nur als bedingt schweißgeeignet deklariert sind.[250] Durch die Aufnahme atmosphärischer Gase beim Schweißen tritt eine Verschlechterung der mechanisch-technischen Gütewerte der Schweißnaht auf. Cu-OFE ist ein sauerstofffreies Kupfer mit einem Mindestkupfergehalt von 99,99 % und besitzt ebenfalls eine exzellente elektrische Leitfähigkeit. Der Werkstoff ist nach DIN EN 1976 wasserstoffbeständig und eignet sich demnach für Schweiß- und Lötanwendungen.[251] Trotz der physikalisch besseren Materialeigenschaften von Cu-OFE ist Cu-ETP aufgrund seiner ökonomischen Vorteile die dominierende Kupfervariante im Elektromaschinenbau und wird auch in der Steckspulentechnologie eingesetzt.

Des Weiteren verfügen Kupferwerkstoffe über eine besonders hohe Wärmeleitfähigkeit – im Vergleich zu unlegiertem Stahl ca. 6-fach höher bei Raumtemperatur und 15-fach höher bei 1000 °C – und eine vergleichsweise hohe Wärmeausdehnung, die um den Faktor 1,4 höher liegt als die von Stahl. Durch die hohe Wärmeleitfähigkeit muss eine konzentrierte Wärmeeinbringung gewährleistet werden oder eine Vorerwärmung des Bauteils erfolgen. Nur so ist eine Aufrechterhaltung des Schmelzbades möglich, da ein Großteil der eingebrachten Energie in den umliegenden Grundwerkstoff

[244] Vgl. O'Brien (Welding Handbook) 2015, S. 225.
[245] Vgl. Deutsches Kupferinstitut Berufsverband (Schweißen von Kupfer und Kupferlegierungen) 2009, S. 5.
[246] Vgl. Deutsches Institut für Normung (DIN 8593-0) 2003.
[247] Vgl. Deutsches Institut für Normung (DIN 8593-5) 2003.
[248] Vgl. Glaessel (Prozessketten zum Laserstrahlschweißen von flachleiterbasierten Formspulenwicklungen) 2020, S. 21ff.
[249] Vgl. Deutsches Kupferinstitut Berufsverband (CU-ETP) 2005.
[250] Vgl. Deutsches Kupferinstitut Berufsverband (Kupfer in der Elektrotechnik) 2000, S. 4.
[251] Vgl. Deutsches Kupferinstitut Berufsverband (Cu-OFE) 2005.

abgeleitet wird.[252] In der Anwendungstechnik wird die Mindestleistungsdichte für das Hairpinschweißen mit 10–12 MW/cm² angegeben, welche nur durch strahlentechnische Fügeverfahren erreicht wird.[253,254]

Die Abbildung 2-9 zeigt eine Übersicht möglicher Kontaktierverfahren für Formspulenwicklungen. Auf eine Auswahl aus diesen Fügeverfahren soll im Folgenden näher eingegangen werden. Insbesondere soll hierbei die Eignung dieser Verfahren für eine Anwendung innerhalb der Hairpin-Prozesskette herausgearbeitet werden. Die Lötverfahren und mechanischen Fügeverfahren werden aufgrund ihrer geringen Relevanz in der Hairpin-Technologie an dieser Stelle ausgelassen. Schweißverfahren wie das Plasma- oder Metall-Inertgas-Schweißen finden zunehmend Beachtung in Nacharbeitsprozessen, werden sich aber aufgrund ihrer langen Prozesszeiten voraussichtlich nicht als Standardkontaktierverfahren etablieren können.[255,256,257]

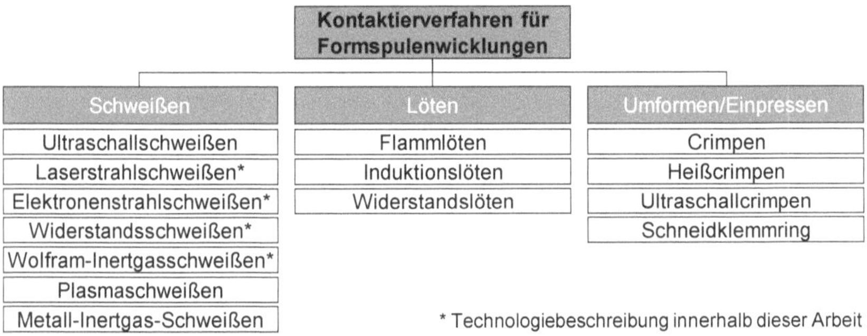

Abbildung 2-9: Übersicht möglicher Kontaktierverfahren für Formspulenwicklungen[258]
Overview of joining methods for flat conductor coils

Laserstrahlschweißen

Das Laserstrahlschweißen nutzt den Effekt der „Lichtverstärkung durch stimulierte Emission von Strahlung“[259] und emittiert als Arbeitsstrahl monochromatisches, kohärentes Licht, welches sich durch optische Elemente exakt fokussieren lässt.[260] Mittels beweglicher Spiegel in programmierbaren Fokussieroptiken lässt sich der Fokuspunkt

[252] Vgl. Deutsches Kupferinstitut Berufsverband (Schweißen von Kupfer und Kupferlegierungen) 2009, S. 6.
[253] Vgl. Dwivedi (Fundamentals of Metal Joining) 2022, S. 65ff.
[254] Vgl. Heider (Erweitern der Prozessgrenzen beim Laserstrahlschweißen) 2018, S. 31.
[255] Vgl. Pickin et al. (Characterisation of the Cold Metal Transfer Process) 2011.
[256] Vgl. Zhang et al. (Microstructure and Properties of Copper Joint between MIG Welding and Laser-MIG Hybrid Welding) 2016.
[257] Vgl. Tóth et al. (Electron Beam Welding of Rectangular Copper Wires) 2021.
[258] Vgl. Glaessel (Prozessketten zum Laserstrahlschweißen von flachleiterbasierten Formspulenwicklungen) 2020, S. 21.
[259] Schuler et al. (Praxiswissen Schweißtechnik) 2019, S. 86.
[260] Vgl. Kusch et al. (Schweißtechnik) 2022, S. 441ff.

des Lasers im Arbeitsraum bewegen, wobei sich die Bearbeitungsebene üblicherweise innerhalb einer Brennweite von 150–600 mm von der Optik entfernt befindet. So ist es möglich, geometrische Formen in einem geometrisch ausgedehnten Arbeitsbereich zu schweißen.[261] Die üblichen Schweißgeschwindigkeiten sind hierbei kleiner als 60 m/min. Die eingesetzten Lichtleiterfasern besitzen Durchmesser von 50–600 µm.[262] Je nach Anlagenaufbau werden damit Leistungsdichten größer als 10^8 W/cm² erreicht.[263,264] Der Betriebsmodus von Lasersystemen kann in die Betriebsarten des Dauerstrich- und des Pulsbetriebs (engl. continuous wave (cw)/pulse wave (pw) mode) unterschieden werden. Während im cw-Betrieb eine konstante Laserstrahlung emittiert wird, werden im pw-Betrieb kurze Laserpulse mit einer hohen Intensität abgegeben.[265] Die Wellenlänge jedes Laser-Typs wird durch das laseraktive Medium zur Strahlerzeugung, z. B. einen Festkörper, ein Gas oder eine Diode, bestimmt und ist i. d. R. nicht veränderbar.[266,267]

Wie in Kapitel 2.1.3 bereits aufgezeigt, handelt es sich beim Laserschweißen von Kupfer um einen sehr sensitiven und wechselwirkenden Prozess, welcher zahlreiche Anforderungen an die Schweißvorbereitung stellt.[268,269] So stellt neben der hohen Wärmeleitfähigkeit das Einkopplungsverhalten von Lichtwellen beim Fügen von Kupferwerkstoffen mittels Laserstrahlung eine Herausforderung dar. Der Absorptionskoeffizient α von Kupfer hängt stark von der gewählten Wellenlänge λ des Lasers ab, siehe Abbildung 2-10. Kupfer reflektiert ungefähr 99 % der einfallenden Lichtenergie eines CO_2-Lasers ($\lambda \approx$ 10.600 nm). Folglich wird für das Schweißen von Kupfer auf Festkörperlaser zurückgegriffen, welche eine kürzere Wellenlänge aufweisen.[270] So liegt der Absorptionskoeffizient von Kupfer für den infraroten Wellenlängenbereich ($\lambda \approx$ 1.030 nm) der in der Industrie weit verbreiteten Nd:YAG-Festkörperlaser im Bereich von $\alpha \approx$ 5 %. Bessere Absorptionskoeffizienten können mit Lasern im grünen ($\lambda \approx$ 515 nm) und blauen ($\lambda \approx$ 450 nm) Wellenlängenbereich erzielt werden.[271,272,273,274,275] Jedoch werden bei diesen Lasern aufgrund der vergleichsweise

---

261 Vgl. Schuler et al. (Praxiswissen Schweißtechnik) 2019, S. 90f.
262 Vgl. Heider (Erweitern der Prozessgrenzen beim Laserstrahlschweißen) 2018, S. 36.
263 Vgl. Dwivedi (Fundamentals of Metal Joining) 2022, S. 65ff.
264 Vgl. Heider (Erweitern der Prozessgrenzen beim Laserstrahlschweißen) 2018, S. 36.
265 Vgl. Klocke et al. (Fertigungsverfahren 3) 2007, S. 241.
266 Vgl. Schneeweiss et al. (Leitfaden für Laserschutzbeauftragte) 2021, S. 8.
267 Vgl. Deutsches Kupferinstitut Berufsverband (Schweißen von Kupfer und Kupferlegierungen) 2009, 23 f.
268 Vgl. Kampker et al. (Herausforderung Hairpintechnologie) 2018.
269 Vgl. Kampker et al. (Initial Strength Joining of Flat Conductor-Based Shaped Coils) 2021.
270 Vgl. O'Brien (Welding Handbook) 2015, S. 240.
271 Vgl. Dold et al. (High-Performance Welding of Copper with Green Lasers) 2019.
272 Vgl. Feve et al. (500 Watt Blue Laser System for Welding Applications) 2019.
273 Vgl. Haubold et al. (Laser Welding of Copper Using a High Power Disc Laser at Green Wavelength) 2018.
274 Vgl. Zediker et al. (Laser Welding Components for Electric Vehicles) 2020.
275 Vgl. Kaiser et al. (Sputter-Free and Reproducible Laser Welding of Electric or Electronic Copper Contacts) 2015.

geringen Laserleistung relativ geringe Einschweißtiefen und lange Prozesszeiten erreicht, sodass diese Verfahren für das industrialisierte Kontaktieren von Steckspulen bislang wenig Anwendung finden.[276] Zusammenfassend ist das Laserstrahlschweißen mit einer Wellenlänge von 1.030 nm und einer Laserleistung von ca. 6 kW im cw-Betrieb die gebräuchlichste Technologie für das berührungslose und stoffschlüssige Kontaktieren von Kupferflachleitern.[277,278]

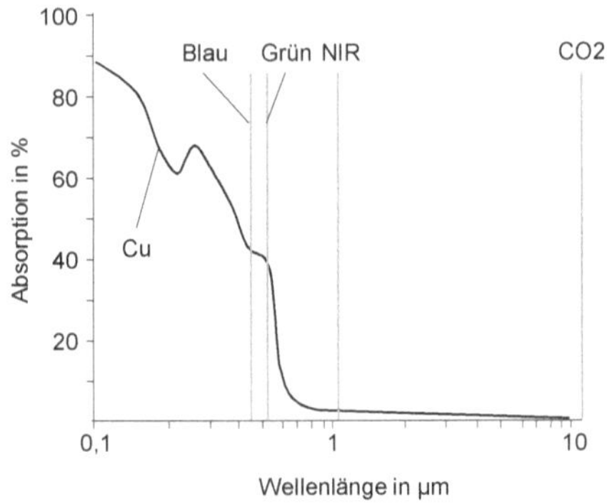

Abbildung 2-10: Absorption von Kupfer bei Raumtemperatur und senkrechtem Strahleinfall[279]
Absorption of copper at room temperature and vertical beam incidence

Als berührungsloses Verfahren zeichnet sich das Laserschweißen durch kurze Prozesszeiten aus. Die Schweißzeit je Fügestelle kann teilweise deutlich unter 300 ms reduziert werden, sodass eine hohe Anzahl an Fügestellen eines Wickelkopfes auf engem Raum gefügt werden können.[280,281,282,283] DIMATTEO ET AL. konnten in experimentellen Untersuchungen die besten Schweißergebnisse mit einer Energiedichte von 11–13 MJ/cm^2 erreichen. Hierbei wurde mit Leistungsdichten von 40–70 MW/cm^2 geschweißt. Zudem wurde der Effekt des „Überschweißens" bei zu hohem Energieeintrag beschrieben. Dieser ist durch einen großen Schmelzbereich mit großen Poren und einer unregelmäßigen Schweißlinse charakterisiert. Diesen Effekt beobachteten DIMATTEO ET AL. bei einer Energiedichte von 16–18 MJ/cm^2.[284] HEIDER empfiehlt eine Leistungsdichte größer als 10 MW/cm^2 für das Laserstrahltiefschweißen von Kupfer, um so eine besseren Energieeintrag in den Grundwerkstoff zu erreichen.[285] Auch sollte

[276] Vgl. Glaessel et al. (Process Reliable Laser Welding of Hairpin Windings) 2019.
[277] Vgl. Neugebauer et al. (Manufacturing Electric Motors) 2019.
[278] Vgl. Beranek (Hochintegrierte Lasersysteme) 2021.
[279] Vgl. Bliedtner et al. (Lasermaterialbearbeitung) 2013, S. 117.
[280] Vgl. Hartung et al. (Camera-Based In-Process Quality Measurement of Hairpin Welding) 2021.
[281] Vgl. Mayr et al. (Evaluation of Machine Learning for Quality Monitoring of Laser Welding) 2018.
[282] Vgl. Bocksrocker et al. (Reduction of Spatters and Pores in Laser Welding) 2019.
[283] Vgl. Gläßel et al. (Kontaktierung von Antrieben für die Elektromobilität) 2017, S. 324.
[284] Vgl. Dimatteo et al. (The Effect of Process Parameters) 2021, S. 452.
[285] Vgl. Heider (Erweitern der Prozessgrenzen beim Laserstrahlschweißen) 2018, S. 31.

mit einem wenige Grad geneigten Laserkopf gearbeitet werden, um eine Beschädigung der Laseroptik durch reflektierte Strahlung zu vermeiden.[286] Verunreinigungen der Fügestelle führen durch Ausgasung zu erhöhten Schweißauswürfen.[287] Zum Schutz vor Oxidation an der Schweißstelle kann beim Laserstrahlschweißen zudem unter Zugabe von Schutzgasen gearbeitet werden.[288] GLAESSEL attestiert der Anwendung von Prozessgasen beim Laserschweißen von Hairpins jedoch nur geringe Vorteile.[289] Gewöhnlich wird Kupfer unter atmosphärischem Einfluss verschweißt. REISGEN ET AL. stellen jedoch einen Ansatz vor, bei dem Kupfer zur Erhöhung der Prozessstabilität im Vakuum verschweißt wird.[290] Zudem finden vermehrt Sensorik und datenbasierte Systeme in der Laserschweißtechnik von Kupferflachleitern Anwendung, um so die Schweißrandbedingungen zu erfassen und den Schweißprozess optimal an diese anzupassen.[291,292] Ein Ansatz ist hierbei die Verwendung der optischen Kohärenz-Tomographie (OCT). Diese erlaubt eine Überwachung der Prozessdaten vor, während und nach dem Schweißvorgang und damit z. B. die direkte Ermittlung der Einschweißtiefe.[293] HARTUNG ET AL. stellen einen Ansatz vor, bei dem durch eine kamerabasierte Überwachung des Schweißvorgangs die Qualität der Fügeoperation gemessen werden soll.[294] Durch Technologien wie das Aufteilen der Laserfaser in eine Kern- und eine Außenfaser ist es möglich, die Leistungsdichte über den Querschnitt des Fokuspunkts zu variieren und so über ein Vor- und Nachwärmen den Kupferschweißprozess zu optimieren.[295] Neben den prozessseitigen Herausforderungen werden beim Laserschweißen von Kupferflachleitern auch zahlreiche Anforderungen an die Schweißvorbereitung gestellt, auf welche in Kapitel 2.2.3 genauer eingegangen wird.[296,297]

Elektronenstrahlschweißen

Beim Elektronenstrahlschweißen (EBW) treffen Elektronen mit etwa zwei Dritteln der Lichtgeschwindigkeit als konzentrierter Teilchenstrahl auf die Oberfläche der Fügestelle, wobei ihre kinetische Energie in Wärme zum Aufschmelzen der Fügestelle umgewandelt wird. Durch die Wechselwirkung zwischen den Elektronen und dem Festkörper findet keine Reflexion des einfallenden Strahls statt. Das Verfahren ist

[286] Vgl. Deutsches Kupferinstitut Berufsverband (Schweißen von Kupfer und Kupferlegierungen) 2009, S. 24.
[287] Vgl. Gläßel et al. (Kontaktierung von Antrieben für die Elektromobilität) 2017, S. 324.
[288] Vgl. Schuler et al. (Praxiswissen Schweißtechnik) 2019, S. 93.
[289] Vgl. Glaessel (Prozessketten zum Laserstrahlschweißen von flachleiterbasierten Formspulenwicklungen) 2020, S. 115.
[290] Vgl. Reisgen et al. (Sound Welding of Copper) 2016.
[291] Vgl. Sievi et al. (Hairpins für E-Mobility schweißen) 2021.
[292] Vgl. Vater et al. (Fault Classification and Correction based on Convolutional Neural Networks) 2019.
[293] Vgl. Baader et al. (Potentials of Optical Coherence Tomography) 2021.
[294] Vgl. Hartung et al. (Camera-Based In-Process Quality Measurement of Hairpin Welding) 2021.
[295] Vgl. Feuchtenbeiner et al. (Beam shaping BrightLine Weld) 2019.
[296] Vgl. Kampker et al. (Herausforderung Hairpintechnologie) 2018.
[297] Vgl. Kampker et al. (Initial Strength Joining of Flat Conductor-Based Shaped Coils) 2021.

unabhängig von den optischen Eigenschaften der Fügestelle.[298] Mit Magnetspulensystemen wird der Elektronenstrahl fokussiert und abgelenkt. Die hohe Flexibilität des Verfahrens erlaubt die präzise Einstellung der Energieverteilung und gezielte Veränderung der Einschweißtiefe sowie der Schweißnahtform. Strahldurchmesser der Größe 100–1000 µm ermöglichen Leistungsdichten bis zu 10^8 W/cm², sodass sich dieses Fügeverfahren für das Tiefschweißen eignet.[299] Das EBW wird in der Regel im Vakuum bei etwa 10^{-4} mbar durchgeführt, was ein ungestörtes Schweißen garantiert und die Oberfläche vor Oxidation und unerwünschten chemischen Reaktionen schützt. Das Erzeugen des Vakuums erfordert in Abhängigkeit von der Bauteilgröße erhebliche Prozessnebenzeiten, wohingegen im Prozess eine Entgasung des Schmelzbades die Restporosität in der Schweißnaht reduziert und damit die Schweißgüte verbessert.[300,301,302] SEINSCHEDT stellte 2020 bereits Anlagenkonzepte vor, die den prozesszeiteffizienten und wirtschaftlichen Einsatz der Elektronenstrahltechnologie für das Kontaktieren von Kupferflachleitern durch Mehrbadschweißtechnologie und parallelisierte Werkstückwechselsysteme ermöglichen.[303] In der industriellen Serienproduktion von Statoren findet diese Technologie bislang nahezu keine Anwendung. TÓTH ET AL. zeigen in ihrer Untersuchung auf, dass das porenfreie Kontaktieren von Kupferflachleitern aus Cu-OFE mit einer großen Parameterbandbreite möglich ist. Für restsauerstoffhaltiges Cu-ETP hingegen stellen sich nur bei exakt abgestimmten Schweißparametern porenreduzierte Schweißergebnisse ein.[304]

Die EBW-Technologie ermöglicht nach dem Prinzip des Rasterelektronenmikroskops (REM) durch Rückstrahlelektronen die visuelle Inspektion der Fügestelle vor und nach dem Schweißprozess. Vor dem Schweißprozess erlaubt dies die individuelle Fügestellenerkennung und adaptive Schweißbahnsteuerung sowie die Identifikation von geometrisch nicht schweißbaren Fehlstellungen der Fügepartner. Nach dem Schweißprozess kann die Schweißnaht maßlich und auf Fehlstellen hin kontrolliert werden.[305]

Widerstandsschweißen

Beim Widerstandsschweißen wird die zum Fügen erforderliche Energie durch elektrischen Strom in Form von joulescher Wärme erzeugt. Hierbei kann sowohl mit oder ohne Einbringung von Kraft als auch mit oder ohne Schweißzusatzwerkstoff gearbeitet werden. In der Praxis wird meist auf eine Anwendung unter Kraft und ohne Zusatzwerkstoff zurückgegriffen. Der Druck wird hierbei während des gesamten

[298] Vgl. Schuler et al. (Praxiswissen Schweißtechnik) 2019, S. 81ff.
[299] Vgl. Kusch et al. (Schweißtechnik) 2022, S. 400ff.
[300] Vgl. Kar et al. (X-ray Tomography Study on Porosity in Electron Beam Welded Dissimilar Copper) 2018.
[301] Vgl. Kanigalpula et al. (Spiking Phenomenon in Electron Beam Welding of ETP Copper Plates) 2018.
[302] Vgl. Johnson (Some Observations on the Electron Beam Welding of Copper) 1970.
[303] Vgl. Seinschedt (Electron Beam Technology in the Field of E Mobility) 2020.
[304] Vgl. Tóth et al. (Electron Beam Welding of Rectangular Copper Wires) 2021.
[305] Vgl. Macherauch (Praktikum in Werkstoffkunde) 2011, S. 289ff.

Schweißvorgangs aufrechterhalten, um eine rissfreie Erstarrung der Schweißlinse sicherzustellen.[306,307] Das dem Pressschweißen zuzuordnende Widerstandspressschweißen erzeugt Verbindungen von metallurgisch hoher Güte und ist zudem kosteneffizient einsetzbar.[308,309] Für Cu-ETP schränkt der Sauerstoffgehalt im Kupfer die Schweißbarkeit nicht ein, die hohe Wärmeleitfähigkeit erfordert jedoch hohe Schweißströme. Bei un- oder niedriglegiertem Kupfer tritt der Punkt des größten elektrischen Widerstands nicht in der Fügestelle, sondern zwischen Elektrode und Werkstück auf, was zu fehlerhaften Fügeergebnissen führen kann. Abhilfe kann das Vorwärmen der zu fügenden Bauteile bringen.[310,311] Der Prozess des Widerstandsschweißens weist eine gute Automatisierbarkeit auf und findet in der Automobilindustrie, z. B. im Karosseriebau, bereits weitverbreitet Anwendung.[312] Agapiou et al. zeigen, dass das Widerstandspressschweißens für Kupferflachleiter in der Hairpin-Technologie anwendbar ist. Bei Stromstärken von ca. 20–30 kA und Fügekräften von ca. 700–2140 N konnten reproduzierbar gute und mechanisch belastbare Fügeergebnisse erzielt werden.[313,314] Riedel et al. merken jedoch an, dass die Handhabung und die beschränkte Zugänglichkeit des Wickelkopfes zu Schwierigkeiten führen können. Zudem führt ein hoher Verschleiß der verwendeten Elektroden zu einer unklaren Prozessstabilität.[315] Industrielle Anwendungen des Widerstandspressschweißens oder abgewandelter Lötverfahren für Formspulenwicklungen sind für Stator- und Rotortopologien mit guter Fügestellenzugänglichkeit praktikabel. Dies können Topologien mit nur einer Wicklungsebene oder das Kontaktieren von Verschaltbaugruppen sein.

Wolfram-Inertgasschweißen

Das Wolfram-Inertgasschweißen (WIG) wird den berührungslosen Schmelzschweißverfahren zugeordnet. Zwischen einer Wolframelektrode und der Fügestelle wird ein Lichtbogen gezündet, wobei die Elektrode bis auf wenige Millimeter an die Fügestelle herangeführt werden muss. Das Schmelzbad wird durch ein inertes Schutzgas vor Oxidation geschützt. Die Charakteristik der Elektronenemission der Wolframelektrode kann u. a. durch Oxidzusätze variiert werden, wohingegen die Elektrodenform das Einbrandverhalten durch Variation der Stromdichte beeinflussen kann. Üblicherweise wird das Schmelzschweißverfahren mit Zugabe eines stabförmige Schweißzusatzes

[306] Vgl. Deutsches Kupferinstitut Berufsverband (Schweißen von Kupfer und Kupferlegierungen) 2009, S. 13f.
[307] Vgl. Schuler et al. (Praxiswissen Schweißtechnik) 2019, S. 97ff.
[308] Vgl. Dilthey (Schweißtechnische Fertigungsverfahren) 2006, S. 137ff.
[309] Vgl. Deutsches Institut für Normung (DIN 8593-6) 2003.
[310] Vgl. Deutsches Kupferinstitut Berufsverband (Schweißen von Kupfer und Kupferlegierungen) 2009, S. 13ff.
[311] Vgl. O'Brien (Welding Handbook) 2015, S. 241.
[312] Vgl. Koch (Zukunftsweisende Produktionsstrukturen im Automobilbau) 1981.
[313] Vgl. Agapiou et al. (Resistance Mash Welding) 2013.
[314] Vgl. Peterson et al. (Resistance-Spot-Mash-Welding) 2015.
[315] Vgl. Riedel et al. (Challenges of the Hairpin Technology for Production Techniques) 2018.

angewendet.[316,317] Die hohe Wärmeleitfähigkeit von Kupfer erfordert eine hohe Leistungsdichte des Lichtbogens, um das Vorwärmen der Fügestelle zu umgehen. Mit erreichbaren Leistungsdichten im Bereich von 10^5 W/cm² kann im WIG-Schweißprozess von ausgedehnten Wärmeeinflusszonen (WEZ) und reduzierter Schweißeignung bei großen Drahtquerschnitten ausgegangen werden.[318,319,320] ISHIGAMI ET AL. berichten von der Anwendung des WIG-Schweißverfahrens für Formspulenwicklungen im Prototypenbau mit einem nominellen Drahtquerschnitt von 2,47 mm × 3,32 mm. Prozesszeiten von ca. 1 Sekunde pro Schweißstelle und subjektiv zufriedenstellende Nahtqualitäten werden erreicht. Auf den Einsatz von Zusatzwerkstoff wird nicht eingegangen.[321] Auch wenn die Anschaffungskosten für ein WIG-Schweißequipment vergleichsweise gering sind, haben die Erfahrungen aus der industriellen Erprobung nur eine bedingte Serienanwendbarkeit gezeigt. Herausforderungen liegen in der beschränkten Zugänglichkeit der Fügestelle, dem hohen Wärmeeintrag und der instabilen Schweißqualität, weswegen das Verfahren vorrangig für Reparaturschweißprozesse in der Nacharbeit eingesetzt wird.[322,323]

2.2.3 Anforderungen an die Schweißvorbereitung im Laserschweißprozess

Requirements for Laser Welding Preparation

Wie in Kapitel 2.2.2 aufgezeigt, handelt es sich beim Laserschweißen von Kupfer um einen stark sensitiven und wechselwirkenden Prozess, welcher zahlreiche Anforderungen an die Schweißvorbereitung stellt.[324] Die Wirkbeziehung kann beispielhaft anhand der Beeinflussung des elektrischen Widerstandes der Fügestelle nach dem Kontaktierprozess illustriert werden. Für 80 % der Streuung der elektrischen Kontaktstelleneigenschaften in der Flachleitertechnik, die aus prozesskettenübergreifenden Wechselwirkungen resultieren, sind nach GLAESSEL vier Wirkbeziehungen verantwortlich, die auf die Schweißvorbereitung zurückzuführen sind:[325]

- Z-Versatz des Leiterpaars
- Höhe der Fase
- zu großer Fügespalt
- Isolationsrückstände

Im Folgenden werden die Prozesseinflussparameter und -störgrößen genauer beschrieben und daraus die Anforderungen an die Schweißvorbereitung abgeleitet.

---

316 Vgl. Schuler et al. (Praxiswissen Schweißtechnik) 2019, S. 71f.
317 Vgl. Kusch et al. (Schweißtechnik) 2022, S. 129ff.
318 Vgl. Lei et al. (Simulation on Temperature Field of TIG Welding of Copper) 2006.
319 Vgl. Deutsches Kupferinstitut Berufsverband (Schweißen von Kupfer und Kupferlegierungen) 2009, S. 10f.
320 Vgl. Dwivedi (Fundamentals of Metal Joining) 2022, S. 65ff.
321 Vgl. Ishigami et al. (Stator With Thick Rectangular Wire) 2015.
322 Vgl. Schroth et al. (US10213878B2) 2019.
323 Vgl. Gould (Joining Challenges in the Manufacture of Motors) 2019.
324 Vgl. Kampker et al. (Herausforderung Hairpintechnologie) 2018.
325 Vgl. Glaessel (Prozessketten zum Laserstrahlschweißen von flachleiterbasierten Formspulenwicklungen) 2020, S.140.

Die geometrischen Anforderungen können in lokale und globale geometrische Zielgrößen unterteilt werden, wobei lokal die einzelne Fügestelle und global der gesamte Wickelkopf als Referenzraum betrachtet wird. Das zugrundeliegende physikalische Wirkprinzip der Prozessstörgröße ist identisch. In Abbildung 2-11 sind die häufigsten Geometriefehler schematisch dargestellt und durch beispielhafte Ziel- und Ist-Werte aus der industriellen Praxis unterlegt. Die Fasengeometrie bleibt in der Übersicht unberücksichtigt, da sie einen linear veränderlichen Höhenunterschied in Z-Richtung abbildet und somit demselben Fehlerprinzip folgt.[326,327]

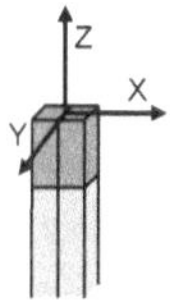

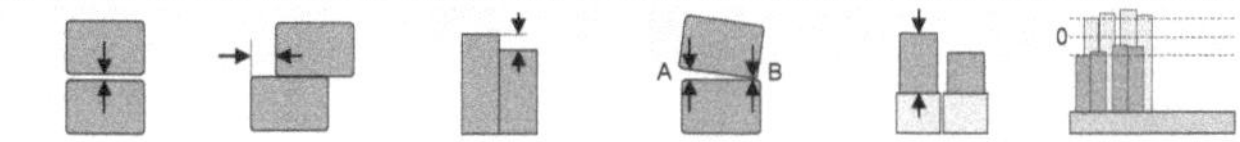

	Füge-spalt X	Versatz in Y	Höhen-versatz in Z	Verdreh-ung um Z	Abisolier-länge	Absolut höhe
Abbildung						
Ziel	≤ 0,1 mm	≤ 0,5 mm	≤ 1,1 mm	≤ 0,1 mm (A+B/2)	≥ 5,0 mm ≤ 12,0 mm	-1,5 ... +1,5 mm
Ist	≤ 0,25 mm	≥ -0,56 mm ≤ 0,95 mm	≤ 2,2 mm	≤ 0,25 mm	teilweise < 5 mm	ok

Abbildung 2-11: Geometrieanforderungen für die Schweißvorbereitung mit anwendungsbezogenem Vergleich[328]

Geometry requirements for welding preparation with application-related comparison

Geometrische Anforderungen beim Ausrichten und Spannen

Bei der unmittelbaren geometrischen Schweißvorbereitung können drei grundlegende Fehlerprinzipien erkannt werden: Spaltüberbrückung, Defokussierung/Z-Verschiebung und Lateralverschiebung.[329,330, 331]

A: Spaltüberbrückung:

Als Ursache wird ein Spalt zwischen den Fügepartnern in der Schweißvorbereitung identifiziert, welcher aus Vorprozessen übertragen wird oder auf Ungenauigkeiten im Spann- und Ausrichtvorgang zurückzuführen ist. Hierzu werden auch Neigungsfehler durch die Verdrehung der Drahtenden um Z und Y verstanden. Anforderung an den Schweißprozess ist in diesem Fall die Spaltüberbrückung. In schmelzflüssiger Phase wird der Spalt durch eine Fließbewegung des Leiterwerkstoffes geschlossen. Durch Aussetzen des thermischen Energieeintrags in die Fügestelle über die Spaltbreite und aufgrund der Volumenkonstanz bei der Spaltbrückung resultiert ein reduzierter Anbindungsquerschnitt der Fügestelle. Zudem besteht die Gefahr der

[326] Vgl. Kampker et al. (Initial Strength Joining of Flat Conductor-Based Shaped Coils) 2021.
[327] Vgl. Kuntz (Hot Application) 2020.
[328] Auszug aus Parameterstudien im Rahmen eines Industrieprojektes des PEM der RWTH Aachen mit Referenzdraht ca. 3,0 x 2,7 mm.
[329] Vgl. Sievi et al. (Hairpins für E-Mobility schweißen) 2021.
[330] Vgl. Kampker et al. (Initial Strength Joining of Flat Conductor-Based Shaped Coils) 2021.
[331] Vgl. Neugebauer et al. (Manufacturing Electric Motors) 2019.

(Isolations-)Beschädigung durch Strahldurchgang in den Fügespalt. Als Anforderung an die Schweißvorbereitung leitet sich hieraus die theoretische Nullspaltbildung ab. Abbildung 2-12 stellt einen Schweißprozess mit einem Fügespalt von 0,6 mm dar.

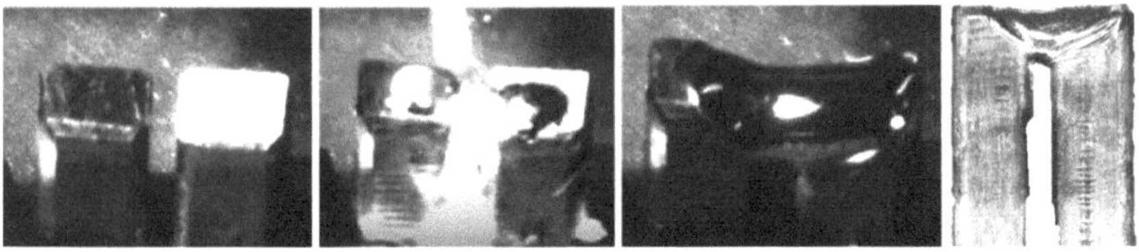

Abbildung 2-12: Prozessbildfolge Hairpinschweißen mit Trumpf TruDisk 5000 bei 0,6 mm Fügespalt

Process sequence hairpin welding with Trumpf TruDisk 5000 at 0.6 mm joint gap

B: Defokussierung/Z-Verschiebung:

Ursächlich ist eine von der eingestellten Fokuslage des Laserstrahls abweichende Höhenlage der Fügestelle auf globaler Ebene für das gesamte Fügepaar oder auf lokaler Ebene für den Einzelleiter. In der Fokuslage besitzt der Laserstrahl die höchste Intensität, die aufgrund des geringen Absorptionsgrades des Grundwerkstoffes für das Kupferschweißen bedeutsam ist.[332] Abbildung 2-13 stellt die Korrelation zwischen Defokussierung und spezifischer Laserleistung dar.

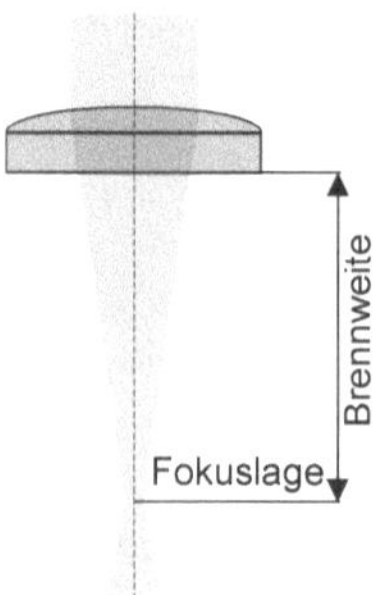

Defokussierung (mm)	Strahldurchmesser (mm)	Leistungsdichte (%)	Spez. Leistung (W)
± 8	0,296	29,4	1471
± 7	0,271	35,3	1763
± 6	0,246	42,6	2129
± 5	0,224	51,6	2582
± 4	0,203	62,6	3126
± 3	0,186	74,8	3739
± 2	0,172	87,0	4348
± 1	0,164	96,4	4819
0	0,161	100,0	5000

Abbildung 2-13: Strahldurchmesser, Leistungsdichte und Laserleistung in Abhängigkeit von der Defokussierung[333]

Beam diameter, energy density and laser power as a function of defocusing

Die Defokussierung, z. B. durch einen Höhenversatz, die Fasengeometrie oder die Absoluthöhe des Wickelkopfes, führt zu einem reduzierten und ggf. inhomogenen Wärmeeintrag in die Fügestelle und wirkt sich in unzureichenden Anbindungsquerschnitten und asymmetrischen Schweißlinsengeometrien aus. Als Anforderung an die Schweißvorbereitung leitet sich hieraus das gleichmäßige (homogene) Ausrichten der

[332] Vgl. Dilthey (Schweißtechnische Fertigungsverfahren) 2006, S. 177ff.
[333] Referenz: Trumpf TruDisk5000 mit 50 µm Faserdurchmesser und 450 mm Brennweite.

Fügepartner in der Fokuslage des Lasers ab. Abbildung 2-14 stellt einen Schweißprozess mit einem Höhenversatz von 2 mm ohne adaptive Fokuslagenmodifikation dar.

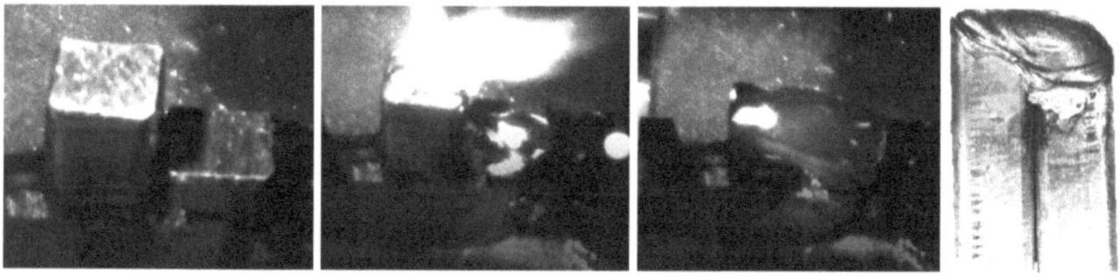

Abbildung 2-14: Prozessbildfolge Hairpinschweißen mit Trumpf TruDisk 5000 bei 2 mm Höhenversatz
Process sequence hairpin welding with Trumpf TruDisk 5000 at 2 mm height offset

C: Lateralverschiebung:

Im Wickelkopf werden die Fügepartner durch Ausricht- und Spannvorrichtungen zusammengeführt. Geometrieabweichungen in Y-Richtung werden als Lateralversatz bezeichnet. Sie resultieren aus Geometrieabweichungen aus vorgelagerten Prozessschritten, wie dem Schränken (PS9) und dem Rückfedern des Wickelkopfes beim Ausrichten. Lateralverschiebungen der Fügepartner erfordern im Laserschweißprozess eine Anpassung der Schweißbahnsteuerung. In Abhängigkeit von der Leiterquerschnittsgeometrie ergeben sich Abweichungen in den Grenzen für die Bahnsteuerung, innerhalb derer die Bahn aktiv angepasst werden muss, siehe Abbildung 2-15. Wird die initiale Bahnsteuerung beibehalten, resultiert daraus die inhomogene Erwärmung der Fügestelle und eine asymmetrische Ausprägung der Schweißlinse sowie die Gefahr einer (Isolations-)Beschädigung durch Strahldurchgänge. Als Anforderung an die Schweißvorbereitung leitet sich die in der Y-Richtung unverschobene Ausrichtung der Fügepartner ab. Abbildung 2-16 stellt einen Schweißprozess mit einem Lateralversatz von 0,4 mm dar.

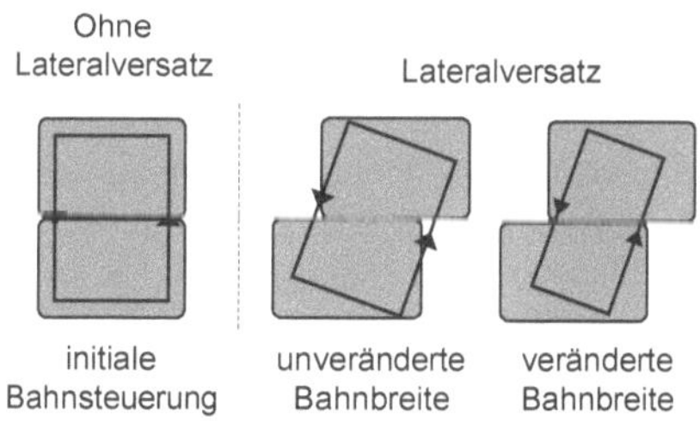

Abbildung 2-15: Einfluss des Lateralversatzes auf die Bahnsteuerung beim Laserschweißen von Flachleitern
Influence of lateral offset on path control during laser welding of flat conductors

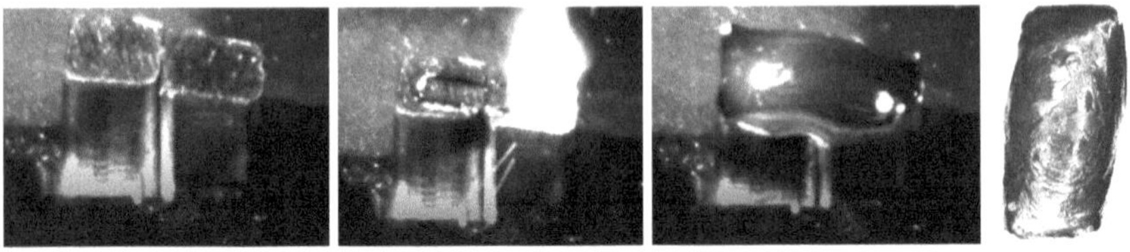

Abbildung 2-16: Prozessbildfolge Hairpinschweißen mit Trumpf TruDisk 5000 bei 0,4 mm Lateralversatz

Process sequence Hairpin welding with Trumpf TruDisk 5000 at 0.4 mm lateral offset

Funktionsflächenanforderungen

Neben den geometrischen Anforderungen beim Ausrichten und Spannen sind Anforderungen an die Fügepartner selbst aufzuzeigen. Im Folgenden wird auf die Schnittflächenqualität, die Sauberkeit der Oberfläche und die Abisolierlänge eingegangen.

D: Schnittflächenqualität:

Die Leiter werden in der Hairpin-Herstellung (PS3) und ggf. als unmittelbare Schweißvorbereitung (PS10) durch einen Schneidprozess, üblicherweise dem Scherschneiden, abgelängt. Die Schnittflächenqualität zeichnet sich durch minimale Gratbildung, Deformationsfreiheit des Leiterquerschnitts und ein homogenes Schnittbild aus. Geometrische Abweichungen an den Fügepartnern können zu Störungen des Spann- und Ausrichtprozesses in der geometrischen Schweißvorbereitung führen.[334] Charakteristisch für das Scherschneiden ist die Ausprägung eines Schnittbildes aus Schnitt- und Bruchfläche, welches beispielsweise vom Schneidspalt und der Schneidengeometrie abhängen.[335] Streuungen des Schnittbildes erschweren die optische Erkennung des Fügespaltes und beeinflussen das Einkopplungsverhalten der Laserstrahlung. Als Anforderung an die Schnittflächenqualität kann eine homogene, ebene, grat- und deformationsfreie Schnittfläche der Fügepartner formuliert werden.

E: Sauberkeit der Oberfläche:

In der Steckspulentechnik werden beschichtete Leiter als Halbzeug eingesetzt. Zur Erzeugung einer elektrisch leitfähigen Verbindung zwischen den Fügepartnern ist es notwendig, die Isolation der Flachleiter in einem vorgelagerten Prozessschritt (PS2) abzutragen.[336] Industriell eingesetzte Verfahren zum Lackabtrag sind das Abisolieren mittels gepulster Laserstrahlung oder das mechanische Entlacken durch z. B. Fräsen oder Schaben, siehe Kapitel 2.1.3. Anforderung für das Abisolieren ist stets das rückstandsfreie Entfernen der Isolation und sonstiger Beschichtungen vom

[334] Vgl. Kampker et al. (Produktionsprozess eines Hairpin-Stators) 2020.
[335] Vgl. Verein Deutscher Ingenieure (VDI 2906-2) 1994.
[336] Vgl. Tzscheutschler et al. (Technologie des Elektromaschinenbaus) 1990, S. 272ff.

Leitergrundwerkstoff.[337,338] Jegliche Rückstände auf der Oberfläche der Fügepartner können durch Wechselwirkungen im Schweißprozess zu Qualitätseinbußen im Schweißergebnis führen, wie z. B. einer verstärkten Spritzer- und Porenbildung.[339]

F: Abisolierlänge:

Im vorangegangenen Abschnitt wurde die Oberflächensauberkeit thematisiert. Neben diesem Merkmal ist auch die geometrische Ausprägung des abisolierten Bereiches als Anforderung der Schweißvorbereitung aufzuzeigen. Die Schmelztemperatur von reinem Kupfer liegt bei ca. 1083 °C.[340] Während des Schweißprozesses wird die Fügestelle über die Schmelztemperatur erwärmt. Durch die hohe Wärmeleitfähigkeit von Kupfer bildet sich im Kopfbereich der Fügestelle eine ausgeprägte Wärmeeinflusszone (WEZ) aus.[341] Es ist zu beachten, dass durch den Schweißprozess keine Beschädigung des Isolationssystems entsteht. Die Zersetzungstemperatur von PAI liegt beispielhaft bei 280 °C.[342] Empirisch lässt sich für Kupferflachleiter je nach Leiterquerschnitt eine Länge der kritischen WEZ von 6–12 mm ermitteln.[343,344] Als Anforderung an die Abisolierlänge kann eine entsprechende Mindestabisolierlänge erfasst werden, um Störeinflüsse für den Schweißprozess auszuschließen und Beschädigungen am Isolationssystem zu vermeiden.

Die Schweißfehler lassen sich gemäß Abbildung 2-17 in Fehlergruppen klassifizieren:

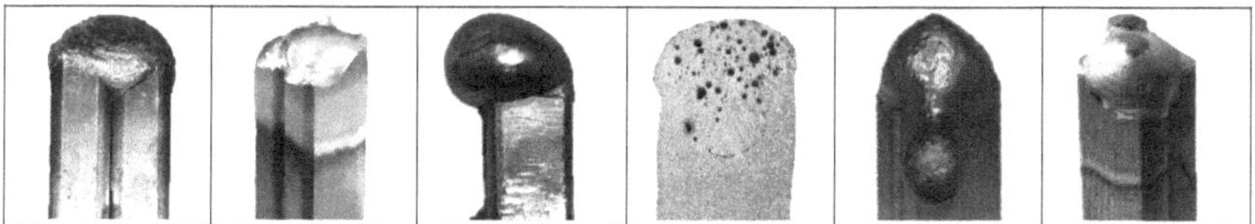

In Ordnung	Zu geringe Anbindung	Asymmetrie	Poren und Einschlüsse	Schmelzeauswurf/ -überlauf	Scharfkantigkeit

Abbildung 2-17: Klassifizierung der Schweißfehler in der Hairpin-Schweißtechnik
Classification of welding defects in the hairpin welding technique

[337] Vgl. Kampker et al. (Produktionsprozess eines Hairpin-Stators) 2020.
[338] Vgl. Glaessel (Prozessketten zum Laserstrahlschweißen von flachleiterbasierten Formspulenwicklungen) 2020, S.55ff.
[339] Vgl. Glaessel et al. (Challenges in the Manufacturing of Hairpin Windings and Application Opportunities) 2017.
[340] Vgl. Deutsches Kupferinstitut Berufsverband (Cu-OFE) 2005.
[341] Vgl. Schulze (Die Metallurgie des Schweißens) 2009, S. 509ff.
[342] Vgl. Krüger (Polyamidimid) 2019.
[343] Vgl. Glaessel (Prozessketten zum Laserstrahlschweißen von flachleiterbasierten Formspulenwicklungen) 2020, S. 74ff.
[344] Vgl. Dimatteo et al. (The Effect of Process Parameters) 2021.

2.2.4 Status quo der geometrischen Schweißvorbereitung in der Hairpin-Technologie

Status Quo of Geometric Welding Preparation in Hairpin Technology

In der industriellen Praxis werden zur Kompensation von Geometrieabweichungen im Wickelkopf zusätzliche Prozesse und komplexe Spannsysteme eingesetzt. Zum einen können Beschnitte den Höhenversatz zwischen den Drahtenden ausgleichen, sie verursachen aufgrund der notwendigen Schneidzugabe aber Materialverluste.[345] In Abbildung 2-18 sind beispielhaft die Werkzeugprinzipien für die Prozesse Schränken (PS9) und Schneiden (PS10) dargestellt, welche unmittelbar vor dem Schweißprozess angeordnet sind.[346]

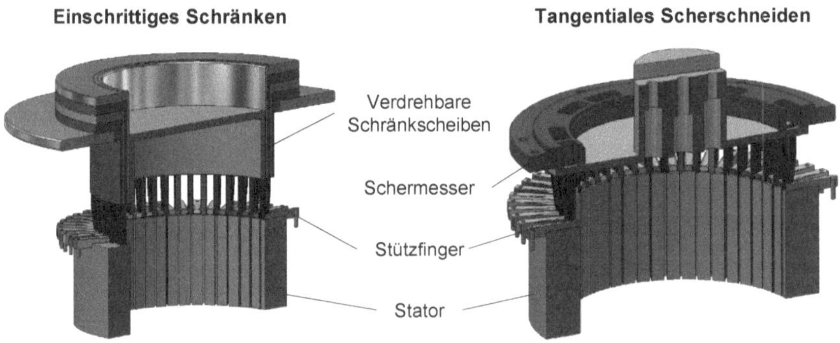

Abbildung 2-18: Funktionsprinzip des Schränkens und Schneidens[347]
Functional principle of twisting and cutting

Für das Ausrichten und Spannen der Kupferflachleiter in einer Schweißebene werden Greif- und Spannsysteme eingesetzt, die mittels Kraft- und/oder Formschluss die Ausrichtung der Fügepartner sicherstellen sollen und während des Schweißprozesses im Wickelkopf verbleiben. Es können segmentierte Einzelspannsysteme je Fügepaar oder gekoppelte Systeme zum Spannen des gesamten Wickelkopfes eingesetzt werden.[348,349] Es werden drei grundlegende Verfahrensalternativen am Markt unterschieden, siehe Abbildung 2-19:

---

[345] Vgl. Kampker et al. (Produktionsprozess eines Hairpin-Stators) 2020.
[346] Vgl. Riedel et al. (Challenges of the Hairpin Technology for Production Techniques) 2018.
[347] Abbildungen gesponsert von der Röscher GmbH Automatisierungstechnik und Konstruktion in Berlin.
[348] Vgl. Kampker et al. (Initial Strength Joining of Flat Conductor-Based Shaped Coils) 2021.
[349] Vgl. Glaessel et al. (Challenges in the Manufacturing of Hairpin Windings and Application Opportunities) 2017.

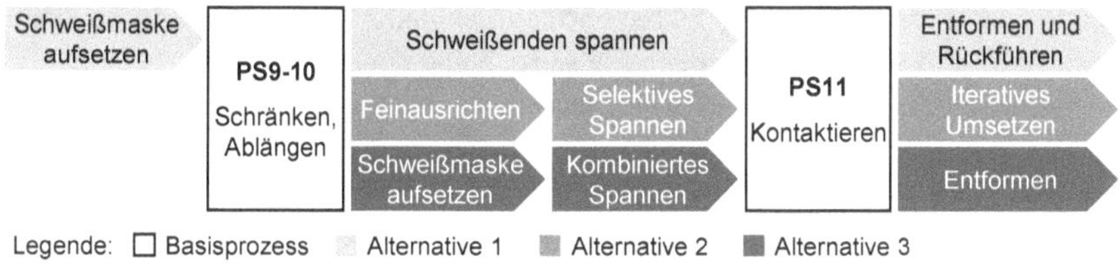

Abbildung 2-19: Verfahrensalternativen zum spannvorrichtungsbehafteten Fixieren der Drahtenden vor dem Schweißprozess[350]

Process alternatives for clamping the wire ends before the welding process

Alternative 1: Die Spannvorrichtung wird vor dem Schneidprozess, ggf. vor dem Schränkprozess, auf den Wickelkopf aufgesetzt und als Stützelement und Rückfederungskompensation eingesetzt. Im Kontaktierprozess wird durch aktive Werkzeugbewegungen die Ausrichtung der Fügepartner sichergestellt. Je nach Anlagenstruktur wird die Vorrichtung im Umlaufbestand eingesetzt, inkl. notwendiger Rückführung.

Alternative 2: Nach PS9 und PS10 wird ein optionaler Feinausrichtprozess durchgeführt, bei dem mögliche Geometrieabweichungen aus den Vorprozessen durch Nachformprozesse im plastisch-elastischen Bereich kompensiert werden. Anschließend erfolgt durch selektives Spannen das finale geometrische Ausrichten der Fügepaare.

Alternative 3: Die Spannvorrichtung wird unmittelbar vor dem Schweißprozess auf den Wickelkopf aufgesetzt und dieser durch eine passive oder aktive Werkzeugbewegung ausgerichtet und gespannt.

Bei allen Verfahrensalternativen verbleibt die Spannvorrichtung während des Kontaktierprozesses im Wickelkopf und muss nachgelagert entformt werden. Zum Schutz vor Schweißspritzern und Kontamination ist der Einsatz von Maskierungen gebräuchlich.[351]

Neben den Verfahrensalternativen gibt es Alternativen bei der Prozesstechnologie zum Ausrichten und Spannen, siehe Abbildung 2-20. Es wird zwischen dem kombinierten und dem selektiven Spannen differenziert. Das kombinierte Spannen umfasst das parallele Spannen des gesamten Wickelkopfes oder einzelner Wickelkopfsegmente mittels gekoppelter Werkzeugbewegungen. Beim selektiven Spannen erfolgt der Spannprozess der Fügestellen seriell, i. d. R. durch eine numerisch gesteuerte Greifbewegung. Ein weiteres Differenzierungsmerkmal ist die Orientierung der Werkzeugbewegung. Isoliert können axiale, radiale und tangentiale Werkzeugbewegungen unterschieden werden. In der praktischen Umsetzung sind oftmals Kombinationen

[350] Vgl. Kampker et al. (Initial Strength Joining of Flat Conductor-Based Shaped Coils) 2021.
[351] Vgl. Neugebauer et al. (Manufacturing Electric Motors) 2019.

ebendieser Einzelbewegungen zu beobachten, um neben der eigentlichen Spannbewegung eine hinreichende geometrische Ausrichtung der Fügepaare zu bewirken.[352]

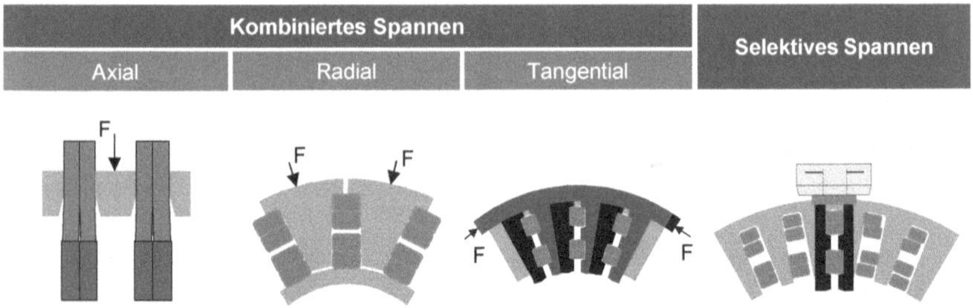

Abbildung 2-20: Prozesstechnologien zum Ausrichten und Spannen von Flachleitern[353]

Process technologies for aligning and tensioning flat conductors

Entscheidend für die Qualität der geometrischen Schweißvorbereitung in der Hairpin-Technologie gemäß der in Kapitel 2.2.3 gestellten Anforderungen ist die gewählte Prozesstechnologie. Die ganzheitliche Darstellung des gegenwärtigen Stands der Technik stellt dabei eine nicht triviale Aufgabe dar. Aufgrund der Neuheit der Flachleitertechnologie im automobilen Elektromotorenbau wurde bisher nur wenig Fachliteratur in Form von Konferenzbeiträgen, Dissertationsschriften und Ähnlichem in diesem Technologieumfeld veröffentlicht. Neuartige Erfindungen oder Technologien werden häufig zuerst durch Patentschriften geschützt. Ungefähr 80–90 % des technischen Wissens werden in Patenten publiziert, wohingegen andere Literatur lediglich 5–10 % des Wissens enthält.[354,355] DORN beobachtet seit 2015 einen exponentiellen Anstieg der Patentveröffentlichungen zum Thema „Hairpin".[356]

Im folgenden Abschnitt wird im Rahmen einer Patentanalyse die Patentsituation der Hairpin-Statorfertigung, insbesondere der direkten Schweißvorbereitung, dargestellt.

Methodik und Vorgehen der Patentrecherche

Bei einer Patentrecherche wird je nach Fragestellung zwischen unterschiedlichen Recherchenformen unterschieden. Ziel dieser Analyse ist es, die Relevanz des Themas aufzuzeigen und den Stand der Technik der vorhandenen Verfahren und Vorrichtungen zum Ausrichten und Spannen von Flachleitern vor dem Kontaktierprozess abzubilden. Dementsprechend ist die Recherche in das Feld der Sachrecherchen

[352] Vgl. Kampker et al. (Initial Strength Joining of Flat Conductor-Based Shaped Coils) 2021.
[353] Vgl. Kampker et al. (Initial Strength Joining of Flat Conductor-Based Shaped Coils) 2021.
[354] Vgl. Vgl. Slaby (Online-Recherche in Patentdatenbanken) 2005; Vgl. Gassmann et al. (Patentmanagement) 2017.
[355] Vgl. Gassmann et al. (Patentmanagement) 2017, S. 2.
[356] Vgl. Dorn (An Integrated View on Variables in Electric Drive Production) 2022.

einzuordnen.[357,358] Dabei wurde in Anlehnung an die Literatur die in Abbildung 2-21 dargestellte Methodik entwickelt und angewendet.[359,360] Diese kann im Wesentlichen in drei Abschnitte unterteilt werden, die Vorrecherche, die Hauptrecherche und die Analyse. Die Vorrecherche lässt sich erneut unterteilen, sodass sich vier Phasen ergeben.

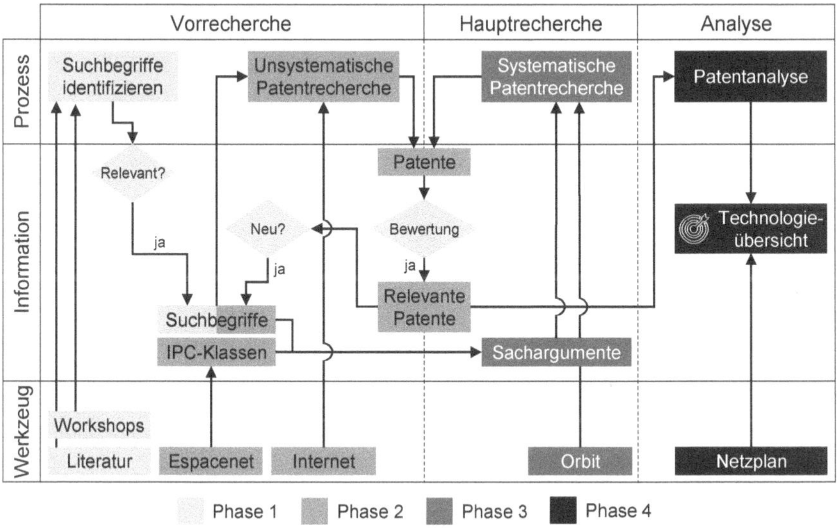

Abbildung 2-21: Methodik der Patentrecherche

Patent Research Method

Phase 1: Vorrecherche – Suchbegriffe identifizieren

Auf Grundlage vorhandener Literatur zur Hairpin-Statorproduktion wurden potenzielle Suchbegriffe identifiziert. Aus der Gesamtheit der Suchbegriffe wurden nach erneuter Überprüfung folgende Suchbegriffe in Deutsch und Englisch für das weitere Vorgehen festgelegt:

Hairpin, Stator, Motor, Welding/Schweißen, Winding/Wicklung, Clamping/Klemmen.

Phase 2: Vorrecherche – Unsystematische Patentrecherche

Über nicht kommerzielle Patentdatenbanken[361] wurde eine unsystematische Patentrecherche durchgeführt. Unsystematisch bedeutet in diesem Kontext, dass mehrere Suchverfahren gleichzeitig durchgeführt werden. Einerseits werden Patente anhand

---

[357] Vgl. Kastner (Patentrecherche und Bewertung) 2011.

[358] Vgl. Offenburger (Patent und Patentrecherche) 2015, S. 74.

[359] Vgl. Zhang et al. (Patent Mining) 2014.

[360] Vgl. Wang et al. (Patent Mining Approach for Analyzing Technological Opportunities) 2019.

[361] Patentdatenbank DPMA und Google Patents.

der im vorherigen Schritt festgelegten Suchbegriffe über die Patentdatenbank gesucht. Andererseits erfolgt parallel die Durchsicht von Patenten, die in bereits als relevant identifizierten Patenten erwähnt werden. Aufgrund der Empfehlung von KONISHI werden Titel, Abstract, Anspruch und Beschreibung zur Extrahierung neuer und verbesserter Suchbegriffe herangezogen.[362] Obwohl in diesem Schritt bereits Patente zur abschließenden Analyse aufgenommen werden, lautet das eigentliche Ziel dieses Schrittes, die Sammlung der Suchbegriffe in einem iterativen Vorgehen zu verfeinern, und dient damit als Vorbereitung für die anschließende systematische Patentrecherche. Als Abbruchkriterium für den Abschluss der unsystematischen Patentrecherche wurde die zeitliche Begrenzung von zwei Arbeitstagen gewählt. Damit ist die Vorbereitung für eine systematische Suche mit vielen Begriffen im Volltext nach OFFENBURGER abgeschlossen.[363] Dabei wurden folgende Begriffe identifiziert:

Align/Ausrichten, Position/Positionieren, Fasten/Fixieren, Spannen, Haarnadel, Bar, Wire, Kabel, Draht, Laser, Solder/Löten, Join/Fügen.

Ergänzend dazu wurde eine Suche mit wenigen Suchbegriffen und unter der Verwendung von internationalen Patentklassifikationen (IPC) vorbereitet. Zur Identifizierung der relevanten Klassen wurden die bereits identifizierten Patente herangezogen. Darüber hinaus wurden die bisher aufgestellten Suchbegriffe genutzt, um über *Espacenet*[364] des Europäischen Patentamtes weitere IPC-Klassen zu identifizieren. Das Ergebnis dieser beiden Schritte beinhaltet folgende Patentklassen:

B23K: *Soldering or Unsoldering; Welding; Cladding or Plating by Soldering or Welding; Cutting by Applying Heat Locally, e.g. Flame Cutting, Working by Laser Beam*;

H01R: *Electrically Conductive Connections; Structural Associations of a Plurality of Mutually-Insulated Electrical Connecting Elements; Coupling Devices; Current Collectors;*

H02K: *Dynamo-Electric Machines.*

Mit der Identifizierung der Suchbegriffe und der IPC-Klassen ist die Vorrecherche und die Vorbereitung der systematischen Patentrecherche abgeschlossen.

Phase 3: Hauptrecherche – Systematische Patentrecherche

Die systematische Patentrecherche wurde in der kommerziellen Patentdatenbank *Orbit Intelligence*[365] durchgeführt. Die Software ermöglicht komplexere Suchanfragen, erfordert aber die Verwendung einer entsprechenden Programmsyntax. Für die

[362] Vgl. Konishi (Query Terms Extraction from Patent Document for Invalidity Search) 2005, S. 6.
[363] Vgl. Offenburger (Patent und Patentrecherche) 2015, S. 104.
[364] https://worldwide.espacenet.com.
[365] https://www.orbit.com.

Patentrecherche wurden die folgenden erweiterten Suchargumente mit einer UND-Verknüpfung verwendet:[366]

1. AUSRICHT+ OR ALIGN+ OR POSITION+ OR FIX+ OR CLAMP+ OR SPANN+ OR FASTEN+
2. HAIR_PIN? OR HAARNADEL+ OR BAR OR WIRE OR KABEL OR DRAHT
3. STATOR
4. WICKLUNG+ OR WINDING+
5. WELDING OR LASER OR SCHWEISSEN OR SOLDER+ OR LÖT+ OR FÜG+ OR JOIN+

Die korrekte thematische Zuordnung der Suchergebnisse wurde durch einen IPC-Klassen-Filter sichergestellt und so Patente aus anderen Themengebieten, wie z. B. dem Friseurwesen oder der DNA-Forschung, ausgeschlossen.

Phase 4: Analyse – Patentanalyse

Der letzte Schritt der Patentrecherche besteht darin, die gefundenen Patente zu klassifizieren und zu bewerten. Dabei werden die Patente anhand definierter Kriterien geordnet, technologisch eingeordnet und bewertet, siehe Anhang 2. Die Unterscheidungskriterien sind in Tabelle 2-4 aufgeführt. Bei der Analyse wurden Patente identifiziert, die ohne Spannvorrichtung im Kontaktierprozess auskommen und ggf. den stoffschlüssigen Fügeprozess durch ein Zusatzelement substituieren. Diese Kategorien werden in der Morphologie durch die Merkmale *Verfahren* und *Zusatzelement* abgebildet.

Tabelle 2-4: Merkmalsmorphologie der Ausricht- und Spannverfahren für die geometrische Kontaktiervorbereitung

Feature morphology of alignment and clamping methods for geometrical welding preparation

Merkmal	Ausprägungen				
Prozesstechnologie	Kombiniertes Spannen			Selektives Spannen	
Hauptwerkzeugbewegung	Axial	Radial	Tangential	Multidirektional	Greifer
Verfahren	Spannvorrichtungsbehaftet (direkt)			Spannvorrichtungslos (indirekt)	
Zusatzelement	mit			ohne	

Ergebnisdarstellung der Patentrecherche

In der unsystematischen Patentanalyse (Phase 2) konnten 34 relevante Patente identifiziert werden. Die Suche in *Orbit Intelligence* führte zu einer Trefferzahl von 651 Patenten, wovon 12 Patente als relevant klassifiziert wurden. Insgesamt wurden also 46 Schutzrechte für Verfahren und Vorrichtungen zum Ausrichten und Spannen von Flachleitern vor dem Kontaktierprozess gefunden. Patente, die einer gemeinsamen

[366] Die Syntax der erweiterten Suchargumente kann anhand der Dokumentation der Software *Orbit Intelligence* nachvollzogen werden (https://www.orbit.com/).

Patentfamilie angehören und demnach eine Ergänzung oder Erweiterung zueinander abbilden, wurden nur einfach in die Statistik aufgenommen. Patente, die mit unterschiedlichen Patentnummern veröffentlicht wurden, sich inhaltlich aber nicht unterscheiden, wurden ebenfalls nur einfach in die Statistik aufgenommen. Die Patentrecherche fand zum Stichtag 31.03.2022 statt.

In Abbildung 2-22 sind die Anmeldungen der als relevant identifizierten Patente über die Anmeldejahre abgebildet. Das erste relevante Patent wurde bereits im Jahr 1999 angemeldet. Seit 2018 hat die Anzahl der Anmeldungen stark zugenommen. Da zwischen Patentanmeldung und Offenlegung mindestens 18 Monate liegen, ist eine unvollständige Darstellung der Patentanmeldungen in der jüngeren Vergangenheit anzunehmen.[367,368]

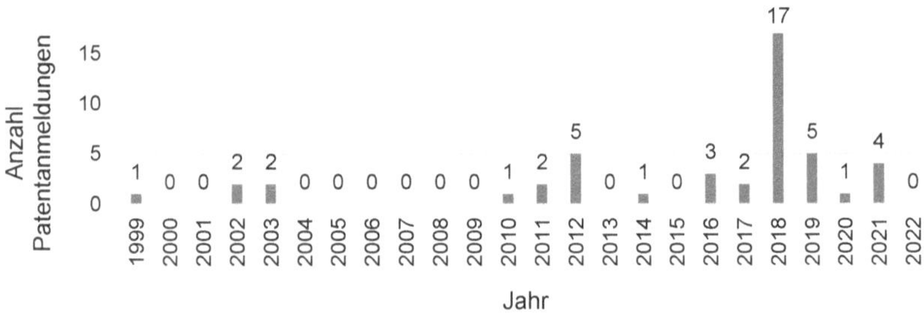

Abbildung 2-22: Anmeldungshistorie der Patentanmeldungen für Verfahren und Vorrichtungen zum Ausrichten und Spannen von Flachleitern in der Hairpin-Technologie

History of patent applications for methods and devices for aligning and clamping of flat conductors in hairpin technology

Von den 46 identifizierten Patenten können 27 Patente den kombinierten Spannvorrichtungen zugeordnet werden. Der Ausricht- und Spannprozess wird für den gesamten Wickelkopf parallelisiert und die Nebenzeiten für den Kontaktierprozess gering gehalten. Diese technologischen Entwicklungen eignen sich für den Großserieneinsatz. Als dominierende Hauptwerkzeugbewegung kann das tangentiale Spannen, z. B. in der Konfiguration einer Schermaske, mit 15 Pateneintragungen aufgezeigt werden. Aber auch die radiale Hauptwerkzeugbewegung wird mit zehn Nennungen vielfach als technische Lösung dargestellt. Isolierte axiale Spannbewegung werden nur in zwei Patenten genannt, sodass hier von einer reduzierten technischen Anwendbarkeit auszugehen ist. Oftmals wird die axiale Werkzeugbewegung als Vorausrichtoperation in kombinierten Systemen genannt. Insgesamt können bei den kombinierten Spannverfahren sechs grundlegende Funktionsweisen unterschieden werden, wie der Abbildung 2-23 zu entnehmen. Vielfach schützen unterschiedliche Patente ähnliche

---

367 Vgl. Deutsches Patent- und Markenamt (Deutsches Patent- und Markenamt 2021) 2021.

368 Vgl. Organisation for Economic Co-operation and Development (OECD Patent Statistics Manual) 2009, S. 46.

Funktionsweisen. Die zugehörigen Schutzrechte unterscheiden sich nur in der technischen Detailausgestaltung. Das selektive Spannen mit Einzelgreifsystemen wird in acht Patenten sowohl als Hauptspannverfahren als auch für die geometrische Schweißvorbereitung von Sonderspannprozessen beschrieben. Auch werden in dieser Kategorie manuelle Vorrichtungen beschrieben, die z. B. für den Prototypenbau geeignet sind. Der Anhang 3 beinhaltet Technologiesteckbriefe für alle aus der Patentanalyse abgeleiteten Grundfunktionsweisen für das Ausrichten und Spannen von Flachleitern in der Hairpin-Technologie und ordnet diese Verfahren technologisch ein.

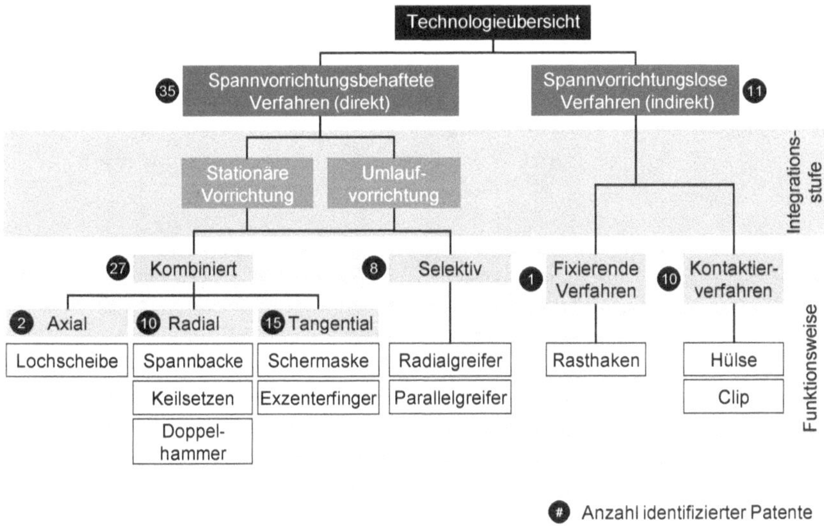

Abbildung 2-23: Technologieübersicht der Verfahren und Vorrichtungen zum Ausrichten und Spannen von Flachleitern in der Hairpin-Technologie

Technology overview of processes and devices for aligning and clamping flat conductors in hairpin technology

Neben den 35 identifizierten Patenten für direkte, spannvorrichtungsbehaftete Verfahren konnten 11 Schutzrechte für indirekte, spannvorrichtungslose Verfahren ermittelt werden. Zum einen beschreibt CHO den Einsatz eines Rasthakensystems zum Vorfixieren der Fügepartner vor dem Schweißprozess.[369] PATEL ET AL., KLEBER ET AL. und JUNG beschreiben in ihren Patentschriften Verfahren für die geometrische Ausrichtung der Flachleiter mit Zusatzelementen, wie Hülsen und Clips. Diese Verfahren ermöglichen die integrierte Kontaktierung der Fügestelle und erfordern keinen nachgelagerten stoffschlüssigen Fügevorgang, sodass diese Verfahren den umformenden

[369] Vgl. Cho (KR101998419B1) 2019.

Kontaktierverfahren (vgl. Kapitel 2.2.2) zugeordnet werden können.[370,371,372] Ein industrieller Einsatz spannvorrichtungsloser Verfahren für die geometrische Schweißvorbereitung ist für den Serieneinsatz bislang nicht bekannt (vgl. Kapitel 3.2.2).

Zusammenfassend können kombinierte Spannverfahren mit radialen und tangentialen Werkzeughauptbewegungen, z. B. in den Konfigurationen der Radialspannbacke oder der Schermaske, als technisch relevante Technologiealternativen für die geometrische Schweißvorbereitung in der Hairpin-Technologie identifiziert werden.

370 Vgl. Patel et al. (US8487498B2) 2013.
371 Vgl. Kleber (US8671559B2) 2011.
372 Vgl. Jung (US 2014/0077636A1) 2014.

3 Ableitung des Forschungsbedarfs und Lösungsweg dieser Arbeit

Deduction of Research Deficit and Solution Approach of This Work

Aufbauend auf den Beobachtungen und Erkenntnissen aus Kapitel 2 wird in diesem Abschnitt der zugrundeliegende Handlungs- und Forschungsbedarf für die Schweißvorbereitung bei flachleiterbasierten Formspulen in der Hairpin-Technologie abgeleitet (Kapitel 3.1) und mit dem „anfangsfesten Hairpin-Fügen“ der Lösungsansatz dieser Dissertation vorgestellt (Kapitel 3.2). Abschließend wird in Kapitel 3.3 die Vorgehensweise und die Struktur der Arbeit erläutert.

3.1 Handlungsbedarf in der geometrischen Schweißvorbereitung

Demand for Action in Geometrical Welding Preparation

Die gegenwärtig etablierte Kontaktierungstechnologie in der Hairpin-Prozesskette ist das Laserstrahlschweißen, da dieses den Anforderungen an Prozesszeit, Anbindungsquerschnitt und Platzbedarf beim Kontaktieren von Flachleitern in der Serienproduktion gerecht wird.[373] In der industriellen Praxis lässt sich dessen Prozessfähigkeit aber nur bedingt reproduzieren.[374] Die Fehlerursachen sind oftmals nicht im Schweißprozess selbst, sondern in der nicht ausreichend präzisen Schweißvorbereitung zu verorten, siehe Kapitel 2.2.1.[375] Beispielsweise sind die Anforderungen der Nahtvorbereitung der theoretische Nullspalt und die definierte Fokuslage, siehe Kapitel 2.2.3.[376] Beispielhafte Fehlerbilder aus der Praxis sind in Abbildung 3-1 dargestellt.

Abbildung 3-1: Fehlerbilder im Hairpinschweißen (Bildbeschreibung von links nach rechts)
- Lateral- und Höhenversätze nach dem Schneidprozess
- Höhenversätze in einer Schweißspannvorrichtung im gespannten Zustand[377]
Inhomogene Schweißergebnisse
- Nicht ausgebildete Schweißkuppe (Kupfer nur einseitig aufgeschmolzen)
- Poren im Schweißquerschnitt

Faults in hairpin welding

Bestandteil der Schweißvorbereitung ist das geometrische Ausrichten und Spannen der Fügepartner. Wie in Abschnitt 2.2.4 vorgestellt, werden für diese Art der

[373] Vgl. Neugebauer et al. (Manufacturing Electric Motors) 2019.
[374] Vgl. Dorn (An Integrated View on Variables in Electric Drive Production) 2022.
[375] Vgl. Kampker et al. (Initial Strength Joining of Flat Conductor-Based Shaped Coils) 2021.
[376] Vgl. Neugebauer et al. (Manufacturing Electric Motors) 2019.
[377] Vgl. Seinschedt (Electron Beam Technology in the Field of E Mobility) 2020.

Schweißvorbereitung fast ausschließlich komplexe Spannvorrichtungen eingesetzt, die während des Schweißprozesses am Bauteil verbleiben.[378] Dies impliziert einen unmittelbaren Einfluss der Spannvorrichtung auf den Schweißprozess und damit eine mögliche Fehlerursache. Der Status quo der geometrischen Schweißvorbereitung in der Hairpin-Technologie ist in Kapitel 2.2.4 beschrieben.

Für das Ausrichten und Spannen von Flachleitern vor dem Schweißen lassen sich Kernhemmnisse identifizieren, die die Prozessfähigkeit, der dem Stand der Technik entsprechenden Prozessalternativen zum Fixieren limitieren:

1. **Nichtlineares Verhalten des Wickelkopfes:** Die Bewegung der zu fügenden Drahtenden in der Ebene ist durch ein nichtlineares Verhalten zu beschreiben. Der Drehpunkt ist um den Schränkwinkel und die Nutposition verschoben. Die starke Dringung des Wickelkopfes und der Kupferleiter in der Nut führen zu einer gegenseitigen Abstützung und Manipulation. Somit sind die Drahtenden fast ausschließlich mittels einer bildsamen Zwangsführung auszurichten.
2. **Begrenzte Zugänglichkeit des Wickelkopfes:** Die Zugänglichkeit der Kupferdrähte ist aufgrund der hohen Packungsdichte der Leiter pro Nut und der Teilung zwischen den Nuten stark eigeschränkt. Aktive Manipulierbewegungen, sowohl radial als auch tangential, sind stark limitiert und daher sind nur geringe Geometrieabweichungen korrigierbar.
3. **Einflüsse durch die und auf die Spannvorrichtung im Schweißprozess:** Die Temperaturverteilung zwischen den Fügepartnern wird durch Wärmeübergänge an den Spannflächen beeinflusst. Schweißspritzer und Schweißemissionen können zu Verunreinigung und Beeinträchtigung der Funktionsfähigkeit der Spannvorrichtung führen. Auch kann die Entformbarkeit der Schweißvorrichtung beeinträchtigt werden.
4. **Inhomogene Spannkraft:** Geometriefehler, wie Neigungs- oder Verdrehungsfehler, aber auch Materialtoleranzen, erfordern zum Schließen des Fügespaltes eine homogene Fügekraft. Bei weggesteuerten und kombinierten Fügesystemen kann diese Fügekraft toleranzbedingt nicht für alle Fügepartner individuell eingestellt werden, sodass die theoretische Nullspaltbildung nicht vollumfänglich sichergestellt wird.

Die Motivation und Vision der vorliegenden Dissertation liegt darin, die Qualität und Prozessstabilität der Hairpin-Prozesskette durch eine aktive <u>Entkopplung von Schweißvorbereitung und Kontaktierprozess</u> nachhaltig zu verbessern. Das bedeutet: Veränderliche Randbedingungen aus den Vorprozessen werden durch eine optimierte Schweißvorbereitung kompensiert und eine nicht beherrschbare Beeinflussung der

---

[378] Vgl. Kampker et al. (Initial Strength Joining of Flat Conductor-Based Shaped Coils) 2021.

Kontaktierung ausgeschlossen. Hierbei liegen die Herausforderungen in der Konzeptionierung und Entwicklung einer definierten und reproduzierbaren Schnittstelle, welche eine singuläre Prozessoptimierung der Einzelprozesse ermöglicht, sowie in der Integration dieser inkrementellen Prozessinnovation in die Gesamtprozesskette. Der Ansatz der Entkopplung der Hairpin-Prozesskette ist in Abbildung 3-2 schematisch dargestellt.

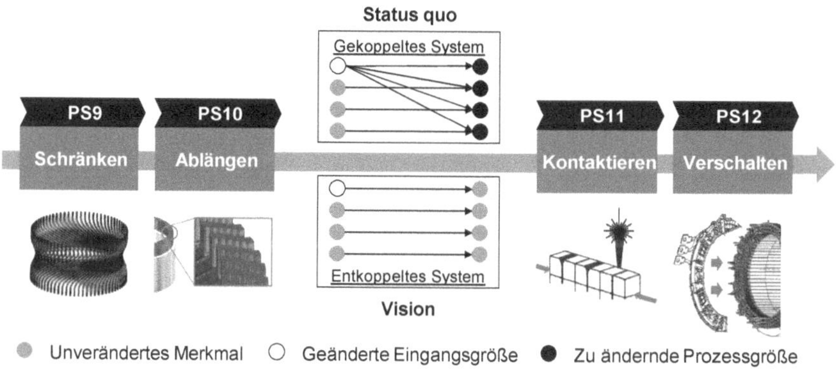

Abbildung 3-2: Ansatz der entkoppelten Hairpin-Kontaktierung in Anlehnung an Neuhausen[379,380]
Approach of decoupled hairpin contacting according to Neuhausen

3.2 Lösungsansatz der anfangsfesten Schweißvorbereitung

Approach of Initial Strength Joining for Welding Preparation

Das Komplexitätsmanagement beschäftigt sich mit Methoden und Ansätzen zum Umgang mit komplexen Systemen in Unternehmen, aber auch in der Wissenschaft und der Technologie.[381] WARNECKE beschreibt eine Methodik für die Beherrschung von technischen Prozessen über die Stufen der Identifikation, Bewertung, Eingrenzung und Bewältigung.[382] Prinzipiell lassen sich für die Herausforderung der Schweißvorbereitung in der Kontaktiertechnik von flachleiterbasierten Formspulen zwei Lösungsansätze differenzieren. Zum einen kann ein interdependentes System durch adaptive, sensor- und softwaregestützte Steuerungen und Regelungen beherrscht werden.[383] GLÄSSEL präsentiert in seiner Dissertation ein Konzept für ein adaptives Kontaktierungssystem für Formspulenwicklungen. Mittels Sensorik werden verschiedene Prozessrandbedingungen der Kontaktierungsvorbereitung erfasst und in individuelle

---

[379] Vgl. Neuhausen (Methodik zur Gestaltung modularer Produktionssysteme) 2001.
[380] Vgl. Treichel (Expertenseminar Hairpin-Statorproduktionstechnologien) 2020.
[381] Vgl. Schoeneberg (Komplexitätsmanagement in Unternehmen) 2014, S. 2f.
[382] Vgl. Warnecke (Komplexität) 2010.
[383] Vgl. Merdan et al. (Adaptive Produktionssysteme durch den Einsatz von autonomen Softwareagenten) 2012.

Kontaktierungsparameter übersetzt. Die optimierten Prozessparameter können durch statistische und/oder selbstlernende Systeme ermittelt werden.[384] Einige technische Lösungsansätze sind in Kapitel 2.2.2 für das Laserstrahlschweißen dargestellt. Zum anderen kann nach dem „Prinzip Einfachheit“[385] vorgegangen werden, welches die Strategie verfolgt, Wechselwirkungen und Abhängigkeiten zu minimieren und Störeinflüsse auf Steuerungsparameter zu reduzieren.

Der Stand der Technik bildet für das Spannen und Ausrichten von Hairpins in der praktischen Anwendung ausschließlich spannvorrichtungsbehaftete Schweißanwendungen (direkt) ab. Neben dem Laserkontaktieren werden in der Hairpin-Technologie stets weitere Kontaktierverfahren, wie z. B. Widerstandsschweißen, Löten und Heißcrimpen, auf ihre Tauglichkeit hin untersucht. Das Laserstrahlschweißen vereint für die Serienproduktion die meisten Prozessvorteile und ist dementsprechend im Markt fast ausschließlich vertreten.[386,387]

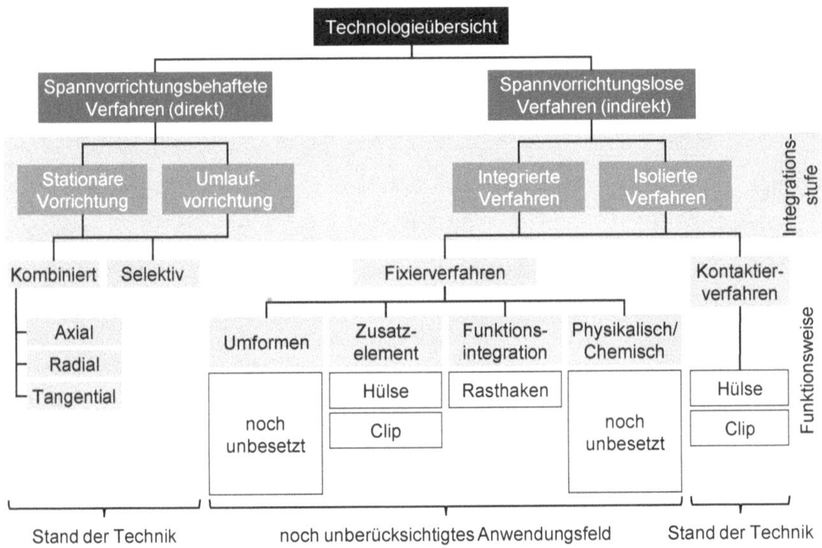

Abbildung 3-3: Generische Technologieübersicht für indirekte Verfahren zum Ausrichten und Spannen von Flachleitern in der Hairpin-Technologie

Generic technology overview of indirect processes for aligning and clamping flat conductors in hairpin technology

---

[384] Vgl. Glaessel (Prozessketten zum Laserstrahlschweißen von flachleiterbasierten Formspulenwicklungen) 2020, S. 141ff.

[385] Helfrich (Das Prinzip Einfachheit) 2018.

[386] Vgl. Glaessel et al. (Challenges in the Manufacturing of Hairpin Windings and Application Opportunities) 2017.

[387] Vgl. Agapiou et al. (Resistance Mash Welding) 2013.

Zur vollständigen Abbildung der Prozessalternativen zum Ausrichten und Spannen der Hairpin-Enden vor dem Laserschweißprozess kann die Prozessübersicht aus Abbildung 2-23 um spannvorrichtungslose (indirekte) Verfahren erweitert werden, siehe rechte Seite der Abbildung 3-3. Unter spannvorrichtungslosen Verfahren werden Verfahren verstanden, bei denen das Laserkontaktieren erfolgt, ohne dass währenddessen eine Spannvorrichtung am Bauteil verbleibt. Die in der Prozessübersicht aufgeführten übergeordneten Kategorien der Funktionsweisen entstammen einer Sammlung einsetzbarer Verfahren, erheben aber keinen Anspruch auf Vollständigkeit. Das Anwendungsfeld der indirekten Spannverfahren ist für die Hairpin-Technologie sowohl in der Forschung als auch der Praxis weitestgehend unberücksichtigt, siehe u. a. Kapitel 2.2.4.

Zur Charakterisierung der spannvorrichtungslosen Verfahren wird an dieser Stelle der aus der Klebtechnik stammende Begriff der „Anfangsfestigkeit" eingeführt und für das behandelte Anwendungsfeld adaptiert. Die Anfangsfestigkeit beschreibt bei einer Klebverbindung die Fähigkeit, Kräfte unmittelbar nach dem Klebprozess zu übertragen, ohne dass die chemischen oder physikalischen Aushärtevorgänge abgeschlossen sind und damit die Endfestigkeit hergestellt wurde. Die Anfangsfestigkeit von Klebverbindungen wird oftmals durch Hybridfügeverfahren unterstützt, indem initial durch eine mechanische Vorfixierung, z. B. mittels Durchsetzfügen, die Festigkeit der Verbindung sichergestellt wird.[388,389]

Analog wird das anfangsfeste Hairpin-Fügen hier wie folgt definiert:

„Das anfangsfeste Hairpin-Fügen ist ein Fügeverfahren zum Vorfixieren von flachleiterbasierten Formspulen mit dem Zielzustand einer mechanisch fixierten Fügestelle, die den Anforderungen an die geometrische Ausrichtung der Fügepartner für das Laserkontaktieren genügt, aber noch keine dauerfeste und elektrisch leitfähige Fügeverbindung herstellt."[390]

Die Einordnung des Fügeverfahrens erfolgt gemäß DIN 8593. Die Fixierung findet z. B. durch Einpressen, Umformen oder Zusammensetzen statt.[391] Ziel ist es, die geometrische Schweißvorbereitung und den Schweißprozess aktiv zu entkoppeln und somit reproduzierbare Randbedingungen für einwandfreie Schweißergebnisse zu liefern. Das hier beschriebene Anwendungsgebiet gilt es im Rahmen dieser Dissertationsschrift methodisch und technologisch zu erschließen.

---

388 Vgl. Habenicht (Kleben) 2009, S.188ff.
389 Vgl. Pocius (Adhesion and Adhesives Technology) 2012, S. 191.
390 Eigene Definition.
391 Vgl. Deutsches Institut für Normung (DIN 8593-0) 2003.

3.2.1 Einordnung und Abgrenzung zum Stand der Technik

Classification and Demarcation from the State of the Art

Die Hairpin-Technologie bedient sich einer Vielzahl an Fertigungsverfahren, welche gemäß DIN 8580[392] den Hauptgruppen 2 bis 5 zugeordnet werden können. Die Prozessbezeichnungen sind in Abbildung 2-7 definiert:

Hauptgruppe 2 – Umformen: PS1, PS4, PS8, PS9

Hauptgruppe 3 – Trennen: PS2, PS3, PS10

Hauptgruppe 4 – Fügen: PS11, PS12

Hauptgruppe 5 – Beschichten: PS13, PS14

Die sonstigen Prozesse sind in die Montage- und Handhabungstechnik nach VDI 2860[393] einzuordnen.

Das anfangsfeste Hairpin-Fügen stellt eine inkrementelle Prozessinnovation innerhalb der Hairpin-Prozesskette dar. Als Betrachtungsbereich für das neuartige Fügeverfahren werden Verfahren aus den Teilgruppen *Zusammensetzen*, *An- und Einpressen* und *Fügen durch Umformen* betrachtet, welche für jegliche Ausprägungen der Steckspulentechnik, ob Standard- oder Sonderpin-Kontaktieren, anwendbar sind, siehe Abbildung 3-4. Einzuordnen sind diese Verfahren gemäß Abbildung 3-3 in Abhängigkeit von ihrer funktionalen Ausprägung in die Funktionsgruppen „Umformen", „Zusatzelement" oder „Funktionsintegration". Der Vollständigkeit halber sind in der Funktionsweisenübersicht „physikalische/chemische" Verfahren in einer vierten Gruppe aufgeführt, die jedoch nur peripher als zu verfolgende Lösungsalternativen betrachtet werden.

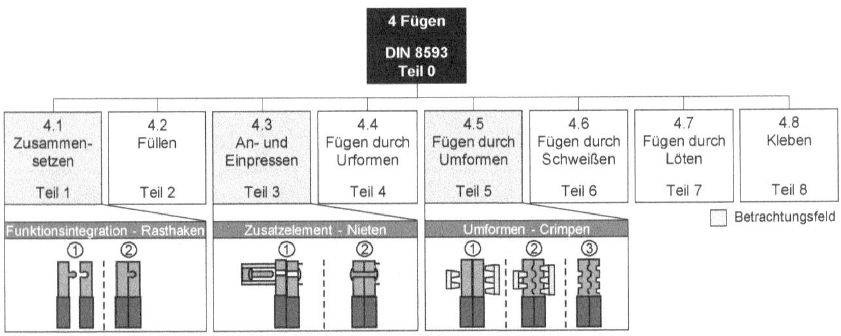

Abbildung 3-4: Betrachtungsbereich für das anfangsfeste Fügen gemäß DIN 8693[394]

Range of interest for initial strength joining according to DIN 8693

[392] Vgl. Deutsches Institut für Normung (DIN 8580) 2020.

[393] Vgl. Verein Deutscher Ingenieure (VDI 2860) 1990.

[394] Vgl. Deutsches Institut für Normung (DIN 8593-0) 2003.

Das Anwendungsfeld des anfangsfesten Fügens in der Hairpin-Technologie ist bis dato nahezu unberücksichtigt. Folgende artverwandte Anwendungen können in Anlehnung an Kapitel 2.2.4 aufgezeigt werden:

Tabelle 3-1: Artverwandte Verfahren zum anfangsfesten Hairpin-Fügen

Methods related to initially fixed hairpin joining

Nr.	Typ	Titel	Inhalt
1	Patent 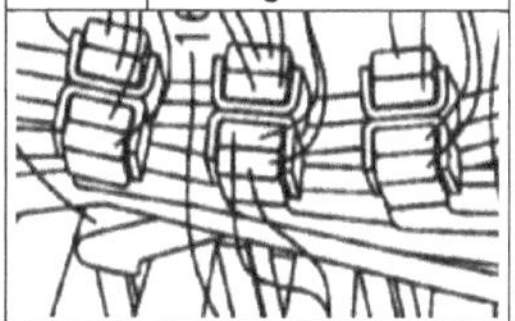	Multiple conductor winding in stator[395]	**Beschreibung:** Das Patent umfasst Statoren mit mehreren Wicklungsebenen (mindestens vier Leiter pro Nut). Die Drahtenden zwischen den Ebenen werden mittels eines leitfähigen H-Clips für einen nachfolgenden Lötvorgang positioniert und fixiert. **Abgrenzung:** Das Verfahren dient als Lötvorbereitung. Der Clip ist Teil einer leitfähigen Verbindung von mindestens vier Drähten. Die Funktionsweise als Spann- und Ausrichthilfe ist nicht beschrieben. Eine industrielle Anwendung des Patentes ist nicht bekannt.
2	Patent 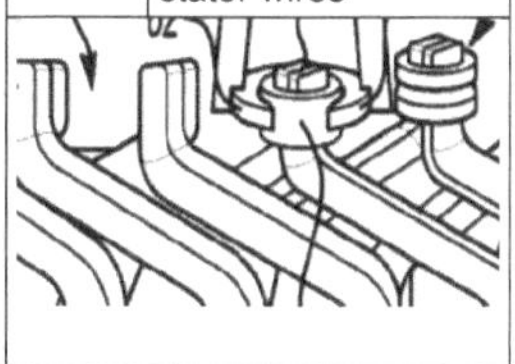	System for joining stator wires[396]	**Beschreibung:** Das Patent umfasst Systeme zur Verbindung von Hairpin-Enden unter Verwendung eines crimpbaren, umschließenden Zusatzelementes. Ziel ist das Ersetzen des Schweißvorgangs. Die elektrisch leitfähige Verbindung wird durch das Zusatzelement erzeugt und ggf. durch Tränken in einem Lötzinnbad unterstützt. Das Patent schützt das Fügeverfahren und nicht das Fügeelement. **Abgrenzung:** Nicht für das Laserschweißen vorgesehen. Crimpen nur mit Zusatzelement. Eine Anwendung des Patentes ist nicht bekannt.
3	Patent 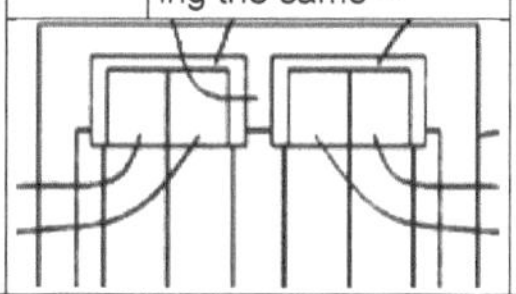	Hairpin connection device and hairpin winding motor including the same[397]	**Beschreibung:** Das Patent umfasst kreisförmige, isolierende Abdeckungen mit eingelassenen Endkappen für Hairpin-Enden. Die Herstellung einer elektrisch leitfähigen Verbindung erfolgt durch Einstecken der Hairpin-Enden in Endkappen. Der Fügeprozess ist nicht näher beschrieben. Sowohl das System zur Montage sowie Statoren mit besagter Abdeckung sind vom Patent abgedeckt. Eine Nachbearbeitung ist nicht beschrieben. **Abgrenzung:** Die Endkappe ist geschlossen und nicht für ein nachgelagertes Fügeverfahren vorgesehen. Eine Anwendung des Patentes ist nicht bekannt.
4	Praxis 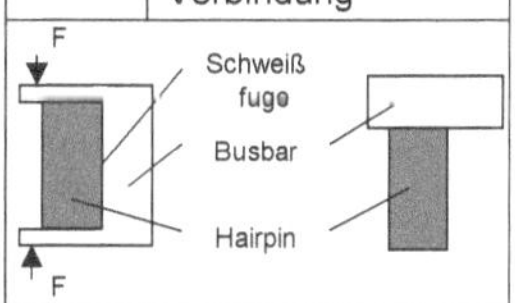	Quetschverbindung für Busbar und 90°-Verbindung[398]	**Beschreibung:** Das Verfahren wird für das Kontaktieren von Busbars und Sonderverbinder (90°-Verbindung) eingesetzt. Kupferplatten werden vor dem Laserkontaktieren formschlüssig an einem einzelnen Kupferleiter durch Quetschen vorfixiert. **Abgrenzung:** Ein Transfer dieses Verfahrens auf die Fügeverbindung von „klassischen" Hairpin-Verbindungen im Parallelstoß ist nicht möglich.

[395] Vgl. Patel et al. (US8487498B2) 2013.
[396] Vgl. Kleber (US8671559B2) 2011.
[397] Vgl. Jung (US 2014/0077636A1) 2014.
[398] Anwendung für Sonderverbinder durch einen europäischen Automobilzulieferer.

3.2.2 Expertenmeinung aus der Praxis

Expert Opinion from Practice

Der präsentierte Lösungsansatz zur Steigerung der Qualität und Prozessstabilität des Laserschweißens in der Serienanwendung der Hairpin-Technologie ist das Ergebnis eingehender Recherche, Technologie- und Marktdurchleuchtung. Dessen ungeachtet beinhaltet der Lösungsansatz des anfangsfesten Hairpin-Fügens und dessen technologische Einordung ein hohes Maß an subjektiver Lösungsfindung. Im Rahmen der in Kapitel 2.2.1 vorgestellten Expertenstudie wurden in den Interviewteilen 2 und 3 die hier aufgezeigten Lösungsansätze und Prozessalternativen mit Prozessexperten diskutiert, siehe auch Anhang 1. Zielstellung der Expertenstudie ist der Nachweis, dass spannvorrichtungslose Verfahren für das Kontaktieren von Kupferflachleitern ein unbesetztes Forschungsfeld darstellen und voraussichtlich ein hohes Innovationspotenzial für die Streckspulentechnologie bieten. Zu beantwortende Kernfragestellungen waren:

1 Wird das Potenzial spannvorrichtungsloser Prozessalternativen zum Ausrichten und Spannen der Kupferflachleiter vor dem Schweißprozess erkannt?

2 Welche technischen Anforderungen werden an die Entwicklung eines anfangsfesten Fügesystems gestellt?

Aus den Experteninterviews wurde insgesamt folgende Expertenmeinung extrahiert:

Die in Abbildung 3-3 und Abbildung 3-4 dargestellte Übersicht der Prozessalternativen für das Ausrichten und Spannen von Kupferflachleitern wird von allen Interviewten als verständlich und als korrekt (ohne Anspruch auf Vollständigkeit) betrachtet. Die Neuheit der spannvorrichtungslosen, indirekten Spannverfahren wird durch die Prozessexperten bestätigt, indem allen Interviewten keine spannvorrichtungslosen Hairpin-Schweißanwendungen aus der industriellen Praxis bekannt sind.[399] Für die direkten Spannvorrichtungen wird aufgezeigt, dass diese stets einen Kompromiss zwischen optimaler Positioniergenauigkeit und Handhabbarkeit der Vorrichtung darstellen. Einflussfaktoren sind beispielsweise Geometrietoleranzen, die beim gekoppelten Spannen keine optimale Positionierung aller Fügestellen zulassen oder durch hohe Spannkräfte möglicherweise Deformationen bedingen. Auch wird auf den Einfluss der Spannvorrichtung auf die Wärmeabfuhr des Fügesystems als Einflussfaktor verwiesen. Das Potenzial des spannvorrichtungslosen Hairpinschweißens wird erkannt, dem Verfahren jedoch aufgrund der technischen Anforderungen noch mit einer gewissen Skepsis begegnet. Die Interviewten verorten vor allem Potenziale in der spaltfreien und positionsgenauen Schweißvorbereitung sowie der Möglichkeit, hierdurch kompaktere und flexiblere Fertigungslinien zu entwickeln.

[399] Die Aumann AG hat sich bereits Ende 2020 mit einem ähnlichen Ansatz des anfangsfesten Fügens im Bereich des mechanischen Fügens auseinandergesetzt. Vorversuche wurden nicht fortgeführt.

Für ein anfangsfestes Fügesystem konnten innerhalb der fünf Experteninterviews Anforderungen an einen anfangsfesten Fügeprozess und die Fügestelle selbst erfasst werden:

Anforderungen an den Prozess:

- Keine geometrischen Veränderungen in Prä- oder Postprozessen
- Notwendige Vorrichtung zum anfangsfesten Fügen muss einfach zu nutzen sein (z. B. Handhabung, Zugänglichkeit)
- Einhaltung der Serientaktzeit
- Prozess muss absolut günstiger sein als die bereits etablierten Verfahren
- Kein Einsatz von schädlichem Zusatzmaterial (z. B. Umwelt, Gesundheit)
- Lange wartungsfreie Intervalle gewünscht (> 1 Woche)

Anforderungen an die Fügestelle:

- Analog zu den klassischen Geometrieanforderungen (z. B. Spaltfreiheit)
- Fixierung während des Bauteiltransportes (z. B. Handling)
- Fügestelle muss auch während des Schweißens Festigkeit behalten, keine Verformung und kein Lösen, wenn das Material aufgeschmolzen wird
- Keine signifikante Querschnittsminderung
- Keine Änderung der Eigenschaften durch das Zusatzmaterial/Zusatzelement
- Keine Beschädigung des Isolationssystems

Den mechanischen Fügeverfahren ohne Zusatzelement wird dabei das höchste technologische und wirtschaftliche Potenzial zugesprochen.

3.3 Vorgehensweise und Struktur

Procedure and Structure

Das dieser Dissertationsschrift zugrundeliegende Forschungsvorgehen orientiert sich an der Entwicklungsmethodik für technische Produkte und Systeme nach VDI 2221.[400] Es wird durch eine Hauptforschungsfrage und fünf Teilforschungsfragen strukturiert.

3.3.1 Forschungsfrage

Im Rahmen des Dissertationsvorhabens wird der Lösungsansatz des „anfangsfesten Hairpin-Fügens“ entwickelt und ein konkreter Forschungsbedarf in Abgrenzung zu bestehenden Lösungen aufgezeigt. Die Hauptforschungsfrage, die sich aus dem Handlungs- und Forschungsbedarf ergibt, lässt sich wie folgt formulieren:

[400] Vgl. Verein Deutscher Ingenieure (VDI 2221-1) 2019.

Wie können spannvorrichtungslose Verfahren für das Kontaktieren von Kupferflachleitern die Qualität und Prozessstabilität der Hairpin-Prozesskette steigern?

Um das oben definierte Ziel der Dissertation schrittweise zu erreichen, werden folgende Nebenforschungsfragen formuliert:

1. Wie ist die notwendige bzw. optimale Schweißvorbereitung für flachleiterbasierte Formspulen zu charakterisieren? (Kapitel 4.1)
2. Wie sieht ein spannvorrichtungsloses Verfahren für die Kontaktiervorbereitung von flachleiterbasierten Formspulen aus und wie lässt es sich beschreiben? (Kapitel 4.3)
3. Wie kann durch ein spannvorrichtungsloses, anfangsfestes Fügeverfahren eine optimale Schweißvorbereitung von flachleiterbasierten Formspulen realisiert werden? (Kapitel 6.1 bis 6.3)
4. Welchen Einfluss hat die anfangsfeste Vorfixierung auf den Laserkontaktierprozess? (Kapitel 6.4)
5. Lässt sich das anfangsfeste Hairpin-Fügen in die bestehende Hairpin-Prozesskette integrieren und lassen sich die Prozessschritte damit entkoppeln? (Kapitel 7)

Die Hauptforschungsfrage sowie die Nebenforschungsfragen adressieren unmittelbar das Lösungsvorgehen der Dissertation, welches im folgenden Kapitel erläutert wird.

3.3.2 Forschungsmethodik

Research Methodology

Ein strukturiertes Vorgehen nach der VDI-Richtlinie 2221 unter Einbeziehung des Return-on-Engineering-Ansatzes ermöglicht einen kosten- und zeitoptimierten Entwicklungsprozess für ein anfangsfestes Hairpin-Fügeverfahren. Im Rahmen dieses Dissertationsvorhabens erfolgt eine zeitliche sowie inhaltliche Einordnung des Vorgehensmodells anhand der Teilphasen des Produktentstehungsprozesses.[401,402,403]

Ausgehend von der in dieser Ausarbeitung aufgeführten Motivation und Zielstellung wird in drei Phasen ein in das Zielsystem der Hairpin-Prozesskette übertragbarer

[401] Vgl. Verein Deutscher Ingenieure (VDI 2221-1) 2019.
[402] Vgl. Verein Deutscher Ingenieure (VDI 2225-3) 1998.
[403] Vgl. Kampker et al. (Return on Engineering) 2015.

Fügeprozess entwickelt. Die drei Phasen der Forschungssystematik sind in der Abbildung 3-5 dargestellt.

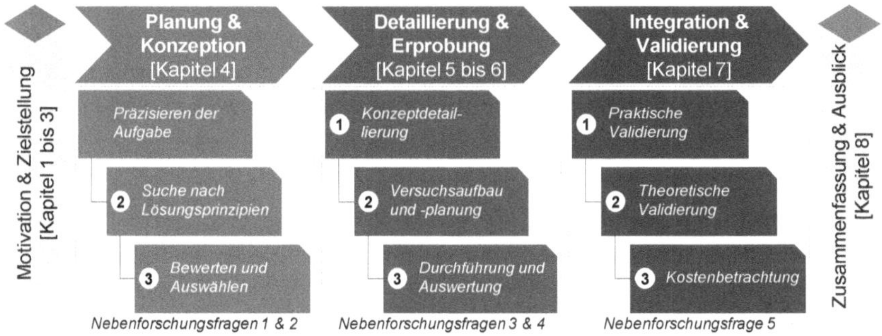

Abbildung 3-5: Vorgehensmodell der Dissertation
Structural model of the thesis

Zielsetzung der ersten Phase, „Planung & Konzeption“, ist die Generierung und Beschreibung von zielführenden Lösungsprinzipien für ein anfangsfestes Hairpin-Fügesystem. Ausgehend von einem eingehenden Verständnis der Vorgänge beim spannvorrichtungsbehafteten Ausrichten und Spannen von massiven Kupferleitern und des stoffschlüssigen Fügeprozesses, werden die Anforderungen für eine optimale geometrische Schweißvorbereitung erfasst. Durch den Einsatz von Kreativitätstechniken werden im zweiten Schritt generische Lösungsprinzipien entwickelt.[404] Anschließend erfolgt die Eingrenzung des Lösungsraums durch geeignete Auswahl- und Bewertungsmethoden, wie z. B. der Nutzwertanalyse oder dem paarweisen Vergleich.[405]

Um frühzeitig belastbare Aussagen über die Fähigkeiten der Lösungsprinzipien treffen zu können, werden bereits in dieser frühen Phase der Lösungsfindung praktische Vorversuche vorgesehen und der Lösungsraum weiter eingegrenzt. Durch rudimentäre Versuche sollen die grundlegenden Wirkungsweisen der ausgewählten Lösungsprinzipien abgebildet und ein Nachweis der allgemeinen technischen Machbarkeit nachgewiesen werden. Mit Abschluss der ersten Phase soll es möglich sein, die erste und die zweite Nebenforschungsfrage zu beantworten.

In der zweiten Phase, „Detaillierung & Erprobung“, werden die zuvor ausgewählten Lösungsprinzipien in technische Detailkonzepte überführt und ein genaues Verständnis der Verfahren aufgebaut. Zunächst erfolgt die Unterteilung der Lösungsprinzipien in parallele Entwicklungsstränge, die nach dem Ansatz des „Simultaneous Engineering“[406] zeitparallel ausdetailliert und untersucht werden. Durch Versuchsaufbauten der Experimentaltechnik und Parameterstudien werden die technischen Fähigkeiten

[404] Vgl. Kirchner (Werkzeuge und Methoden der Produktentwicklung) 2020, S. 144ff.
[405] Vgl. Wartzack (Auswahl- und Bewertungsmethoden) 2021.
[406] Vgl. Bochtler et al. (Simultaneous Engineering) 1995, S. 1ff.

der Fügesysteme im Versuchsumfeld erprobt. Hierfür ist die Planung und Umsetzung einer entsprechenden Versuchsinfrastruktur in Form eines Versuchsfügestandes und einer geeigneten Analysetechnik zwingend erforderlich. Es wird sowohl die mechanische Komponente beim anfangsfesten Fügen als auch das Verhalten der anfangsfesten Fügestelle im Laserschweißprozess untersucht. Die Versuchsergebnisse werden analysiert und evaluiert, um allgemeine Aussagen über das entwickelte Verfahren abzuleiten. Am Ende der zweiten Phase soll es möglich sein, die dritte und die vierte Nebenforschungsfrage zu beantworten.

In der Phase 3, „Integration & Validierung", wird die Übertragbarkeit der experimentell entwickelten Lösung(en) in einem anwendungsnahen Zielsystem praktisch und theoretisch untersucht. Die im Versuchsumfeld erfassten Erkenntnisse werden auf einen Referenzprozess übertragen und hierin validiert. Ergänzend werden mögliche Integrationskonzepte für eine industrialisierungsfähige Anlagentechnik erstellt und diskutiert sowie eine Wirtschaftlichkeitsbetrachtung angestellt. Mit Abschluss der dritten Phase ist es möglich, die fünfte Nebenforschungsfrage zu beantworten.

4 Konzept der spannvorrichtungslosen Schweißvorbereitung

Concept of Fixtureless Welding Preparation

Dieses Kapitel beinhaltet die Planung und Konzeption von zielführenden Lösungsprinzipien für ein anfangsfestes Hairpin-Fügesystem. Hierfür werden zunächst Anforderungen und Randbedingungen erfasst und in eine Anforderungsliste überführt, siehe Kapitel 4.1. Beispiele für mögliche Lösungsprinzipien wurden in einer ersten Prozessübersicht in Kapitel 3.2 vorgestellt. Ergänzend wird diese Prozessübersicht in Kapitel 4.2 in einen größeren Betrachtungsrahmen gestellt, ergänzt und nachgeschärft. Anschließend erfolgt die Eingrenzung des Lösungsraums durch geeignete Auswahl- und Bewertungsmethoden sowie die abschließende Beschreibung der zu detaillierenden Lösungskonzepte in Kapitel 4.3. Dieses Kapitel beantwortet die erste und zweite Nebenforschungsfrage.

4.1 Grundlagen und Anforderungen an ein anfangsfestes Fügesystem

Fundamentals and Requirements Applying to an Initial Strength Joining System

Für ein anfangsfestes Fügeverfahren von Kupferflachleitern in der Hairpin-Technologie existieren zahlreiche Anforderungen und Randbedingungen. Um vergleichbare Untersuchungen zu ermöglichen, werden im Folgenden zunächst die Fügestelle und das Wickelkopfverhalten beschrieben. Die Leistungsfähigkeit bestehender Spannverfahren wird analysiert und die Anforderungen an den Fügeprozess nachfolgend erläutert und quantifiziert. Damit wird die erste Nebenforschungsfrage, die die Charakterisierung der notwendigen bzw. optimalen Schweißvorbereitung für flachleiterbasierte Formspulen zum Thema hat, beantwortet.

4.1.1 Beschreibung der Fügestelle und des Wickelkopfverhaltens

Description of the Joint and the Winding Head Behavior

Die Fügestelle einer Flachleiterverbindung in der Hairpin-Technologie kann als Parallelstoß von zwei Fügepartnern beschrieben werden.[407] Beschränkendes Kriterium ist die Leiterisolation der Dicke I_S, die eine planparallele Anlage des Leitergrundwerkstoffes, den sogenannten Nullspalt, verhindert und in der Schweißvorbereitung eine Anformung bzw. Ausrichtung der Fügepartner über die Abisolierlänge A_L erfordert, siehe Abbildung 4-1.

[407] Vgl. Schuler et al. (Praxiswissen Schweißtechnik) 2019, S. 686.

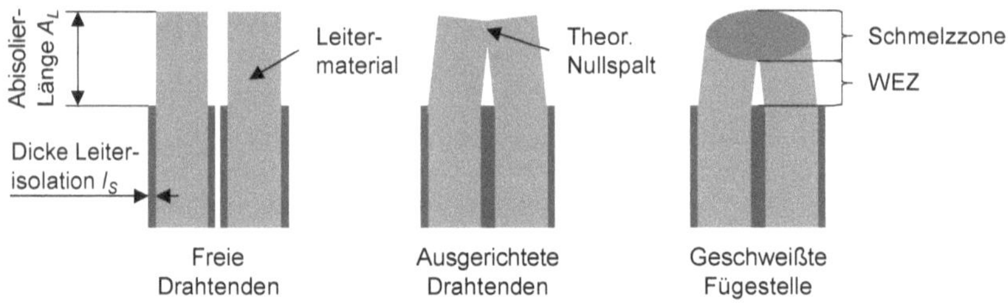

Abbildung 4-1: Schematische Fügestelle im Vollschnitt in drei Stadien
Schematic section view of hairpin joint in three stages

Unter der Annahme, dass das Schließen des Fügespaltes durch eine elastische Verformung zu beschreiben ist und die Leiterisolation keiner Nachgiebigkeit unterliegt, kann für die Berechnung der Ausrichtkräfte die Balkentheorie erster Ordnung angewendet werden.[408] Die erforderliche Verschiebekraft F_S am Drahtende ergibt sich gemäß Formel (4.1) zu:

$$F_S = \frac{I_S * 3 * E * I_x}{{A_L}^3} \quad \text{mit} \quad I_x = \frac{B * D^3}{12} \tag{4.1}$$

Legende:	I_S	Isolationsschichtdicke	I_X	Axiales Flächenmoment 2. Grades
	A_L	Abisolierlänge	B	Drahtbreite
	E	E-Modul	D	Drahtdicke

Beispielsweise ergibt sich für einen Referenz-Rechteckdraht mit 4 mm Breite und 2 mm Dicke bei einer Abisolierlänge von 10 mm und einer Isolierschichtdicke von 80 µm eine theoretische Verschiebekraft F_S von ca. 67 N pro Drahtende. Dieser Wert betrifft die Verformung um die breite Drahtseite und ist konservativ abgeschätzt, da das Isolationsmaterial in den gängigen Anwendungen durchaus ein hohes Maß an Nachgiebigkeit aufweist.

Neben der geometrischen Beschreibung der eigentlichen Fügestelle bedarf es ergänzend der Beschreibung des Wickelkopfverhaltens, um die erforderlichen Korrekturkräfte für die Kompensation von Geometrieabweichungen im Wickelkopf zu ermitteln. Empirische Untersuchungen erfassen Geometrieabweichungen nach dem Schränken in einem Toleranzfeld von 2 mm in radialer Dislokation (Fügespalt in X) und 1 mm im tangentialen Versatz (Lateralversatz in Y).[409]

Abbildung 4-2 stellt schematisch einen Wickelkopf auf der Kontaktierseite nach dem Schränkprozess dar. Der linke Teil der Abbildung stellt ein Einzeldrahtpaar im Wickelkopf eines Stators dar. Der rechte Teil zeigt den gesamten Wickelkopf eines Stators mit sechs Leitern pro Statornut und illustriert die limitierte radiale und tangentiale Zugänglichkeit zum Fügepaar. Es ist ersichtlich, dass die Manipulation der Drahtenden in den Richtungen X, Y und Z durch ein nichtlineares Bewegungsverhalten

[408] Vgl. Böge et al. (Formeln und Tabellen zur Technischen Mechanik) 2021, S. 52ff.
[409] Empirische Versuchsergebnisse Forschungsprojekt „HaPiPro²" – Förderkennzeichen: EFO-0011A.

um die „Einspannstelle"[410] in der Statornut zu beschreiben ist. Eine freie Kraft in X-Richtung wird somit eine Rotation um die Drehachse der Einspannstelle bewirken, was effektiv zu einer Verkürzung des Y-Abstandes führt. Um die Drahtenden positionsexakt in der XY-Ebene auszurichten oder in der Höhe Z zu korrigieren, ist eine bildsame Zwangsführung und damit eine Verformung des Flachleiterstabs erforderlich. Die Maße ΔX und ΔY beschreiben die unidirektionale Zugänglichkeit zur Fügestelle in X- und Y-Richtung, wobei ΔY für innere Kreisbahnen kleiner ist.

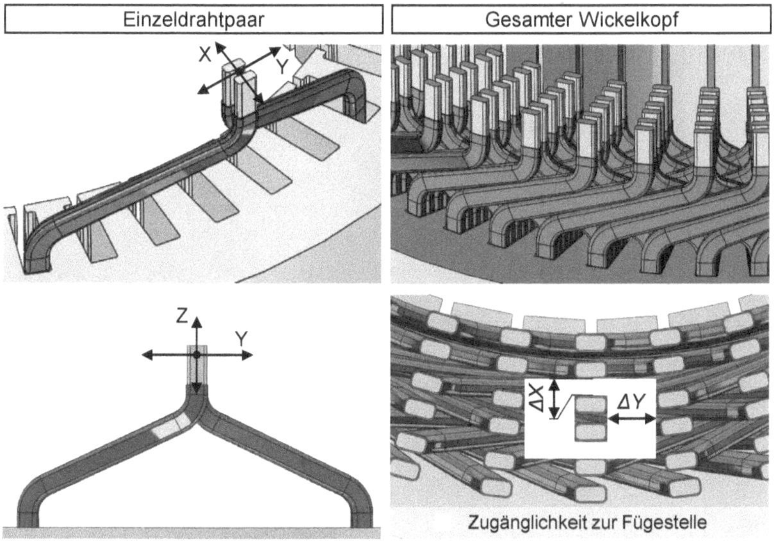

Abbildung 4-2: Beispielhafter Hairpin-Stator-Wickelkopf auf der Schweißseite nach dem Schränken[411]

Exemplary hairpin stator winding head on the welding side after twisting

FE-Simulationen[412] erlauben durch implizite statische Berechnungen die Abschätzung der Korrekturkräfte für konkrete Beispielgeometrien. Hierzu wurde die konservative Abschätzung einer festen Einspannung des Flachdrahtes in der Statornut angenommen. Entsprechend den Wirkmechanismen der Spann- und Ausrichteverfahren wurden für Simulationen, die eine Geometrieabweichung in X- und Y-Richtung berücksichtigten, Verschiebungen entlang der Z-Achse sowie die Rotation des freien Drahtendes befreit. Analog dazu wurde bei Simulationen, die die Korrektur des Höhenversatzes berücksichtigten, die lineare Verschiebung der Fügepartner entlang der X- und

[410] Im Rahmen der in diesem Kapitel angestellten theoretischen Modellbildung des Wickelkopfverhaltens wird von einer festen Einspannung der Drahtenden in den Statornuten ausgegangen. Im realen Wickelkopf resultiert durch Fügespalte und die Nachgiebigkeit der eingesetzten Werkstoffe eine nicht näher beschriebene Rotationsfreiheit und Elastizität der Einspannstelle.

[411] Referenzstator des PEM der RWTH Aachen mit sechs Leitern pro Nut.

[412] Eingesetzte Software ANSYS Workbench 2021 R1.

Y-Achse sowie die Drehung um Z freigegeben. Die resultierenden unidirektionalen Korrekturkräfte für einen Flachleiter mit einer Schränkweite von ca. 31 mm und einem Drahtquerschnitt von 4 × 2 mm², geschränkt über die kurze Drahtlänge, ergeben sich im elastischen Bereich gemäß Tabelle 4-1.[413]

Tabelle 4-1: Simulierte und analytisch berechnete Korrekturkräfte bei unidirektionaler Verschiebung einer beispielhaften Flachleiter-Schränkgeometrie im elastischen Bereich[414]

Simulated and analytically calculated correction forces for unidirectional displacement of an exemplary flat conductor cabinet geometry in the elastic range

	Korrekturkraft F_K in X für Verschiebung s in X			
	Verschiebung s [mm]	0,5	1	2
Resultierende Kraft F_K [N]	Simulationsergebnis (Reale Geometrie)	8,33	17,27	37,06
	Analytisches Ergebnis (Vereinfachte Drahtstruktur)	11,09	22,19	44,38
	Abweichung [%]	33	28	20
	Korrekturkraft F_K in Y für Verschiebung s in Y			
	Verschiebung s [mm]	0,5	1	2
Resultierende Kraft F_K [N]	Simulationsergebnis (Reale Geometrie)	17,17	34,29	67,95
	Analytisches Ergebnis (Vereinfachte Drahtstruktur)	18,12	36,24	72,47
	Abweichung [%]	6	6	7
	Korrekturkraft F_K in Z für Verschiebung s in Z			
	Verschiebung s [mm]	0,5	1	2
Resultierende Kraft F_K [N]	Simulationsergebnis (Reale Geometrie)	26,55	53,08	106,18
	Analytisches Ergebnis (Vereinfachte Drahtstruktur)	28,77	57,56	115,11
	Abweichung [%]	8	8	8

Es ist ein linearer Zusammenhang zwischen der Korrekturkraft $\overrightarrow{F_K}$ und der Verschiebung $\vec{s}$ erkennbar, der mit einer geometrieabhängigen Nachgiebigkeitsmatrix $[D_N]$ zu beschreiben ist, siehe Formel (4.2).[415] Für das gewählte Beispiel ist eine geometriebedingte höhere Steifigkeit in Y und Z zu verzeichnen. Das Modell hat nur Gültigkeit für kleine Verschiebungen im elastischen Bereich.

[413] Vgl. Kampker et al. (Analysis of the Behaviour of the Winding Head of a Hairpin Stator) 2022.
[414] Geometrie gemäß Abbildung 4-3 mit den in Anhang 5 dokumentierten Werten für Geometrie 1.
[415] Vgl. Freymann (Strukturdynamik) 2011, S. 57.

Die Verschiebung $\vec{s}$ kann wie folgt beschrieben werden:

$$\vec{s} = [D_N] * \overrightarrow{F_K} \; (=) \begin{pmatrix} s_x \\ s_y \\ s_z \end{pmatrix} = [D_N]^{-1} \cdot \begin{pmatrix} F_x \\ F_y \\ F_z \end{pmatrix} \quad (4.2)$$

KAMPKER ET AL. entwickelten 2022 entsprechend dem dargestellten Ansatz ein analytisches Modell für die Ermittlung der geometrieabhängigen Korrekturkräfte im Wickelkopf. Sie nutzten dafür die Matrixverschiebungsmethode.[416] Das dreidimensionale Drahtmodell wurde durch ein vereinfachtes Trägersystem aus zwei Elementen beschrieben, wie in Abbildung 4-3 dargestellt. Die Krümmung der Drahtdiagonalen und die Verformung am letzten freien Drahtelement wird in diesem Modell vernachlässigt. Die Verschiebekraft im Punkt D wird entsprechend der Euler-Verschiebemethode auf das System transformiert.[417] Das Modell ermöglicht die Berechnung der unidirektionalen Verschiebekräfte mit einem ermittelten maximalen Fehler von etwa 30 %. Die analytisch berechneten Korrekturkräfte sind stets größer als die simulativen Ergebnisse. Durch die analytisch getroffenen Vereinfachungen weist das Trägersystem eine höhere Steifigkeit auf, die zu einer pessimistischen Abschätzung der Korrekturkräfte führt.[418] Die mathematische Herleitung des analytischen Rechenmodells, inkl. einem MATLAB-Programmcode zur automatisierten Berechnung, kann dem Anhang 5 entnommen werden.

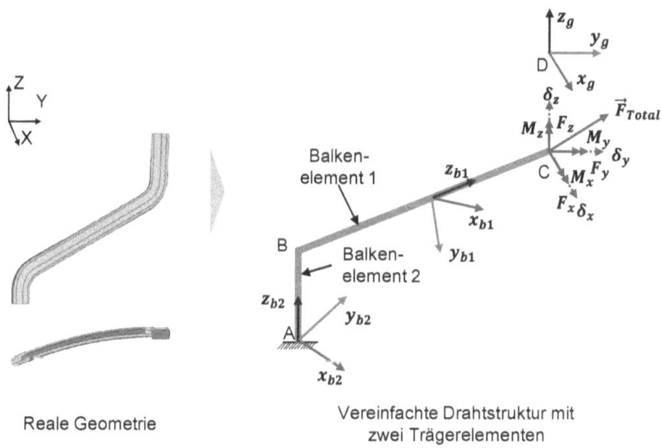

Abbildung 4-3: Vereinfachung der Wickelkopfgeometrie für die analytische Berechnung[419]

Simplification of the winding head geometry for the analytical calculation

---

[416] Vgl. Hughes (The Use of Matrix Displacement Method) 1981.
[417] Vgl. Sola (Towards Visual Localization, Mapping and Moving Objects Tracking) 2012, S. 25f.
[418] Vgl. Kampker et al. (Analysis of the Behaviour of the Winding Head of a Hairpin Stator) 2022.
[419] Angegebene Formelzeichen sind nicht im Formelverzeichnis aufgeführt.

Die analytisch kalkulierten Korrekturkräfte können der Tabelle 4-1 entnommen werden. Diese bieten eine gute Annäherung an die tatsächlich zu erwartenden Korrekturkräfte bei der Schweißnahtvorbereitung eines Hairpin-Stators. Sie können insbesondere als sichere Abschätzung angesehen werden. Um eine realistischere Abschätzung der in der Praxis auftretenden Kräfte zu erhalten, wäre die exakte Beschreibung der Einspannbedingungen der Flachleiter in der Statornut sowie die Berücksichtigung der Wechselwirkungen der Drähte untereinander notwendig.

4.1.2 Analyse der Leistungsfähigkeit bestehender Spannverfahren

Analysis of the Performance of Existing Clamping Methods

In Kapitel 2.2.4 wurden bereits die drei Grundmechanismen der Spannvorrichtungen in der Hairpin-Technologie eingeführt, siehe Abbildung 2-20. Die drei Typen der Spannverfahren nutzen für das radiale und tangentiale Ausrichten der Fügepartner eine direkte oder indirekte Krafteinleitung. Bei der direkten Krafteinleitung wirkt die Korrekturkraft in Werkzeugbewegungsrichtung auf den Flachleiter. Bei der indirekten Krafteinleitung wird die Kraft über eine schiefe Ebene vom Werkzeugwinkel α_W von der Werkzeugbewegungsrichtung in die Verschieberichtung umgelenkt. Ein integrierter Höhenausgleich in Z-Richtung ist bei keinem der Spannverfahren möglich. Die Einteilung der Krafteinleitungsarten kann der Abbildung 4-4 entnommen werden.

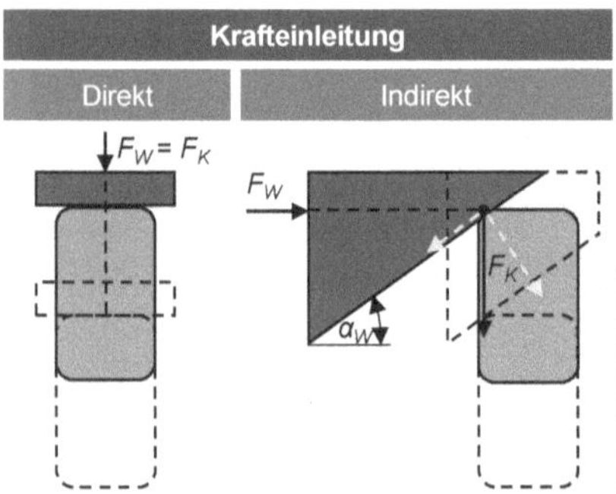

Zuordnung der Krafteinleitungsart zu den Spannverfahren			
Verschiebung in	Axiales Spannen	Radiales Spannen	Tangentiales Spannen
X	indirekt	direkt	indirekt
Y	indirekt	indirekt	direkt
Z	ohne	ohne	ohne

Abbildung 4-4: Arten der Krafteinleitung verschiedener Spannverfahren

Types of force application of different clamping methods

Die Formeln (4.3) und (4.4) stellen die Kräfteverhältnisse am Werkzeug mathematisch dar.[420] Die Reibkraft des Leiterstabes an der Werkzeugoberfläche wird bei der Berechnung nicht berücksichtigt und als null angenommen:

$$F_{W,direkt} = F_{K,erforderlich} \tag{4.3}$$

$$F_{W,indriekt} = F_{K,erforderlich} * \tan(\alpha_W) \tag{4.4}$$

[420] Vgl. Böge et al. (Handbuch Maschinenbau) 2014, C32.

Somit kann die Werkzeugkraft F_W je Spannverfahren und Drahtende wie folgt berechnet werden, wobei die erforderlichen Korrekturkräfte nach dem analytischen Rechenmodell aus Abschnitt 4.1.1 ermittelt werden können:

$$F_{W,axial} = F_{K,x} * \tan(\alpha_{W,x}) + F_{K,y} * \tan(\alpha_{W,y}) \tag{4.5}$$

$$F_{W,radial} = F_{K,x} + F_{K,y} * \tan(\alpha_{W,y}) \tag{4.6}$$

$$F_{W,tangential} = F_{K,x} * \tan(\alpha_{W,x}) + F_{K,y} + F_{K,x} \tag{4.7}$$

Die Tabelle 4-2 stellt für die Beispielgeometrie 1, siehe Anhang 5, die theoretischen Werkzeugkräfte für zwei Szenarien dar.

Tabelle 4-2: Werkzeugkräfte beim Ausrichten und Spannen der Fügestellen in Hairpin-Statoren

Tool forces for aligning and clamping the joint partners of hairpin stators

Annahmen				
Geometrie- und Materialparameter				
Draht	Querschnitt	$B \times D$ = 4×2 mm²	Geometrie	Geometrie 1
	Abisolierlänge	A_L = 10 mmm	Isolierschichtdicke	l_S = 80 µm
Stator und Werkzeug	Freie Drahtenden	288 Stück	Werkzeugwinkel	α_W = 10°
Materialparameter	E- Modul	115000 N/mm²	Schubmodul	41045 N/mm²
Szenarien				
	Moderat		Pessimistisch	
Verschiebung in X	0,5 mm		2 mm	
Verschiebung in Y	0,5 mm		1 mm	
Ergebnisse				
Axiales Spannen *Fw,axial* [N]				
	Moderat		Pessimistisch	
	ohne F_S	mit F_S	ohne F_S	mit F_S
Einzeldrahtpaar	17	56	47	85
Gesamter Stator	4857	16014	13405	24562
Radiales Spannen *Fw,radial* [N]				
	Moderat		Pessimistisch	
	ohne F_S	mit F_S	ohne F_S	mit F_S
Einzeldrahtpaar	22	89	65	132
Gesamter Stator	6207	25532	18807	38132
Tangentiales Spannen *Fw,tangential* [N]				
	Moderat		Pessimistisch	
	ohne F_S	mit F_S	ohne F_S	mit F_S
Einzeldrahtpaar	63	62	62	101
Gesamter Stator	18220	17816	17816	28974

Die Berechnung erfolgt auf Basis der in Abschnitt 4.1.1 ermittelten Korrekturkräfte im Wickelkopf. Es werden ein moderates und ein pessimistisches Szenario betrachtet. Es wird angenommen, dass jeder Fügepartner der in der Tabelle angegebenen Verschiebung ausgesetzt wird. Der Werkzeugwinkel wird konstant mit 30° angegeben. Die Kräfte wurden sowohl für ein einzelnes Drahtpaar als auch für einen gesamten Stator mit 48 Nuten und 6 Leitern pro Nut, d. h. 288 einzelnen Drahtenden, berechnet. Die

Kräfte werden jeweils mit und ohne Verschiebeanteil F_S, resultierend aus dem Schließen des Fügespaltes über die Isolationsschichtdicke, angegeben. Die Berechnungen geben nur eine grobe Abschätzung, da keine Berücksichtigung der Kontaktflächeneigenschaften in die Berechnung eingeflossen ist.

Die Auswertung der erforderlichen Werkzeugkräfte zeigt, dass für das synchronisierte Spannen eines kompletten Stators mehrere Kilonewton an direkter Werkzeugkraft aufgebracht werden müssen. Dieses Ergebnis wird durch praktische Erfahrungen bestätigt. Für das betrachtete Beispiel können die Werkzeugkräfte im Bereich von 5–20 kN angesetzt werden, sofern die Kraftkomponente F_S unberücksichtigt bleibt. Wird diese Kraftkomponente in die Berechnung einbezogen, erhöhen sich die Werkzeugkräfte im pessimistischen Szenario auf über 38 kN. Das tangentiale Spannen liefert rechnerisch die höchsten Werkzeugkräfte. In der Praxis ist beim axialen Spannen häufig ein zusätzlicher Stick-Slip-Effekt durch grathaltige Schnittkanten am Drahtende zu beobachten, der die Spannkräfte zusätzlich erhöht. Zusammenfassend kann festgestellt werden, dass für das synchrone Ausrichten und Spannen der Drahtenden als Schweißvorbereitung hohe kombinierte Werkzeugkräfte erforderlich sind. In Anbetracht der stark eingeschränkten radialen und tangentialen Zugänglichkeit der Fügestelle sind Werkzeugkonturen sehr filigran auszulegen, was eine hohe mechanische Belastung der Werkzeugkomponenten impliziert.

4.1.3 Anforderungsdefinition für die anfangsfeste Vorfixierung

Requirement Definition for the Initial Strength Joining System

Ausgangspunkt für die Prozessentwicklung ist die Ermittlung und Dokumentation von Anforderungen, die an den zu entwickelnden Prozess gestellt werden.[421] POHL unterteilt die Anforderungen in die folgenden drei Grundkategorien:

- Rahmenbedingungen
- Funktionalanforderungen
- Qualitätsanforderungen[422]

In Kapitel 3.2 wird der Lösungsansatz des anfangsfesten Fügens für Flachleiter als geometrische Schweißvorbereitung in der Hairpin-Technologie eingeführt und die Zielbeschreibung des Entwicklungsvorhabens dargestellt. Die Anforderungen für die Prozessentwicklung werden in ein allgemeingültiges und ein diskretes Anforderungsprofil unterteilt. Das allgemeingültige Anforderungsprofil deckt das gesamte Anwendungsfeld der Flachdrahtwickeltechnik in der Hairpin-Konfiguration ab und wird in der Integrationsbetrachtung in Kapitel 7 reflektiert. Das diskrete Anforderungsprofil orientiert

[421] Vgl. Verein Deutscher Ingenieure (VDI 2225-3) 1998.
[422] Vgl. Pohl (Requirements Engineering) 2010, S. 15ff.

sich an einem charakteristischen Referenzszenario einer Hairpin-Stator-Konfiguration und dient der empirischen Prozessentwicklung in den Kapiteln 5 und 6.

Als Daten- und Meinungsgrundlage für die dokumentierten Anforderungen dienten Expertenbefragungen (siehe Kapitel 3.2.2), die in diesem Kapitel vorgestellten Analysen und mathematischen Berechnungen sowie die Expertise des Projektteams des Forschungsprojektes „anfaHair“[423]. Im Folgenden wird ein Anforderungsauszug vorgestellt. Die vollständige Anforderungsliste kann dem Anhang 4 entnommen werden.

Rahmenbedingungen

Das anfangsfeste Fügeverfahren ist an einem 4×2 mm² Kupferflachleiter aus dem Werkstoff Cu-ETP zu demonstrieren und nach Wunsch auf typische weitere Drahtquerschnitte und Leiterwerkstoffe adaptierbar zu gestalten. Als Referenzfügestelle dienen gerichtete Kupferstäbe, sogenannte I-Pins, die im Parallelstoß gefügt werden, siehe Kapitel 5.1. Die Integrationsfähigkeit ist am PEM-Referenzstator nachzuweisen, siehe Kapitel 7.2. Die axiale Zugänglichkeit der Fügestelle ist sowohl im diskreten als auch im allgemeingültigen Anforderungsszenario gegeben, wobei die radiale und die tangentiale Zugänglichkeit eingeschränkt ist. Die Abisolierlänge wird aufgrund der Ausdehnung der WEZ im Schweißprozess mit minimal 6 mm angenommen, wobei je nach Prozesskonfiguration Abisolierlängen von bis zu 12 mm notwendig sein können. Die Abisolierlänge von 6 mm wird als wünschenswerte Randbedingung formuliert. Für die empirische Versuchsführung wird eine ausgedehnte Abisolierlänge von 10–12 mm als feste Randbedingung untersucht.

Funktionsanforderungen

Das Fügeverfahren ist als mechanisches Fügeverfahren, z. B. als form- oder kraftschlüssige Verbindung, auszulegen. Es ist zu berücksichtigen, dass die Anfangsfestigkeit im Handling- und Schweißprozess bestehen bleibt und ein Lösen und Verschieben der Fügestelle ausgeschlossen wird. Für die diskrete Fügesystementwicklung sind signifikante Änderungen an der Hairpin-Stator-Prozessfolge und der Erscheinungsform der Fügestelle gestattet. Es ist jedoch wünschenswert, diese Änderungen so minimal wie möglich zu gestalten und damit eine gute Integrierbarkeit der inkrementellen Prozessinnovation in ein Bestandssystem zu ermöglichen, indem z. B. eine Prozesssubstitution, -ergänzung oder -anpassung vorgenommen wird. Durch einen adaptiven oder modularen Aufbau, z. B. durch Werkzeugwechsel, soll das Fügeverfahren für verschiedene Drahtquerschnitte und Bauteilgeometrien tauglich sein. Es besteht die allgemeingültige Anforderung, dass das anfangsfeste Hairpin-Fügen für den automatisierten Großserieneinsatz bei Taktzeiten kleiner als 90 Sekunden einsetzbar ist und in der Gesamtkostenbilanz aus Produktivität und Qualität ein positives Ergebnis erzielt. Für das diskrete Referenzszenario verschieben sich die Funktionsanforderungen auf

[423] Anfangsfestes Fügen in der Hairpin-Technologie – Förderkennzeichen: KK 5057502PK0.

den maximalen Technologieerkenntnisgewinn, sodass z. B. Prozesszeitanforderungen und Automatisierungsgrade hier vernachlässigbar sind.

Qualitätsanforderungen

Die Hauptanforderung für das anfangsfeste Hairpin-Fügen ist die Herstellung einer reproduzierbaren vorfixierten Fügeverbindung als Schweißvorbereitung für das endfeste Fügen mittels Laserstrahl. Qualitätsanforderungen bestehen hinsichtlich der Festigkeit, der geometrischen Ausrichtung der Fügepartner, dem mechanischen Anbindungsquerschnitt sowie den endfesten Fügestelleneigenschaften.

Die zu ertragende Haltekraft der mechanischen Fügestelle kann mithilfe der in Kapitel 4.1.1 angestellten simulativen und analytischen Korrekturkraftabschätzung konservativ abgeschätzt werden. Für die Referenzfügestelle eines 4×2 mm² Kupferflachleiters in der betrachteten Referenzstatorgeometrie wird die Haltekraft im Schubzugversuch – tangentialer Versatz – mit mindestens 75 N und im Schälzugversuch – radialer Versatz – mit mindestens 50 N quantifiziert. In der Scherzugbelastung – Höhenversatz – wird eine Haltekraft von 100 N als wünschenswert ausgewiesen. Die angegebenen Haltekräfte orientieren sich an den analytischen Korrekturkräften für eine unidirektionale Auslenkung von 2 mm aus Tabelle 4-1.

Ein Fügespalt im Laserschweißprozess birgt die Gefahr von mangelhafter Spaltüberbrückung und von Strahldurchgängen auf die darunterliegende Isolation, wie in Kapitel 2.2.3 aufgezeigt. Deswegen wird die feste Qualitätsanforderung der geometrischen Nullspaltbildung in der mechanischen Fügezone aufgestellt. Aufgrund dessen kann das Kriterium eines Kopffügespaltes, konträr zu der in Abbildung 2-11 gelisteten Anforderung, leicht aufgeweicht werden und wird mit kleiner oder gleich 0,2 mm angegeben. Des Weiteren besteht die Anforderung der reproduzierbaren Oberflächenbeschaffenheit der Fügestelle, hinsichtlich Geometrie und Rauheit, um so ein gleichbleibendes Einkopplungsverhalten der Laserstrahlung zu ermöglichen. Für Oberflächen, die von den bisher typischen Schnittoberflächen abweichen, sollte die Kompatibilität zum Schweißprozess überprüft werden. Die Fügestelle sollte eine maximale Verbreiterung oder Aufdickung von 2 mm aufweisen. Die maximale Längenausdehnung der anfangsfesten Fügestelle sollte 6 mm betragen.

In der Industrie und Forschung wird der Einfluss der partiellen Drahtdickenreduktion, z. B. im Abisolierprozess (PS2) oder im Anbindungsquerschnitt der endfesten Fügestelle, fortwährend diskutiert.[424,425] Im Zuge der mechanischen Fügeverfahren ist die Reduktion des Leitungsquerschnittes am Flachleiter zu erwarten. Der elektrische Widerstand im Flachleiter erhöht sich im Bereich der Fügezone mit der Länge l_F und der

424 Vgl. Kampker et al. (Effects of the Reduction of the Copper Wire Cross-Section) 2022.

425 Vgl. Glaessel (Prozessketten zum Laserstrahlschweißen von flachleiterbasierten Formspulenwicklungen) 2020, S. 60ff.

Reduzierung des Drahtquerschnitts A_{red} näherungsweise um den theoretischen Wert Δ_R, wie in Formel (4.8) mathematisch dargestellt:

$$\Delta R = \frac{\rho \cdot l_F}{A_0}\left(\frac{A_0}{A_{red}} - 1\right)^{426} \quad | \quad \rho_{Cu@RT} = 0{,}018\,\frac{\Omega mm^2}{m}^{427} \tag{4.8}$$

Die Reduzierung des Kupferleiterquerschnittes auf 70 % des Ausgangsquerschnittes des 4 × 2 mm² Referenzdrahtes über eine Fügelänge von 8 mm führt beispielsweise zu einer theoretischen Widerstanderhöhung von ΔR = 7,71 µΩ. Die Temperaturabhängigkeit des Widerstandes im Betrieb wird an dieser Stelle nicht betrachtet. Verglichen mit den Widerstandswerten für einen gesamten Leiterstrang, welche in der Flachdrahtwickeltechnik üblicherweise im zweistelligen Milliohm-Bereich liegen, erscheint diese Widerstandsüberhöhung, auch bei der Reihenschaltung mehrerer Kontaktstellen, subjektiv gering.[428] GLÄSSEL ET AL. identifizieren im industriellen Kontext Schwankungen der Kontaktstellenwiderstände lasergeschweißter Flachleiter mit einer Toleranzfeldbreite von 29 µΩ, wobei durch die parallele Anordnung der Leiter in der Kontaktstelle der Wicklungswiderstand absolut gesenkt wird. Diese Änderung zeigt eine nur moderate Auswirkung auf die Effizienz des Motors.[429] Nichtsdestotrotz wird jede Querschnittsreduktion im Wickelkopf einen potenziellen thermischen Hotspot darstellen, weswegen sicherzustellen ist, dass die Temperatur der Wicklungen die Schmelz- oder Zersetzungstemperatur der verwendeten Isolierung nicht überschreiten darf.[430] Die Temperaturbeständigkeit des Isolationsmaterials PAI liegt beispielsweise bei 280 °C.[431] Es besteht das Risiko, dass es bei kurzzeitig hohen Strömen zu starken lokalen Erwärmungen an den Stellen der Querschnittseinschnürung kommen kann. Die Modellierung dieser Zusammenhänge ist sehr komplex und in der gängigen Literatur sind nur Ansätze zur Berechnung von Schmelzsicherungen verbreitet, welche nicht direkt auf den Zustand in einem Wickelkopf übertragen werden können.[432]

Für die Erfüllung der Qualitätsanforderung an die anfangsfesten Fügestelle wird entsprechend eine lokale Querschnittsreduktion auf 70 % des Ausgangsdrahtquerschnittes über eine Fügestellenlänge von 8 mm als tolerierbar angenommen. Im Hinblick auf die Festigkeit und den Übergangswiderstand der endfesten Fügestelle sollten jedoch mit spannvorrichtungsbehafteten Schweißungen vergleichbare Ergebnisse erzielt werden.

---

426 Vgl. Plaßmann et al. (Handbuch Elektrotechnik) 2013, S. 233.

427 Vgl. Deutsches Kupferinstitut Berufsverband (CU-ETP) 2005.

428 Vgl. Balasubramanian et al. (Evaluation and Loss Estimation of a High-Speed Permanent Magnet Synchronous Machine) 2021.

429 Vgl. Glaessel et al. (Manufacturing Influences on the Motor Performance of Traction Drives with Hairpin Winding) 2019.

430 Vgl. Park et al. (Electrical Contact Resistance and Temperature Rise at at the Connections of the Copper Busbars in Switchgears) 2014.

431 Vgl. Krüger (Polyamidimid) 2019.

432 Vgl. Meyer (Zur Theorie der Abschmelzsicherungen) 1906.

4.2 Konzeptionierung geeigneter anfangsfester Fügeverfahren für Flachleiter

Conceptual Design of Suitable Initial Strength Joining Methods for Flat Conductors

Inhalt dieses Abschnittes ist die konzeptionelle Lösungsfindung und -bewertung für vorfixierende Fügeverfahren an Kupferflachleitern. In Kapitel 4.2.1 werden zunächst adaptierbare Fügeverfahren nach DIN 8593 identifiziert und analysiert. Das Gesamtsystem der anfangsfesten Fügetechnologie wird in eine generische Funktionsstruktur überführt und für jede Teilfunktion Lösungsalternativen generiert. Der Fokus der Konzeptfindung in Kapitel 4.2.2 liegt auf dem eigentlichen Fügemechanismus, wohingegen die Neben- und Querschnittsfunktionen sowie das Gesamtsystem in Kapitel 7 betrachtet werden. Durch Vorüberlegungen und Versuche werden die Teillösungen weiter beschrieben und der Lösungsraum eingegrenzt, siehe Kapitel 4.2.3, worauf folgend in Kapitel 4.2.4 eine quantitative Konzeptbewertung in Anlehnung an die VDI 2225[433] erfolgt.

4.2.1 Fügemechanismen und ihre physikalischen Grundlagen

Joining Mechanisms and their Physical Principles

Als Lösungsraum für die Entwicklung eines anfangsfesten Fügeverfahrens für Kupferflachleiter wurden folgende drei Teilgruppen der Fügeverfahren nach DIN 8593[434] in Kapitel 3.2.1 definiert:

- DIN 8593-1: Zusammensetzen
- DIN 8593-3: An- und Einpressen
- DIN 8593-5: Fügen durch Umformen

Im Folgenden werden diese Teilgruppen näher erläutert und dahingehend analysiert, welche Verfahren direkt oder angepasst für die beabsichtige Aufgabe anwendbar sind. Stoffschlüssige Fügeverfahren, wie z. B. die Schweiß- und Löttechnik, werden in dieser Arbeit nicht für die beschriebene Anwendung berücksichtigt. Nichtsdestotrotz können bei mechanischen Fügeverfahren, aufgrund hoher wirkender Flächenpressungen zwischen den Fügepartnern, stoffschlüssige Verbindungen beobachtet werden. Deswegen wird zusätzlich das Phänomen des Kaltverschweißens näher beschrieben.

Fügen durch Zusammensetzen

Aus der Teilgruppe DIN 8593-1 eignen sich die Untergruppen 4.1.3 – *Ineinanderschieben* – und 4.1.6 – *Federnd Einspreizen* – konzeptionell für ein vorfixierendes

[433] Vgl. Verein Deutscher Ingenieure (VDI 2225-3) 1998.
[434] Vgl. Deutsches Institut für Normung (DIN 8593-0) 2003.

Fügeverfahren von Flachleitern, wobei letztere z. B. als Schnappverbindung auszuführen ist.[435] Bei beiden Verfahren werden funktionale Geometrien an den Fügepartnern durch translatorische oder rotatorische Bewegungen zueinander positioniert und in Kraftwirkrichtung gegen Verschieben gesichert. Hierfür können starre oder elastische Funktionselemente an den Fügepartnern eingesetzt werden. Die Systeme sind den formschlüssigen oder kraftformschlüssigen Verbindungsarten zuzuordnen.[436]

CHO beschreibt in seiner Patentschrift ein solches Verfahren für Flachleiter, bei dem der Prozess des Zusammensetzens in tangentialer Bewegungsrichtung erfolgt, siehe Abbildung 4-5 links.[437] Über die Anwendung dieses Schutzrechtes liegen keine Informationen vor. Aufgrund der filigranen Funktionsgeometrie ist die Anwendung in der Großserie unwahrscheinlich. Schnappverbindungen erfordern ein hohes Maß an Elastizität der verwendeten Werkstoffe, weswegen diese Fügesysteme vorrangig für Kunststoffbauteile und weniger für metallische Bauteile Anwendung finden. Die Verbindung ist häufig lösbar ausgeführt.[438,439]

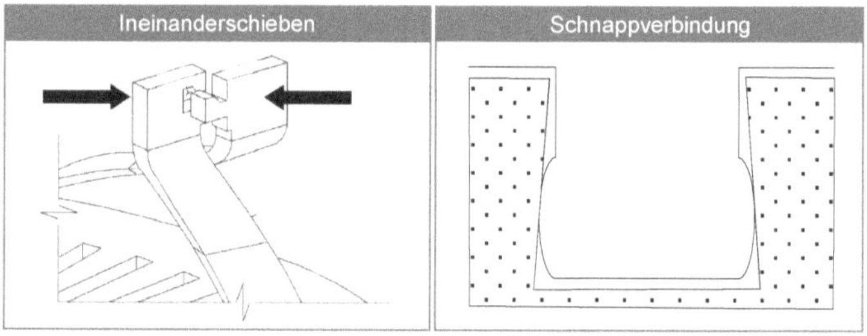

Abbildung 4-5: Fügen durch Zusammensetzen[440]
Joining by assembling

Fügen durch An- und Einpressen

Die Teilgruppe DIN 8593-3 umfasst kraftschlüssige Fügeverfahren, bei denen die Fügeteile und ggf. Hilfsfügeteile vorwiegend elastisch verformt werden.[441] Für das anfangsfeste Fügen können relevante Fügetechnologien in den Untergruppen 4.3.3 – *Klammern* – und 4.3.5 – *Nageln* – erkannt werden. Beim Klammern wird durch ein federndes Hilfsfügeteil ein Aneinanderpressen der Fügepartner bewirkt. Beim Nageln wird ein Hilfsfügeteil, z. B. ein Drahtstift, ohne Vorlochoperation in die Fügeteile eingetrieben.[442] Beispielsweise ist das Hochgeschwindigkeits-Bolzensetzen eine

[435] Vgl. Deutsches Institut für Normung (DIN 8593-1) 2003.
[436] Vgl. Erhard (Konstruieren mit Kunststoffen) 2008, S. 321.
[437] Vgl. Cho (KR101998419B1) 2019.
[438] Vgl. Kies (10 Grundregeln zur Konstruktion von Kunststoffprodukten) 2014, S. 184.
[439] Vgl. Klahn et al. (Design Guidelines for Additive Manufactured Snap-Fit Joints) 2016.
[440] Vgl. Cho (KR101998419B1) 2019.
[441] Vgl. Deutsches Institut für Normung (DIN 8593-3) 2003.
[442] Vgl. Moro (Baukonstruktion) 2022, S. 132ff.

Anwendung des Nagelns, wobei stets auf eine geeignete Materialpaarung zwischen Füge- und Hilfsfügeteil zu achten ist, siehe Abbildung 4-5.[443]

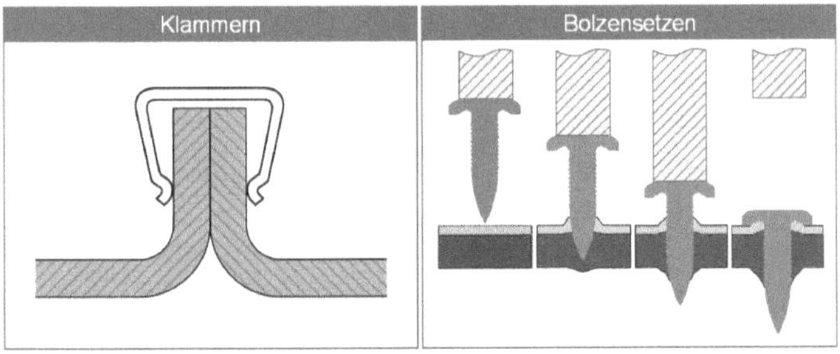

Abbildung 4-6: Fügen durch An- und Einpressen[444,445]

Joining by pressing on and in

Fügen durch Umformen

Merkmal der Fügeverfahren nach DIN 8593-5 ist das Umformen der Fügepartner oder der Hilfsfügeteile im Fügeprozess. Die Verbindung wird i. d. R. über Formschluss erzeugt.[446] In den Untergruppen 4.5.1 – *Fügen durch Umformen drahtförmiger Körper* – und 4.5.2 – *Fügen durch Umformen bei Blech-, Rohr- und Profilteilen* – sowie 4.5.3 – *Fügen durch Nietverfahren* – können für den Lösungsraum relevante Verfahrensalternativen identifiziert werden.

Gemäß der Untergruppe 4.5.1 können zum einen die Drahtenden durch gemeinsames Verdrehen verdrillt und fixiert werden, wobei bei massiven Leiterquerschnitten hohe Umformkräfte und ausgeprägte Fügezonen zu erwarten sind. Alternativ kann Wickeldraht als Hilfsfügeteil eingesetzt werden, um so durch eine ausreichende Windungszahl eine Positionierung und Fixierung der Fügestelle zu erzeugen.[447]

In der Untergruppe 4.5.2 der Blech-, Rohr und Profilfügeverfahren werden das Durchsetzfügen, das Verpressen und das Quetschen näher betrachtet. Beim Durchsetzfügen, auch Clinchen genannt, wird eine Verklammerung zweier Bleche erreicht, indem ein gemeinsames Durchsetzen erzeugt wird und die Stauchung der Bleche einen Hinterschnitt produziert. Damit können kraft- und formschlüssige Verbindungen ohne Zusatzelemente erzeugt werden, wobei die Anwendbarkeit für Flachleiter zu überprüfen ist. Es wird das Durchsetzfügen mit und ohne Schneidanteil unterschieden.[448] Beim Verpressen oder Quetschen werden z. B. Seil- oder Drahtenden mithilfe einer Press-

---

[443] Vgl. Böllhoff Gruppe (RIVTAC® Automation P) 2020.
[444] Vgl. Moro (Baukonstruktion) 2022, S. 133.
[445] Vgl. Böllhoff Gruppe (RIVTAC® Automation P) 2020.
[446] Vgl. Deutsches Institut für Normung (DIN 8593-5) 2003.
[447] Vgl. Moro (Baukonstruktion) 2022, S. 138.
[448] Vgl. Doege et al. (Handbuch Umformtechnik) 2010, S. 400ff.

oder Crimphülse umschlossen und durch Umformung form- und kraftschlüssig miteinander verbunden. Diese Fügeverfahren werden oftmals auch für das Konfektionieren von Kabeln eingesetzt.[449]

Des Weiteren werden die Nietverfahren als relevant erkannt, wobei vorrangig das Voll- oder Stanznieten zu betrachten ist. Beim Vollnieten wird ein bolzenförmiges Hilfsfügeteil in die vorgelochten Fügepartner eingesetzt. Beim Stanznieten erfolgt die Vorlochoperation durch den Niet selbst. Anschließend wird durch Anformen des Schließkopfes eine formschlüssige Verbindung herstellt.

Der Abbildung 4-7 können beispielhafte Darstellungen der umformenden Fügeverfahren entnommen werden.

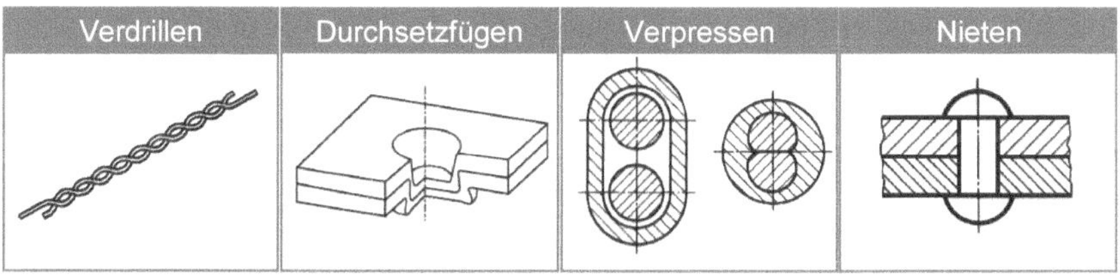

Abbildung 4-7: Fügen durch Umformen[450]
Joining by forming

Kaltverschweißen

Das Kaltverschweißen, auch Kaltpressschweißen genannt, ist ein Fügeverfahren, bei dem zwei Bauteile gleicher oder ungleicher Metalle bei Raumtemperatur, d. h. unterhalb der Rekristallisationstemperatur der Fügepartner, durch die Einwirkung hoher Druckkräfte miteinander stoffschlüssig verbunden werden. Der Bindungsmechanismus beruht auf Platzwechselvorgängen sowie Kohäsions- und Adhäsionskräften in der Schweißfläche. Voraussetzung für den Bindungsmechanismus ist der rein metallische Kontakt und die Annäherung der Fügepartner auf Atomlagenabstand.[451,452] Die Rekristallisationstemperatur von Kupfer wird mit 400–500 °C angegeben.[453] Kupfer bildet an normaler Atmosphäre eine Duplex-Schicht aus Kupfer-(I)- und Kupfer-(II)-Oxid mit einer Gesamtdicke von etwa 3,3 nm aus.[454] Diese gilt es durch geeignete Vorbehandlung, z. B. mithilfe mechanischer, chemischer oder elektrochemischer Verfahren, aufzubrechen oder zu entfernen. Auch können mechanische Verformung oder Relativbewegung im Fügeprozess ein Aufbrechen der Oxidschicht ermöglichen.[455] Für das

---

[449] Vgl. Moro (Baukonstruktion) 2022, S. 142.
[450] Vgl. Deutsches Institut für Normung (DIN 8593-5) 2003.
[451] Vgl. Schuler et al. (Praxiswissen Schweißtechnik) 2019, S. 147ff.
[452] Vgl. Schmidt (Ein Beitrag zum stoffschlüssigen Fügen durch plastische Deformation) 2018, S. 12f.
[453] Vgl. Deutsches Kupferinstitut Berufsverband (Anhaltswerte für die Wärmebehandlung von nicht aushärtbaren Kupferwerkstoffen) 2022.
[454] Vgl. P. Keil et al. (Investigation of Room Temperature Oxidation of Cu in Air) 2007.
[455] Vgl. Schmidt (Ein Beitrag zum stoffschlüssigen Fügen durch plastische Deformation) 2018, S. 29ff.

artgleiche Kaltpressschweißen von Kupfer wird der benötigte Druck mit etwa 500–750 N/mm² angegeben.[456] Das Kaltverschweißen ist oftmals ein Phänomen, welches bei mechanischen Prozessen oder Verbindungssystemen mit hoher Flächenpressung auftritt, wie z. B. beim Durchsetzfügen.[457]

4.2.2 Konzeptentwicklung geeigneter Lösungsalternativen

Concept Development of Suitable Alternatives

Ausgangspunkt der Konzeptentwicklung ist die Abstraktion des Zielsystems in eine Funktionsstruktur, wobei die Gesamtfunktion in ihre Haupt- und Teilfunktionen aufgebrochen wird.[458,459] In Abbildung 4-8 ist die hierarchische Funktionsstruktur für das anfangsfeste Fügen von Kupferflachleitern dargestellt.

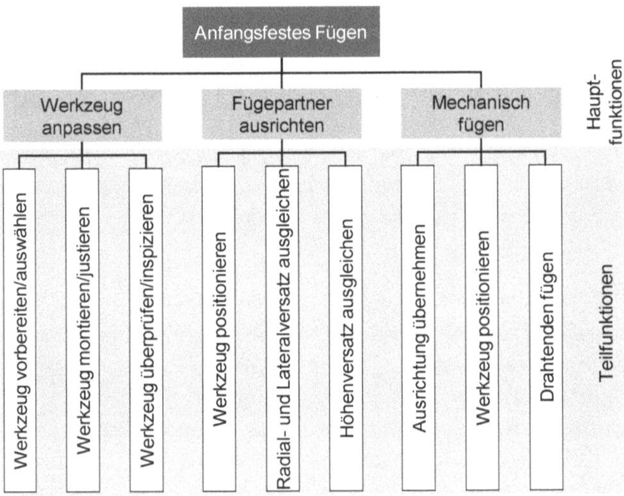

Abbildung 4-8: Hierarchische Funktionsstruktur für das anfangsfeste Fügen von Kupferflachleitern
Hierarchical functional structure for initial strength joining of flat copper conductors

Auf Elementarfunktionen, wie z. B. die Energiewandlung, wird an dieser Stelle nicht eingegangen.[460] Im Folgenden werden für jede Hauptfunktion mögliche Teillösungen tabellarisch dokumentiert. Für die Ideenfindung wurden Kreativitätstechniken, wie z. B. das Brainstorming und die Galeriemethode, durchgeführt.[461] Weiterhin wurden Analogiemethoden verwendet, bei denen eine Analyse bereits gelöster, ähnlicher Probleme

[456] Vgl. Kallee (Kaltpressschweißen) 2022.
[457] Vgl. Kalich et al. (Clinchen von Kupferwerkstoffen zur Kontaktierung elektrischer Leiter) 2019.
[458] Vgl. Albers et al. (iPeM) 2016.
[459] Vgl. Verein Deutscher Ingenieure (VDI 2225-3) 1998.
[460] Vgl. Bender et al. (Pahl/Beitz Konstruktionslehre) 2021, S. 243ff.
[461] Die Ideenfindung wurde in einem interdisziplinären Projektteam im Forschungsprojekt anfaHair (Förderkennzeichen: KK 5057502PK0) durchgeführt.

durchgeführt wird und daraus passende Teillösungen extrahiert werden. Hier ist auch die Analyse aus Kapitel 4.2.1 hinzuzuziehen.[462] Die Hauptfunktionen des Ausrichtens und Fügens werden in der Funktionssynthese als kritische Funktionen identifiziert. Der Schwerpunkt der Entwicklungsleistung dieser Arbeit liegt aufgrund des Neuheitsgrades in der Hauptfunktion des Fügens. Da der Ausrichtprozess individuell auf das Fügesystem abzustimmen ist, wird dieser, sofern nicht in das Fügewerkzeug integrierbar, in der Integrationsbetrachtung in Kapitel 7 thematisiert. Die Anpassbarkeit des Werkzeuges und die Steuerung von Prozessparametern sind ebenso für die Integrationsbetrachtung von Relevanz und werden entsprechend auch in Kapitel 7 adressiert.

Werkzeug anpassen

An das Werkzeugkonzept wird die Anforderung der Adaptivität und Modularität für verschiedene Stator- und Drahtvarianten gestellt, siehe Anhang 4. Sofern keine Gesamtlösung mit einem Universalwerkzeug generiert werden kann, ist die Anpassung bzw. der Werkzeugtausch als Hauptfunktion zu identifizieren. Die Hauptfunktion untergliedert sich in die Teilfunktionen der Werkzeugvorbereitung, der Werkzeugmontage oder -justage und der Werkzeuginspektion. Die isolierten Lösungsansätze können der Tabelle 4-3 entnommen werden.

Tabelle 4-3: Morphologischer Kasten Teil 1 – Werkzeug anpassen

Morphological box part 1 - adaptive tooling

TF \ TL		TL 1	TL 2	TL 3	TL 4
1	Werkzeug vorbereiten/ auswählen	Manuell	Programm-zuweisung A ⇒ Set 1 B ⇒ Set 1	Algorithmus-basiert	Universal-werkzeug
2	Werkzeug montieren/ justieren	Manuell	Handlinggerät	Einschübe Werkzeug	
3	Werkzeug überprüfen/ inspizieren	Sichtprüfung	Optisch	Parameter-basiert	Standzeit 24 H

TF = Teilfunktion | TL = Teillösung

[462] Vgl. Kirchner (Werkzeuge und Methoden der Produktentwicklung) 2020, S. 142ff.

Fügepartner ausrichten

Auch im anfangsfesten Fügesystem ist das Ausrichten der Fügepartner grundlegend für die anforderungsgerechte geometrische Schweißvorbereitung. Diese Hauptfunktion wird in die Teilfunktionen der Werkzeugpositionierung sowie zweier Ausgleichsoperationen unterteilt. Für den Ausgleich von Radial- und Lateralversätzen können bekannte Ausricht- und Spannverfahren, wie in Kapitel 2.2.4 vorgestellt, Anwendung finden. Auch können Beschnitte weiterhin für den Ausgleich von Höhenversätzen genutzt werden. Eleganter sind jedoch Verfahren, die z. B. durch geometrische Funktionsintegration im Werkzeug oder im Fügepartner ein selbsttätiges Ausrichten der Fügestelle ermöglichen, wie z. B. eine Zentrierbohrung. Tabelle 4-4 stellt den morphologischen Kasten für die zweite Hauptfunktion dar.

Tabelle 4-4: Morphologischer Kasten Teil 2 – Fügepartner ausrichten
Morphological box part 2 - aligning joining partners

TF \ TL		TL 1	TL 2	TL 3	TL 4	TL 5
4	Werkzeug positionieren	Manuell 	Linearachsen-system 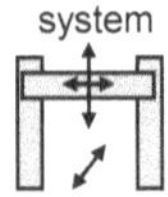	Handlinggerät 		
5	Radial- und Lateralversatz ausgleichen	Axiales Spannen 	Radiales Spannen 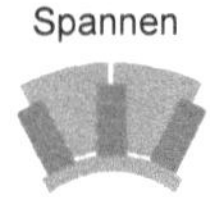	Tangentiales Spannen 	Kombination 	Selbst-ausrichtend 
6	Höhenversatz ausgleichen	Beschneiden 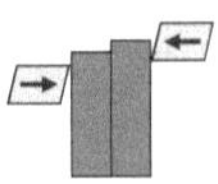	Drücken 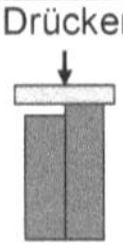	Ziehen 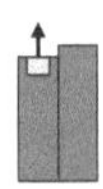	Umformen 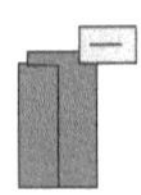	Selbst-ausrichtend 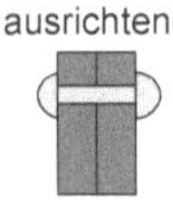

TF = Teilfunktion | TL = Teillösung

Mechanisch fügen

Die Hauptfunktion des mechanischen Fügens kann in die Teilfunktionen der Positionsübernahme aus dem Ausrichten, der Werkzeugpositionierung und des eigentlichen Fügeprozesses unterteilt werden. Die Lösungsansätze sind in Tabelle 4-5 dokumentiert. Die Teilfunktionen 7 und 8 weisen eine starke Abhängigkeit vom Fügeverfahren und von den notwendigen Vorbearbeitungsschritten auf. Aus diesem Grund wird folgend detaillierter auf die Teilfunktion 9, den eigentlichen Fügeprozess, eingegangen.

Tabelle 4-5: Morphologischer Kasten Teil 3 – Mechanisch fügen
Morphological box part 3 - mechanical joining

TF \ TL		TL 1	TL 2	TL 3	TL 4
7	Ausrichtung übernehmen	Sequenziell Ausrichten Fügen	Synchronisiert Ausrichten Fügen	Integriert Ausrichten & Fügen	
8	Werkzeug positionieren	Manuell	Linearachsen-system	Handlinggerät	Vorprozess Präprozess
9	Drahtenden fügen	Umformen	Zusatzelement	Funktions-integration	Physikalisch/ Chemisch

TF = Teilfunktion | TL = Teillösung

In Abbildung 3-3 werden die Teillösungen der anfangsfesten fixierenden Fügetechnologie bereits in die vier Kategorien *Umformen*, *Zusatzelement*, *Funktionsintegration* und *physikalische/chemische Verfahren* unterteilt. Die Abbildung 4-9 stellt die Gesamtheit der generierten Teillösungsalternativen für das Fügen der Drahtenden je Kategorie dar. Die Übersicht ist bereits von offensichtlich nicht umsetzbaren Lösungsalternativen bereinigt. Ähnliche Lösungsalternativen wurden zusammengefasst.

Umformen	Zusatzelement	Funktionsintegration	Physikalisch/ Chemisch
Durchsetzfügen TL1.1	Hülse/ Formtasche TL2.1	Rasthaken TL3.1	Widerstandsschweißen TL4.1
Schneiden mit Quetschanteil TL1.2	Nieten TL2.2	Strukturierte Oberfläche TL3.2	Kleben TL4.2
Verkeilen TL1.3	Bolzensetzen TL2.3	Kalibrieren TL3.3	Oberflächenadhäsion TL4.3
Crimpen/ Quetschen TL1.4	Klammern TL2.4		Ultraschallschweißen TL4.4
Twisten/ Verdrehen TL1.5	Umwickeln TL2.5		Tauchlöten TL4.5
	Clip/ Formelement TL2.6		

TL = Teillösung

Abbildung 4-9: Übersicht der Lösungsvarianten für die Teillösung „Drahtenden fügen"
Overview of solutions in category "joining wire ends"

Zum einen können Lösungsalternativen identifiziert werden, die eine direkte Applikation eines existierenden Fügeverfahrens nach DIN 8593 darstellen, wie z. B. das

Durchsetzfügen oder das Nieten. Zum anderen werden adaptierte oder neuartige Fügesysteme, wie z. B. das Verkeilen oder das Kalibrieren, identifiziert. Dem Anhang 6 kann für jede Teillösung ein Technologiesteckbrief mit Prinzipskizze und Prozessbeschreibung entnommen werden.

4.2.3 Vorüberlegungen zur Eingrenzung des Lösungsraums

Preliminary Considerations for Refining the Solution Space

Es gilt, den in Abbildung 4-9 dokumentierten Lösungsraum der Fügemechanismen in der Flachdrahttechnik durch Vorüberlegungen und Voruntersuchungen weiter einzugrenzen und eine Aussage über die allgemeine Machbarkeit zu treffen. Die Abbildung 4-10 illustriert das angewandte dreistufige Verfahren. In Stufe 1 wird eine Vorfilterung entsprechend den Anforderungen und den Randbedingungen durchgeführt. In Stufe 2 erfolgt die theoretische Machbarkeitsüberlegung. Sofern als notwendig erkannt, erfolgt in Stufe 3 eine praktische Machbarkeitsbetrachtung.

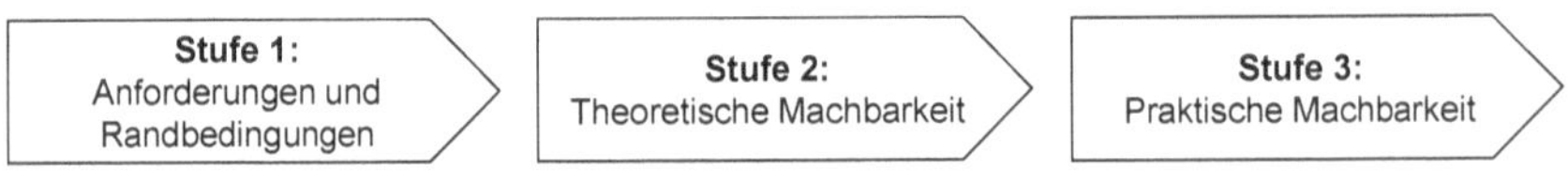

Abbildung 4-10: Vorgehen zur Eingrenzung des Lösungsraums
Method for refining the solution space

Stufe 1: Anforderungen und Randbedingungen

Gemäß Anforderungsliste, siehe Anhang 4 – Anforderung Nr. 2.4, ist der Fügemechanismus mechanisch auszulegen, z. B. durch Form- oder Kraftschluss. Demnach sind alle physikalisch oder chemisch wirkenden Lösungsalternativen auszuschließen. Stoffschlüssige Verfahren aus der Gruppe der Schweiß- und Lötverfahren können die Anforderungen einer endfesten Fügeverbindung erfüllen. Sie stellen somit ein singuläres Fügesystem dar und befinden sich außerhalb des Betrachtungsbereichs dieser Arbeit.

Stufe 2: Theoretische Machbarkeit

Die theoretische Machbarkeit kann gemäß den Verfahrensbeschreibungen für alle Lösungsvarianten mit Zusatzelement als plausibel erkannt werden. Die Verfahren können abstrahiert anhand ihrer Zuführbewegung für das Zusatzelement in radiale (TL2.2, TL2.3), axiale (TL2.1) und variable (TL2.4, TL2.5, TL2.6) Fügeverfahren unterteilt werden. Als kritische Randbedingung ist das Verhalten der Zusatzelemente im Fügeprozess zu identifizieren, welches stichprobenartig in der Stufe 3 untersucht wird. Unter der TL2.1 werden die Zusatzelemente Hülse und Formtasche unterschieden. Die Ausprägung der Hülse stellt ein varianten- und formflexibles Zusatzelement dar, welches durch einen umformenden Schließprozess fixiert wird. Die Formtasche verfügt über eine dreidimensionale Funktionsgeometrie, z. B. Formschrägen, welche im Positionierprozess die Funktionen der Ausrichtung und der Fixierung integriert. Aufgrund der hohen Komplexität des Fügeelementes wird die Formtasche in TL2.1 nicht weiter berücksichtigt.

Das Durchsetzfügen ist ein klassisches Umformfügeverfahren für Bleche. Das Verhältnis der Bauteildicke zum Werkzeugdurchmesser ist in der betrachteten Anwendung deutlich zu groß, um direkt für Kupferflachleiter in der Hairpin-Technologie anwendet zu werden.[463] Bei einem Stempeldurchmesser von 2 mm liegt das Verhältnis für den 4×2 mm² Referenzdraht bei 1. Werkzeughersteller empfehlen Grenzverhältnisse von 1 : 8 oder 1 : 10.[464,465] Mögliche Ansätze für die Ertüchtigung des Durchsetzfügens für Flachleiter können eine partielle Dickenreduktion, eine Anpassung der Werkzeuggeometrie oder eine Vorlochoperation sein. Die Wirksamkeit dieser Ansätze gilt es in der praktischen Machbarkeitsuntersuchung abzuprüfen.

Das umformbasierte Fügeverfahren des Verkeilens stellt auf konzeptioneller Ebene zwar einen nachvollziehbaren Fügemechanismus dar. Aufgrund der geringen Bauteil- und Fügestellendimensionen und der notwendigen definierten Keilgeometrien am Flachdraht können keine adäquaten und wirtschaftlichen Fertigungsverfahren für dieses Fügeverfahren identifiziert werden, sodass die TL1.3 aus dem Lösungsraum ausgeschlossen wird.

Für die verbleibenden umformtechnischen Fügeverfahren kann die theoretische Machbarkeit als plausibel ausgewiesen werden, wobei auch hier praktische Voruntersuchungen in Stufe 3 als sinnvoll erachtet werden.

Das Verfahren des Kalibrierens (TL3.3), aus der Kategorie der Funktionsintegration, stellt nach Definition kein Fügeverfahren dar. Die Fügestellenfestigkeit wird ausschließlich durch Rückfederungseffekte im Bauteil realisiert und unterliegt aufgrund wechselnder Materialeigenschaften hohen Prozessstreuungen. Aus diesem Grund wird die TL3.3 nicht weiter betrachtet.

Stufe 3: Praktische Machbarkeit

Für insgesamt sechs Lösungsalternativen wurden Vorversuche durchgeführt, mit dem Ziel, die makroskopische Machbarkeit der Verfahren nachzuweisen.

Durch Verfahrensadaptionen, wie z. B. das Vorstauchen oder Vorlochen der Flachleiter, kann das Durchsetzfügen (TL1.1) ertüchtigt werden, subjektiv belastbare Fügeverbindungen am Referenzdraht auszubilden. Das Vorstauchen der Flachleiter auf einen Drahtquerschnitt von 8×1 mm² ermöglicht den Einsatz eines standardisierten Rundpunktes der Fa. TOX mit der Nenngröße 5 mm. Es bildet sich eine hinterschnittige Verbindung aus, die von Hand nicht lösbar ist. Ebenfalls gute Ergebnisse wurden mit vorgelochten Proben erzielt, wobei in den matrizenseitigen Fügepartner ein Sackloch durch Prägen oder Bohren eingebracht wurde.[466] Bei einem Stempel- und

[463] Vgl. TOX® Pressotechnik GmbH & Co. KG (TOX®-Clinch-Technologie) 2022.
[464] Vgl. Deutscher Verband für Schweißen und verwandte Verfahren; Europäische Forschungsgesellschaft für Blechverarbeitung (DVS-EFB 3420) 2012.
[465] Technische Beratung des Unternehmens TOX® PRESSOTECHNIK GmbH & Co. KG.
[466] In Anlehnung an Clinchen mit Vorloch (Cavity-Loc®) der BTM Blechverbindungstechnik GmbH.

Vorlochdurchmesser von 2,5 mm bildete sich beim Referenzdraht eine subjektiv belastbare Fügeverbindung aus. Der Versuch mit einem Balkenstempel lieferte keine formschlüssige Verbindung. Bei vereinzelten Proben konnte eine subjektive Anfangsfestigkeit festgestellt werden, wobei diese nach mikroskopischer Analyse auf den Fügemechanismus des Kaltverschweißens zurückzuführen ist. Im Durchsetzvorgang gleiten die Fügepartner an den Flanken der Fügestelle aneinander ab und brechen die natürliche Oxidschicht des Kupfers auf. Die partielle Flächenpressung im Fügevorgang kann mit ca. 1000 N/mm² angegeben werden. Der Abbildung 4-11 können Illustrationen der adaptierten Verfahren des Durchsetzens einschließlich der verwendeten Parameter entnommen werden. Zusammenfassend lässt sich das Durchsetzfügen mit Vorlochoperation als anwendungsorientierte Verfahrensalternative ausweisen.

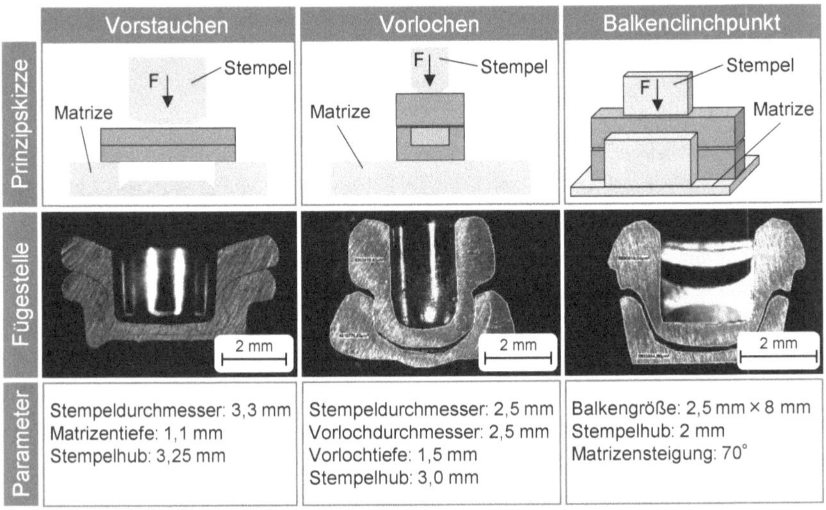

Abbildung 4-11: Vorversuche Durchsetzfügen
Preliminary tests clinching

Für die Teillösung des Crimpens und Quetschens (TL1.4) wurden drei unterschiedliche Ausprägungen untersucht. Prinzipskizzen sowie exemplarische Parameter- und Ergebnisauszüge können der Abbildung 4-12 entnommen werden. Beim planaren Quetschen, also dem flächigen Andrücken der Drahtpaare, konnte eine massive Querschnittsreduktion, jedoch keine Verbindung der Fügepartner, festgestellt werden. Bessere Ergebnisse wurden mithilfe einer Labyrinthgeometrie im Quetschwerkzeug erzielt, indem dieses mit schmalen Crimpleisten ausgestattet wurde. Vereinzelt könnten mit diesem Verfahren Verbindungen zwischen den Fügepartnern erzielt werden, welche den Entformungskräften der Werkzeuge aber i. d. R. nicht standhalten. Die subjektiv besten Ergebnisse wurden mit dem Verfahren des Umfließens erzielt, bei dem ein Fügepartner zunächst vorgestaucht und das Material im zweiten Werkzeughub durch eine trapezförmige Geometrie um den zweiten Fügepartner herumgelegt wird.

Bei diesem Verfahren konnten formschlüssige Fügeverbindungen beobachtet werden, weswegen nur dieses im Folgenden als TL1.4 weiter betrachtet wird.

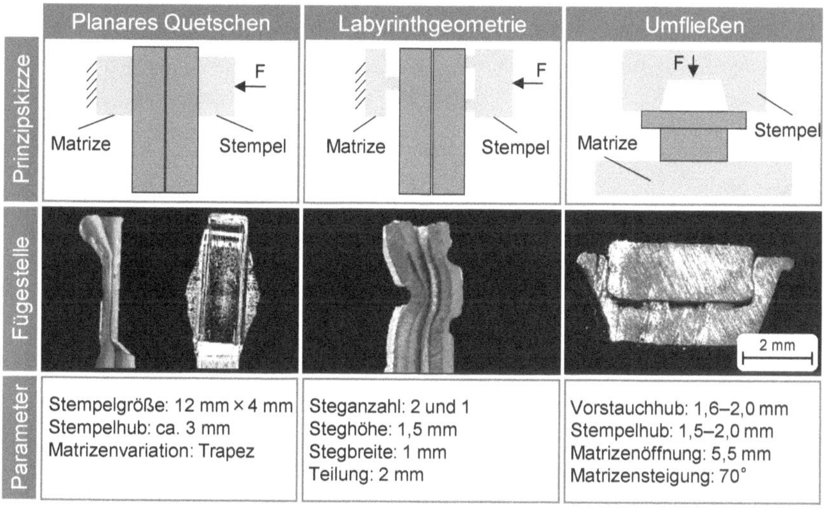

Abbildung 4-12: Vorversuche Crimpen/Quetschen

Preliminary tests crimping/squeezing

Die Teillösung Twisten/Verdrehen (TL1.5) wird anhand der praktischen Vorversuche aus dem Lösungsraum ausgeschlossen. Mit Torsionswinkeln zwischen 360–720° konnten für den Referenzdraht subjektiv feste Vorfixierungen generiert werden, jedoch ergaben sich ausgedehnte und nicht anwendungstaugliche Torsionslängen, siehe Abbildung 4-13.

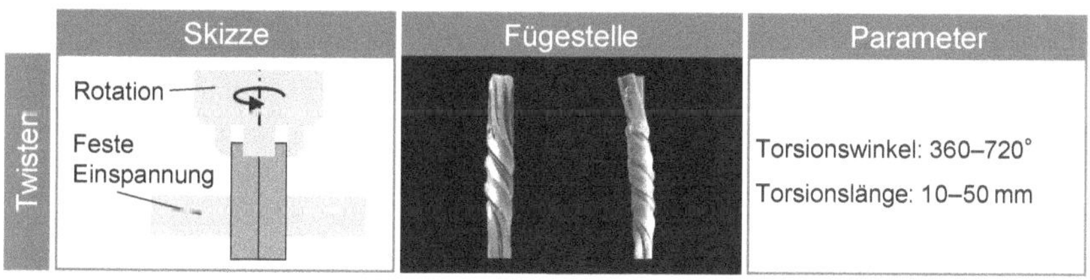

Abbildung 4-13: Vorversuche Twisten/Verdrehen

Preliminary tests twisting

In der Kategorie der Fügeverfahren mit Zusatzelement wurde das Fügen mit Hülse (TL2.1), mit Niet (TL2.2) sowie das Fügen durch Umwickeln (TL2.5) untersucht, siehe Abbildung 4-14. Als Fügeelemente wurden handgebogene Hülsen, Kupfervollniete und Wickeldraht verwendet. Für alle Verfahrensalternativen kann die makroskopische Machbarkeit nachgewiesen werden. Es wurden subjektiv hohe mechanische Festigkeiten der anfangsfesten Fügestelle erkannt. Zudem wurde die Kompatibilität des

Zusatzelementes im Laserkontaktierprozess bestätigt, wobei beim Umwickeln teilweise ein Auffedern der Drahtwicklung zu beobachten war.

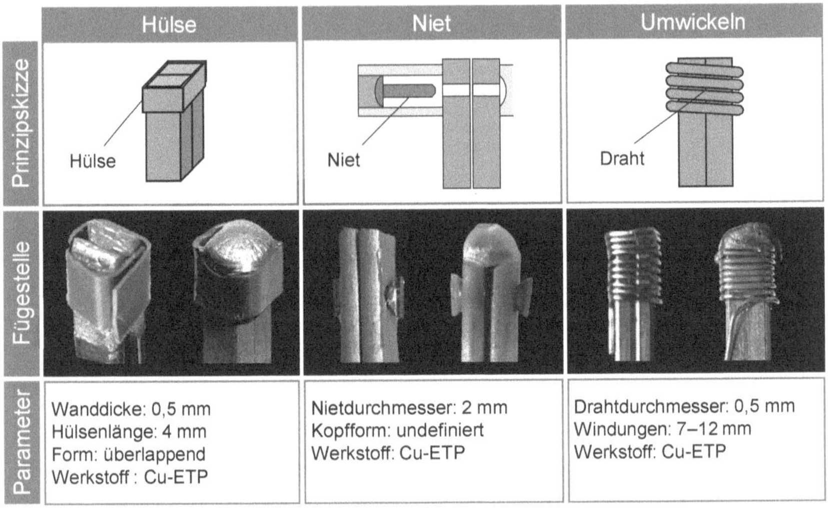

Abbildung 4-14: Vorversuche Zusatzelement

Preliminary tests additional element

Für die Teillösungen des Rasthakens (TL3.1) und der strukturierten Oberfläche (TL3.2) kann in beiden Fällen die technische Machbarkeit nicht nachgewiesen werden, weswegen diese Teillösungen im Folgenden aus dem Lösungsraum ausgeschlossen werden. Die Begründung für den Ausschluss der Rasthakentechnologie liegt in der geringen Bauteilgröße, sodass die Herstellung der Funktionsgeometrie mit konventionellen Fertigungsverfahren nicht adäquat möglich ist. In Anlehnung an das Durchsetzfügen mit Vorlochoperation, siehe Abbildung 4-11, konnte ein Durchzug in einen Fügepartner eingebracht werden und dieser unter Druckkraft in den vorgelochten zweiten Fügepartner eingedrückt werden, vgl. Abbildung 4-5 rechts. Die Verbindung wies eine geringe Festigkeit und Reversibilität auf, war aber nicht reproduzierbar. Für die strukturierten Oberflächen wurden Untersuchungen mit verschiedenen Oberflächenbearbeitungsverfahren, wie der Laserstrukturierung, dem Bürsten und dem Fräsen, durchgeführt. Ein kraftfreies Anhaften der Oberflächen konnte in keiner Konfiguration erreicht werden. Unter hohen planaren Druckkräften konnten bei einigen Verfahren verbesserte Kaltverschweißneigungen beobachtet werden.

Abschließend kann nach den angestellten Vorüberlegungen und Voruntersuchungen der Lösungsraum der Fügemechanismen für die Flachdrahttechnik auf neun Lösungsalternativen eingegrenzt werden, siehe Abbildung 4-15.

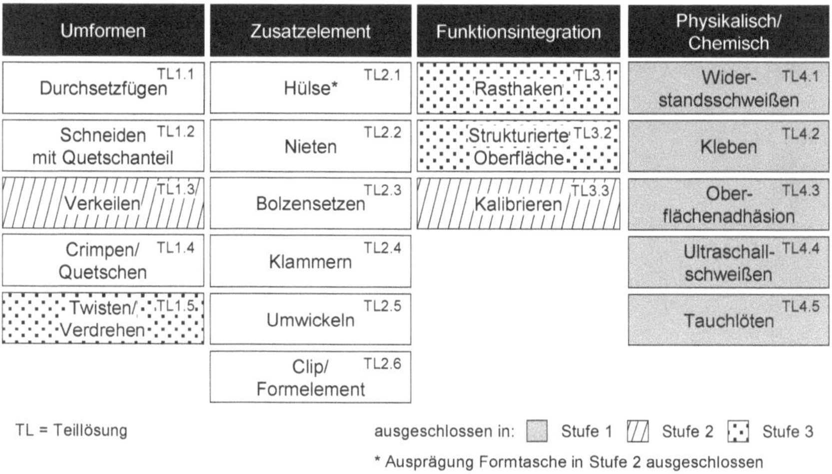

Abbildung 4-15: Eingegrenzte Übersicht der Lösungsvarianten für die Teillösung „Drahtenden fügen"
Reduced overview of solutions for the category "joining wire ends"

4.2.4 Konzeptbewertung und Auswahl geeigneter Fügeverfahren
Concept Evaluation and Selection of Suitable Joining Methods

Der Lösungsraum für ein geeignetes Fügeverfahren wurde durch Vorüberlegungen und Vorversuche bereits eingegrenzt. Nun gilt es, die Wertigkeit der verbleibenden neun Verfahren zu objektivieren und zu quantifizieren.[467] Da bereits ein ausreichender Kenntnisstand über die Eigenschaften der Lösungsvarianten vorliegt, erfolgt die Bewertung mithilfe einer Nutzwertanalyse (NWA).[468,469]

Die Bewertungskriterien werden anhand des Anforderungsprofils, siehe Anhang 4, wie folgt festgelegt und mit geeigneten Entscheidungsfragen beschrieben:

[467] Vgl. Verein Deutscher Ingenieure (VDI 2225-3) 1998.
[468] Vgl. Adunka et al. (Evaluator) 1999.
[469] Vgl. Bender et al. (Pahl/Beitz Konstruktionslehre) 2021, S. 313ff.

Tabelle 4-6: Kriterien für die Konzeptbewertung

Criteria for the concept evaluation

Nr.	Kriterien	Entscheidungsfragen
1	Prozessaufwand	Mit welchem Fertigungs- und Montageaufwand ist das betrachtete Konzept realisierbar? Handelt es sich z. B. um einen einstufigen oder mehrstufigen Prozess mit komplexer oder simpler Werkzeugkinematik?
2	Exaktheit	Liefert das Fügeverfahren eine geometrisch exakte und reproduzierbare Fügestelle? Ist die Teilfunktion des Ausrichtens der Fügepartner in den Fügeprozess integrierbar und werden hohe Positioniergenauigkeiten erzielt?
3	Robustheit	Reagiert das Verfahren auf wechselnde Randbedingungen, wie Geometrieabweichungen oder Schwankungen von Werkstoffeigenschaften, stark sensitiv oder robust? Ist eine Beeinflussung der Fügequalität zu erwarten?
4	Tragfähigkeit der Verbindung	Welche statischen und dynamischen Festigkeiten lassen sich mit dem betrachteten Konzept erzielen? Ist die Festigkeit der anfangsfesten Verbindung auch während des Schweißprozesses gesichert?
5	Taktzeit	Sind die Prozess- und Nebenzeiten des Konzeptes für die Klein- und Großserienanwendung praktikabel? Lässt sich das Konzept z. B. selektiv und/oder kombiniert anwenden und damit skalieren?
6	Adaptierbarkeit	Mit welchem Zusatzaufwand, z. B. Werkzeugwechsel, lässt sich das betrachtete Konzept auf veränderte Produkteigenschaften, z. B. Statordurchmesser und Drahtquerschnitt, anpassen?
7	Ausprägung der Fügestelle	Wie wirkt sich der Fügeprozess auf die geometrischen, mechanischen und elektrischen Eigenschaften der endfest gefügten Fügestelle aus?
8	Umsetzbarkeit	Wie hoch ist das technische Risiko der Umsetzbarkeit? Kann das Verfahren mit den verfügbaren technischen und finanziellen Mitteln realisiert werden?
9	Kosten	Welche Investitions- und Betriebskosten werden durch das Verfahren verursacht? Sind beispielsweise kostenintensive Technologien, Personal- oder Materialaufwände notwendig?
10	Sicherheit und Umwelt	Lassen sich alle erforderlichen Arbeitsschritte in gesicherter Umgebung durchführen und entstehen durch das Verfahren keine Gefährdungen für Gesundheit und Umwelt?

Die Gewichtung der Kriterien leitet sich aus einem paarweisen Vergleich ab, siehe Anhang 7. Für die Kriterien 2, 4 und 8 werden die höchsten Gewichtungen bestimmt. Als Bewertungsmaßstab wird eine ganzzahlige Punkteskala von 0 bis 4 gewählt, wobei 0 Punkte einer unbefriedigenden und 4 Punkte einer sehr guten Annäherung an die ideale Verwirklichung der Zieleigenschaften entspricht.[470]

Die Lösungsvarianten wurden entsprechend den Kriterien von neun mit dem Thema des anfangsfesten Fügens von Flachleitern vertrauten Probanden[471] individuell und unabhängig bewertet. Die Einzelbewertungen wurden gleichgewichtet konsolidiert, mit den Kriteriengewichten multipliziert und die Nutzwerte bestimmt. Der Nutzwert der theoretisch idealen Lösung beträgt 360. Die konsolidierte Nutzwertanalyse kann der Tabelle 4-7 entnommen werden.

In der Lösungskategorie der umformenden Fügeverfahren erhält das Durchsetzfügen mit Vorlochoperation (TL1.1), mit einem Nutzwert von 295, die höchste Wertigkeit,

---

[470] Vgl. Verein Deutscher Ingenieure (VDI 2225-3) 1998.

[471] Es handelt sich um vier Entwicklungsingenieure aus dem industriellen Anwendungsfeld der Hairpin-Technologie, zwei wissenschaftliche Mitarbeiter des PEM der RWTH und drei Hilfswissenschaftler/Abschlussarbeiter.

gefolgt vom Verfahren des Crimpens/Quetschens in der Ausprägung des Umfließens (TL1.4). Beide Fügeverfahren zeichnen sich durch zu erwartende gute Fügestelleneigenschaften aus und versprechen ein hohes Maß an Wirtschaftlichkeit. Die Fügeverfahren mit Zusatzelement weisen einen zusätzlichen Handling- und Kostenaufwand für das Zusatzelement auf, der den Nutzwert dieser Lösungskategorie negativ beeinflusst. Bei den Fügeverfahren mit Zusatzelement können die höchsten Wertigkeiten für das Nieten (TL2.2) und das Fügen mit Hülse (TL2.1) ermittelt werden. Vorteile dieser Teillösungen liegen in ihrer Robustheit und einfachen Umsetzbarkeit.

Tabelle 4-7: Nutzwertanalyse für vorfixierende Fügeverfahren an Kupferflachleitern

Utility value analysis for pre-fixing joining processes on flat copper conductors

		Umformen						Zusatzelement											
		TL1.1		TL1.2		TL1.4		TL2.1		TL2.2		TL2.3		TL2.4		TL2.5		TL2.6	
Kriterium	G	EG	NW	EG	NW	EG	NW	EG	NW	EG	NW	EG	NW	EG	NW	EG	NW	EG	NW
Prozessaufwand	8	3	24	3,5	28	3	24	3,5	28	2	16	2	16	2	16	1	8	1,5	12
Exaktheit	13	3	39	3	39	3	39	3	39	4	52	3	39	3	39	2	26	3,5	46
Robustheit	9	3	27	2	18	3	27	4	36	4	36	2,5	23	2,5	23	3	3	3	27
Tragfähigkeit der Verbindung	16	3,5	56	3	48	3,5	56	4	64	4	64	3,5	56	3,5	56	2,5	40	2,5	40
Taktzeit	9	4	36	3,5	32	3,5	32	2,5	23	2,5	23	4	36	2,5	23	1	9	3	27
Adaptierbarkeit	8	3	24	3	24	3	24	2	16	3	24	3	24	3	24	4	32	1	8
Ausprägung der Fügestelle	7	3	21	3,5	25	3	21	2,5	18	2	14	2,5	18	2,5	18	1	7	2	14
Umsetzbarkeit	10	3,5	35	2,5	25	3	30	4	40	4	40	1,5	15	2	20	2	20	2,5	25
Kosten	7	3	21	3,5	25	3,5	25	0,5	4	1	7	0,5	4	0,5	4	1	7	0,5	4
Sicherheit und Umwelt	3	4	12	4	12	4	12	4	12	4	12	3,5	11	4	12	4	12	4	12
Kumulierter Nutzwert			295		275		289		279		288		240		233		164		214
Rang			1		5		2		4		3		6		7		9		8

Legende: G = Gewichtung EG = Ereigniswert NW = Nutzwert (auf ganze Zahlen gerundet)

Die gewählte Bewertungsmethodik suggeriert eine objektive Bewertung, beruht jedoch auf zumeist subjektiven Entscheidungsgrundlagen.[472] Die Nutzwerte der fünf besten Teillösungen liegen im Bereich von 76–82 % des maximal erreichbaren Nutzwertes. Aufgrund des bis dato nur konzeptionellen technisch-wirtschaftlichen Verständnisses der Verfahren werden je Teillösungskategorie die zwei bestbewerteten Fügeverfahren für die praktische Charakterisierung ausgewählt.

[472] Vgl. Witte (Aspekte einer dynamischen Nutzwertanalyse) 1978.

4.3 Beschreibung anfangsfester Fügeverfahren für die Kontaktiervorbereitung

Description of Joining Methods for Welding Preparation

Das Ergebnis der methodischen Konzeptfindungsphase für ein anfangsfestes Fügeverfahren für Kupferflachleiter identifiziert die Verfahren des Durchsetzfügens mit Vorlochoperation, des Umfließens sowie das Fügen mit Niet oder mit Hülse als beste Lösungsalternativen. Die Verfahren sind einer praktischen, anwendungsorientierten Erprobung zu unterziehen. Nachfolgend erfolgt eine generische Funktionsbeschreibung der Verfahren unter Berücksichtigung von getroffenen Annahmen und Restriktionen und damit die Beantwortung der zweiten Nebenforschungsfrage.

4.3.1 Anfangsfestes Fügen ohne Zusatzelement

Initial Strength Joining without Additional Element

Durchsetzfügen mit Vorlochoperation

In Vorversuchen wurde gezeigt, dass das „klassische" Durchsetzfügen aufgrund des ungünstigen Verhältnisses von Bauteildicke zum Werkzeugdurchmesser nicht direkt für das betrachtete Anwendungsfeld anwendbar ist. Als Ergebnis der Nutzwertanalyse wird dem adaptierten Verfahren mit Vorlochoperation eine hohe Bewertung zugewiesen. Dessen Prozessablauf kann der Abbildung 4-16 schematisch entnommen werden und ist wie folgt zu beschreiben:

1. **Vorlochoperation**
   Durch Bohren, Fräsen oder Prägen wird eine zylindrische Bohrung in den matrizenseitigen Fügepartner eingebracht. Die Bohrung kann als Durchgangs- oder Sackloch ausgeführt werden.
2. **Ausrichten der Fügepartner**
   Die Fügepartner werden zueinander ausgerichtet, wobei die Vorlochgeometrie und der Fügestempel in einer Flucht auszurichten sind.
3. **Fügen durch Durchsetzen**
   Die Fügepartner werden matrizenseitig durch einen Gegenhalter gestützt. Ein rotationssymmetrischer Stempel durchsetzt den stempelseitigen Fügepartner. In der Vorlochgeometrie bildet sich eine formschlüssige Fügegeometrie aus.
4. **Entformen**
   Entformen des Fügestempels aus der Durchsetzung.

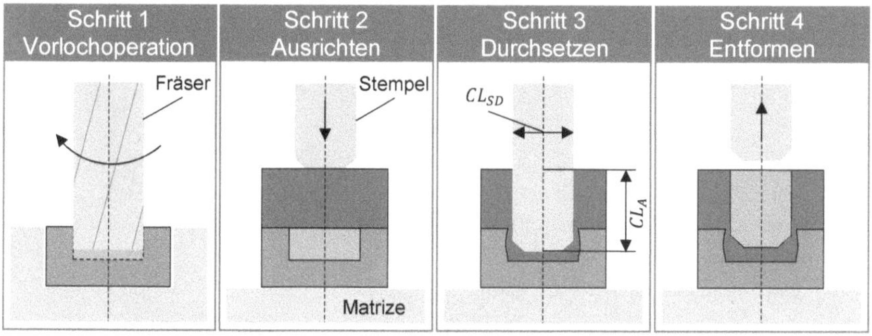

Abbildung 4-16: Prozessablauf des Durchsetzfügens mit Vorlochoperation
Process flow of clinching with pre-hole

Als begrenzendes Kriterium für das Durchsetzen des Fügepartners wird der relative Hub η, das Verhältnis aus Werkzeughub CL_A und Stempeldurchmesser CL_{SD}, erkannt. Für η-Werte größer als zwei kommt es in den Vorversuchen ohne Vorloch zum Materialabriss unterhalb des Stempels. Für kleinere Seitenverhältnisse τ aus Drahtbreite zu Drahtdicke wird ein erfolgreiches Durchsetzfügen folglich immer schwerer, siehe Formel (5.1). Durch den beschriebenen Verfahrensablauf wird die Einschnürung des Materials unterhalb des Stempels reduziert und einem Bodenabriss entgegengewirkt. Das Vorloch fungiert als funktionsintegrierte Matrize und ermöglicht das Ausbilden des Schließkopfes ohne Kopfüberhöhung. Der relative Hub η wird somit durch die Geometrieadaption effektiv reduziert.

Relevante Geometrie- und Prozessparameter, anhand welcher das Fügesystem für unterschiedliche Drahtquerschnitte angepasst werden kann, sind beispielsweise die Vorlochtiefe, der Stempel- und der Vorlochdurchmesser sowie der Stempelhub.

Das Verfahren erfordert wegen der zweigeteilten Prozessführung die Zugänglichkeit zu beiden Fügepartnern. Bei subtraktiven Vorlochoperationen ist eine partielle Querschnittsreduktion der Leiter unumgänglich. Bei umformenden Vorlochoperationen erfolgt eine geometrische Ausdehnung der Fügestelle zu den Seiten.

Umfließen

Beim Fügeverfahren des Umfließens wird das vorgestauchte Material eines Fügepartners durch einen Stempelhub kraft- und formschlüssig um den zweiten Fügepartner gelegt, siehe Abbildung 4-17. Der Prozessablauf ist wie folgt zu beschreiben:

1. **Ausrichten der Fügepartner**
   Die Fügepartner werden grob zueinander ausgerichtet und gegebenenfalls durch einen Niederhalter gegen Verschieben gesichert.

2. **Vorstauchen**
   Ein Fügepartner wird unter Normalkraft gestaucht. Der nicht zu verbreiternde Fügepartner ist vollständig oder teilweise gegen ungewollte Verformung zu stützen.
3. **Umfließen**
   Das verbreiterte Material wird durch einen Schleppstempel um den matrizenseitigen Fügepartner geformt und verpresst.
4. **Entformen**
   Entformen des Schleppstempels.

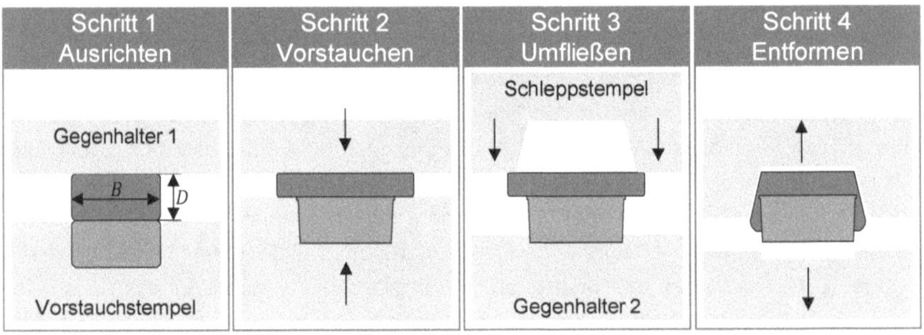

Abbildung 4-17: Prozessablauf des Umfließens
Process flow of enclosing

Das Umfließen ist für kleinere Seitenverhältnisse τ aus Drahtbreite B zu Drahtdicke D besser geeignet, siehe Formel (5.1), da für größere Seitenverhältnisse größere Umformgrade notwendig werden, um das anschließende Umfließen zu ermöglichen.

Relevante Geometrie- und Prozessparameter, anhand welcher das Fügesystem für unterschiedliche Drahtquerschnitte angepasst werden kann, sind beispielsweise die Breite oder Tiefe der Vorstauchnut sowie die Schleppstempelsteigung und die Öffnungsweite.

Der zweigeteilte Prozessablauf kann in einer Aufspannung erfolgen, wobei die Werkzeuggeometrie zwischen den beiden umformenden Prozessschritten aktiv oder passiv anzupassen ist. Durch modifizierte Vorstauchgeometrien können am zu umfließenden Fügepartner exponierte Ausformungen erzeugt werden, die den Formschluss der Verbindung verbessern. Durch den Vorstauchprozess ist eine geometrische Ausdehnung der Fügestelle quer zur Fügerichtung zu berücksichtigen.

4.3.2 Anfangsfestes Fügen mit Zusatzelement
Initial Strength Joining with Additional Element

Fügen mit Hülse

Das Zusatzelement der Hülse stellt ein dünnwandiges Hüllelement dar, welches die Fügepartner beim Aufsetzen vorpositioniert und durch einen umformenden

Schließprozess, analog dem Crimpen, eine fixierte und geometrisch bestimmte Fügestelle herstellt, siehe Abbildung 4-18. Der Prozessablauf stellt sich wie folgt dar:

1. **Zuführen und Aufsetzen**
   Die Hülse wird an die Fügestelle gefördert und axial auf die Fügestelle aufgeschoben.
2. **Schließvorgang**
   Die Hülse wird durch einen unidirektionalen Quetschvorgang form- und kraftschlüssig an die Fügepartner angeformt.
3. **Entformen**
   Entformen der Schließwerkzeuge.

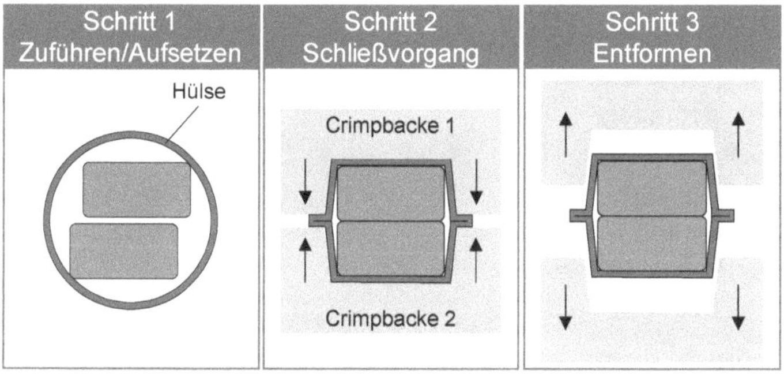

Abbildung 4-18: Prozessablauf des Fügens mit Hülse
Process flow of joining with sleeve

Das Hüllelement kann geschlossen, z. B. als Ring bzw. Vieleck, oder offen, mit Stoß oder Überlapp, ausgeführt werden. Prämisse ist, dass die Hülse in der Ausgangsgeometrie einen ausreichenden Fügespalt zum Aufsetzen auf die Fügestelle besitzt. Je nach Bauform kann dieser Fügespalt durch Vorstauchprozesse vorjustiert werden.

Relevante Geometrie- und Prozessparameter können in der Hülsenlänge, dem Fügespalt und der Schließkraft bzw. dem Schließweg erkannt werden.

Die Zuführung der Hülse stellt einen Zusatzaufwand dieses Verfahrens dar, schließt einen einstufigen Prozess mit einem Werkzeugsatz aber nicht aus. Das Zusatzelement führt zu einer radialen und tangentialen Aufdickung der Fügestelle, welche in der Auslegung des Wickelkopfes, z. B. durch angepasste Luft- und Kriechstrecken, zu berücksichtigen ist.

Fügen durch Nieten

Vollniete gehören zu den standardisierten Fügeelementen und sind als Halbrundniete, z. B. in der DIN 660, geometrisch genormt.[473] Die Fügepartner sind mit einem Vorloch zu versehen, durch welches der Niet eingeschoben wird. Das freie, zylindrische Ende wird durch plastische Verformung verliersicher geschlossen, siehe Abbildung 4-19. Der Prozessablauf des Nietens in der Flachleitertechnologie ist nachfolgend beschrieben:

1. **Vorlochoperation**
   Durch Bohren, Fräsen oder Stanzen wird eine zylindrische Durchgangsbohrung singulär oder im Verbund in die Fügepartner eingebracht.
2. **Zuführen und Einsetzen**
   Der Niet wird an die Fügestelle gefördert und radial in die vorgelochten Fügepartner eingesetzt.
3. **Schließvorgang**
   In einem unidirektionalen Pressvorgang wird am freien Nietende der Schließkopf ausgeformt.
4. **Entformen**
   Entformen der Werkzeuge.

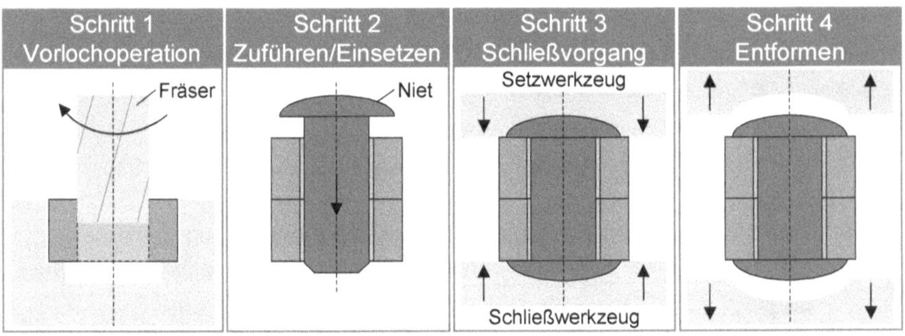

Abbildung 4-19: Prozessablauf des Fügens durch Nieten
Process flow of riveting

Die Anwendbarkeit ist für Drahtbreiten größer als 2 mm gegeben, wobei durch die Anpassung der Nietlänge eine hohe Variabilität in der Drahtdicke abgebildet wird. Relevante Geometrie- und Prozessparameter, anhand welcher das Fügesystem charakterisiert werden kann, sind der Vorloch- und der Nietdurchmesser sowie die Nietlänge und die Schließkraft. Das Verfahren des Warmnietens zur Erhöhung der Vorspannung

473 Vgl. Deutsches Institut für Normung (DIN 660) 2012.

wird nicht berücksichtigt.[474] Die Zuführung des Nietes stellt einen Zusatzaufwand dieses Verfahrens dar.

Das Fügeverfahren ist bei exakt ausgeführter Vorlochoperation im Setzvorgang geometrisch selbstausrichtend. Die Vorlochoperation des zweistufigen Prozesses kann vorgelagert oder in einer Aufspannung erfolgen, wobei die partielle Querschnittsreduktion der Leiter unumgänglich ist. Das Zusatzelement ist nach Möglichkeit aus dem identischen Grundmaterial der Fügepartner auszuführen, sodass bei stoffschlüssiger Kontaktierung die teilweise oder vollständige Kompensation der Querschnittsreduktion möglich ist.

[474] Vgl. Niemann et al. (Maschinenelemente 1) 2019, S. 240.

5 Versuchsinfrastruktur und Planung der Fügestellenuntersuchung

Experimental Infrastructure and Planning of the Empirical Joint Investigation

In diesem Kapitel wird die Versuchsinfrastruktur sowie das Vorgehen bei der empirischen Fügestellenuntersuchung der in Kapitel 4 konzeptionierten und beschriebenen Fügeverfahren definiert. Zunächst werden in Kapitel 5.1 die Prüfkörper festgelegt. Anschließend erfolgt die Vorstellung der Infrastruktur für das anfangsfeste Fügen in Kapitel 5.2 und für das endfeste Fügen in Kapitel 5.3, worauf folgend die Untersuchungen zur Bewertung der Fügeverbindung in Kapitel 5.4 vorgestellt werden. Abschließend wird das Vorgehen zur systematischen Fügestellenuntersuchung vorgestellt, siehe Kapitel 5.5.

5.1 Definition der Prüfkörper

Definition of the Test Specimens

Als Prüfkörper werden gerichtete Flachdrähte, sogenannte I-Pins, mit einem nominellen Querschnitt von $4 \times 2\ mm^2$ aus dem Werkstoff Cu-ETP, welcher nach DIN EN 13602 genormt ist, verwendet. Der Sauerstoffanteil liegt bei maximal 0,04 % Massenanteil.[475] Der geometrische Drahtquerschnitt ist in DIN EN 60317-0-2 festgelegt. Die Dicke D von 2 mm hat demnach eine zulässige Abweichung von ±0,03 mm und die Breite B von 4 mm eine Toleranz von ±0,05 mm. Die Kantenradien dürfen entsprechend 0,4875–0,8125 mm betragen.[476] Das Seitenverhältnis τ beträgt 2:

$$\tau = \frac{B}{D} (= 2) \qquad \text{(für den Referenzdraht)} \tag{5.1}$$

Für die Fügeversuche zur Fügestellencharakterisierung wird Blankdraht, also Flachdraht ohne Isolierung, verwendet. Die Legierungszusammensetzung und die Abmaße des Drahthalbzeugs wurden durch den Hersteller geprüft und sind in Tabelle 5-1 aufgelistet.

Tabelle 5-1: Materialeigenschaften der Prüfkörper (Cu-ETP)[477]

Material properties of test specimen (Cu-ETP)

Chemische Zusammensetzung (Gehalte in %)								
Cu	O	Ag	S	Fe	As	Sb	Bi	Pb
Rest	0,0001	<0,0017	<0,0004	<0,0001	<0,0001	<0,0001	<0,0001	<0,002

Geometrische und mechanische Eigenschaften				
Breite B	Dicke D	Kantenradius	Querschnitt	Festigkeit R_m
3,996 mm	1,995 mm	0,5–0,65 mm	7,79 mm²	235 MPa

---

475 Vgl. Deutsches Institut für Normung (DIN EN 13602) 2013.
476 Vgl. Deutsches Institut für Normung (DIN EN 60317-0-2) 2014.
477 Gemäß Abnahmeprüfzeugnis 3.1 des Drahtherstellers vom 14.06.2021.

Der Flachdraht wird mit einem manuellen Richtapparat mit sieben Rollen sequenziell in beiden Querschnittsorientierungen mit einer degressiven Richtstrategie begradigt. Die theoretischen Grundlagen des Richtens wurden in Kapitel 2.1.3 vorgestellt. In Abbildung 5-1 ist das Spannungs-Dehnungs-Diagramm des gerichteten Probenmaterials, ermittelt an vier Drahtproben, aufgetragen. Durch den Richtprozess und die dabei einsetzende Kaltverfestigung wird die Zugfestigkeit R_m um ca. 12 MPa angehoben.

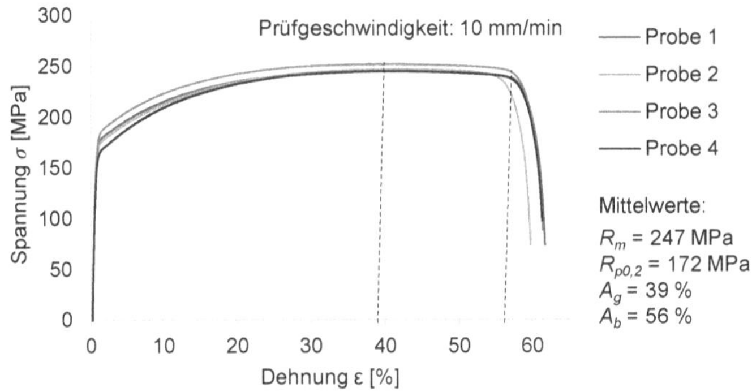

Abbildung 5-1: Spannungs-Dehnungs-Diagramm von Blankdraht 4 × 2 mm² aus Cu-ETP

Stress-strain diagram of bare wire 4 × 2 mm² of Cu-ETP

Die Fügeversuche werden an zwei I-Pin-Proben im Parallelstoß ausgeführt. Die Probenlänge L_0 beträgt je nach Untersuchungsumfang, aufgrund der notwendigen Einspann- und Handhabungslänge, 60–100 mm. Der Abstand von der Mitte der Fügezonen bis zur Stirnseite der Probe wird als Z-Maß definiert, siehe Abbildung 5-2. Die Proben werden mit einem Kraft-Bündigschneider abgelängt. Vor den Versuchen werden die Proben mit Isopropanol gereinigt. Eine Einstellung der Oxidschicht findet anwendungsbezogen nicht statt.

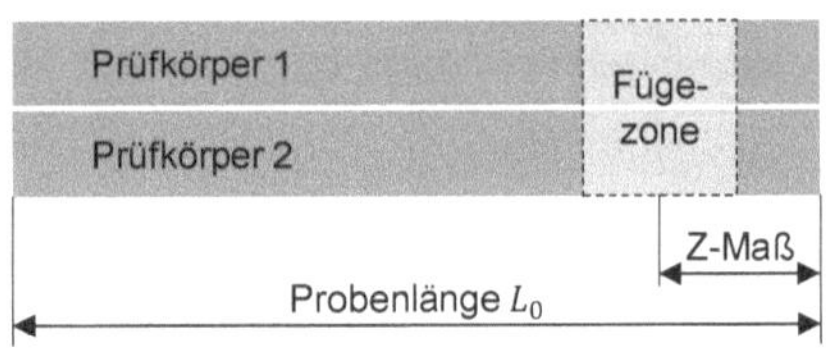

Abbildung 5-2: Prüfkörper für die Charakterisierung des anfangsfesten Fügens an Kupferflachleitern

Test specimens for the characterization of the initial strength joining of copper flat conductors

5.2 Versuchsinfrastruktur für das anfangsfeste Fügen

Experimental Infrastructure for Initial Strength Joining

Die Fügeverfahren werden in einem einheitlichen Prüfaufbau untersucht. Das mechanische Fügen zum anfangsfesten Fixieren von Kupferflachleitern wird auf einer manuellen Universal-Hydraulik-Presse mit auswechselbaren Werkzeugen durchgeführt.

5.2.1 Versuchsaufbau der Universal-Hydraulik-Presse

Experimental Setup of the Universal Hydraulic Press

Das anfangsfeste Fügen erfordert eine geführte lineare Werkzeugbewegung. Über ein Vier-Säulen-Gestell können jegliche Querkräfte und Momente von den Werkzeugen aufgenommen werden, wodurch diese eine spielfreie lineare Führung erfahren. Die Kraft wird von einer kommerziellen manuellen Hydraulikpresse erzeugt und über eine integrierte Kraftmessdose gemessen. Die Werkzeuge werden über einen Zentrierstift und Spannbleche positioniert und fixiert. Der Werkzeughub kann durch einen verstellbaren Anschlag eingestellt und durch eine Messuhr gemessen werden. Die Vorrichtung ist in Abbildung 5-3 schematisch und fotografisch abgebildet.

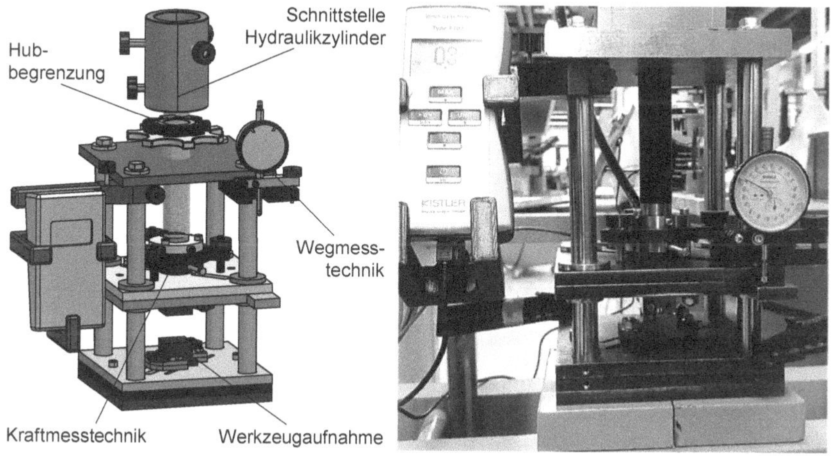

Abbildung 5-3: Fügevorrichtung für unidirektionale Werkzeugbewegungen

Joining device for unidirectional tool movements

Das eingesetzte Kraft- und Messequipment ist in folgender Tabelle 5-2 aufgeführt:

Tabelle 5-2: Kraft- und Messequipment der Universal-Hydraulik-Presse

Power and measuring equipment of the universal hydraulic press

Bezeichnung	Typ	Messbereich	Messgenauigkeit
Hydraulikpresse	Holzmann WP20H	0–20 t	-
Kraftsensor[478]	Kistler Typ 4577A	0–50 kN	≤ ±0,5 % FSO
Kraftmessgerät[479]	Kistler Type 4703B	-	-
Analogmessuhr	Hersteller Burkle	5 mm	≤ ±0,05 [480]

---

478 Vgl. Kistler Gruppe (DMS-Miniatur-Kraftsensor) 2018.

479 Vgl. Kistler Gruppe (Strain Gage Meter) 2019.

480 Die Ablesegenauigkeit der Messuhr beträgt 0,001 mm. Aufgrund der indirekten Wegmessung wird die Messgenauigkeit am Fügestempel zu ≤ ±0,05 mm bestimmt.

Die Werkzeuge wurden im Zuge dieser Arbeit konzeptioniert, konstruiert und gefertigt, siehe Kapitel 5.2.2 bis 5.2.5. Als Werkstoff wird vorvergüteter 42CrMo4-Stahl (1.7225 QT) eingesetzt, da dieser eine gute Dehnfestigkeit bietet, um den hohen Fügelasten ohne plastische Verformung bzw. Verschleiß standhalten zu können und dabei keine nachträglichen Wärmebehandlungen benötigt.[481]

Die Krafteinleitung erfolgt manuell mittels Handpumpe. Ein beispielhafter Kraftverlauf ist in Abbildung 5-4 dargestellt. Im Kraftverlauf sind die einzelnen Hübe als Stufen erkennbar. Da die Hubbegrenzung vor dem Kraftsensor angeordnet ist, kommt es durch den mechanischen Anschlag nicht zu einer Kraftüberhöhung bei Maximalhub und nur die am Werkzeug wirkende Kraft wird gemessen.

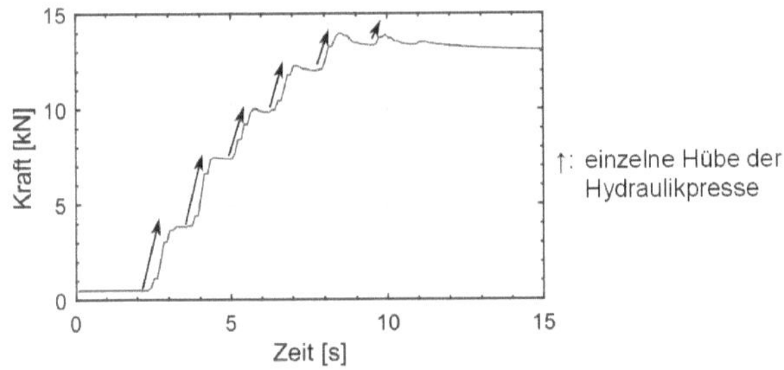

Abbildung 5-4: Beispielhafter Kraftverlauf der Fügevorrichtung
Example of force curve of joining device

5.2.2 Werkzeugsatz für das Fügesystem „Durchsetzfügen mit Vorlochoperation"

Tool Set for the Joining System "Clinching with Pre-Hole Operation"

Als variable Werkzeuggeometrien beim Durchsetzfügen mit kreisförmigem Stempel können der Stempeldurchmesser CL_{SD}, der Matrizendurchmesser CL_{MD} und die Matrizentiefe CL_{MT} erkannt werden, siehe Abbildung 5-5. Mit einem flexiblen Werkzeugkonzept wird die Untersuchung einer Auswahl an Parameterkombinationen ermöglicht. Als Stempel werden auswechselbare Passstifte nach DIN 6325[482] mit unterschiedlichen Durchmessern verwendet. Jede Matrize verfügt über sechs verschiedene Matrizenbohrungen. Die Matrize verfügt über Stütznuten, die eine Vorpositionierung der Drahtenden ermöglichen. Bei großen Auskraglängen der Prüfkörper – Z-Maß – kann an der Stirnseite der Werkzeuge ein Niederhalter befestigt werden, vgl. Abbildung 5-7.

Als relevanter Prozessparameter wird der Stempelhub CL_A untersucht.

---

[481] Vgl. Saarstahl AG (42CrMo4) 2022.
[482] Vgl. Deutsches Institut für Normung (DIN 6325) 1997.

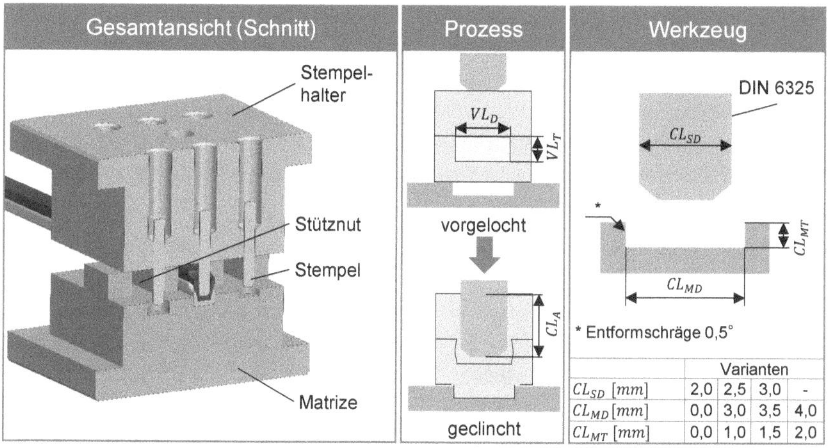

Abbildung 5-5: Werkzeugsatz für das Durchsetzfügen mit Vorlochoperation
Tool kit for clinching with pre-hole

Das Vorloch wird durch Bohren, Fräsen oder Prägen erzeugt. Das spanende Vorlochen wird auf einer Fräsmaschine ausgeführt. Für das Prägen findet der Werkzeugaufbau aus Abbildung 5-5, mit einem einzelnen Draht und einer ebenen Matrize, Anwendung. Variable Vorlochparameter sind der Vorlochdurchmesser VL_D und die Vorlochtiefe VL_T. Tabelle 5-3 stellt die untersuchten Vorlochparameter dar.

Tabelle 5-3: Untersuchte Vorlochparameter
Investigated pre-hole parameters

Merkmal	Varianten					
Werkzeug	Bohren*		Fräsen**		Prägen***	
Vorlochdurchmesser VL_D [mm]	2,5			3,0		
Vorlochtiefe VL_T [mm]	0,0	1,0	1,25	1,5	1,75	durch

* Spiralbohrer mit 118° Spitzenwinkel (VL_T inkl. Spitzenwinkel)
** Zweischneidiger Schaftfräser
*** Passstift nach DIN 6325

5.2.3 Werkzeugsatz für das Fügesystem „Umfließen“

Tool Set for the Joining System “Enclosing”

Das Werkzeug für das Umfließen besteht aus drei Grundwerkzeugteilen, nämlich dem Vorstauchstempel, dem Schleppstempel und dem Gegenhalter, die für das Vorstauchen und Umfließen kombiniert werden können. Der Gegenhalter ist universell für beide Prozessschritte ausgeführt und verfügt über Stütznuten, die eine Positionierung der Drahtenden ermöglichen. Bei großen Auskraglängen der Prüfkörper – Z-Maß – kann an der Stirnseite der Werkzeuge ein Niederhalter befestigt werden. Für die Variation der Fügestellenlänge sind die Längen der Vorstauchnut, der Schleppnut und der Stützrippe anzupassen.

In Abbildung 5-6 ist der Werkzeugaufbau für das Vorstauchen einschließlich variabler Vorstauchnutgeometrien dargestellt. Beim Vorstauchen wird der nicht zu verbreiternde Draht in der Vorstauchnut gestützt. Die Nuttiefe VN_T ist in den Werkzeugen einheitlich mit 1,4 mm festgelegt und kann durch Einlegebleche variiert werden. Eine Verbreiterung im Drahtauslauf ist gewünscht. Der Vorstauchstempel ist mit drei zu vergleichenden Nutvarianten versehen, um einen definierten Querfluss des Materials am stempelseitigen Draht zu erzeugen.

Als variabler Prozessparameter ist der Stempelhub in Form des Vorstauchmaßes VN_A definiert.

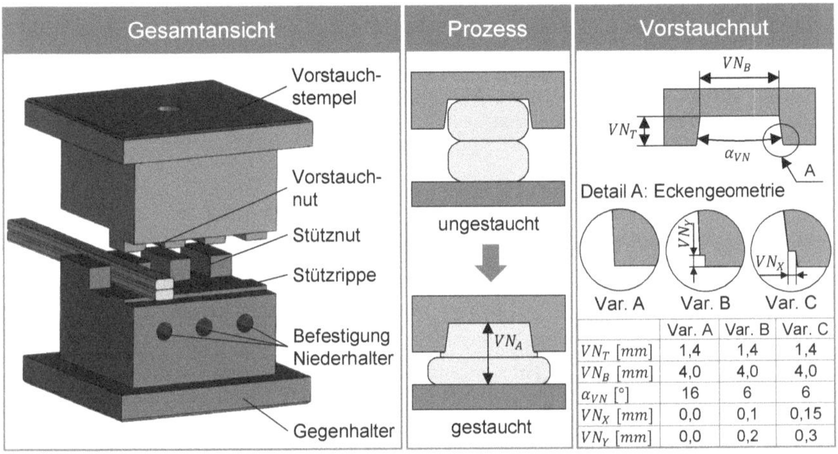

	Var. A	Var. B	Var. C
VN_T [mm]	1,4	1,4	1,4
VN_B [mm]	4,0	4,0	4,0
α_{VN} [°]	16	6	6
VN_X [mm]	0,0	0,1	0,15
VN_Y [mm]	0,0	0,2	0,3

Abbildung 5-6: Werkzeugsatz für das Umfließen – Vorstauchen
Tool kit for enclosing – pre-forming

Abbildung 5-7 stellt den variablen Werkzeugaufbau für das Umfließen dar. Auch hier werden drei geometrische Varianten der Schleppnut untersucht, welche ein definiertes Umfalten oder Umscheren des Drahtüberstandes ermöglichen sollen. Variabler Prozessparameter ist analog das Schleppmaß SN_A. Durch die variablen Öffnungswinkel α_{SN1} und α_{SN2} der Schleppnut wird zusätzlich die Selbstausrichtung der Drähte im Fügeprozess beeinflusst.

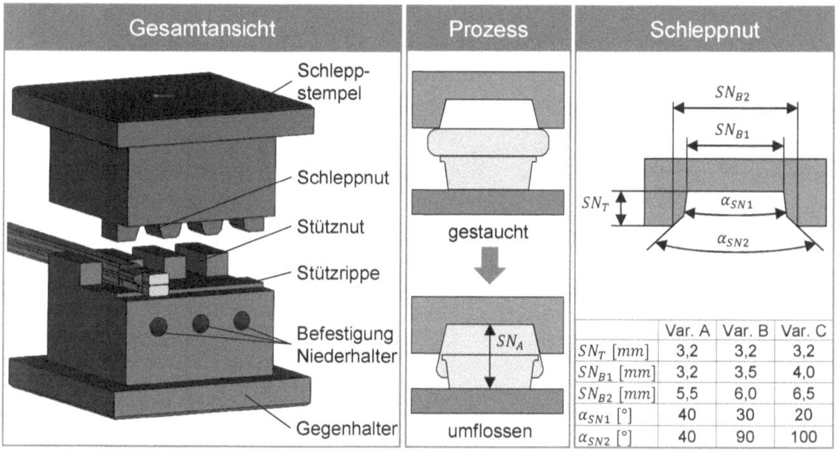

	Var. A	Var. B	Var. C
SN_T [mm]	3,2	3,2	3,2
SN_{B1} [mm]	3,2	3,5	4,0
SN_{B2} [mm]	5,5	6,0	6,5
α_{SN1} [°]	40	30	20
α_{SN2} [°]	40	90	100

Abbildung 5-7: Werkzeugsatz für das Umfließen – Umfließen

Tool kit for enclosing – enclosing

Die gewählten Geometrieparameter sind das Resultat von Beobachtungen aus Vorversuchen und einer geometrischen Prozessanalyse.

5.2.4 Werkzeugsatz für das Fügesystem „Fügen mit Hülse“

Tool Set for the Joining System “Joining with Sleeve”

Der Werkzeugsatz für das Fügen mit Hülse besteht aus zwei universellen Werkzeugaufnahmen und zwei auswechselbaren Crimpbacken, siehe Abbildung 5-8. Die Crimpbacken sind in unterschiedlichen geometrischen Varianten, nämlich als Trapez-, Rechteck- oder Dornnut, ausgeführt. Die Geometrieparameter lassen sich durch die Nutbreite CB_B und die Nuttiefe CB_T beschreiben. Die obere und die untere Crimpbacke können identisch sein oder variabel kombiniert werden. Das Zusatzelement ist als zylindrische oder quadratische Rohrhülse aus Cu-OFE ausgeführt. Es werden drei Geometrievarianten mit variablem Außendurchmesser AD_H und variabler Wanddicke WD_H in Hülsenlängen HL_H von 2, 4 und 6 mm untersucht.

Der Prüfkörper wird mit aufgesetzter Hülse in die Crimpbacken eingeführt und bis zu einem verstellbaren Anschlag geschoben. Dabei wird sowohl der Lateral- als auch der Höhenversatz ausgeglichen und das Z-Maß eingestellt.

Als Prozessparameter ist der Werkzeughub als Crimpmaß CB_A zu untersuchen.

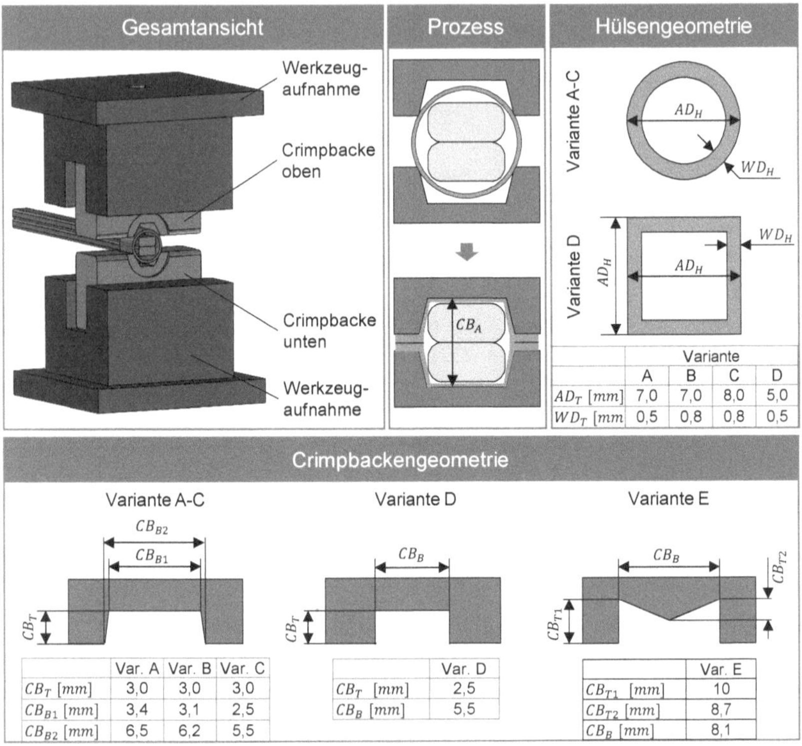

Abbildung 5-8: Werkzeugsatz für das Fügen mit Hülse
Tool kit for joining with sleeve

5.2.5 Werkzeugsatz für das Fügesystem „Fügen durch Nieten"

Tool Set for the Joining System "Joining by Riveting"

Der Werkzeugsatz für das Fügen durch Nieten besteht aus zwei universellen Werkzeugaufnahmen, in die Setz- und Schließbacken eingesetzt werden. In Abbildung 5-9 ist der Werkzeugaufbau dargestellt.

Für den Prüfkörper wird als Zusatzelement ein Halbrundniet nach DIN 660 mit dem Nietdurchmesser N_D = 2 mm und der Schaftlänge $N_L \geq$ 6 mm aus CuNiSi ausgewählt. Die exakte Nietlänge wird in Kapitel 6.1.4 ermittelt. Das Setz- und Schließkopfvolumen ergibt sich zu je ca. 6,5 mm³.[483] Aufgrund der Volumenkonstanz wird die Werkzeugkavität der Nietbacke für die Setz- und Schließseite identisch definiert. Die Werkzeugkavität wird als zylindrische Bohrung mit dem Durchmesser NB_D von 3,5 mm und

483 Vgl. Deutsches Institut für Normung (DIN 660) 2012.

einem Spitzenwinkel von 118° ausgeführt. Die Bohrtiefe NB_T beträgt 1,3 mm, wonach sich das Volumen der Werkzeugkavität zu etwa 5,75 mm³ ergibt. Durch das ca. 10 % geringere Werkzeugvolumen wird sichergestellt, dass im Schließprozess stets eine axiale Schließkraft wirken kann.

Die Prüfkörper werden in einem Vorprozess mit einer zylindrischen Bohrung des Vorlochdurchmessers VL_N = 2,1 mm vorbereitet. Durch die Positionierung des Vorloches wird das Z-Maß und die laterale Ausrichtung der Drahtenden eingestellt. Der Niet wird anschließend in die Fügepartner eingeschoben und der Prüfkörper in das Werkzeug eingelegt. Das Werkzeug verfügt zur Führung der Drahtenden über eine Ausrichtnut der Breite NB_B.

Als Prozessparameter ist der Werkzeughub als Nietmaß NB_A zu untersuchen.

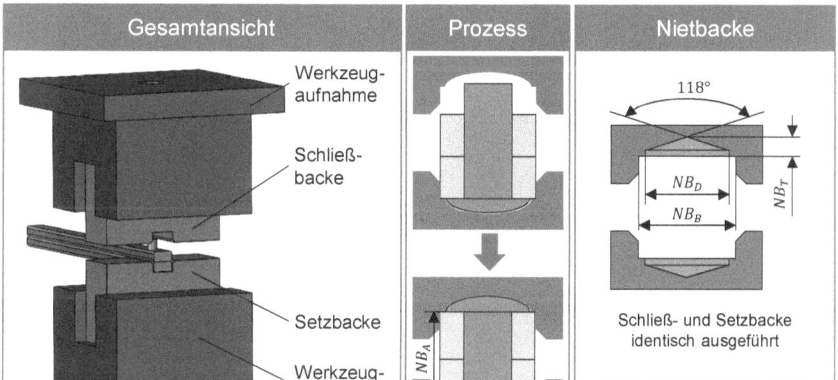

NB_D [mm]	3,5
NB_B [mm]	4,1
NB_T [mm]	1,3

Abbildung 5-9: Werkzeugsatz für das Fügen durch Nieten
Tool kit for joining by riveting

5.3 Versuchsinfrastruktur für das endfeste Fügen

Test Infrastructure for Final Strength Joining

Zum endfesten Fügen kommt ein Laserschweißequipment zum Einsatz. Die technischen Daten und Standardparameter für den definierten 4 × 2 mm² Prüfkörper im Parallelstoß können der Abbildung 5-10 entnommen werden. Als Schweißbahngeometrie wird eine Kombination aus Ellipsen, die das Schmelzbad erzeugen, und einem anschließend die Schmelze zusammenführenden Kreis gewählt. Die Ellipsen sind jeweils auf nur einem Draht positioniert. In drei Überfahrten in Ellipsenform mit einem Hauptradius von 1,4 mm und einem Nebenradius von 0,4 mm werden die Kupferdrähte sequenziell aufgeschmolzen. Im Anschluss erfolgen drei auf die Fügestelle zentrierte Überfahrten in Kreisform mit einem Radius von 1,2 mm. Bei einem Energieeintrag von ca. 131 J, systemisch gemessen an der Schweißoptik, werden Anbindungsquerschnitte von größer als 11 mm² in Pilzkopfform ausgebildet. Der Anbindungsquerschnitt ist damit größer als 140 % des Prüfkörperquerschnitts. Der Referenzparametersatz ist für nicht anfangsfest gefügte Prüfkörper gültig. Das Laserkontaktieren erfolgt ohne Schutzgas an normaler Atmosphäre.

Maschinen- und Lasertyp	
Maschine	TrueLaser Cell 3000
Lasergerät	TruDisk 8000
Rüstzustand	
Bearbeitungsoptik	PFO 33-2 HB
Laserlichtkabel Ø	50/200 µm
Brennweite	265 mm
Kollimation	140 mm
Abbildungsverhältnis	1,9:1
Fokusdurchmesser	95/380 µm
Referenzparamatersatz	
Leistung	6000 W
Schweißgeschwindigkeit	650 mm/s | 490 mm/s
Leistungsanteil im Kern	100 %
Leistungsdichte	112,86 MW/cm³
Fokuslage	0,0 mm
Einstellwinkel	3°
Schutzgas	ohne
Schweißenergie	130,39 J
Bahngeometrie	1.Ellipse/2.Ellipse/3.Kreis

Haltevorrichtung

Bahngeometrie

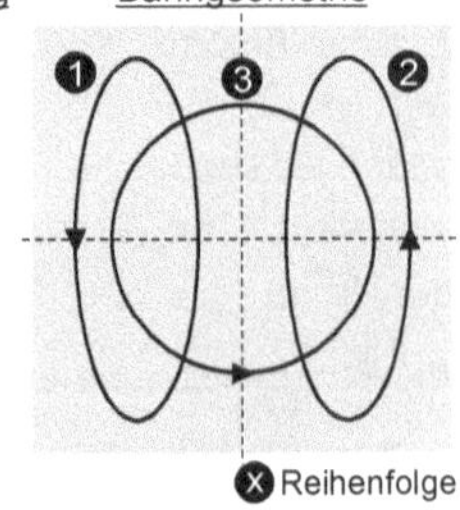

Schweißlinse im Schliffbild

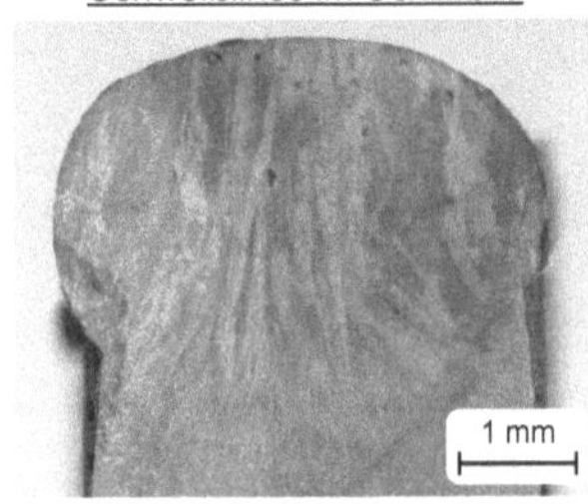

Abbildung 5-10: Laserschweißequipment und Standardschweißparameter für den Referenzdraht

Laser welding equipment and standard welding parameters for reference wire

Für die endfesten Fügeversuche an anfangsfest fixierten Prüfkörpern ist die Schweißstrategie individuell anzupassen. Als Vergleichsgröße wird die Schweißenergie gewählt. Variable Parameter sind:

- Dimensionen der Bahngeometrie
- Anpassung oder Ergänzung der Bahngeometrieelemente
- Anzahl der Überfahrten
- Variation der Leistung (kontinuierlich oder mit Rampen)
- Schweißgeschwindigkeit

5.4 Untersuchung und Bewertung der Fügestellen

Examination and Evaluation of the Joints

Die Untersuchung und Bewertung der Fügestellen erfolgt mittels geometrisch-optischer Inspektion, Bestimmung der mechanischen Belastbarkeit durch Zugversuche, mittels thermischer Belastung der Fügestellen und durch Messung der Kontaktstellenwiderstände.

5.4.1 Geometrisch-optische Fügestellenuntersuchung

Geometric-Optical Joint Examination

Die Fügestellen werden hinsichtlich ihrer geometrisch-optischen Erscheinungsform untersucht. Eingesetzt werden manuelle und optische Messverfahren sowie die Computertomographie. Die Methoden, Messgrößen und Messmittel der geometrischen Vermessung sind in Tabelle 5-4 aufgetragen. Zudem erfolgt eine qualitative optische Bewertung der Fügestelle von außen und im Schliffbild.

Tabelle 5-4: Methoden der geometrischen Vermessung

Methods of geometric measurement

	Manuelle Vermessung	Optische Vermessung	CT-Vermessung
Messgrößen	• Fügestellenbreite B_F • Fügestellendicke D_F • Weitere charakteristische Maße an der Fügestelle	• Anbindungsquerschnitt A_S, A_F • Fügespalt F_S • Versatzanalyse • Weitere charakteristische Maße an der Fügestelle	• Porenvolumen • Porenoberfläche • Weitere charakteristische Maße an der Fügestelle
Messmittel	• Messchieber • Bügelmessschraube • Stahlmaßstab	• Digitalmikroskop DVM6 • RS PRO USB Digital Mikroskop	• GE phoenix v|tome|x s240 microCT

5.4.2 Mechanische Belastung im Zugversuch

Mechanical Load in Tensile Test

Die Fügeverbindung muss in der Lage sein, Zwangskräfte durch Geometrieabweichungen im Wickelkopf zu ertragen, siehe Abschnitt 4.1.1. Um die Haltekräfte der Fügeverbindungen zu testen, werden die drei in Abbildung 5-11 dargestellten Lastprüffälle definiert. Der Schäl- und der Schubzugversuch sind an die DIN EN ISO 14270 für das Prüfen von Widerstandsschweißungen angelehnt.[484] Beim Schälzugversuch wird die Fügestelle senkrecht zur Fügeebene auf Schälung belastet und repräsentiert die Belastung am Fügespalt bzw. den radialen Versatz. Im Schubzugversuch wird die Fügestelle parallel zur Fügeebene auf Schub belastet. Diese Art der Belastung nähert den lateralen Versatz der Flachleiter im Wickelkopf an. Da die Fügezonen eine variable geometrische Ausdehnung besitzen, wird der laterale Abstand für anfangsfeste Fügeverbindungen mit 15 mm zur Mitte der mechanischen Fügezone definiert. Bei Schweißproben wird der laterale Abstand mit 15 mm bis zum Schweißlinsenkopf festgelegt. So wird die Vergleichbarkeit der untersuchten Fügeverfahren sichergestellt. Für die geometrische Vorbereitung der Proben kommt eine Handbiegevorrichtung zum Einsatz.

[484] Vgl. Deutsches Institut für Normung (DIN EN ISO 14270) 2016.

Als dritter Prüfaufbau wird ein an die DIN EN 1465 angelehnter Aufbau für einen Scherzugversuch mit einer Überlapplänge von 15 mm angewendet.[485] Damit kann der Ausgleich von Positionsfehlern in Z-Richtung an anfangsfest gefügten Prüfkörpern repräsentiert werden.

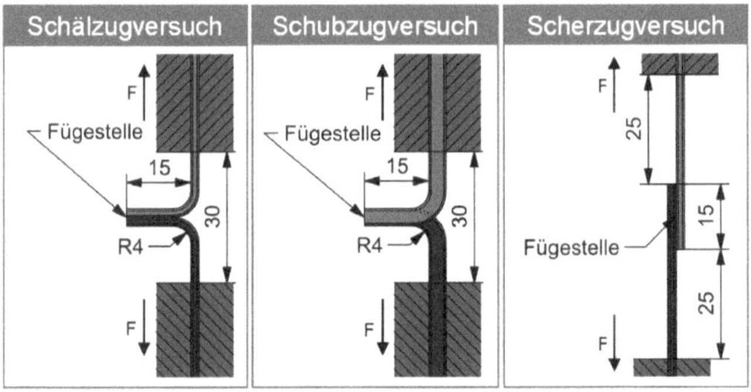

Abbildung 5-11: Lastprüffälle für die Ermittlung der Haltekräfte von Flachdrahtfügeverbindungen
Load test cases for determining the holding forces of flat wire joints

Allgemein ist die Differenzierung der verschiedenen Belastungsarten für die Fügestellen sinnvoll, da die Konzepte teilweise starke Richtungsabhängigkeiten ihrer Festigkeit aufweisen. Ebenso sind die zu erwartenden Lasten durch die ungleichen Abweichungen und ungleichen Nachgiebigkeiten der Kupferdrähte ebenfalls richtungsabhängig. Es wird entsprechend zwischen radialen Schällasten (X), tangentialen Schublasten (Y) und axialen Scherlasten (Z) unterschieden. Die Proben werden mit einer Prüfgeschwindigkeit von 10 mm/min und dem in Tabelle 5-5 aufgeführten Equipment geprüft.

Tabelle 5-5: Equipment zur Zugprüfung
Equipment for tensile test

Bezeichnung	Typ	Messbereich
Zugprüfmaschine	Zwick Roell AllroundLine Z250 SN	0–250 kN[486]
Spannzangen	MFC MS154-10kN mit Pyramidenbacken	0–10 kN
Probenvorbereitung	Handbiegevorrichtung Eigenbau	-

[485] Vgl. Deutsches Institut für Normung (DIN EN 1465) 2009.
[486] Die Kraftmesstechnik wurde in einer Kalibriervergleichsmessung zum Messen von Kräften im Bereich von 10–20.000 N als fähig nachgewiesen. Für die Vergleichsmessung wurde eine Instron 68SC-2 (2 kN) verwendet.

5.4.3 Thermische Belastung

Thermal Load

Die mechanische Fügestelle erfährt im endfesten Fügevorgang durch Wärmeleitung im Grundmaterial eine thermische Belastung.[487] Es ist sicherzustellen, dass die Fügestelle auch unter thermischer Last ausreichende Haltekraft übertragen kann. In einem praktischen Versuchsaufbau werden die anfangsfest gefügten Proben unter mechanischer Vorlast bis zur Rekristallisationstemperatur von ca. 460 °C homogen erwärmt und in diesem Zustand 5 Minuten gehalten. Hierbei werden die Eigenspannungen im Material abgebaut.[488] Die Prüfung gilt als bestanden, wenn die Verbindung nicht gelöst wird. Der schematische Versuchsaufbau ist in der Abbildung 5-12 dargestellt.

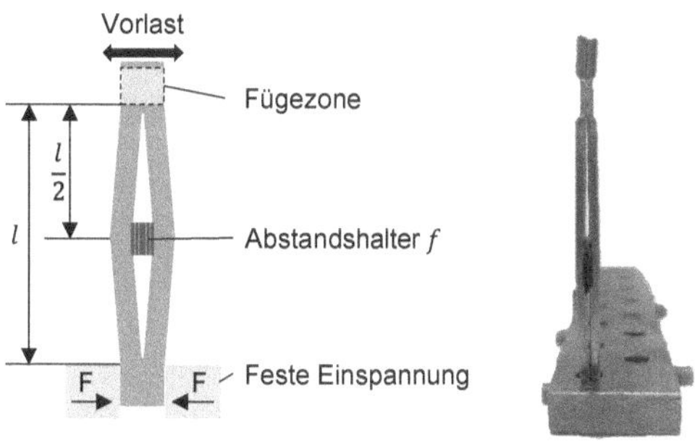

Abbildung 5-12: Versuchsaufbau für die Untersuchung der thermischen Belastung
Test setup for the investigation of the thermal load

Die Vorlast kann mithilfe der Formeln der Festigkeitslehre berechnet werden, siehe Formel (5.2):[489]

$$F_{Vorlast} = \frac{f * 192 * E * I}{4 * l^3} \quad \text{mit} \quad I_x = \frac{B * D^3}{12} \tag{5.2}$$

Die Vorlast kann durch die Dicke *f* des Abstandshalters oder die auskragende Drahtlänge *l* eingestellt werden. Für die Referenzproben wird eine Vorlast von 100 N je Draht festgelegt, was bei einer Auskraglänge von 60 mm einer absoluten Auslenkung von ca. 1,4 mm entspricht.

5.4.4 Untersuchung der Kontaktstellenwiderstände

Investigation of the Contact Resistances

Die mechanischen Fügeverfahren haben, z. B. aufgrund von Querschnittsreduktionen im Kupferquerschnitt, einen Einfluss auf die elektrische Leitfähigkeit der Fügestelle.

---

[487] Vgl. Glaessel (Prozessketten zum Laserstrahlschweißen von flachleiterbasierten Formspulenwicklungen) 2020, S. 74ff.

[488] Vgl. Berrenberg (Kurzzeitwärmebehandlung von Kupfer) 2012.

[489] Vgl. Böge et al. (Formeln und Tabellen zur Technischen Mechanik) 2021, S. 52ff.

Mithilfe von Messungen des Kontaktstellenwiderstandes an der endfest gefügten Fügestelle soll dieser Einfluss untersucht werden. Die Kontaktstellenwiderstände sind im µΩ-Bereich zu erwarten, weshalb die Widerstandsmessung mit der Vier-Leiter-Methode durchgeführt wird.[490,491] Bei der Vier-Leiter-Methode werden die Drähte für die Strominjektion und die Spannungsmessung getrennt und die Spannungen über Messspitzen an einer definierten Stelle direkt am zu messenden Widerstand abgegriffen. Der Spannungsabfall über den Widerstand wird mit einem hochohmigen Voltmeter gemessen, sodass der Stromfluss durch dieses vernachlässigt werden kann. Ebenso kann bei dieser Messmethode der Spannungsverlust der Kontaktierung der Messleitung und der Messleitung selbst vernachlässigt werden.[492] Damit kann der Kontaktwiderstand mit Hilfe des ohmschen Gesetzes berechnet werden:

$$R_{MK} = \frac{U_{MK}}{I_M} \qquad (5.3)$$

Legende: R_{MK} Kontaktstellenwiderstand I_M Prüfstrom
U_{MK} Prüfspannung

Die Messungen wurden mit dem Mikro-Ohmmeter in einer eigens angefertigten Kontaktiervorrichtung durchgeführt. Der Messaufbau kann der Abbildung 5-13 entnommen werden. KAMPKER ET AL. ermittelten für einen vergleichbaren Anwendungsfall eine Testzeit von 15 Sekunden bei einem Prüfstrom I_M von 50 A als geeignet.[493] Diese Parameter werden für die Untersuchungen übernommen.

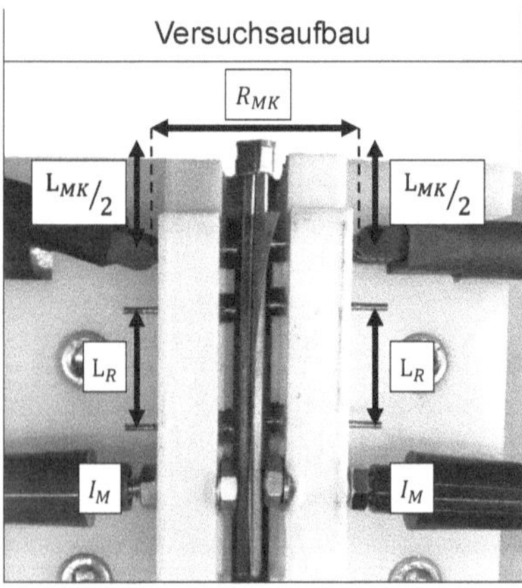

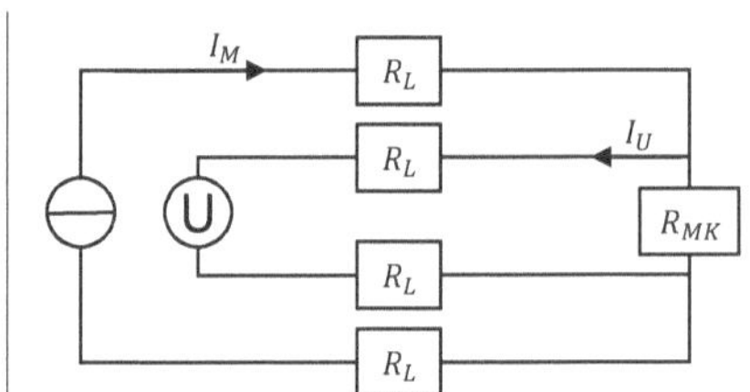

Messequipment	
Prüfgerät	C.A 6292
Prüfstrom I_M	50 A
Messbereich	0,1 µΩ – 2 mΩ
Messauflösung	0,1 µΩ
Messgenauigkeit	±1 %
Prüfdauer	15 s
Messungsmethode	Vier-Leiter-Messung
Temperaturmesstechnik	VarioCAM hr 675

Abbildung 5-13: Versuchsaufbau zur Ermittlung der Kontaktstellenwiderstände

Test setup for determining the contact resistances

---

[490] Vgl. Kampker et al. (Effects of the Reduction of the Copper Wire Cross-Section) 2022.

[491] Vgl. Glaessel et al. (Manufacturing Influences on the Motor Performance of Traction Drives with Hairpin Winding) 2019.

[492] Vgl. Schleich GmbH (Prüfmethodenfibel) 2019.

[493] Vgl. Kampker et al. (Effects of the Reduction of the Copper Wire Cross-Section) 2022.

Der Messstrom I_M wird über zwei Kontaktstifte angelegt. Die Spannungsabgriffe für die Widerstandsmessung erfolgen über gefederte Kontaktstifte. Der Spannungsabgriff zur Bestimmung des Durchgangswiderstandes R_{MK} erfolgt in einem von der Probenart abhängigen Abstand von $L_{MK}/2$ von der Stirnseite der Probenpaare, der zwischen 8 mm und 15 mm liegt. Parallel dazu wird als Referenz der Leitungswiderstand R_L in einem Abstand L_R von 20 mm gemessen. Sowohl der Durchgangswiderstand R_{MK} als auch der Leitungswiderstand R_L werden unter Umkehrung der Stromrichtung von beiden Seiten gemessen und anschließend der jeweilige Mittelwert berechnet. Dadurch werden Einflüsse aufgrund von Längenunterschieden der Profildrähte minimiert.

Aufgrund des hohen Messstroms und der Messdauer von 15 Sekunden ist von einer nicht vernachlässigbaren Erwärmung der Kontaktstelle und einer resultierenden Erhöhung der ohmschen Widerstände auszugehen. Mit einer Wärmebildkamera wird parallel zur Widerstandsmessung in Abständen von 0,7 Sekunden die Temperatur gemessen. Die erfasste Gesamtwärmestrahlung θ_K kann in die drei Bestandteile der tatsächlich von den Proben emittierten Wärmestrahlung θ_P, der reflektierten Umgebungsstrahlung θ_U und der transmittierten Hintergrundstrahlung θ_H aufgeteilt werden. Diese werden jeweils mit dem Emissionsgrad ε, dem Reflexionsgrad ρ und dem Transmissionsgrad ζ multipliziert, die sich zu eins addieren müssen. Aufgrund der Materialeigenschaften und der Dicke der Proben ist der Transmissionsgrad vernachlässigbar, sodass sich die Objektstrahlung wie folgt berechnet:[494]

$$\theta_P = \frac{(\theta_K - (1-\varepsilon) * \theta_U)}{\varepsilon} \tag{5.4}$$

θ_U kann aufgrund der Annahme der Proportionalität von Wärmestrahlung und Temperatur auf die Raumtemperatur 20 °C festgelegt werden. Für die Ermittlung des Emissionsgrades wurde die Standardabweichung aller tatsächlichen Widerstande des unbehandelten Kupfers iterativ minimiert und der Emissionsgrad so zu 0,14 bestimmt. Dieser Wert entspricht etwa dem Vergleichswert für Kupferschmelze.[495]

Damit können die Übergangswiderstände auf eine einheitliche Temperatur von 20 °C normiert werden:

$$R_K = \frac{R_{MK}}{1+\alpha_{Cu}(\theta_P - 20°C)} \quad \text{mit } \alpha_{Cu} = 3{,}93 * 10^{-3} \tag{5.5}$$

5.5 Vorgehen bei der systematischen Fügestellenuntersuchung

Procedure of the Systematic Joint Investigation

Die betrachteten Fügeverfahren können als Input-Output-System abstrahiert werden. Abhängig von veränderlichen und unveränderlichen Eingangsgrößen, den

---

[494] Vgl. Kronsteiner (Einführung in die Infrarotmesstechnik) 2015, S. 9.
[495] Vgl. Kronsteiner (Einführung in die Infrarotmesstechnik) 2015, S. 71.

Parametern, stellen sich durch das System Ausgangsgrößen, sogenannte Qualitätsmerkmale, ein.[496] Primär beeinflussbare Systemparameter sind die Werkzeuggeometrie, die Werkzeugbewegung und ggf. die Geometrie des verwendeten Zusatzelementes, wobei jeder Parameter in weitere variierbare und kombinierbare Subparameter unterteilt werden kann. Als Qualitätsmerkmale sind die geometrischen Fügestellenkennwerte sowie die mechanische Belastbarkeit der Fügestelle zu nennen. Die Zusammenhänge und Wechselwirkungen des Systems werden durch strukturierte Parameterstudien erschlossen und dadurch ein geeignetes Parameterset für die Charakterisierung der Fügestellen identifiziert. Das für alle Fügeverfahren gewählte Vorgehen kann der Abbildung 5-14 entnommen werden.

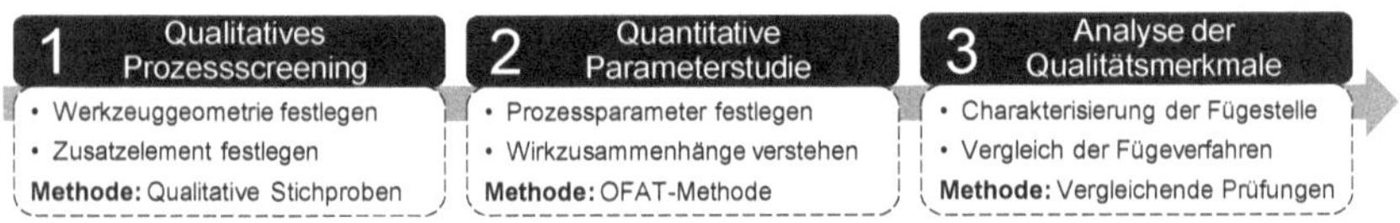

Abbildung 5-14: Vorgehen bei der systematischen Prozess- und Fügestellenuntersuchung
Procedure of systematic process and joint investigation

Als erste Untersuchungsstufe wird ein qualitatives Prozessscreening durchgeführt. Da zu Beginn der ersten Phase der Parameter- und Faktorraum noch uneingeschränkt ist und kaum empirisches Prozessverständnis über die Fügeverfahren vorliegt, wird mithilfe qualitativer Stichprobenversuche ein Grundverständnis des Fügesystems erlangt. Als Bewertungsgrößen kommen binäre Maßeinheiten, wie gut/schlecht oder gefügt/nicht gefügt und subjektive Beobachtungen, zum Einsatz.[497,498] Damit können geeignete Werkzeuggeometrien und Zusatzelemente festgelegt werden sowie der quantitative Untersuchungsraum aufgespannt werden.

In der zweiten Stufe der quantitativen Parameterstudie werden die Einflussgrößen der Prozess- oder Geometrieparameter, z. B. der Werkzeughub, nach der One-Factor-at-a-Time-Methode (OFAT) singulär hinsichtlich ihres Einflusses auf das Fügeergebnis hin untersucht. Je Parameter wird mindestens ein Bewertungskriterium, wie z. B. die unidirektionale Haltekraft der Fügestelle, ausgewählt und anhand dieser das lokale Maximum bzw. Minium innerhalb des Untersuchungsraums bestimmt.[499] Ausgehend von einem in der ersten Stufe identifizierten funktionalen Referenzparameterset wird in einem sequenziellen Vorgehen ein unter den Bewertungskriterien präferiertes Parameterset entwickelt. Der Tabelle 5-6 kann das Vorgehen der sequenziellen Parameteridentifikation aus den Stufen 1 und 2 inkl. der eingesetzten Bewertungsmethode für die vier untersuchten Fügeverfahren entnommen werden.

[496] Vgl. Siebertz et al. (Statistische Versuchsplanung) 2017, S. 3ff.
[497] Vgl. Siebertz et al. (Statistische Versuchsplanung) 2017, S. 28ff.
[498] Vgl. El Ghazi (Statistische Versuchsplanung für Einsteiger) 2019.
[499] Vgl. Wahid et al. (Improvement of One Factor at a Time through Design of Experiments) 2013.

Tabelle 5-6: Vorgehen bei der sequenziellen Parameteridentifikation für anfangsfeste Fügeverfahren
Sequential parameter identification procedure for initial strength joining processes

Stufe	Parameter	Bewertungsmethode
	Durchsetzfügen mit Vorlochoperation	
1.	Werkzeughub (CL_A)	Haltekraft im Schälzugversuch und geometrische Analyse im Querschliff
2.	Verfahren Vorlochoperation	Haltekraft im Schälzugversuch und geometrische Analyse im Querschliff
3.	Stempeldurchmesser (CL_{SD}) und Vorlochdurchmesser (VL_D)	Haltekraft im Schälzugversuch und geometrische Analyse im Querschliff
4.	Vorlochtiefe (VL_T)	Haltekraft im Schälzugversuch und geometrische Analyse im Querschliff
	Umfließen	
1.	Geometrie der Vorstauchnut	Geometrische Analyse im Querschliff
2.	Vorstauchmaß (VN_A)	Geometrische Analyse im Querschliff
3.	Geometrie der Schleppnut	Haltekraft im Schälzugversuch und geometrische Analyse im Querschliff
4.	Schleppmaß (SN_A)	Haltekraft im Schälzugversuch und geometrische Analyse im Querschliff
5.	Fügezonenlänge (SN_L)	Haltekraft im Schälzugversuch
	Fügen mit Hülse	
1.	Crimpwerkzeuggeometrie	Geometrische Analyse im Querschliff
2.	Crimpmaß (CB_A)	Multidirektionale Haltekraft und geometrische Analyse im Querschliff
3.	Hülsenvariante	Multidirektionale Haltekraft
4.	Hülsenlänge (HL_H)	Multidirektionale Haltekraft und geometrische Analyse im Querschliff
	Fügen durch Nieten	
1.	Nietlänge (N_L)	Geometrische Analyse am Schließkopf
2.	Nietmaß (NB_A)	Multidirektionale Haltekraft und geometrische Analyse im Querschliff

Basierend auf den für den Referenzprüfkörper identifizierten optimalen Prozess- und Geometrieparametern werden in der dritten Parameterstufe die Qualitätsmerkmale analysiert. Durch eine vergleichende Versuchsführung wird ein heuristischer Überblick über die Fügestelleneigenschaften erschlossen und die Fügeverfahren hinsichtlich ihrer Leistungsfähigkeit verglichen und bewertet. Die untersuchten Qualitätsmerkmale sind:

- Geometrische Abmaße der Fügestelle
- Ausrichtung der Fügepartner (Versatzanalyse)
- Änderung des leitfähigen Drahtquerschnittes
- Mechanische Belastbarkeit der Fügestelle
- Thermische Belastbarkeit der anfangsfesten Fügestelle
- Änderung der Kontaktwiderstände

Die verwendeten Stichprobengrößen in den Stufen 1 bis 3 werden aufgrund der verbundenen hohen praktischen Versuchsaufwände mit 5 bis 30 Wiederholungen[500] durchgeführt.[501,502] Die statistische Auswertung und Interpretation der Versuchsergebnisse erfolgt dementsprechend verteilungsunabhängig mit nichtparametrischen Testverfahren.[503,504] Äußerliche Störgrößen werden durch die isolierte Versuchsinfrastruktur minimiert und damit trotz der geringen Stichprobengrößen ein qualifizierter Erkenntnisgewinn generiert.

500 Die Wiederholungsanzahl ist abhängig vom jeweiligen Untersuchungsverfahren.
501 Vgl. Jackson (Revisiting Sample Size and Number of Parameter Estimates) 2003.
502 Vgl. Bewersdorff (Statistik – wie und warum sie funktioniert) 2011, S. 90ff.
503 Vgl. Kruskal et al. (Use of Ranks in One-Criterion Variance Analysis) 1952.
504 Vgl. Janssen et al. (Statistische Datenanalyse mit SPSS) 2017, S. 631ff.

6 Charakterisierung der anfangsfesten Fügetechnologie

Characterization of the Initial Strength Joining Technology

In diesem Kapitel erfolgt die charakteristische Beschreibung der vier anfangsfesten Fügeverfahren *Durchsetzfügen mit Vorlochoperation*, *Umfließen*, *Fügen mit Hülse* und *Fügen durch Nieten*. Der Abschnitt 6.1 beinhaltet die prozessorientierte Ermittlung geeigneter und präferierter Parametersätze gemäß den Stufen 1 und 2 des Vorgehensmodells aus Abbildung 5-14. In der dritten Stufe des Vorgehensmodells erfolgt die Analyse der Qualitätsmerkmale, welche in Abschnitt 6.2 und 6.3 bezogen auf die mechanisch fixierte Fügestelle und in Abschnitt 6.4 auf die kontaktierte Fügestelle vorgestellt wird. Abschließend erfolgt in Abschnitt 6.5 in einem Zwischenfazit ein objektivierter Vergleich der Fügeverfahren.

6.1 Identifikation geeigneter Prozessparameter

Identification of Suitable Process Parameters

Die Identifikation der geeigneten Prozessparameter beinhaltet die Feststellung der Haupteffekte zwischen den Einflussfaktoren und der Zielvariable sowie die stufenweise Optimierung der Zielvariable.[505] Im qualitativen Prozessscreening werden die subjektiv geeigneten Parameterkombinationen und grundlegenden qualitativen Wirkzusammenhänge je Fügeverfahren erschlossen, bevor in einer quantitativen Prozessparameterstudie der gemäß der betrachteten Qualitätsparameter „präferierte" Parametersatz definiert wird.

6.1.1 Durchsetzfügen mit Vorlochoperation

Clinching with Pre-Hole Operation

Der untersuchte Parameterraum für das Durchsetzfügen mit Vorlochoperation wird in Kapitel 5.2.2 definiert. Als Qualitätsparameter werden die Haltekraft im Schälzugversuch, der geometrische Hinterschnitt und der Restdrahtquerschnitt herangezogen.

Qualitatives Prozessscreening

Das Durchsetzfügen ohne Vorloch, d. h. $VL_T = 0$ mm, siehe Abbildung 5-5, bildet bei variabler Matrizentiefe CL_{MT} und verschiedenen Werkzeugdurchmesserverhältnissen keine Festigkeit der Fügestelle aus. Die Verbindung löst sich bereits beim Entformen aus dem Werkzeug bzw. bildet bei großen Werkzeughüben einen Bodenabriss des stempelseitigen Kupfermaterials aus, siehe Abbildung 6-1.

[505] Vgl. Hilgers et al. (Haupteffekt) 2019.

Abbildung 6-1: Durchsetzfügen ohne Vorloch; links: Versuchsaufbau; rechts: Bodenabriss
Clinching without pre-hole; left: test setup; right: bottom break-off

Durch eine Vorlochoperation im matrizenseitigen Fügepartner können subjektiv feste Verbindungen hergestellt werden. Als Gegenhalter wird eine ebene Fläche eingesetzt, da das Durchsetzen bereits durch die Vorlochoperation ermöglicht wird. Der Einsatz von matrizenseitigen Werkzeugkavitäten, im betrachteten Fall Bohrungen, reduziert das Ausprägen einer formschlüssigen Verbindung. In weiteren qualitativen Vorversuchen kann eine Durchgangsbohrung als Vorlochoperation ausgeschlossen werden. Anfangsfeste Fügeverbindungen werden ab einem Stempelhub CL_A von 2,5 mm ausgeprägt, wobei bei großen Werkzeughüben, ab etwa 80 % der Gesamtfügestellendicke von $2 \times D$, weiterhin die Gefahr des Bodenabrisses am stempelseitigen Fügepartner besteht. Der Parameterraum für die quantitative Parameterstudie wird gemäß Tabelle 6-1 eingegrenzt.

Tabelle 6-1: Reduzierter Parameterraum für das Durchsetzfügen mit Vorlochoperation
Reduced parameter set for clinching with pre-hole operation

Merkmal	Varianten			
Werkzeughub CL_A [mm]	2,5	3,0	3,5	4,0
Verfahren zum Vorlochen	Bohren*	Fräsen**	Prägen***	
Stempeldurchmesser CL_{SD} [mm]	2,0	2,5	3,0	
Vorlochdurchmesser VL_D [mm]	2,5	3,0		
Vorlochtiefe VL_T [mm]	1,0	1,25	1,5	1,75

* Spiralbohrer mit 118° Spitzenwinkel (VL_T inkl. Spitzenwinkel)
** Zweischneidiger Schaftfräser
*** Passstift nach DIN 6325

Quantitative Parameterstudie

Ausgehend von einem Basisparametersatz, welcher im Prozessscreening als praktikabel identifiziert wurde, wird der verbleibende Parameterraum singulär auf seine Auswirkungen gegenüber dem Fügestellenergebnis hin untersucht. Um eine statistische Aussagekraft der Untersuchungen zu erreichen, werden für jeden Parametersatz fünf identische Proben hergestellt und ausgewertet. Der Basisparametersatz besteht aus den folgenden Werten: CL_{SD} = 2,0 mm; VL_D = 2,5 mm; VL_T = 1,5 mm; Vorlochoperation durch Bohren.

Im ersten Schritt wird der Werkzeughub CL_A variiert. Die ertragbare Haltekraft der Verbindung nimmt mit dem Werkzeughub zu. Während bei 2,5 mm Werkzeughub lediglich eine Haltekraft im Schälzugversuch im Mittel von 9,75 N erreicht wird, beträgt die mittlere Haltekraft bei 3 mm Werkzeughub 26,88 N und bei 3,5 mm 51,48 N. Bei dem theoretisch maximal möglichen Stempelhub von 4 mm[506] wird eine erneute, aber deutlich geringere, Steigerung der mittleren Haltekraft auf 57,58 N festgestellt. Die steigende Festigkeit kann anhand der Verbindungsmechanismen erklärt werden. Bei einem Werkzeughub von kleiner oder gleich 2,5 mm bildet sich kein Hinterschnitt zwischen den Fügepartnern aus, wie in Abbildung 6-2 dargestellt. Die Verbindung beruht damit ausschließlich auf dem Kraftschluss. Bei steigendem Stempelhub bildet sich zunehmend ein Hinterschnitt aus. Da der Hinterschnitt bei einer clinchähnlichen Verbindung den maßgeblichen Teil der Festigkeit bestimmt, erklärt dies den signifikanten Anstieg der Schälzugfestkeit. Bei dem theoretisch maximalen Werkzeughub von 4 mm besteht die Gefahr, dass das Werkzeug im Fügeprozess beschädigt wird. Da die Haltekraft bei einer Vergrößerung des Werkzeughubs von 3,5 mm auf 4,0 mm lediglich um 12 % ansteigt, der matrizenseitige Restquerschnitt bei 3,5 mm Werkzeughub mit 4,22 mm² im Vergleich zu 3,49 mm² jedoch um ca. 21 % größer ausfällt, wird der Werkzeughub 3,5 mm als zu präferierender Werkzeughub für die weitere Untersuchung gewählt.

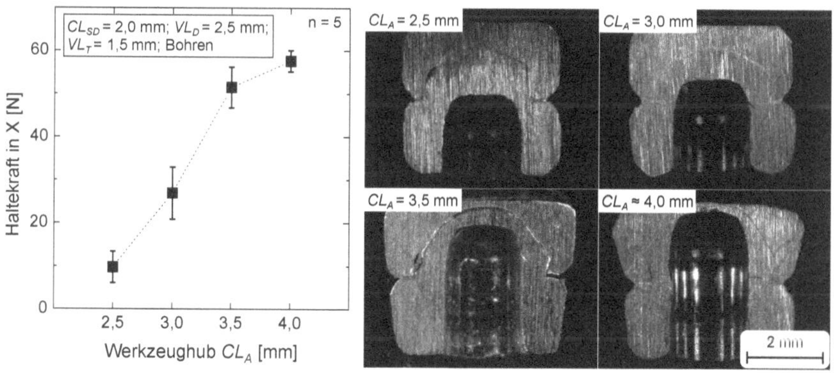

Abbildung 6-2: Durchsetzfügen mit Vorlochoperation: Variation des Werkzeughubs

Clinching with pre-hole operation: Variation of tool stroke

Im zweiten Schritt werden die Vorlochoperation Prägen, Fräsen und Bohren gegenübergestellt. Untersucht werden Werkzeughübe von 3,0 mm und 3,5 mm. Die Geometrieparameter entsprechen dem Basisparametersatz. Die Abbildung 6-3 stellt die Ergebnisse der zweiten Teilparameterstudie dar, wobei ergänzend die Haltekräfte für das Bohren mit dem Stempelhub von 2,5 mm und von 4,0 mm aufgetragen sind.

---

506 Ein vollständiges Durchsetzen der Fügestelle ist aufgrund einer endlichen Steifigkeit der Fügevorrichtung nicht möglich, sodass bei einem messbaren Stempelhub am Werkzeug von 4 mm eine effektive Werkzeugdurchsetzung von ca. 3,8 mm ermittelt werden kann.

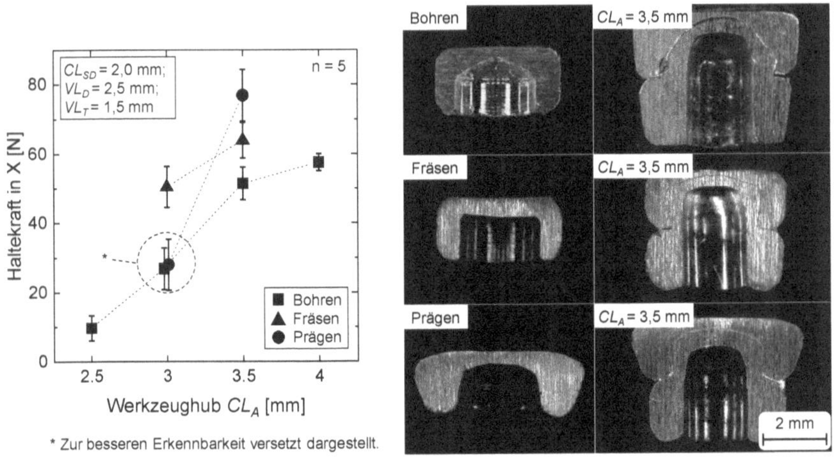

Abbildung 6-3: Durchsetzfügen mit Vorlochoperation: Variation der Vorlochoperation

Clinching with pre-hole operation: Variation of pre-hole operation

Die im Mittel höchste Schälzugfestigkeit liefert das Vorprägen mit anschließendem Durchsetzen bei einem Werkzeughub von 3,5 mm, wobei die vorgeprägten Proben in der Auswertung statistisch die größte Sensitivität bezüglich des Werkzeughubs aufweisen. Außerdem führt die Vorprägeoperation mit einer Vorlochtiefe von 1,5 mm zu einer Querschnittsverbreiterung des Flachdrahtes um knapp 30 % auf ca. 5,14 mm². Ein axiales Montieren der vorbearbeiteten Drahtenden ist damit nicht umsetzbar. Daher wird die Vorlochoperation Prägen als unpraktikabel ausgeschlossen. Im Vergleich zum Bohren erzielt das Fräsen sowohl bei 3,0 mm Werkzeughub als auch bei 3,5 mm Werkzeughub höhere Schälzugfestigkeiten. Diese Beobachtung lässt sich anhand der Fügezonendarstellung im Schliff erklären, siehe Abbildung 6-3. Die Spitzengeometrie eines Spiralbohrers mit 118° Spitzenwinkel erzeugt im matrizenseitigen Fügepartner einen konischen Vorlochauslauf. Diese Geometrie ist nach dem Durchsetzfügen noch in der Fügeverbindung wiederzuerkennen. Die vorgebohrte Fügeverbindung zeigt eine starke Rundung der Kontaktfläche zwischen beiden Fügepartnern. Die vorgefräste Fügeverbindung weist eine deutlich flachere Kontaktfläche auf. Aufgrund dessen wird bei den vorgefrästen Proben ein ausgeprägterer Hinterschnitt erzeugt, was in einer höheren Festigkeit resultiert. Aufgrund der gegebenen Prozessintegrität und der höheren Festigkeit der vorgefrästen Proben wird das Fräsen als Vorlochoperation für die weitere Untersuchung festgelegt.

Im dritten Schritt werden Vorloch- und Stempeldurchmesser und insbesondere das Verhältnis dieser beiden Parameter untersucht. Dazu werden Proben mit Vorlochdurchmessern von 2,5 mm und 3,0 mm vorbereitet. Anschließend werden diese Proben mit einem variierenden Stempeldurchmesser gefügt. Der Werkzeughub beträgt konstant 3,5 mm. Abbildung 6-4 zeigt die ermittelten Haltekräfte im Schälzugversuch sowie exemplarisch zugehörige Schliffbilder.

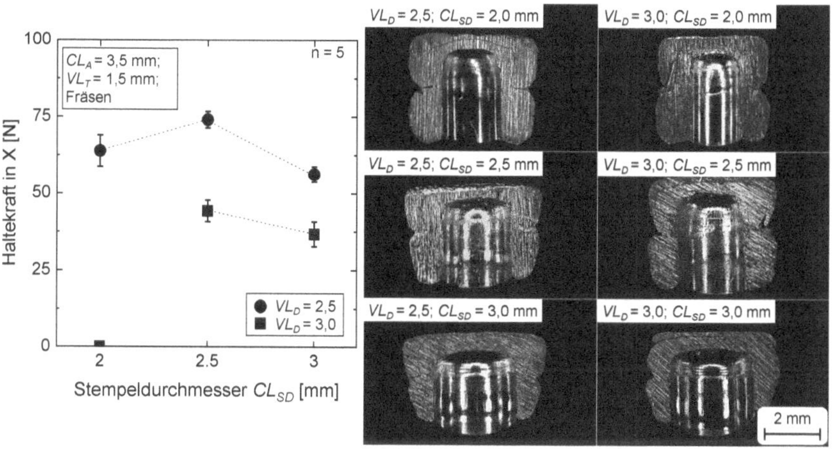

Abbildung 6-4: Durchsetzfügen mit Vorlochoperation: Variation von Vorloch- und Stempeldurchmesser
Clinching with pre-hole operation: Variation of pre-hole and punch diameter

Unabhängig von dem verwendeten Stempeldurchmesser erzielen die Proben mit 3 mm Vorlochdurchmesser absolut eine geringere Schälzugfestigkeit als die vergleichbaren Proben mit 2,5 mm Vorlochdurchmesser. Bei der Kombination eines 3,0 mm Vorlochdurchmessers und eines 2 mm Stempeldurchmessers kann keine Verbindung hergestellt werden. Aufgrund der durchgehend schlechteren Festigkeit der Proben mit 3,0 mm Vorlochdurchmesser und der stärkeren Querschnittsreduktion wird dieser Vorlochdurchmesser in der folgenden Untersuchung nicht weiter berücksichtigt. Die Betrachtung der Proben mit 2,5 mm Vorlochdurchmesser zeigt die höchste Haltekraft im Schälzugversuch bei einem Verhältnis von 1 : 1 aus Stempel- und Vorlochdurchmesser. Bei Erhöhung des Stempeldurchmessers von 2 mm auf 2,5 mm, bildet sich hier ein stärkerer Hinterschnitt aus. Zu erwarten wäre, dass eine weitere Erhöhung auf 3 mm Stempeldurchmesser eine weitere Verbesserung mit sich führt. Es bildet sich zwar ein ausgeprägterer Hinterschnitt aus, allerdings kommt es partiell zu einem Einriss des matrizenseitigen Materials, sodass die die Festigkeit abnimmt. Für die weitere Untersuchung werden Vorloch- und Stempeldurchmesser mit 2,5 mm festgelegt.

Im letzten Schritt der Parameterstudie wird der Einfluss der Vorlochtiefe auf die Ausbildung der Fügestelle hin untersucht. Dazu wird die Vorlochtiefe von 1,0 mm bis 1,75 mm in 0,25-mm-Schritten variiert, wobei die übrigen Geometrieparameter denen der vorangegangenen Schritte entsprechen. Abbildung 6-5 zeigt die ermittelten Haltekräfte im Schälzugversuch sowie exemplarisch zugehörige Schliffbilder.

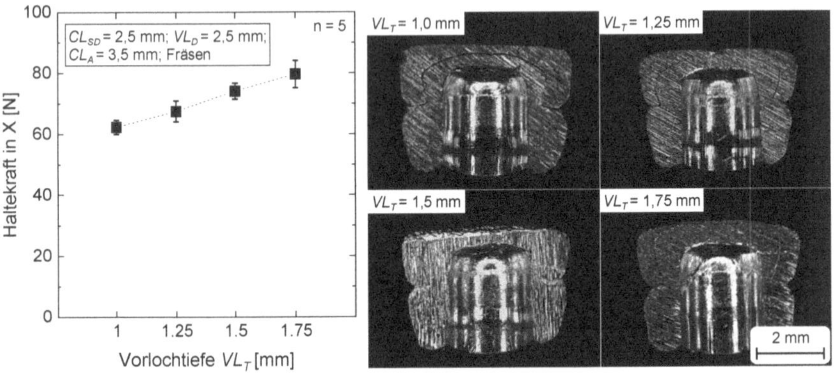

Abbildung 6-5: Durchsetzfügen mit Vorlochoperation: Variation der Vorlochtiefe

Clinching with pre-hole operation: Variation of pre-hole depth

Mit steigender Vorlochtiefe ist eine steigende Schälzugfestigkeit zu verzeichnen. Bei 1,0 mm ist lediglich ein minimaler Hinterschnitt zu erkennen. Die Verbindung beruht daher maßgeblich auf einem Kraftschluss. Ab einer Vorlochtiefe von 1,25 mm bildet sich im Fügeprozess ein signifikanter Hinterschnitt aus. Bei der Erhöhung der Vorlochtiefe auf 1,5 mm und weiter auf 1,75 mm ist nur eine geringe Erhöhung des Hinterschnitts zu erkennen. Allerdings erhöht sich die Abstreiflänge des stempelseitigen Drahtes aus der Matrizenbohrung, was die höhere Festigkeit begründet. Im Gegensatz dazu nimmt der Restquerschnitt, insbesondere der des matrizenseitigen Drahtes, stark ab. Bei einer Vorlochtiefe von 1,75 mm und einem Vorlochdurchmesser von 2,5 mm verbliebt matrizenseitig ein Restquerschnitt von etwa 52 % in Bezug auf den gestauchten, aber nicht vorgelochten Drahtquerschnitt. Bei 1,25 mm Vorlochtiefe beträgt dieser ca. 70 %. Da keine signifikante Verbesserung der Schälzugfestigkeit zu beobachten ist und der Restquerschnitt weniger stark reduziert wird, wird 1,25 mm Vorlochtiefe als präferierter Geometrieparameter gewählt.

Das Ergebnis der quantitativen Parameterstudie identifiziert für den untersuchten Anwendungsfall den folgenden zu präferierenden Parametersatz:

CL_{SD} = 2,5 mm; VL_D = 2,5 mm; VL_T = 1,25 mm; CL_A = 3,5 mm; Vorlochoperation durch Fräsen.

Die erforderliche Fügekraft wird mit ca. 5,4 kN ermittelt. In den nachfolgenden Kapiteln wird dieser Parametersatz für die Charakterisierung der Fügestelleneigenschaften des Durchsetzfügens mit Vorlochoperation gewählt.

6.1.2 Umfließen

Enclosing

Der untersuchte Parameterraum für das Fügeverfahren „Umfließen“ wird in Kapitel 5.2.3 definiert. Als Qualitätsparameter werden die Haltekraft im Schälzugversuch, der geometrische Hinterschnitt und der Restdrahtquerschnitt herangezogen.

Qualitatives Prozessscreening

Im qualitativen Prozessscreening wird der Einfluss der Geometrie- und Fügeparameter optisch im Hinblick auf die Fügestellensymmetrie und sonstige Auffälligkeiten untersucht. Weiterhin werden die Proben auf Festsitz zwischen den Fügepartnern geprüft. Abschließend werden die Proben manuell belastet, um einen Aufschluss über die erzielte Festigkeit der Fügeoperation zu erhalten und den Parameterraum für die quantitative Parameterstudie einzugrenzen.

Zunächst wird der Prozess des Vorstauchens isoliert betrachtet, wobei eine Verbreiterung des matrizenseitigen Fügepartners mittels Kraftfluss über den stempelseitigen Fügepartner erfolgt. Die Verbreiterung des stempelseitigen Fügepartners wird durch die Nutbreite begrenzt, die im Nutgrund gleich der nominellen Drahtbreite mit VN_B von 4,0 mm festgelegt wird und optisch die beste Drahtführung gewährleistet. Die Nuttiefe VN_T ist geringer als die Drahtdicke zu wählen, um das Ausprägen einer Wulst am Drahtauslauf zu ermöglichen. Die Nuttiefe VN_T von 1,4 mm bietet die subjektiv beste Ausformung und ermöglicht die Bildung eines Formschlusses.

Es wurden drei Varianten von Vorstauchnutgeometrien mit variierender Eckengeometrie verglichen, siehe Abbildung 5-6. Die Absicht der ausgesparten Eckengeometrie im Nutauslauf, wie in Variante B oder C integriert, ist das definierte Ausbilden einer Wulst am Draht. In Vorversuchen konnte eine gesteigerte Festigkeit der Fügestelle mit der Vorstauchnutgeometrie C festgestellt werden, welche die ausgeprägteste Eckenfreimachung beinhaltet. Abbildung 6-6 stellt Schliffbilder des Fügestellenquerschnitts nach dem Vorstauchen dar. In Variante C bildet sich reproduzierbar ein symmetrischer Wulst am stempelseitigen Draht aus. Die Eckengeometrie hat keinen signifikanten Einfluss auf die Querschnittsänderung der Fügepartner. Als Vorstauchnut wird die Geometrievariante C festgelegt.

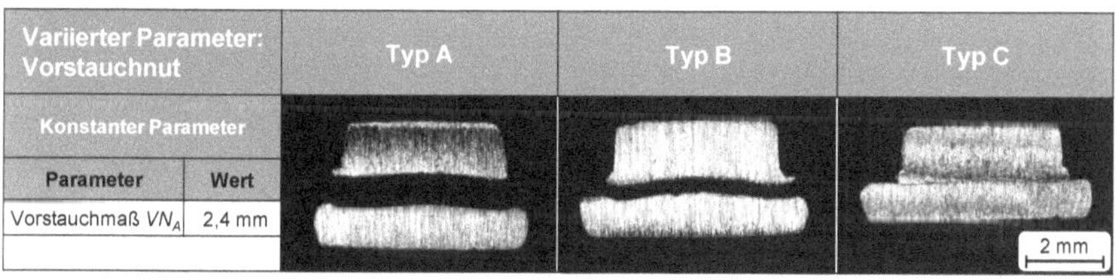

Abbildung 6-6: Umfließen: Variation der Vorstauchnut

Enclosing: Variation of the pre-forming groove

Das Vorstauchmaß hat einen maßgeblichen Einfluss auf die Festigkeit der erzielten Fügeverbindung. Wird ein zu großes Vorstauchmaß gewählt, kann beim Prozessschritt des Umfließens keine formschlüssige Verbindung erzielt werden. Der vorgestauchte Flachleiter kann keine Umscherung des Fügepartners ausbilden, wie in Abbildung 6-7 bei einem Vorstauchmaß von 2,7 mm zu erkennen ist. Bei einem zu kleinen Vorstauchmaß besteht die Gefahr der Rissbildung an der Umscherung, wie in Abbildung 6-8 dargestellt. Im Rahmen der Erkenntnisse aus dem Prozessscreening wird das

Vorstauchmaß VN_A mit 2,4 mm festgelegt. Der matrizenseitige Draht wird bei diesem Prozessparameter auf ca. 6 mm verbreitert.

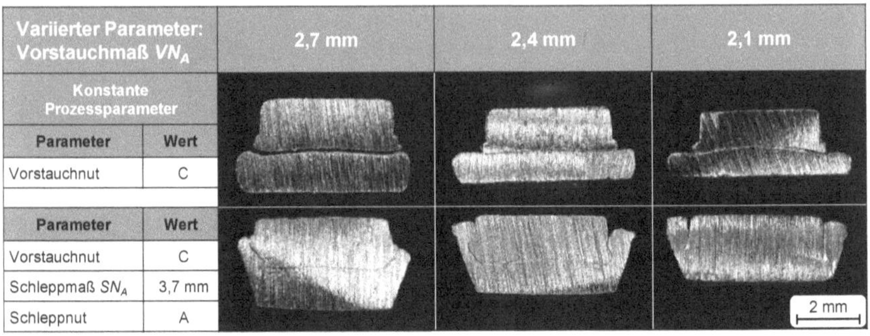

Abbildung 6-7: Umfließen: Variation des Vorstauchmaßes

Enclosing: Variation of the pre-forming punch stroke

Abbildung 6-8: Rissbildung beim Umfließen – links: mit Rissbildung; rechts: ohne Rissbildung

Cracking while enclosing - left: with crack; right: without crack

Die Geometrie der Schleppnut beeinflusst das plastische Umfließen des vorgestauchten Drahtes um den Fügepartner. Bei diesem Prozessschritt soll ein möglichst spaltfreies Anliegen der Fügepartner erzielt und ein maximaler Hinterschnitt ausgebildet werden.

Ein weiteres Qualitätsmerkmal ist die Symmetrie der Fügestelle. Es wurden drei Schleppnutvarianten untersucht, siehe Abbildung 5-7. Es kann beobachtet werden, dass eine zweistufige Trichterform zuträglich für das Zentrieren der Fügepartner ist. Hingegen wird durch einen Hauptschleppwinkel α_{SN1} kleiner als 30° eine starke Scherbelastung in das zu umfließende Material eingebracht, was zur Rissbildung führen kann. Exemplarische Schliffbilder für verschiedene Schleppnutgeometrien bei einem Schleppmaß SN_A von 3,7 mm sind in Abbildung 6-9 dargestellt. Mit der Schleppnutvariante C hergestellte Proben weisen ein erhöhtes Spiel der Fügestelle auf, sodass diese Geometrievariante auszuschließen ist.

Variierter Parameter: Schleppnut		Typ A	Typ B	Typ C
Konstante Prozessparameter				
Parameter	Wert			
Vorstauchmaß VN_A	2,4 mm			
Vorstauchnut	C			
Schleppmaß SN_A	3,7 mm			

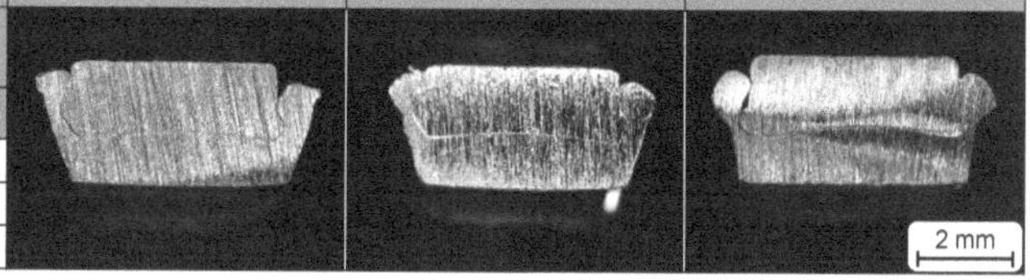

Abbildung 6-9: Umfließen: Variation der Schleppnut

Enclosing: Variation of the enclosing groove

Als praktikable Fügestellenlänge SN_L wurden 6 mm identifiziert. Für die quantitative Parameterstudie kann der Parameterraum gemäß Tabelle 6-2 eingegrenzt werden.

Tabelle 6-2: Reduzierter Parameterraum für das Umfließen

Reduced parameter set for enclosing

Merkmal	Varianten		
Vorstauchmaß VN_A [mm]	1,6		
Geometrie Vorstauchnut	Variante C		
Schleppmaß SN_A [mm]	3,2	3,45	3,7
Geometrie Schleppnut	Variante A		Variante B
Fügestellenlänge SN_L [mm]	4		6

Quantitative Parameterstudie

In der quantitativen Parameterstudie werden die ermittelten Haltekräfte im Schälzugversuch sowie die Querschnittsfläche der Gesamtfügezone als zu vergleichende Qualitätsmerkmale herangezogen. Betrachtet werden das Schleppmaß, die Schleppnutgeometrie und die Fügezonenlänge. Um eine statistische Signifikanz der Untersuchungen zu erreichen, werden für jeden Parametersatz fünf identische Proben hergestellt und ausgewertet.

Das Schleppmaß hat Einfluss auf die erzielte Festigkeit der Verbindung und den resultierenden Flächenquerschnitt. Wird ein zu großes Schleppmaß gewählt, findet bei dem Prozessschritt des Umfließens kein Umscheren des vorgestauchten Drahtes um den inneren Fügepartner statt. Wird das Schleppmaß zu gering gewählt, wird der Querschnitt an der Fügestelle stark verkleinert und es entsteht die Gefahr einer Rissbildung an der Fügestelle. Abbildung 6-10 stellt die ertragbaren Haltekräfte der Fügeverbindung in X-Richtung und die resultierende Restquerschnittsfläche für die Schleppnutgeometrie C dar. Bezogen auf die Haltekraft ist die Schleppnutgeometrie A zu favorisieren. Ab einem Schleppmaß von 3,7 mm wird reproduzierbar ein Hinterschnitt der Verbindung ausgeformt. Bei größerem Schleppmaß kann ein Lösen einzelner Proben beobachtet werden. Die Querschnittsfläche der Gesamtfügezone beträgt bei diesem Parameter ca. 11,5 mm², was einer Querschnittsreduktion von etwa 25 % entspricht. Wird das Schleppmaß weiter reduziert, kommt es zu einem verstärkten Verprägen der Fügestelle, bei der nominell kein ausgeprägterer Formschluss gebildet wird. Hingegen verringert sich die Restquerschnittsfläche der Fügezone weiter. Das Schleppmaß SN_A wird infolgedessen mit 3,7 mm gewählt.

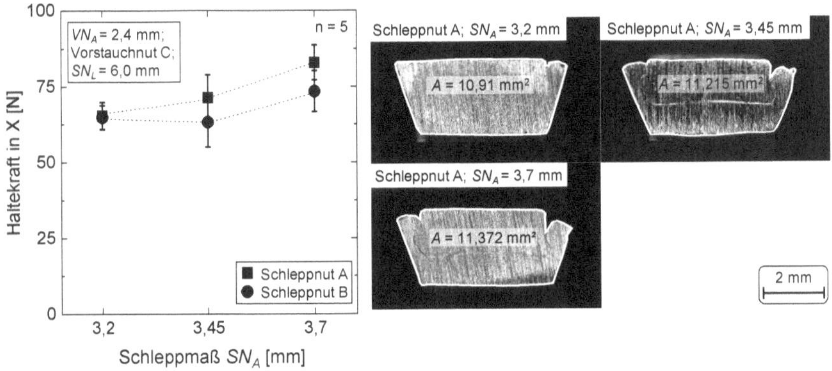

Abbildung 6-10: Umfließen: Variation von Schleppmaß und Schleppnutgeometrie

Enclosing: Variation of the enclosing punch stroke and enclosing groove

Des Weiteren kann festgestellt werden, dass eine Reduktion der Fügestellenlänge SN_L von 6 mm auf 4 mm eine signifikante Schwächung der Fügestellenfestigkeit bedingt, siehe Abbildung 6-11. Der effektiv tragfähige Bereich der Fügestelle – Fügestellenlänge reduziert um den Ein- und Auslauf der Umscherung – wird so weit reduziert, dass keine anforderungsgerechte Festigkeit der 4-mm-Fügestelle erzielt werden kann. Die Proben weisen nach dem Fügevorgang Spiel auf. Eine weitere Vergrößerung der Fügestellenlänge würde die Fügestelle weiter ausdehnen und wird deswegen ausgeschlossen. Als zu präferierende Fügestellenlänge SN_L werden 6 mm angenommen.

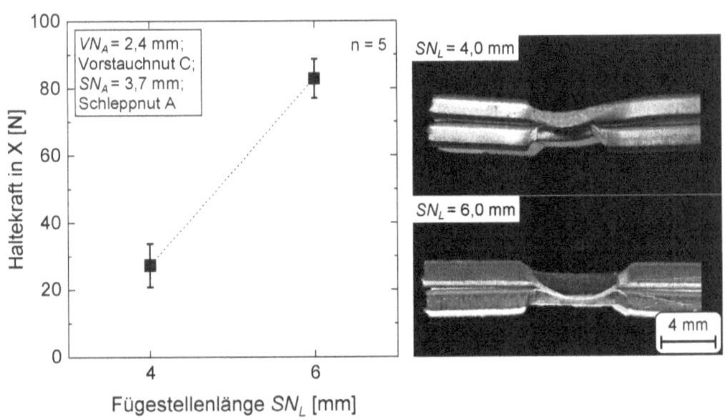

Abbildung 6-11: Umfließen: Variation der Fügestellenlänge

Enclosing: Variation of the joint length

Das Ergebnis der quantitativen Parameterstudie identifiziert für den untersuchten Anwendungsfall folgenden zu präferierenden Parametersatz:

VN_A = 2,4 mm; Vorstauchnut C; SN_A = 3,7 mm; Schleppnut A; SN_L = 6 mm.

Die erforderliche Vorstauchkraft wird mit ca. 22 kN und die Umfließkraft mit 4 kN ermittelt. In den nachfolgenden Kapiteln wird dieser Parametersatz für die Charakterisierung der Fügestelleneigenschaften des Umfließens gewählt.

6.1.3 Fügen mit Hülse

Joining with Sleeve

Der untersuchte Parameterraum für das Fügeverfahren „Fügen mit Hülse" wird in Kapitel 5.2.4 definiert. Als Qualitätsparameter werden die Haltekräfte, die äußeren Abmaße der Fügestellen und die geometrische Ausrichtung der Fügepartner gewählt.

Qualitatives Prozessscreening

Im qualitativen Prozessscreening wird der Einfluss verschiedener Hülsen- und Werkzeuggeometrien optisch im Hinblick auf die Fügestellengeometrie, die Orientierung und sonstige Auffälligkeiten untersucht. Weiterhin werden die Proben auf Festsitz zwischen den Fügepartnern geprüft.

Zunächst können die Hülsenvarianten A und B als zu favorisierende Hülsengeometrien erfasst werden. Für den quadratischen Fügeverbund kann mit einer zylindrischen Hülse mit einem Außendurchmesser AD_H von 7,0 mm und einer Wanddicke WD_H von 0,5 mm oder 0,8 mm ein kraftreduziertes Aufsetzen ermöglicht werden. Der maximal ausgleichbare Lateralversatz oder Fügespalt beträgt geometriebezogen für die Hülsenvariante A nominell 1,15 mm und für die Hülsenvariante B nominell 0,39 mm. Die Variante B ermöglicht damit eine gute Vorausrichtung im Aufsetzvorgang. Die Variante A deckt hingegen eine größere tolerierbare Positionsabweichung der Fügepartner vor dem Aufsetzen ab, welche im Schließvorgang kompensiert wird.

Bei der Variante C kann aufgrund des nominell großen Fügespaltes von 1,63 mm ein ausgeprägtes Verkippen des Zusatzelementes erkannt werden. Die Rechteckhülse der Variante D, mit einem nominellen Fügespalt von 0 mm, ist nur bei exakter Vorausrichtung der Fügepartner aufsetzbar und ermöglicht keinen Toleranzausgleich, wie in Abbildung 6-12 beispielhaft illustriert. Ein nachträgliches Verprägen könnte bei dieser Variante optional entfallen, da bereits ein Festsitz erzielt wird.

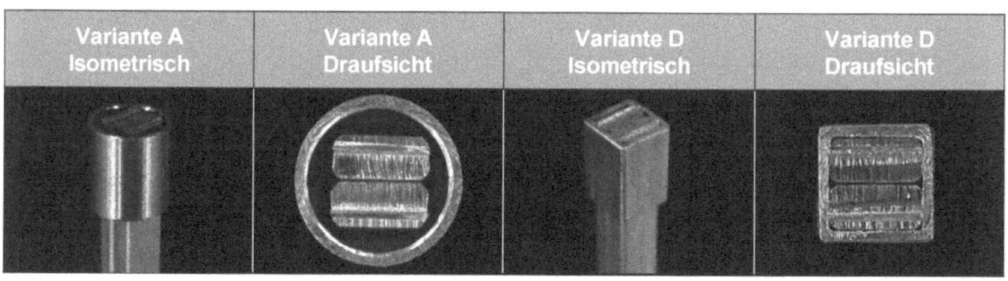

Abbildung 6-12: Fügen mit Hülse: Verschiedene Hülsengeometrien nach dem Aufsetzen

Joining with sleeve: Different sleeve geometries after positioning

Nachfolgend kann das Crimpwerkzeug der Variante A als geeignet für die Fügeaufgabe identifiziert werden. Die projizierte Fläche der vollständig geschlossenen Werkzeugkavität beträgt für die Hülsenvariante A ca. 95 % und für die Hülsenvariante B etwa 110 % des Fügestellenquerschnitts inkl. Zusatzelement. Eine kompakte und nahezu leerstellenfreie Querschnittfläche wird erzeugt, wobei die Kupferflachleiter leicht trapezförmig angeformt werden und keine signifikante Längung der Proben eintritt. Die weiteren Werkzeuggeometrien können aufgrund eines nicht ausgeprägten Festsitzes, stark auskragender Fügehülsenlaschen oder ausgeprägter Leerstellen im Fügestellenquerschnitt ausgeschlossen werden, wie beispielhaft in Abbildung 6-13 dargestellt.

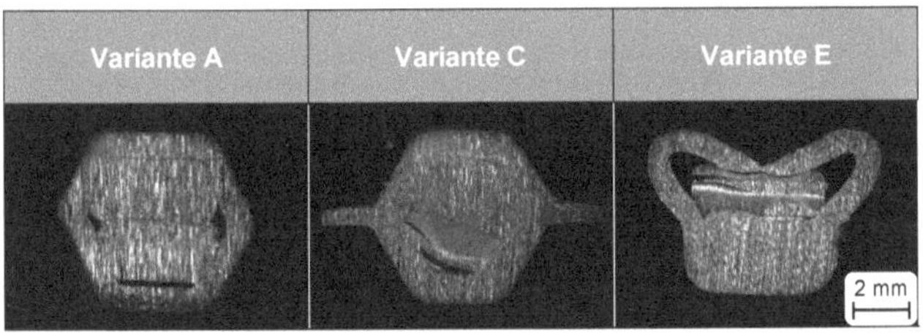

Abbildung 6-13: Fügen mit Hülse: Verschiedene Crimpbackengeometrien für Hülsentyp B

Joining with sleeve: Different crimp jaw geometries for joining sleeve type B

Für die quantitative Parameterstudie kann der Parameterraum gemäß Tabelle 6-3 eingegrenzt werden.

Tabelle 6-3: Reduzierter Parameterraum für das Fügen mit Hülse

Reduced parameter set for joining with sleeve

Merkmal	Varianten		
Hülsengeometrie	Variante A		Variante B
Crimpbackengeometrie	Variante A		
Crimpmaß CB_A [mm]	6,0	6,1	6,2
Hülsenlängen HL_H [mm]	2	4	6

Quantitative Parameterstudie

In der quantitativen Parameterstudie werden die ermittelten Haltekräfte im Schäl-, Schub- und Scherzugversuch untersucht. Zudem erfolgt eine Auswertung der Freifläche in der Fügezonenquerschnittsfläche. Um eine statistische Signifikanz der Untersuchungen zu erreichen, werden für jeden Parametersatz fünf identische Proben hergestellt und ausgewertet.

Alle untersuchten Prozessparameter für das Crimpmaß erfüllen im Zugversuch die in Kapitel 4.1.3 definierten Anforderungen an die Haltekräfte in X-, Y- und Z-Richtung. Dennoch kann das Crimpmaß CB_A von 6,0 mm als zu präferierender Prozessparameter identifiziert werden, da hierbei absolut die höchsten Haltekräfte erzielt werden. Die Abbildung 6-14 stellt die mittleren ermittelten Haltekräfte für die Hülsenvariante B mit einer Wandstärke von 0,8 mm dar. Ein qualitativ ähnlicher Verlauf ergibt sich für die

Hülsenvariante A bei geringeren ertragbaren Kräften. Zudem wird bei diesem minimalen Crimpmaß die Freifläche in der Fügestelle für die Hülsenvariante A auf ca. 5 % und für die Variante B auf ca. 3 % der Gesamtfügezonenquerschnittsfläche reduziert und damit auch die Gefahr von Strahldurchgängen im Laserschweißprozess reduziert.

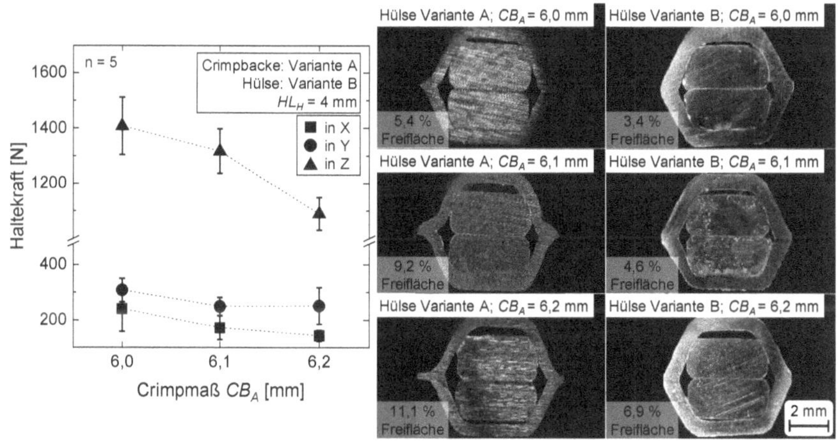

Abbildung 6-14: Fügen mit Hülse: Variation des Crimpmaßes

Joining with sleeve: Variation of punch stroke

Der linke Teil der Abbildung 6-15 stellt die Haltekräfte der Fügeverbindung für die Fügehülsenvarianten A und B dar. Mit steigender Wandstärke des Zusatzelementes ist eine Steigerung der Fügestellenfestigkeit zu erkennen, wobei die Haltekräfte in keinem betrachteten Fall die Anforderungen unterschreiten. Im Rahmen der vorliegenden Untersuchungen wird die Fügehülse der Variante B mit einer Wandstärke von 0,8 mm weiter betrachtet.

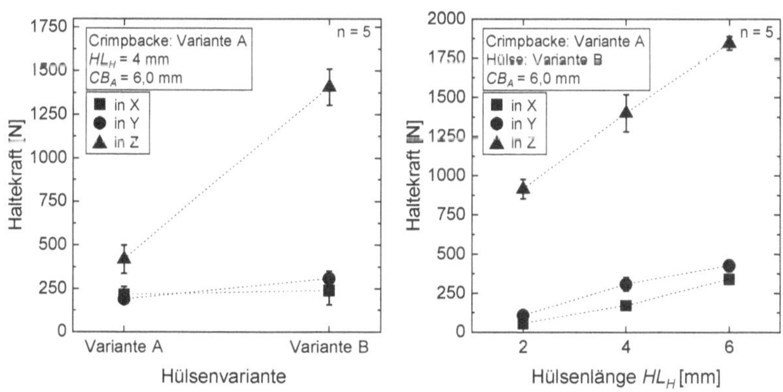

Abbildung 6-15: Fügen mit Hülse: Variation von Hülsenvariante und Hülsenlänge

Joining with sleeve: Variation of joining sleeve type and joining sleeve length

Der rechte Teil der Abbildung 6-15 stellt die Haltekraft der Fügestelle über die Hülsenlänge dar. Es ist ein linearer Zusammenhang erkennbar. Mit verlängerter Hülsenlänge steigt die Haltekraft in allen Zugrichtungen an. Ab einer Hülsenlänge HL_H von 4 mm kann eine anforderungsgerechte Fügestellenfestigkeit bestätigt werden. Bei kleineren Hülsenlängen kann es bereits bei geringer Krafteinleitung im Schälzugversuch zum Abstreifen der Hülse und damit zum Versagen der Fügeverbindung kommen.

Das Ergebnis der quantitativen Parameterstudie identifiziert für den untersuchten Anwendungsfall den folgenden zu präferierenden Parametersatz:

Hülsengeometrie Variante B; Crimpbackengeometrie Variante A; CB_A = 6,0 mm; HL_H = 4 mm.

Als erforderliche Fügekraft werden ca. 7 kN ermittelt. In den nachfolgenden Kapiteln wird dieser Parametersatz für die Charakterisierung der Fügestelleneigenschaften des Fügens mit Hülse gewählt.

6.1.4 Fügen durch Nieten

Joining by Riveting

Der untersuchte Parameterraum für das Fügeverfahren „Fügen durch Nieten" wird in Kapitel 5.2.5 definiert. Als Qualitätsparameter werden die Haltekräfte untersucht.

Qualitatives Prozessscreening

Die Anwendbarkeit des Nietverfahrens gemäß der in Abschnitt 5.2.5 getroffenen Parametereingrenzung kann nachgewiesen werden. Die gewählten Fügeelement- und Werkzeugparameter ermöglichen die Herstellung einer subjektiv festen Fügestelle. Der Halbrundniet mit einem Nietdurchmesser von 2 mm kann manuell in das Vorloch mit 2,1 mm Durchmesser eingesetzt werden. Im Schließvorgang bildet sich bei einer Nietschaftlänge von 6 mm und einem Nietmaß von 4,2 mm ein hintersetzender Schließkopf ohne merkliches Spiel der Fügestelle aus. Durch Erhöhung der Schaftlänge kann der Schließkopf größer ausgeformt werden. Das Z-Maß, welches den Nietachsenabstand zur Fügestellenstirnfläche angibt, wird für die Parameterstudie mit 5 mm festgelegt.

Für die quantitative Parameterstudie kann der Parameterraum gemäß Tabelle 6-4 eingegrenzt werden.

Tabelle 6-4: Reduzierter Parameterraum für das Fügen durch Nieten

Reduced Parameter set for joining by riveting

Merkmal	Varianten			
Nietlänge N_L [mm]	6,0	7,0	7,5	8,0
Nietmaß NB_A [mm]	4,0	4,1	4,2	

Quantitative Parameterstudie

In der quantitativen Parameterstudie wird die Nietschaftlänge anhand der Größe des sich ausbildenden Schließkopfes festgelegt. Zudem werden die ermittelten Haltekräfte im Schäl-, Schub- und Scherzugversuch untersucht und eine qualitative Auswertung der Fügestelle im Schliffbild angestellt. Um eine statistische Signifikanz der Untersuchungen zu erreichen, werden für jeden Parametersatz fünf identische Proben hergestellt und ausgewertet.

Abbildung 6-16 stellt den sich ausformenden Schließkopf für verschiedene Nietschaftlängen bei einem Nietmaß von 4,0 mm dar. Der Setzkopf eines Halbrundnietes der Nenngröße 2 mm verfügt über einen Nietkopfdurchmesser von 3,5 mm und eine Nietkopfhöhe von 1,2 mm. Eine vergleichbare Konfiguration wird am ehesten bei einer Schaftlänge von N_L = 8 mm erreicht.

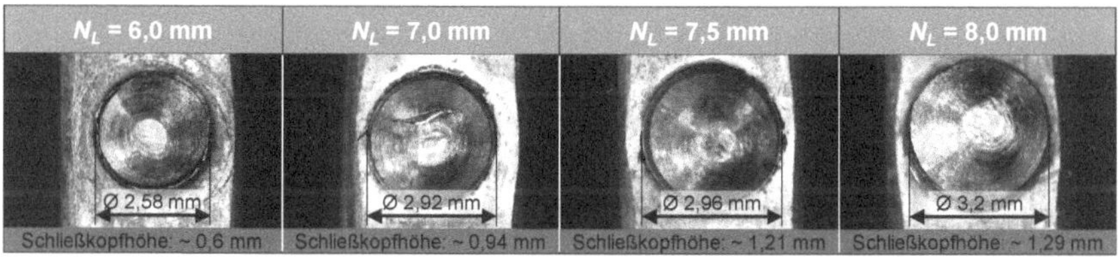

Abbildung 6-16: Fügen durch Nieten: Variation der Nietschaftlänge

Joining by riveting: Variation of rivet shaft length

Die Haltekräfte im Schub- und Scherzugversuch sind über Nietmaße von 4,0–4,2 mm nahezu konstant, siehe Abbildung 6-17. Die Belastbarkeit der Fügestelle bei einem Z-Maß von 5 mm beträgt im Schub- und im Scherzugversuch jeweils ca. 700 N. Im Schälzugversuch werden die höchsten Haltekräfte bei einem Nietmaß von 4,2 mm erreicht. Im Mittel werden diese mit ca. 550 N ermittelt. Es werden dabei zwei unterschiedliche Versagensarten der Fügestelle beobachtet: der Bruch des Nietes oder der Riss der Lochleibung. Hierdurch ist auch die hohe Standardabweichung der Messwerte zu erklären.

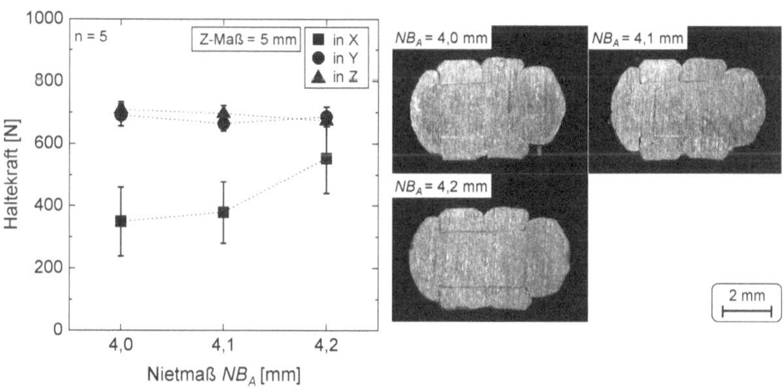

Abbildung 6-17: Fügen durch Nieten: Variation des Nietmaßes

Joining by riveting: Variation of punch stroke

Es kann des Weiteren erkannt werden, dass eine weitestgehend deformationsfreie Fügestelle bei einem Nietmaß von 4,2 mm erzielt wird. Bei weiter reduziertem Nietbackenabstand wird der Schließkopf in den Grundwerkstoff der Fügestelle äquidistant eingedrückt. Die freie Schaftlänge wird schließkopfseitig verringert. Aufgrund der geometrisch homogeneren Fügestelleneigenschaften und der absolut höheren Haltekräfte im Schälzugversuch wird das Nietmaß NB_A auf 4,2 mm festgelegt.

Das Ergebnis der quantitativen Parameterstudie identifiziert für den untersuchten Anwendungsfall den folgenden zu präferierenden Parametersatz:

N_D = 2,0 mm; N_L = 8,0 mm; VL_N = 2,1 mm; NB_A = 4,2 mm.

Als erforderliche Fügekraft werden ca. 7 kN ermittelt. In den nachfolgenden Kapiteln wird dieser Parametersatz für die Charakterisierung der Fügestelleneigenschaften des Fügens durch Nieten gewählt.

6.2 Geometrische Eigenschaften der Fügestelle

Geometric Properties of the Joint

In diesem Abschnitt erfolgt die Beschreibung der geometrischen Eigenschaften der anfangsfesten Fügestellen mithilfe charakteristischer äußerer und innerer Geometriemerkmale und Abmaße. Zudem erfolgt eine Einordnung der geometrischen Ausrichtung der Fügepartner.

6.2.1 Charakteristische Geometriemerkmale und Abmaße

Characteristic Geometrical Features and Dimensions

Die Ermittlung der Geometriemerkmale der anfangsfest gefügten Fügestellen basiert je Fügeverfahren auf einer Probenmenge von 15 Prüfkörpern. Die Prüfkörper wurden entsprechend der in Abschnitt 6.1 identifizierten präferierten Fügeparameter unter identischen Randbedingungen vorbereitet. Die geometrische Bewertung erfolgt anhand einer visuellen Begutachtung, einer manuellen äußerlichen Vermessung und einer optischen Vermessung der Fügestelle im Querschliff, siehe Tabelle 5-4. Nachfolgend werden die Ergebnisse für jedes Fügeverfahren vorgestellt.

Durchsetzfügen mit Vorlochoperation

Beim Durchsetzfügen mit Vorlochoperation bildet sich eine rotationssymmetrische Fügestelle mit einem zylindrischen Durchzug in der Größe des Stempeldurchmessers aus, siehe Abbildung 6-18 (linke Seite). Die Fügestelle erstreckt sich über eine Fügestellenlänge von ca. 5,3 mm. Durch die bildsame Formgebung im Fügeprozess wird die Drahtbreite partiell auf etwa 5,1 mm verbreitert. Die Gesamtdicke der Fügestelle beträgt im Bereich der Fügeachse etwa 3,5 mm, wobei sich matrizenseitig eine ebene Fläche ausbildet. Zudem tritt eine Verlängerung der Prüfkörperlänge um 0,5 bis 0,7 mm ein.

Im Fügestellenquerschnitt, siehe Abbildung 6-18 (rechte Seite), kann ein dem klassischen Durchsetzfügen ähnlicher, formschlüssiger Verbindungsmechanismus erkannt werden. Der stempelseitige Fügepartner durchsetzt den matrizenseitigen Fügepartner und bildet durch Querfluss eine hinterschneidende Verbindung aus.[507]

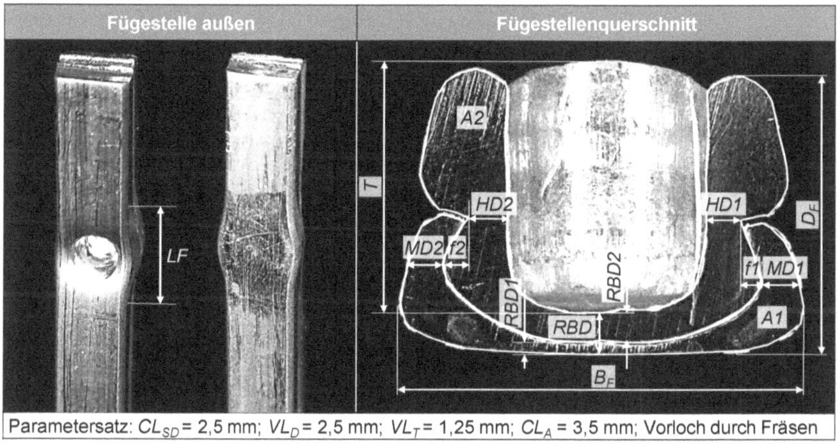

Abbildung 6-18: Durchsetzfügen mit Vorlochoperation: Charakteristische Geometriemerkmale – präferierter Parametersatz mit 10 mm Z-Maß

Clinching with pre-hole operation: Characteristic geometry features – favourite parameter set with 10 mm Z distance

Die Tabelle 6-5 beinhaltet die statistisch ausgewerteten charakteristischen Abmessungen der anfangsfesten Fügeverbindung. Über die 15 untersuchten Prüfkörper kann ein geringes Maß der geometrischen Streuung erkannt werden. Als die Festigkeit bestimmende Geometrieparameter können der Hinterschnitt *f1* und *f2*, die Halsdicke *HD1* und *HD2* sowie die Manteldicke *MD1* und *MD2* erkannt werden. Im Mittel wird bei dem betrachteten Parametersatz ein Hinterschnitt von 0,23 mm ausgeprägt, wobei die mittlere Halsdicke 0,5 mm und die mittlere Manteldicke 0,56 mm betragen. In der Halsdicke kann mit 0,065 mm die größte Asymmetrie erkannt werden, welche beispielsweise in einer Verschiebung der Werkzeug- oder Vorlochoperation begründet sein kann. Die matrizenseitige Restbodendicke *RBD1* beträgt nach dem Fügevorgang ca. 0,14 mm. Vor dem Durchsetzen betrug dieses Maß 0,75 mm. Der vollständig ausgeführte Stempelhub im Fügeprozess kann anhand der Gesamtrestbodendicke *RBD* überprüft werden. Für den Prüfumfang wird die erwartete Restbodendicke von 0,5 mm mit einem mittleren Messwert von 0,52 mm bestätigt. Mithilfe einer Korrelationsanalyse kann erkannt werden, dass mit steigender Restbodendicke der Hinterschnitt in der Fügestelle

[507] Vgl. TOX® Pressotechnik GmbH & Co. KG (TOX®-Clinch-Technologie) 2022, S. 3.

abnimmt. Die geometrische Größe der Restbodendicke kann damit als mögliche zerstörungsfrei prüfbare Kontrollgröße identifiziert werden.

Tabelle 6-5: Durchsetzfügen mit Vorlochoperation: Charakteristische Abmessungen der anfangsfesten Fügestelle für den präferierter Parametersatz mit 10 mm Z-Maß

Clinching with pre-hole operation: Characteristic dimensions of the initially fixed joint for the favoured parameter set with 10 mm Z distance

Merkmal	Zeichen	Einheit	arith. Mittel	Median	Min	Max	SD
Fügestellenlänge[1]	*LF*	mm	5,29	5,29	4,46	6,19	0,47
Fügestellenbreite[1]	B_F	mm	5,12	5,12	5,00	5,25	0,06
Fügestellendicke[1]	D_F	mm	3,50	3,51	3,39	3,59	0,06
Durchsetztiefe[1]	*T*	mm	3,09	3,10	3,01	3,19	0,06
Restbodendicke matrizenseitig[2]	*RBD1*	mm	0,14	0,14	0,09	0,21	0,03
Restbodendicke stempelseitig[2]	*RBD2*	mm	0,37	0,38	0,33	0,42	0,03
Restbodendicke gesamt[2]	*RBD*	mm	0,52	0,51	0,47	0,56	0,03
Manteldicke rechts[2]	*MD1*	mm	0,57	0,54	0,45	0,88	0,11
Manteldicke links[2]	*MD2*	mm	0,55	0,52	0,43	0,83	0,10
Halsdicke rechts[2]	*HD1*	mm	0,43	0,43	0,34	0,58	0,07
Halsdicke links[2]	*HD2*	mm	0,56	0,56	0,43	0,69	0,07
Hinterschnitt rechts[2]	*f1*	mm	0,24	0,24	0,18	0,31	0,03
Hinterschnitt links[2]	*f2*	mm	0,22	0,21	0,17	0,34	0,04
Restquerschnitt matrizenseitig[2]	*A1*	mm²	2,85	2,82	2,53	3,71	0,29
Restquerschnitt stempelseitig[2]	*A2*	mm²	6,10	6,07	5,54	6,98	0,36

[1] manuelle Vermessung [2] optische Vermessung

Durch das Durchsetzfügen mit Vorlochoperation wird der matrizenseitige Drahtquerschnitt partiell um ca. 63 %, von 7,79 mm² auf im Mittel 2,85 mm², reduziert. Es ist zu berücksichtigen, dass 40 % der matrizenseitigen Querschnittsreduktion auf die Vorlochoperation zurückzuführen ist. Der minimale Restdrahtquerschnitt am stempelseitigen Fügepartner beträgt im Vollschnitt mit 6,10 mm² ca. 78 % des Ausgangsquerschnittes. Über die gesamte Querschnittsfläche verringert sich der minimale Fügestellenrestquerschnitt damit auf ca. 57,5 % des Ausgangsquerschnittes. Über einen Betrachtungsbereich von 8 mm wird die Anforderung nach einem mittleren Restquerschnitt von 70 % erfüllt.

Zusammenfassend kann anhand der geometrischen Fügestellenuntersuchung für das Durchsetzfügen mit Vorlochoperation eine stabile Ausprägung der charakteristischen Merkmale und Abmaße erkannt werden. Auftretende Streuungen sind auf geometrische Ungenauigkeiten in der Probenvorbereitung und im Fügeprozess zurückzuführen, jedoch im betrachteten Untersuchungsraum als unkritisch zu bewerten.

Umfließen

Beim Umfließen bildet sich eine beidseitig abgesetzte und verbreiterte Fügestelle aus. Das matrizenseitig innenliegende Material wird durch das Material des außenliegenden Fügepartners umflossen. Die Fügestelle weist eine Achssymmetrie auf, siehe Abbildung 6-19. Die mittlere Fügestellenlänge beträgt ca. 8,1 mm, wovon ca. 6 mm die wirksame Fügestelle ausprägen. Durch die bildsame Formgebung im Fügeprozess wird die Drahtbreite partiell auf etwa 5,9 mm verbreitert. Die Gesamtdicke der Fügestelle beträgt ca. 2,2 mm. Es ergibt sich durch die Stauchung der Drahtgeometrie eine Verlängerung der Prüfkörperlänge um etwa 1,5 mm.

Der stempelseitige Grundwerkstoff wird beim Umfließen um die am innenliegenden Fügepartner ausgebildete Wulst geschleppt. Eine hinterschneidende Verbindung wird ausgebildet. Als Verbindungsmechanismus kann in X- und Y-Richtung ein Formschluss erkannt werden, siehe Abbildung 6-19 (rechte Seite). In Z-Richtung erscheint ein Verschieben der Fügestelle bei Überwinden der kraftschlüssigen Verbindung geometrisch möglich.

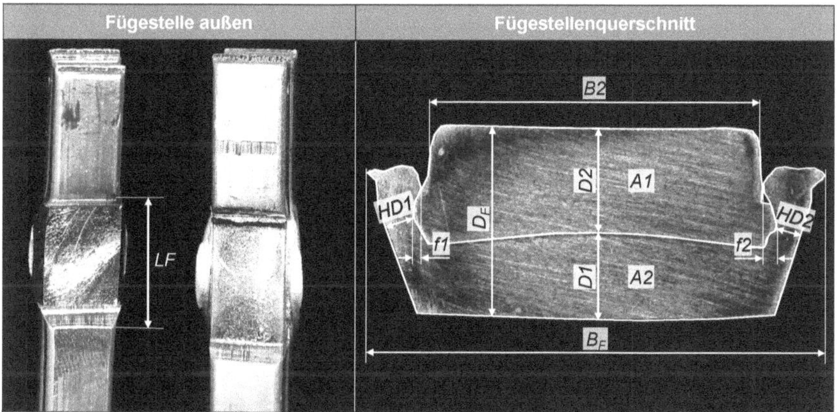

Parametersatz: VN_A = 2,4 mm; Vorstauchnut C; SN_A = 3,7 mm; Schleppnut A; SN_L = 6 mm

Abbildung 6-19: Umfließen: Charakteristische Geometriemerkmale – präferierter Parametersatz mit 14 mm Z-Maß

Enclosing: Characteristic geometry features – favourite parameter set with 14 mm Z distance

Die 15 untersuchten Fügeproben weisen ein geringes Maß der geometrischen Streuung sowie eine hohe Symmetrie auf, siehe Tabelle 6-6. Die Festigkeit der Fügestelle wird durch das Maß des geometrischen Hinterschnittes *f1* und *f2* sowie die Halsdicke *HD1* und *HD2* bestimmt. Der einseitige Hinterschnitt beträgt für den betrachteten Parametersatz im Mittel 0,21 mm und die Halsdicke im Mittel 0,34 mm.

Durch das Fügeverfahren des Umfließens wird die Drahtquerschnittsfläche partiell um ca. 24 % reduziert, wobei die Querschnittsreduktion auf beide Fügepartner in etwa gleich verteilt ist. Die verbleibenden Querschnittsflächen *A1* und *A2* je Fügepartner betragen im Mittel 5,9 mm².

Zusammenfassend kann anhand der geometrischen Fügestellenuntersuchung für das Umfließen eine stabile Ausprägung der charakteristischen Merkmale und Abmaße erkannt werden. Die festzustellenden Messwertstreuungen können vor dem Hintergrund der manuellen Prozessführung als gering eingeordnet werden.

Tabelle 6-6: Umfließen: Charakteristische Abmessungen der anfangsfesten Fügestelle für den präferierter Parametersatz mit 14 mm Z-Maß

Enclosing: Characteristic dimensions of the initially fixed joint for the favoured parameter set with 14 mm Z distance

Merkmal	Zeichen	Einheit	arith. Mittel	Median	Min	Max	SD
Fügestellenlänge[1]	*LF*	mm	8,09	8,08	7,76	8,29	0,13
Fügestellenbreite[1]	B_F	mm	5,86	5,89	5,62	6,14	0,13
Fügestellendicke[1]	D_F	mm	2,37	2,35	2,31	2,57	0,07
Fügestellenbreite matrizenseitig[2]	*B2*	mm	4,19	4,17	4,06	4,32	0,07
Fügestellendicke stempelseitig[2]	*D1*	mm	1,08	1,08	1,01	1,17	0,05
Fügestellendicke matrizenseitig[2]	*D2*	mm	1,29	1,28	1,22	1,49	0,07
Halsdicke links[2]	*HD1*	mm	0,34	0,35	0,15	0,41	0,08
Halsdicke rechts[2]	*HD2*	mm	0,34	0,35	0,16	0,45	0,08
Hinterschnitt links[2]	*f1*	mm	0,22	0,20	0,13	0,40	0,07
Hinterschnitt rechts[2]	*f2*	mm	0,20	0,18	0,12	0,40	0,07
Restquerschnitt matrizenseitig[2]	*A1*	mm²	5,86	5,88	5,51	6,44	0,22
Restquerschnitt stempelseitig[2]	*A2*	mm²	5,91	5,88	5,37	7,06	0,37

[1] manuelle Vermessung [2] optische Vermessung

Fügen mit Hülse

Das Fügen mit Hülse fixiert die Fügepartner durch das Anformen einer zylindrischen Fügehülse. Die Fügehülse wird durch bildsame Formgebung in eine hexagonale Außengeometrie umgeformt, siehe Abbildung 6-20.

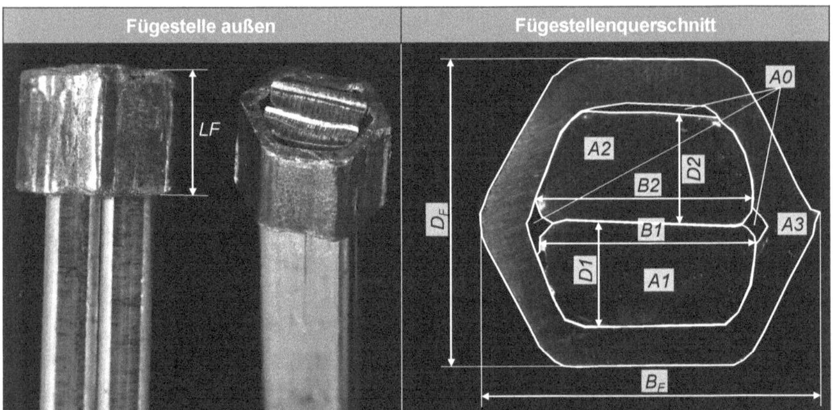

Parametersatz: Hülsengeometrie B; Crimpbackengeometrie A; CB_A = 6,0 mm; HL_H = 4 mm

Abbildung 6-20: Fügen mit Hülse: Charakteristische Geometriemerkmale – präferierter Parametersatz mit 2 mm Z-Maß

Joining with sleeve: Characteristic geometry features – favourite parameter set with 2 mm Z distance

Durch den Schließvorgang erfahren die Fügepartner eine geringfügige Umformung, welche der hexagonalen Werkzeuggeometrie folgt. Die Fügestelle weist Achssymmetrie auf und besitzt eine mittlere Fügestellenbreite von ca. 6,4 mm und eine mittlere

Fügestellendicke von 5,69 mm. Im Schließvorgang längt sich die Hülse um ca. 0,4 mm, sodass die axiale Ausdehnung der Fügestelle nach dem Fügevorgang etwa 4,4 mm beträgt.

Die geometrische Analyse der Fügestelle im Querschnitt, siehe Abbildung 6-20 (rechte Seite), bestätigt ein formschlüssiges Umschließen der Fügepartner in X- und Y-Richtung. In Z-Richtung basiert der Fügemechanismus auf reinem Kraftschluss.

Die Tabelle 6-7 beinhaltet eine Übersicht der statistisch ausgewerteten charakteristischen Abmessungen des anfangsfesten Fügens mit Hülse. Die höchste Streuung der Längenmaße wird in der Fügestellenlänge *LF* mit einer Standardabweichung von 0,24 mm festgestellt. Zurückzuführen ist dieses hohe Maß der Streuung nicht auf den Prozess, sondern auf die Ausgangslänge der Fügehülse vor dem Fügen. Es kann erkannt werden, dass die Fügepartner sowohl stempel- und matrizenseitig trapezförmig deformiert werden. Die maximale Drahtbreite innerhalb der Fügehülse wächst im Mittel um etwa 0,1–0,15 mm an, womit eine geringfügige Dickenreduktion der Fügepartner einhergeht.

Tabelle 6-7: Fügen mit Hülse: Charakteristische Abmessungen der anfangsfesten Fügestelle für den präferierter Parametersatz mit 2 mm Z-Maß

Joining with Sleeve: Characteristic dimensions of the initially fixed joint for the favoured parameter set with 2 mm Z distance

Merkmal	Zeichen	Einheit	arith. Mittel	Median	Min	Max	SD
Fügestellenlänge[1]	*LF*	mm	4,37	4,38	4,00	4,75	0,24
Fügestellenbreite[1]	B_F	mm	6,37	6,36	6,15	6,63	0,13
Fügestellendicke[1]	D_F	mm	5,69	5,70	5,50	5,95	0,13
max. Drahtbreite matrizenseitig[2]	*B1*	mm	4,15	4,14	3,93	4,34	0,12
max. Drahtbreite stempelseitig[2]	*B2*	mm	4,11	4,08	3,91	4,28	0,10
Drahtdicke matrizenseitig[2]	*D1*	mm	1,94	1,95	1,82	2,07	0,07
Drahtdicke stempelseitig[2]	*D2*	mm	1,98	1,99	1,84	2,07	0,06
Leerfläche[2]	*A0*	mm²	1,65	1,75	0,23	2,49	0,55
Drahtquerschnitt matrizenseitig[2]	*A1*	mm²	7,35	7,43	6,86	7,77	0,30
Drahtquerschnitt stempelseitig[2]	*A2*	mm²	7,33	7,28	7,01	7,73	0,23
Hülsenquerschnitt[2]	*A3*	mm²	11,95	11,84	9,87	13,89	1,26

[1] manuelle Vermessung [2] optische Vermessung

Die Gesamtquerschnittsfläche der Fügestelle beträgt ca. 28 mm². Im Mittel entfallen 52 % der Querschnittsfläche auf die Fügepartner und weitere 42 % auf die Fügehülse. Der Anteil der Leerfläche innerhalb der Fügestelle variiert innerhalb des Untersuchungsbereichs von 1,0–8,6 % und kompensiert damit Geometrie- und Prozesstoleranzen. Trotz einer stark variablen Freifläche werden die weiteren qualitätsrelevanten Merkmale der Fügestelle durchgängig reproduzierbar abgebildet, sodass ein robuster Fügeprozess zu unterstellen ist.

Fügen durch Nieten

Das Fügen mit Niet stellt eine klassische rotationssymmetrische Nietverbindung dar, siehe Abbildung 6-27. Die Fügestellendicke setzt sich aus der Ausgangsdicke der

Fügepartner zuzüglich der Setz- und Schließkopfhöhe des Nietes zusammen. Die mittlere Fügestellendicke beträgt im Rahmen des untersuchten Probenumfangs im Mittel 6,79 mm. Die Fügestellenbreite beträgt im Mittel 4,2 mm, wobei die Abweichung zur Ausgangsbreite von 0,2 mm durch eine fertigungsbedingte Abweichung der Vorlochposition und durch das Montagespiel zwischen Niet und Vorloch zu begründen ist.

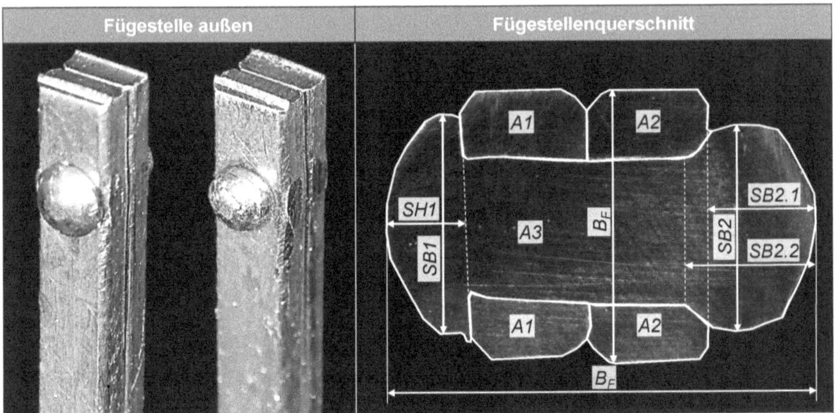

Parametersatz: N_D = 2,0 mm; N_L = 8,0 mm; VL_N = 2,1 mm; NB_A = 4,2 mm

Abbildung 6-21: Fügen durch Nieten: Charakteristische Geometriemerkmale – präferierter Parametersatz mit 5 mm Z-Maß

Riveting: Characteristic geometry features – favourite parameter set with 5 mm Z distance

Die Fügeverbindung basiert in allen Belastungsrichtungen auf einem Formschluss. In X-Richtung erfolgt die Kraftübertragung über den Nietkopf und in Y- und Z-Richtung über den Nietschaft.

Die Tabelle 6-8 beinhaltet eine Übersicht der statistisch ausgewerteten charakteristischen Abmessungen von 15 mittels Niet anfangsfest gefügten Prüfkörpern. Setzkopfdurchmesser und Setzkopfhöhe entsprechen nach dem Fügevorgang nahezu unverändert der Ausgangsnietgeometrie. Der Schließkopf bildet sich im Mittel zu einem Außendurchmesser von 3,1 mm aus und ist damit im Durchmesser etwa 0,3 mm kleiner als der Setzkopf. Zudem ist am Schließkopf keine planare Auflage des Nietes auf dem Fügepartner erkennbar. Der Schließkopf prägt in den Fügepartner kegelförmig ein, siehe Abbildung 6-21 (rechte Seite). Die Schließkopfhöhe *SH2.1* oberhalb des Fügepartners beträgt im Mittel 1,5 mm und prägt im Mittel 0,3 mm in den Grundwerkstoff ein. Die Geometrie der Schließkopfgeometrie weist eine nicht unwesentliche Streuung auf, welche die Ursache für nachfolgende Streuungen in der Fügestellenfestigkeit sein kann.

Tabelle 6-8: Fügen durch Nieten: Charakteristische Abmessungen der anfangsfesten Fügestelle für den präferierter Parametersatz mit 5 mm Z-Maß

Riveting: Characteristic dimensions of the initially fixed joint for the favoured parameter set with 5 mm Z distance

Merkmal	Zeichen	Einheit	arith. Mittel	Median	Min	Max	SD
Fügestellenbreite[1]	B_F	mm	4,25	4,21	3,99	4,51	0,15
Fügestellendicke[1]	D_F	mm	6,79	6,71	6,58	7,26	0,20
Setzkopfdurchmesser[1]	*SB1*	mm	3,46	3,42	3,12	3,74	0,17
Schließkopfdurchmesser[1]	*SB2*	mm	3,11	3,07	2,87	3,30	0,12
Setzkopfhöhe[2]	*SH1*	mm	1,30	1,31	1,17	1,40	0,06
Schließkopfhöhe oberflächlich[2]	*SH2.1*	mm	1,52	1,49	1,37	1,77	0,11
Schließkopfhöhe mit Einprägung[2]	*SH2.2*	mm	1,80	1,79	1,58	2,04	0,16
Drahtquerschnitt Setzkopfseite[2]	*A1*	mm²	3,73	3,63	3,43	4,13	0,23
Drahtquerschnitt Schließkopfseite[2]	*A2*	mm²	3,59	3,54	3,09	4,40	0,34
Nietquerschnitt[2]	*A3*	mm²	16,48	16,34	14,53	18,57	1,24

[1] manuelle Vermessung [2] optische Vermessung

Durch die Vorlochoperation wird der Drahtquerschnitt der Fügepartner partiell um ca. 50 % reduziert, wobei das entfernte Material durch einen leitfähigen Nietwerkstoff wieder aufgefüllt wird. Die Restdrahtquerschnittsfläche erfährt durch den Fügeprozess keine wesentliche Veränderung. Schließkopfseitig kann durch das Einprägen des Nietkopfes ein geringes Aufdehnen beobachtet werden. Die Querschnittsfläche des Nietes beträgt im Vollschnitt ca. 16,5 mm² und füllt den Fehlflächenquerschnitt aus der Vorlochoperation formschlüssig aus.

6.2.2 Geometrische Ausrichtung der Fügepartner

Geometric Alignment of the Joining Partners

Eine Motivation des anfangsfesten Fügens liegt in der geometrisch bestimmten und reproduzierbaren Ausrichtung der Fügepartner vor dem endfesten Kontaktierprozess, siehe Anhang 4. In diesem Abschnitt wird die geometrische Ausrichtung der Fügepartner nach dem anfangsfesten Fügen bewertet.

Sofern das Z-Maß größer als die halbe Fügestellenlänge gewählt wird, gilt für alle Fügeverfahren eine unveränderte Erscheinung der Fügestellenstirnfläche. Das bedeutet, dass die optische Erscheinung der Fügestelle an der Stirnseite weiterhin einem Parallelstoß des Ausgangsdrahtquerschnittes entspricht. Der Fügespalt und der Lateralversatz nach dem anfangsfesten Fügen können optisch bewertet werden. Durch die bildsame Formgebung im Fügeprozess beim Durchsetzfügen, Umfließen oder Nieten ist ein Auffächern der Fügepartner an der Stirnseite in radialer Bewegungsrichtung festzustellen, siehe exemplarisch Abbildung 6-8. Dem Ausbilden eines Fügespaltes kann durch einen Niederhalter am auskragenden Drahtende entgegengewirkt werden. Für das Durchsetzfügen und Umfließen werden die in Abbildung 5-5 und Abbildung 5-7 vorgestellten Werkzeuge durch einen stirnseitig befestigten, statischen Niederhalter in Form eines Stahlblechs mit einem Rechteckausschnitt ergänzt. Die Niederhalterluft beträgt ca. 0,1 mm in X- und Y-Richtung. Beim Nieten kommt kein Niederhalter zum Einsatz. Im Rahmen der Versatzanalyse wurden 15 Fügeproben je Fügeverfahren mit einem Z-Maß von 5 mm analysiert. Beim Fügen mit Hülse beträgt das Z-Maß 2 mm, sodass das Zusatzelement bündig zur Fügepartnerstirnseite abschließt. Die Ergebnisse der Versatzanalyse sind in Abbildung 6-22 grafisch aufgetragen, wobei zu berücksichtigen ist, dass sich diese auf die vereinfachte Prüfkörpergeometrie gemäß Abschnitt 5.1 beziehen.

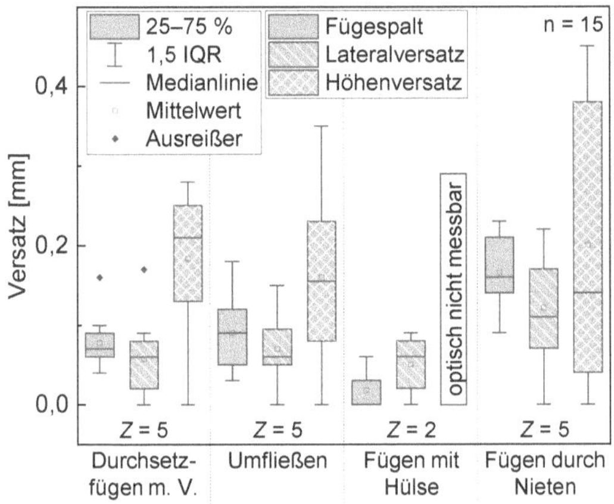

Abbildung 6-22: Versatzanalyse anfangsfester Fügeverfahren
Offset analysis of initially fixed joining processes

Beim Durchsetzfügen und beim Umfließen wird unter Verwendung der beschriebenen Niederhaltertechnologie ein mittlerer Fügespalt von 0,08 mm bzw. 0,09 mm erreicht. Keine Probe überschreitet den geforderten stirnseitigen Maximalfügespalt von 0,2 mm. Ohne Niederhalter werden bei einem Z-Abstand von 5 mm Fügespalte im Bereich von 0,1–0,3 mm gemessen. Beim Fügen mit Hülse wird die Probe stirnseitig durch das Zusatzelement vollständig umschlossen, sodass sich ein signifikant kleinerer Fügespalt nahe dem absoluten Nullspalt ausbildet. Der Fügespalt beim Fügen durch Nieten ohne Niederhaltertechnologie beträgt im Mittel 0,12 mm, wobei in drei Fällen der maximale Fügespalt von 0,2 mm geringfügig überschritten wird. Bei weiterer Prozessoptimierung wäre eine weitere Reduktion des Fügespaltes im Fügeverfahren durch Nieten prozesssicher umsetzbar. Die Anwendung der Fügeverfahren Durchsetzfügen, Umfließen und Nieten ohne Niederhaltertechnik ist demnach abzulehnen. Es ist zu ergänzen, dass die Festanforderung einer theoretischen Nullspaltbildung in der Fügezone durch alle Verfahren erfüllt wird.

Der sich ausbildende Lateralversatz wird stark durch die Ausrichtung der Fügepartner vor dem mechanischen Fügen sowie die Probenvorbereitung beeinflusst. Der Lateralversatz bei den Fügeverfahren ohne Zusatzelement beträgt im Mittel 0,06 mm bzw. 0,05 mm mit einer Standardabweichung von 0,04 mm. Die Vorlochoperation beim Durchsetzfügen bzw. die trichterförmige Schleppnutgeometrie beim Umfließen dient dabei der Selbstzentrierung der Fügepartner, wobei eine gute Vorausrichtung wünschenswert ist. Die Zentrierung der Fügepartner beim Fügen mit Hülse ist stark werkzeuggebunden. Durch die trichterförmige Werkzeuggeometrie werden die in der Hülse vorausgerichteten Fügepartner im Crimpvorgang final ausgerichtet und fixiert. Eine exakte Feinausrichtung der Fügewerkzeuge ist dabei qualitätsbestimmend. Im Rahmen der Versatzanalyse kann der Lateralversatz für das Fügen mit Hülse im Mittel zu 0,05 mm ermittelt werden. Im Nietprozess wird der Lateralversatz durch die Positionsgenauigkeit der Vorlochoperation und das Montagespiel vorgegeben. Im Rahmen der Stichprobe wird für das Nieten mit im Mittel 0,12 mm ein signifikant höherer Lateralversatz ermittelt als für die anderen Fügeverfahren. Bei einer Vorlochpositionstoleranz von 0,1 mm decken die Messwerte die toleranzseitig mögliche Streuung von 0 bis ca. 0,2 mm ab.

Keines der betrachteten Fügeverfahren verfügt über einen aktiven Höhenausgleich der Fügepartner. Lediglich beim Fügen durch Nieten wird der maximale Höhenversatz durch die Vorlochposition limitiert. Auch die Vorlochoperation beim Durchsetzfügen kann für die Limitation des Höhenversatzes zuträglich sein. Die zuvor in Abbildung 6-22 dargestellte Analyse der Höhenversätze im Untersuchungsumfang basiert auf der manuellen Ausrichtung der Fügepartner gegen einen mechanischen Anschlag. Für eine seriennahe Applikation der Fügeverfahren wäre ein funktionsintegrierter Höhenausgleich der Fügepartner empfehlenswert. Ein Ansatz hierfür wird in Kapitel 7.1.2 präsentiert.

6.3 Belastbarkeit der Fügestelle

Load Capacity of the Joint

Die anfangsfest fixierte Fügestelle erträgt beim Ausrichten des Wickelkopfes Belastungen, wie in Kapitel 4.1.1 aufgezeigt wird. In Kapitel 6.3.1 wird die mechanische Belastbarkeit der Fügestelle im Zugversuch untersucht. Das Kapitel 6.3.2 stellt die Ergebnisse der temperaturüberlagerten mechanischen Belastung der Fügestelle dar.

6.3.1 Mechanische Belastbarkeit nach dem anfangsfesten Fügen

Mechanical Load Capacity after the Initial Strength Joining Process

Die mechanische Belastbarkeit der anfangsfesten Fügestellen wird anhand der Haltekräfte im Zugversuch ermittelt. Entsprechend der in Abschnitt 5.4.2 vorgestellten Prüfmethode werden die unterschiedlichen Belastungsrichtungen in X-, Y- und Z-Richtung untersucht. Die Untersuchung erfolgt an je 15 Prüfkörpern je Fügeverfahren und Belastungsrichtung, gefügt mit dem in Kapitel 6.1 identifizierten präferierten Parametersatz. In Abschnitt 4.1.3 wurden die zu ertragenden Haltekräfte für die Referenzfügestelle im Schubzugversuch (Y) mit mindestens 75 N und im Schälzugversuch (X) mit mindestens 50 N als feste Anforderung definiert. Für den Scherzugversuch (Z) gilt die Wunschanforderung von 100 N.

Die Abbildung 6-23 stellt die Ergebnisse der Zugversuche als Box-Whisker-Plot zusammen mit den statistisch ausgewerteten Ergebnisstabellen dar. Die Fügestellen mit Zusatzelement weisen in allen Belastungsrichtungen absolut größere Haltekräfte auf, wobei ein größerer Streubereich zu verzeichnen ist. Das Durchsetzfügen mit Vorlochoperation, das Fügen mit Hülse und das Fügen durch Nieten erreichen in der Minimalwertbetrachtung in allen Belastungsrichtungen die gestellten Anforderungen an die Haltekraft. Lediglich das Fügeverfahren des Umfließens weicht in der Minimalwertbetrachtung bei zwei Proben von der Mindesthaltekraft im Schubzugversuch ab. Im Folgenden wird eine Detailbetrachtung der Versagensmechanismen im Zugversuch angestellt.

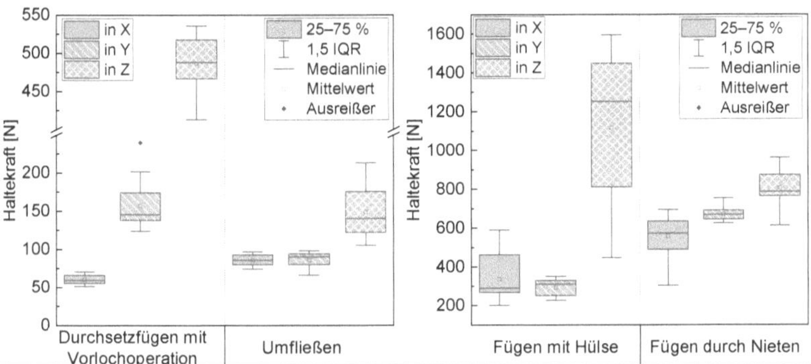

	Durchsetzfügen mit Vorlochoperation			Umfließen			Fügen mit Hülse			Fügen durch Nieten		
Orientierung	X	Y	Z	X	Y	Z	X	Y	Z	X	Y	Z
Probenanzahl	15	15	15	15	15	15	15	15	15	15	15	15
arith. Mittel [N]	60,2	156,9	487,1	85,6	86,2	148,5	337,0	293,5	1116,1	557,3	669,4	804,3
Median [N]	59,5	145,4	488,0	85,6	90,3	140,1	291,2	310,6	771,6	571,8	668,7	786,7
Minimum [N]	51,5	123,7	412,9	74,3	66,0	104,9	200,5	225,6	447,5	304,3	624,1	612,5
Maximum [N]	70,5	239,7	535,8	96,7	97,9	213,0	590,0	351,7	1594,8	694,4	753,6	961,4
SD [N]	5,9	29,8	33,3	7,0	10,1	30,2	109,2	40,9	360,2	101,7	34,5	95,8

Abbildung 6-23: Mechanische Belastbarkeit der anfangsfesten Fügestellen im Vergleich – präferierter Parametersatz

Mechanical load capacity of the initially fixed joints in comparison – favourite parameter set

Durchsetzfügen mit Vorlochoperation

Die Abbildung 6-24 stellt exemplarisch je Belastungsrichtung einen Kraft-Verlängerungs-Verlauf, entnommen aus der in Abbildung 6-23 dokumentierten Prüfreihe, für das Fügeverfahren Durchsetzfügen mit Vorlochoperation dar.

Im Schälzugversuch kommt es zunächst zu einem elastischen Aufdehnen der L-förmigen Prüfkörpergeometrie, bevor der Durchsetzkopf unter einem hörbaren Klick-Geräusch aus der Verbindung gelöst wird. Alle untersuchten Prüfkörper wiesen im Schälzugversuch die identische Versagensart des „Entclipsens", also dem ruckartigen Lösen der anfangsfesten Fügestelle, auf. Das Fügeverfahren erträgt in X-Belastungsrichtung im Mittel Kräfte von 60 N, wobei die Streuung mit einer Standardabweichung von

5,9 N gering ist. Die Prüfkörper können händisch wieder gefügt werden, wobei im zweiten Schälzugversuch Haltekräfte von maximal 40 N erreicht werden. Die Schubzugproben weisen die maximale Verlängerung der Probengeometrie auf. Der Prüfkörper verdreht unter plastischer Aufbiegung der L-förmigen Schenkelgeometrie um die Fügeachse der Durchsetzung. Bei etwa 120–240 N kommt es zum Versagen der Fügestelle. Als Versagensarten können der vollständige Kopfabriss der Durchsetzung oder der Kopfeinriss identifiziert werden, wobei beide Versagensarten in etwa in der gleichen Häufigkeit auftreten. Proben mit einem vollständigen Kopfabriss weisen absolut höhere Haltekräfte auf. Analoge Versagensarten der Durchsetzfügungen sind im Scherzugversuch zu dokumentieren, wobei die häufigste Versagensart der Kopfabriss ist. Die Haltekräfte betragen ca. 410–530 N bei einer steifen Probengeometrie.

In den Belastungsrichtungen Y und Z werden Standardabweichungen von ca. 30 N ermittelt. Eine Wechselwirkung der Messwerte mit der tatsächlichen Fügestellendicke oder -breite kann statistisch nicht erkannt werden. Zusammenfassend kann der Prozess unter den gegebenen experimentellen Prozessrandbedingungen als stabil und reproduzierbar bewertet werden.

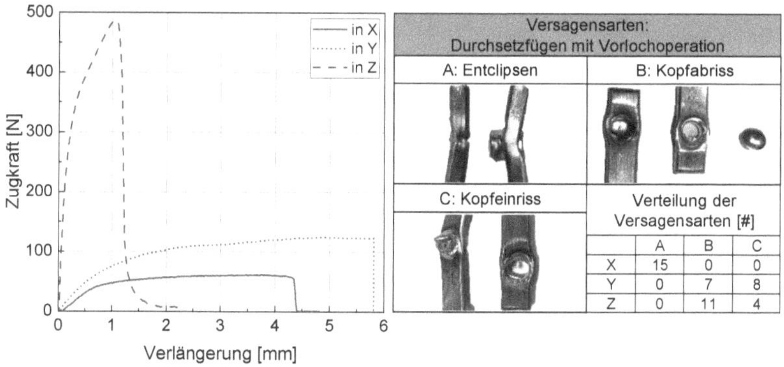

Abbildung 6-24: Durchsetzfügen mit Vorlochoperation: Exemplarische Kraft-Verlängerungs-Diagramme und Übersicht der Versagensarten inkl. Versagensartverteilung

Clinching with pre-hole operation: Exemplary force-extension diagrams and overview of failure modes incl. failure mode distribution

Umfließen

Die Abbildung 6-25 stellt exemplarisch je Belastungsrichtung einen Kraft-Verlängerungs-Verlauf, entnommen aus der in Abbildung 6-23 dokumentierten Prüfreihe, für das Fügeverfahren Umfließen dar.

Im Schälzugversuch ist das elastisch-plastische „Entclipsen" der Fügeverbindung durch Aufdehnen des außenliegenden Kupfermaterials zu beobachten. Alle Prüfkörper werden zunächst über die L-förmige Prüfkörpergeometrie aufgedehnt, bevor die Fügeverbindung unter einem wahrnehmbaren Klick-Geräusch versagt. Die mittlere Haltekraft in X-Richtung kann mit ca. 86 N mit einer Standardabweichung von 7 N ermittelt werden. Unter Schubbelastung wird die Fügverbindung unter Aufbiegen der L-förmigen Schenkelgeometrie aufgedehnt. Bei im Mittel 86 N versagt die Fügestelle, wobei das Minimum des Streubereichs mit 66 N unter die Anforderungsgrenze absinkt. Es kann die statistische Wechselwirkung erkannt werden, dass Haltekräfte unter 80 N ausschließlich bei Fügestellenbreiten B_F größer als 5,79 mm auftreten, siehe Abbildung 6-19. Eine weitere Prozessoptimierung und verbesserte Prozesskontrolle könnte die Streuung der Haltekraft vollständig in den Anforderungsbereich bringen. Bei Fügestellenbreiten B_F kleiner als 5,69 mm kann teilweise ein Einreißen des außenliegenden Kupferwerkstoffes als überlagerte Versagensart beobachtet werden, wie in Abbildung 6-25 dargestellt. Der Kraftverlauf unter Scherzugbelastung weist nach anfänglicher elastischer Dehnung einen Maximalkraftpunkt auf. An diesem Punkt wird die Fügeverbindung axial über den Fügestellenauslauf gedehnt. Ab diesem Zeit- und Wegpunkt wird die äußere Fügestellengeometrie in einem stochastischen Kraftverlauf über den Ausgangsdrahtquerschnitt geschleppt. Die Streuung der Haltekräfte in Z-Richtung ist beim Fügeverfahren des Umfließens im Vergleich relativ hoch. Eine Korrelation der Messwerte mit der Fügestellendicke oder -breite kann statistisch nicht erkannt werden.

Zusammenfassend kann der Prozess unter den gegebenen experimentellen Prozessrandbedingungen und Anforderungen als stabil und reproduzierbar bewertet werden.

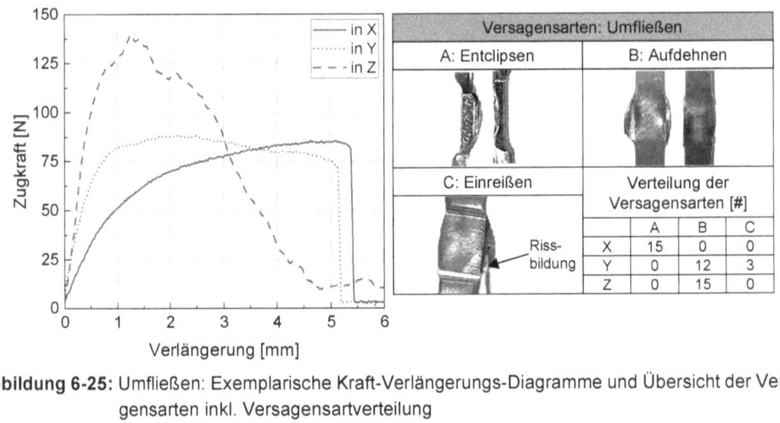

Abbildung 6-25: Umfließen: Exemplarische Kraft-Verlängerungs-Diagramme und Übersicht der Versagensarten inkl. Versagensartverteilung

Enclosing: Exemplary force-extension diagrams and overview of failure modes incl. failure mode distribution

Fügen mit Hülse

Die Abbildung 6-26 stellt exemplarisch je Belastungsrichtung einen Kraft-Verlängerungs-Verlauf, entnommen aus der in Abbildung 6-23 dokumentierten Prüfreihe, für das Fügen mit Hülse dar. Im Mittel werden durch eine 4 mm lange Fügehülse Haltekräfte in Höhe von ca. 340 N in X-Richtung, 290 N in Y-Richtung und 1100 N in Z-Richtung ertragen, wobei aufgrund variabler Versagensursachen eine Streuung der Messwerte erkennbar ist, siehe Abbildung 6-23.

Als Versagensarten können bei allen Belastungsrichtungen das Abstreifen und Einreißen der Fügehülse beobachtet werden. Absolut ist die Versagensursache des Abstreifens für eine Hülse mit 7 mm Durchmesser und 0,8 mm Wandstärke dominierend. Für reduzierte Wandstärken nimmt der Anteil eingerissener Fügehülsen aufgrund der geringeren Eigenfestigkeit des Zusatzelementes zu. Beim Abstreifen der Fügehülse wird durch die Zugbelastung die Haltekraft des kraftschlüssigen Fügemechanismus überschritten, sodass die Hülse unter Relativbewegung versetzt wird. Es können das einseitige und das beidseitige Abstreifen unterschieden werden, bei dem entweder nur ein Fügepartner oder beide Fügepartner aus der Fügehülse gezogen werden. Zudem kann der Abstreifvorgang kontinuierlich oder diskontinuierlich erfolgen. Beim kontinuierlichen Abstreifen rutscht die Hülse bei stetiger Kraftzunahme in Richtung der Fügestellenstirnfläche bis zum vollständigen Versagen der anfangsfesten Fügestelle ab, siehe Abbildung 6-26 (Kraftverlauf in Y-Richtung). Beim diskontinuierlichen Abstreifen rutscht die Hülse unter Belastung sprunghaft, sodass lokale Kraftmaxima erkennbar sind, siehe Abbildung 6-26 (Kraftverlauf in X-Richtung). Das Einreißen der Fügehülsen kann einseitig oder beidseitig sowie teilweise oder vollständig auftreten. Zudem tritt die Versagensart des Einreißens i. d. R. mit einer überlagerten Abstreifbewegung auf. Prüfkörper, die als Versagensart ein reines Abstreifen aufweisen, ertragen im Mittel in X-Richtung ca. 200 N, in Y-Richtung ca. 60 N und in Z-Richtung ca. 430 N weniger an Belastung als Prüfkörper mit Rissbildung in der Fügehülse.

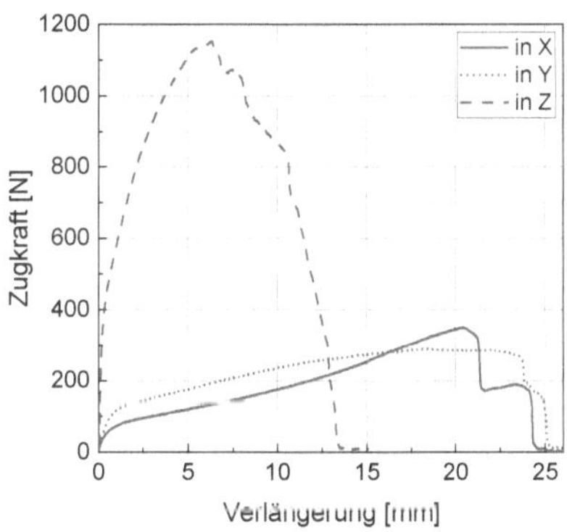

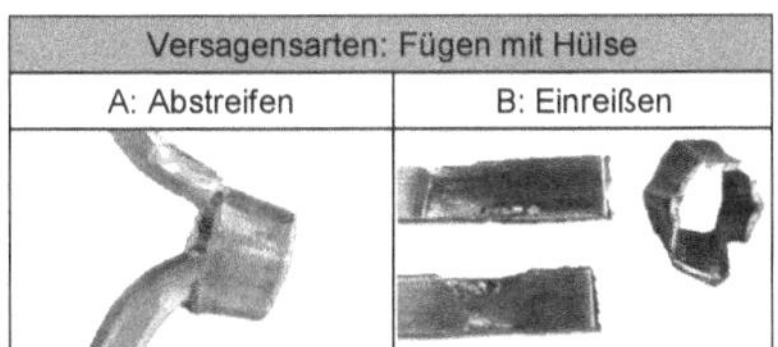

Verteilung der Versagensarten [#]

	A	B
X	13	2
Y	9	6
Z	12	3

Abbildung 6-26: Fügen mit Hülse: Exemplarische Kraft-Verlängerungs-Diagramme und Übersicht der Versagensarten inkl. Versagensartverteilung

Joining with Sleeve: Exemplary force-extension diagrams and overview of failure modes incl. failure mode distribution

Die Ursachen für die unterschiedlichen Versagensarten und Streubreiten der ertragbaren Haltekräfte beim Fügen mit Hülse können in den Toleranzen der Fügehülsenlänge sowie in weiteren Störeinflüssen erkannt werden. Die Fügehülsen wurden mechanisch abgelängt und wiesen eine Längentoleranz von ±0,5 mm auf. Es kann eine direkte Korrelation zwischen Hülsenlänge und Haltekraft erkannt werden. Mit zunehmender Hülsenlänge steigt die Haltekraft an. Zudem sind Rissbildungen nur bei

Fügehülsenlängen im unteren Toleranzbereich zu beobachten. Des Weiteren kann erkannt werden, dass ein Schneidgrat an den Fügehülsen zu einem Verkanten der Fügehülse mit dem Fügepartner führt und höhere Haltekräfte erzielt werden.

Im Vergleich zu den anfangsfesten Fügeverfahren ohne Zusatzelement können für die Fügestellen beim Fügen mit Hülse größere Streubreiten der ertragbaren Haltekräfte ermittelt werden. Da die ermittelten Haltekräfte die Anforderungen um ein Vielfaches übersteigen, kann die Fähigkeit des Fügeverfahrens bezogen auf die mechanische Belastbarkeit nachgewiesen werden. Für eine belastungsorientierte Auslegung der Fügestelle könnte die Hülsengeometrie bei Bedarf angepasst und dadurch Material am Zusatzelement eingespart werden.

Fügen durch Nieten

Die Abbildung 6-27 stellt exemplarisch je Belastungsrichtung einen Kraft-Verlängerungs-Verlauf, entnommen aus der in Abbildung 6-23 dokumentierten Prüfreihe, für das Fügen durch Nieten dar.

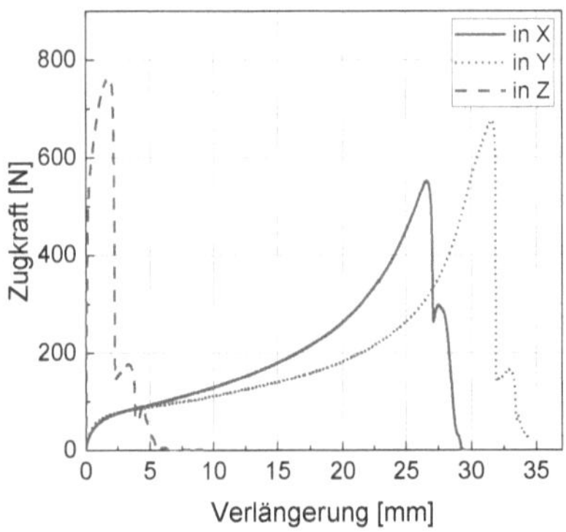

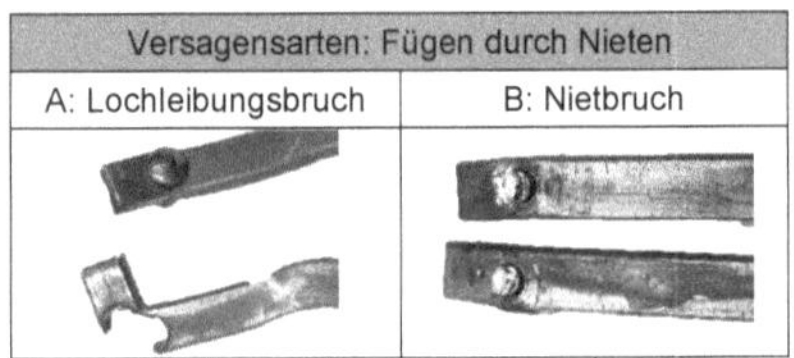

Verteilung der Versagensarten [#]		
	A	B
X	13	2
Y	15	0
Z	13	2

Abbildung 6-27: Fügen durch Nieten: Exemplarische Kraft-Verlängerungs-Diagramme und Übersicht der Versagensarten inkl. Versagensartverteilung

Riveting: Exemplary force-extension diagrams and overview of failure modes incl. failure mode distribution

In allen Belastungsrichtungen wird durch das Fügen durch Nieten eine mechanische Belastbarkeit der Fügestelle erzielt, die deutlich über dem Anforderungsniveau liegt. Die ertragbare Haltekraft in X-Richtung beträgt im Mittel ca. 570 N, in Y-Richtung 670 N und in Z-Richtung 800 N.

Im Schälzugversuch wird der Niet in Längsrichtung auf Zug belastet. Zunächst wird die L-förmige Prüfkörpergeometrie plastisch entlang der Zugachse gestreckt. Unter Dehnung des Nietes kommt es zum Versagen der Fügestelle. Die dominierende Versagensart ist der Lochleibungsbruch am Vorloch. Der Lochleibungsbruch tritt aufgrund der kegelförmigen Schließkopfgeometrie bevorzugt am schließkopfseitigen Fügepartner auf. Vereinzelt ist auch das Versagen der Setzkopfseite zu beobachten. Die Querschnittsfläche des Nietschaftes und die Restquerschnitte der Fügepartner sind in etwa identisch groß. Dies kann in zwei Prüffällen anhand des Versagens durch Bruch des Nietschaftes bestätigt werden. Die Standardabweichung der Haltekraft in X-Richtung beträgt ca. 100 N und kann beispielsweise auf die toleranzbehaftete Ausformung des Schließkopfes zurückgeführt werden. Im Rahmen einer Korrelationsanalyse lässt sich feststellen, dass mit steigendem Schließkopfaußendurchmesser die ertragbare Haltekraft in X-Richtung ansteigt. Einen weiteren Einfluss haben Positionsabweichungen des Vorlochs, welche die tragfähige Restquerschnittfläche im Fügepartner einseitig reduzieren.

Die Hauptbelastung im Schub- und Scherzugversuch ist die Scherung des Nietschaftes. Im Schubzugversuch biegt die Prüfkörpergeometrie unter Verdrehung der Fügepartner zunächst bis zur gestreckten Länge auf, bevor es unter Lochleibungsriss zum Versagen der Fügestelle kommt. Die Scherprüfkörpergeometrie weist die höchste Steifigkeit auf und versagt bereits nach kurzer Dehnung durch Bruch des Prüfkörpers an der Lochleibung oder durch Bruch des Nietes.

Im Kraft-Verlängerungs-Diagramm kann nach Eintritt des Probenbruches oftmals noch ein weiteres lokales Kraftmaximum erkannt werden. Dieses stellt die benötigte Kraft zum Herausschleppen des Nietschaftes aus der Fügestelle dar.

Im Vergleich zu den anfangsfesten Fügeverfahren ohne Zusatzelement können für die Fügestellen beim Fügen durch Nieten absolut höhere ertragbare Haltekräfte festgestellt werden, welche die Anforderungen um ein Vielfaches übersteigen. Damit kann die Fähigkeit des Fügeverfahrens, bezogen auf die mechanische Belastbarkeit, nachgewiesen werden. Für eine belastungsorientierte Auslegung der Fügestelle könnte diese kompakter ausgelegt werden.

6.3.2 Thermische Belastbarkeit der anfangsfesten Fügestelle

Thermal Load Capacity of the Initially Fixed Joint

Die vier anfangsfesten Fügesysteme wurden in dem in Kapitel 5.4.3 vorgestellten Versuchsaufbau einer thermischen Belastungsprüfung unterzogen. Je Fügeverfahren wurden fünf Proben unter einer Vorlast von ca. 100 N für fünf Minuten bei 460 °C gehalten. Die Proben weisen nach der Untersuchung äußerlich deutliche Veränderungen der Farbgebung (Anlauffarben) auf. Ein Versagen der Fügeverbindung konnte in keinem Fall beobachtet werden. Die Haltekraft der Fügeverbindung nach der thermischen Belastung liegt innerhalb des in Abschnitt 6.3.1 ermittelten Streubereiches. Für alle Fügesysteme wird damit die Qualitätsanforderung 3.3 – „Festigkeit im endfesten Fügeprozess“ – gemäß Anhang 4 erfüllt, sofern die Fügestelle im Kontaktierprozess die Rekristallisationstemperatur nicht signifikant überschreitet.

6.4 Kontaktierung der anfangsfest vorfixierten Fügestelle

Contacting the Initially Pre-Fixed Joint

Durch die anfangsfeste Fügetechnik sind veränderte Randbedingungen für das endfeste Kontaktieren wahrzunehmen. In diesem Kapitel werden die adaptierten

Prozessstrategien beim Laserschweißen dargestellt. Des Weiteren erfolgt die Beschreibung der geometrischen, mechanischen und elektrischen Kontaktstelleneigenschaften.

6.4.1 Prozessstrategien beim Laserschweißprozess

Process Strategies for the Laser Welding Process

Der in Abschnitt 5.3 vorgestellte Referenzparametersatz für das Laserkontaktieren ist nicht für anfangsfest gefügte Prüfkörper gültig. Nachfolgend werden die entwickelten adaptierten Prozessstrategien vorgestellt, siehe Abbildung 6-28.

	Referenzprobe	Durchsetzfügen	Umfließen	Fügen mit Hülse	Nieten

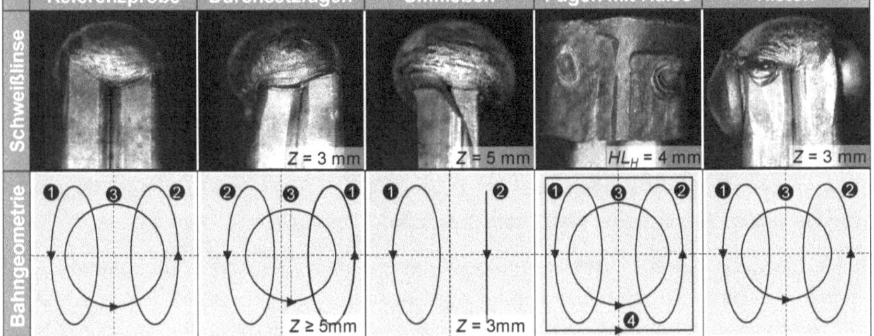

	Referenzprobe	Durchsetzfügen	Umfließen	Fügen mit Hülse	Nieten
Beschreibung Modifikationen	Referenzparametersatz	Z-Maß ≥ 5 mm • Verschiebung in X um 0,2 mm • Reduzierter Kreisdurchmesser Z-Maß = 3 mm • Identisch zu Z-Maß ≥ 5 mm • Erhöhte Schweißgeschwindigkeit • Final Quadrat mit Kantenlänge 3 mm	Z-Maß ≥ 7 mm • Asym.Schweißgeschwindigkeit Z-Maß = 5 mm • Referenzparametersatz Z-Maß = 3 mm • Innenliegender Fügepartner: kleinere Ellipsen • umfließender Fügepartner: Linie	Alle Konfigurationen • Finales Quadrat mit reduzierter Schweißgeschwindigkeit	Alle Konfigurationen • Erhöhte Schweißgeschwindigkeit • Reduzierter Kreisdurchmesser
Energieeintrag*	Referenzparametersatz • 131 J	Z-Maß ≥ 5 mm • 131 J Z-Maß = 3 mm • 118 J	Z-Maß ≥ 7 mm • 151 J Z-Maß = 5 mm • 131 J Z-Maß = 3 mm • 62 J	Alle Konfigurationen • 227 J	Alle Konfigurationen • 109 J

* basiert auf der Messung der emittierten Laserstrahlung an der Optik

Abbildung 6-28: Adaptierte Laserschweißstrategien für anfangsfest vorfixierte Kupferflachdrahtverbindungen im Parallelstoß

Adapted laser welding strategies for initially fixed copper flat wire connections in parallel joints

Durchsetzfügen mit Vorlochoperation

Beim Durchsetzfügen wird Kupfergrundmaterial vom stempelseitigen Fügepartner auf den matrizenseitigen Fügepartner durchgesetzt. Gravimetrisch betrachtet muss deswegen matrizenseitig mehr Grundmaterial erwärmt bzw. aufgeschmolzen werden. Zur Kompensation der Fügestellenasymmetrie wird das geometrische Zentrum der Schweißbahn um 0,2 mm in Richtung des matrizenseitigen Fügepartners verschoben. Zudem wird der Kreisbahndurchmesser und die Schweißgeschwindigkeit in der dritten Schweißphase geringfügig verkleinert, um einen zentrischen Energieeintrag und damit die Ausbildung einer kompakten Schweißlinse zu ermöglichen. Für Z-Maße ≥ 5 mm wird ein Energieeintrag von 131 J für das Laserkontaktieren aufgewendet. Bei einem Z-Maß von 3 mm kann ein partielles Aufschmelzen der anfangsfesten Fügestelle festgestellt werden. Das Schmelzbad fällt in Schweißphase 2 in die Leerstelle der Durchsetzung ein. Eine ergänzende quadratische Überfahrt der Fügestellenaußenkanten glättet die Außenkanten der Fügestelle und bildet eine Pilzkopfgeometrie der Schweißlinse aus. Des Weiteren hat sich eine Erhöhung der Schweißgeschwindigkeit als zuträglich erwiesen. Absolut wird in der Konfiguration mit einem Z-Abstand von 3 mm eine reduzierte Energie von 118 J eingebracht. Der Erhalt der Anfangsfestigkeit der Fügestelle im Kontaktierprozess kann für diesen Fügestellenabstand nicht garantiert werden. Schweißsequenzen für die Z-Maße 3 und 5 mm können der Abbildung 6-29 entnommen werden.

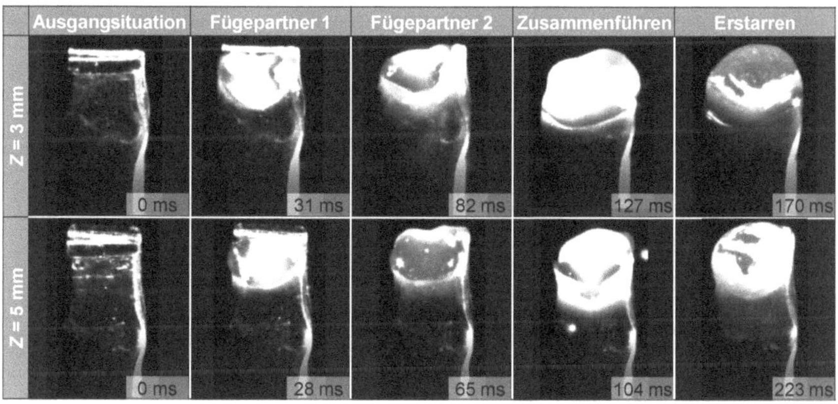

Abbildung 6-29: Prozesssequenzen im Laserstrahlschweißen von Kupferflachleitern im Parallelstoß – vorfixiert durch Durchsetzfügen mit Vorlochoperation (Hochgeschwindigkeitskamera)

Process sequences in laser beam welding of copper flat conductors in parallel joint - pre-fixed by clinching with pre-hole operation (high-speed camera)

Umfließen

Durch das Fügeverfahren des Umfließens wird in der mechanischen Fügezone eine Querschnittsreduktion des Leiterquerschnittes erzeugt, die zu einem asymmetrischen Wärmeaustrag aus der Fügestelle führt. Der Referenzparametersatz ist für die Fügestellenabstände von 5–10 mm allgemein gut geeignet. Für das Z-Maß 5 mm kann der Referenzparametersatz vollständig übernommen werden. Die anfangsfeste Fügestelle wird nicht oder nur peripher im Übergangsbereich aufgeschmolzen. Eine reduzierte Schweißgeschwindigkeit in den Phasen 1 und 2 zeigt für die Z-Abstände 7 und 10 mm einen zuträglichen Effekt. Die Schweißgeschwindigkeit auf dem innenliegenden Draht wurde stärker reduziert und so ein höherer Energieeintrag in diesen Leiter erreicht. Der Gesamtenergieeintrag in dieser Konfiguration beträgt 151 J.

Aufgrund der Fügestellenlänge beim Umfließen von mehr als 6 mm wird bei einem Z-Maß von 3 mm direkt im Fügestellenauslauf laserkontaktiert. Dies erfordert eine vollständig angepasste Schweißstrategie. In Phase 1 wird das Schmelzbad auf dem innenliegenden Leiter mit einer verkleinerten Ellipse erzeugt. In Phase 2 wird der außenliegende Leiter mit einer Linienkontur aufgeschmolzen und die Einschweißtiefe generiert. Ein Zusammenführen der Schmelze ist nicht erforderlich. Durch die Ellipsengröße und die Länge der Linienkontur kann das Schmelzbad geometrisch auf den Fügestellenkern beschränkt werden. Die mechanische Fügestellenkontur bleibt weitestgehend erhalten. Für den reduzierten Fügestellenabstand von 3 mm wird der notwendige Energieeintrag in die Fügestelle auf 62 J reduziert. Der Erhalt der Anfangsfestigkeit der Fügestelle im Kontaktierprozess kann im Rahmen der durchgeführten Stichprobe bestätigt werden. Schweißsequenzen für die Z-Maße 3 und 5 mm können der Abbildung 6-30 entnommen werden.

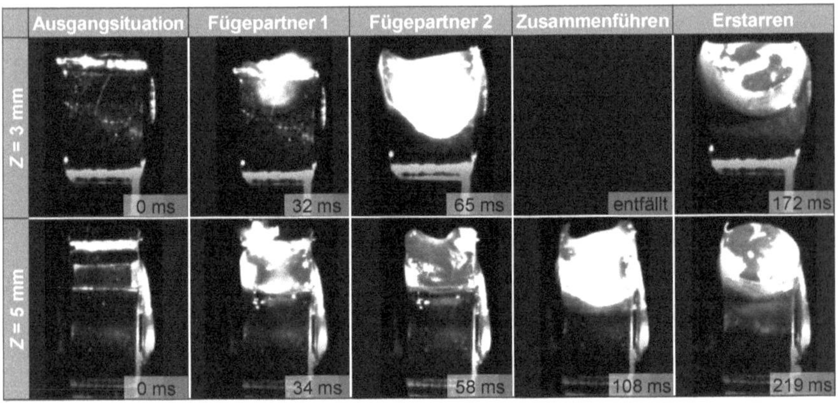

Abbildung 6-30: Prozesssequenzen im Laserstrahlschweißen von Kupferflachleitern im Parallelstoß – vorfixiert durch Umfließen (Hochgeschwindigkeitskamera)

Process sequences in laser beam welding of copper flat conductors in parallel joint - pre-fixed by enclosing (high-speed camera)

Fügen mit Hülse

Durch die Fügehülse wird zusätzliches Grundmaterial in die Fügezone eingebracht. Die Verträglichkeit der Grundwerkstoffe kann bestätigt werden. Da nur Fügehülsen betrachtet wurden, die bündig mit der Fügestellenstirnfläche abschließen, befindet sich die Fügehülse in jeder Konfiguration innerhalb der Schmelzzone. Dies erfordert zur Ausbildung eines homogenen Schmelzbades und zur Erreichung ausreichender Einschweißtiefen einen erhöhten Energieeintrag in die Fügestelle. Der Referenzparametersatz wird übernommen und durch eine nachgelagerte Quadratkontur mit verringerter Schweißgeschwindigkeit entlang der Randzonen der Fügestelle ergänzt. Die Quadratkontur verläuft dabei auf der Stirnfläche der Fügepartner, um einen Strahldurchgang durch die Leerstellen der Fügestelle auszuschließen. In den ersten drei Schweißphasen wird ein Schmelzbad innerhalb der Hülsenkavität ausgebildet. In der vierten Prozessphase erfolgt das An- und Aufschmelzen der Fügehülse indirekt über Wärmeleitung. Die adaptierte Schweißstrategie bringt eine Energie von ca. 227 J in die Fügestelle ein und ist für alle untersuchten Fügehülsenlängen von 2–6 mm anwendbar.

Für das Kontaktierverfahren kann in der Randfaser eine Einschweißtiefe von ca. 2 mm erfasst werden. Das vollständige Aufschmelzen einer 2 mm langen Fügehülse kann nicht prozesssicher ausgeschlossen werden. Der Erhalt der Anfangsfestigkeit der Fügestelle im Kontaktierprozess kann demnach erst ab einer Hülsenlänge von 4 mm bestätigt werden. Schweißsequenzen für die Hülsenlängen 2 und 4 mm können der Abbildung 6-31 entnommen werden.

Abbildung 6-31: Prozesssequenzen im Laserstrahlschweißen von Kupferflachleitern im Parallelstoß – vorfixiert mit Hülse (Hochgeschwindigkeitskamera)

Process sequences in laser beam welding of copper flat conductors in parallel joint - pre-fixed by sleeve (high-speed camera)

Fügen durch Nieten

Das Zusatzelement beim Fügen durch Nieten besteht aus dem Werkstoff CuNiSi. Diese ausscheidungsverfestigte Kupferlegierung eignet sich aufgrund ihrer erhöhten Festigkeit für den Einsatz in mechanisch beanspruchten Bauteilen. Die Schweißeignung des Materials ist im Allgemeinen gegeben.[508] Nichtsdestotrotz neigen Kupfer und Kupferlegierungen im Schmelzschweißprozess zu verschiedenen Arten der Porenbildung. Diese entstehen beispielsweise, wenn Verbindungen in der Legierung

---

[508] Vgl. Deutsches Kupferinstitut Berufsverband (CuNi1Si) 2005.

verdampfen und Gasblasen ausbilden, die beim Erstarren des Schmelzbades „eingefroren“ werden.[509] Eine verstärkte Porenbildung und unvollständige Entgasung ist auch in den Schweißversuchen der betrachteten Materialkombination zu erkennen und betrifft vorrangig die Nietabstände 3 und 5 mm. Aufgrund der erhöhten Schmelzbaddynamik wurde der Energieeintrag in die Fügestelle durch Erhöhung der Schweißgeschwindigkeit und Reduzierung des Kreisdurchmessers in der dritten Phase auf 109 J reduziert. Mit dieser angepassten Schweißstrategie können Prüfkörper mit den Z-Abständen 3, 5 und 7 mm erfolgreich kontaktiert werden, wobei ein teilweises Anschmelzen des Zusatzelementes nur bei einem Z-Maß von 3 mm beobachtet wird. Ein vollständiges Aufschmelzen des Nietes unter Verlust der Anfangsfestigkeit wird in keinem Fall festgestellt. Schweißsequenzen für die Z-Maße 3 und 5 mm können der Abbildung 6-32 entnommen werden.

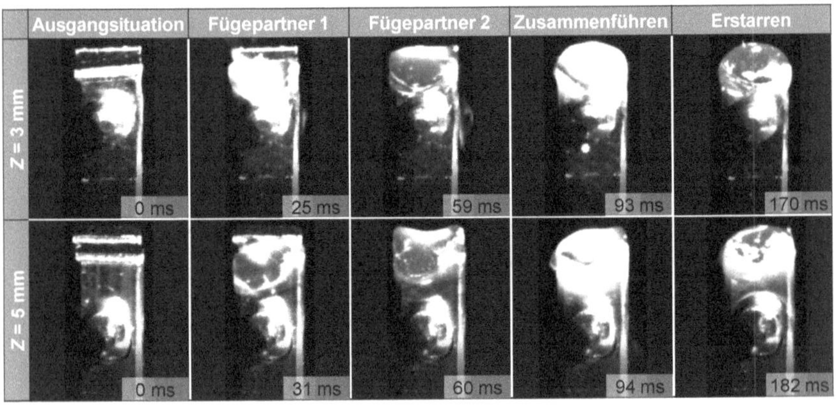

Abbildung 6-32: Prozesssequenzen im Laserstrahlschweißen von Kupferflachleitern im Parallelstoß – vorfixiert durch Nieten (Hochgeschwindigkeitskamera)

Process sequences in laser beam welding of copper flat conductors in parallel joint - pre-fixed by riveting (high-speed camera)

6.4.2 Geometrische Eigenschaften und Anbindung des leitfähigen Drahtquerschnittes

Geometric Properties and Connection of the Conductive Wire Cross-Section

Die äußerliche Erscheinungsform der endfesten Fügestelle ändert sich bedingt durch die Art und Position der anfangsfesten Fügestelle. An einer Referenzfügestelle ohne anfangsfester Fügetechnik bildet sich eine nahezu symmetrische Schweißlinse in Pilzkopfform aus, siehe Abbildung 6-33 (Referenz). Es kann ein minimaler Überhang der Schweißlinse über den Ausgangsdrahtquerschnitt erkannt werden. Der stirnseitige

[509] Vgl. Lindström (Defect Formation and Mitigation During Laser Powder Bed Fusion of Copper) 2021, S. 16ff.

Vergleichsquerschnitt A_S der Schweißlinse errechnet sich als projizierte Ellipsenfläche aus den Achsenlängen der Schweißlinsendicke D_S und der Schweißlinsenbreite B_S. Für die Referenzfügestelle ergibt sich A_S im Mittel zu 14,8 mm². Die zugrundeliegenden Ergebniswerte für D_S und B_S können dem Anhang 9 entnommen werden.

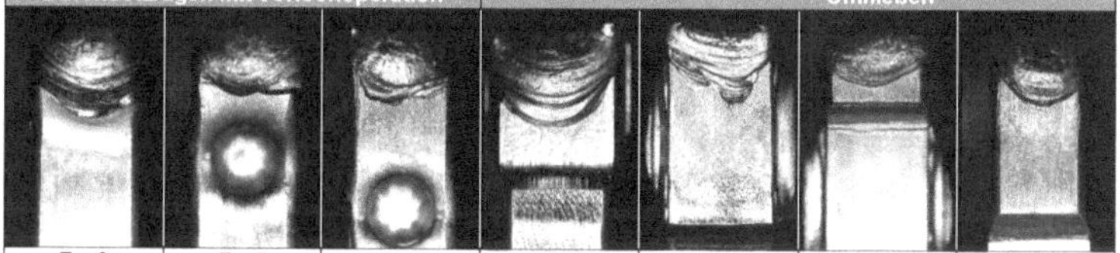

	Durchsetzfügen mit Vorlochoperation			Umfließen			
	$Z = 3$	$Z = 5$	$Z = 7$	$Z = 3$	$Z = 5$	$Z = 7$	$Z = 10$
	Projizierter elliptischer Schweißlinsenquerschnitt A_S in mm²						
Probenanzahl	30	30	30	30	30	30	30
arithm. Mittel	18,1	15,5	14,4	15,0	14,4	15,5	15,3
Median	18,1	15,6	14,3	15,4	14,3	15,4	15,0
Minimum	17,0	14,1	13,5	12,3	12,2	14,9	14,0
Maximum	19,8	16,4	15,2	16,9	16,6	16,4	16,8
SD	0,74	0,60	0,58	1,17	1,15	0,48	1,09

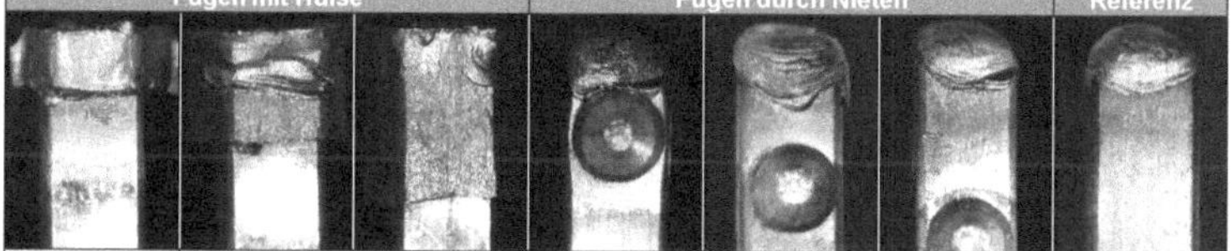

	Fügen mit Hülse			Fügen durch Nieten			Referenz
	$HL_H = 2$	$HL_H = 4$	$HL_H = 6$	$Z = 3$	$Z = 5$	$Z = 7$	$Z = 0$
	Projizierter elliptischer Schweißlinsenquerschnitt A_S in mm²						
Probenanzahl	30	30	30	30	30	30	30
arithm. Mittel	29,2	28,2	28,3	14,8	14,7	14,7	14,8
Median	29,2	28,2	28,3	14,7	14,7	15,0	15,0
Minimum	25,6	27,7	27,5	12,8	13,6	13,2	11,9
Maximum	30,6	28,8	29,2	16,5	16,0	15,6	16,5
SD	0,75	0,32	0,59	0,79	0,57	0,85	0,91

Abbildung 6-33: Vergleich der Schweißlinsengeometrie anfangsfest gefügter Proben nach dem Laserkontaktieren

Comparison of the weld seam geometry of initially joined samples after laser contacting

Beim Durchsetzfügen mit Vorlochoperation im Z-Abstand von 3 mm schließt die Schweißlinse den anfangsfesten Fügebereich teilweise ein. Die Schweißlinse prägt im Mittel eine leicht vergrößerte projizierte Querschnittsfläche von etwa 18,1 mm² aus. Die Schweißlinse ist weiterhin symmetrisch. Für das Umfließen kann bei den Z-Maßen 3 mm und 5 mm ein Einfluss auf die Schweißlinsengeometrie beobachtet werden. Die Schweißlinse erstreckt sich entlang der Verbreiterung Fügestellen und weist eine geringere Dicke auf, siehe Abbildung 6-33 (Umfließen). Die Schweißlinsenbreite übersteigt die anfangsfeste Fügestellenbreite nicht. Im Mittel wird eine projizierte Querschnittsfläche von ca. 14,4–15,0 mm² ermittelt.

Das Zusatzelement beim Fügen mit Hülse wird stirnseitig mit der Fügestelle ausgerichtet. Im Laserkontaktierprozess wird das Schmelzbad innerhalb der Hülse ausgebildet. Die äußere Erscheinungsform der Schweißstelle nach dem Kontaktierprozess entspricht weitestgehend der Ausgangserscheinungsform nach dem anfangsfesten Fügen. Vereinzelt sind Schmelzeausflüsse oder Durchbrände zu beobachten, die eine weitere Aufdickung der Kontaktstelle verursachen. Beim Nieten dehnt sich das Schmelzbad bei einem Z-Abstand von 3 mm bis zum Zusatzelement aus. Nichtsdestotrotz bilden alle Nietproben ähnliche projizierten Querschnittsflächen der Schweißlinse von ca. 14,7 mm² aus. Der Einfluss auf die äußere Erscheinungsform der Schweißlinse wird als gering erkannt. Die geometrische Ausdehnung der anfangsfesten Fügestelle bleibt vollständig erhalten.

Die Abbildung 6-34 stellt beispielhaft Schliffbilder[510] entlang des Fügespaltes für alle untersuchten Fügeverfahren dar. Je Fügeverfahren und Z-Maß wurden fünf Proben untersucht. Gemäß der Anforderung 3.6, siehe Anhang 4, ist ein Anbindungsquerschnitt größer oder gleich des einfachen Drahtquerschnittes von 7,79 mm² wünschenswert. Sowohl für die Referenzfügestelle als auch für die anfangsfest vorfixierten Fügestellen sind Anbindungsquerschnitte von 120–165 % des Ausgangsdrahtquerschnittes feststellbar. Fehlflächen, z. B. Poren, wurden bei dieser Betrachtung nicht subtrahiert. Auch nach Abzug der Fehlflächen wird der Mindestanbindungsquerschnitt nicht unterschritten. Die Einschweißtiefe beträgt in der untersuchten Ebene 2,5–4,5 mm. Der Anforderung 3.6 wird damit für alle anfangsfesten Fügeverfahren entsprochen werden.

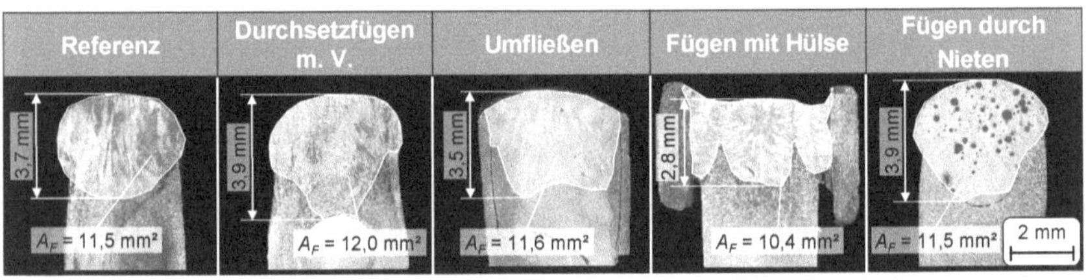

Abbildung 6-34: Einschweißtiefe und Anbindungsquerschnitt anfangsfest gefügter Fügeproben nach dem Laserkontaktieren

Welding depth and bonding cross-section of initially fixed joints after laser contacting

Die Beurteilung der Fehlstellen innerhalb der Schweißlinse erfolgt mittels Computertomographietechnik mit integrierter Porenanalyse. Untersucht wurden die Probenkonfigurationen, bei denen in der Schweißlinsenanalyse eine direkte Interaktion des endfesten Fügens mit der anfangsfesten Fügestelle erkannt werden konnte. Poren in der Schweißstelle werden ab einer Größe von 16 Voxel detektiert, wobei die Voxelauflösung $1{,}36 \times 10^{-6}$ bis $1{,}77 \times 10^{-6}$ mm³ beträgt. Die Porenanalyse wird als qualitatives Analysemedium verwendet und dementsprechend eine Stichprobengröße von eins gewählt. Die Ergebnisse können der Abbildung 6-35 entnommen werden.

---

510 Probenpräparation durch Makroschliff und Ätzen.

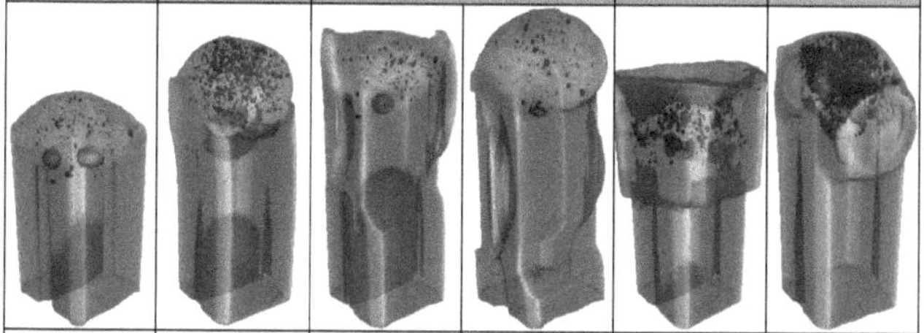

	Referenz	Durchsetzfügen m. V	Umfließen		Fügen mit Hülse	Fügen durch Nieten
	$Z = 0$	$Z = 3$	$Z = 3$	$Z = 5$	$HL_H = 4$	$Z = 3$
Voxelgröße [mm³]	$1{,}36 \times 10^{-6}$	$1{,}77 \times 10^{-6}$	$1{,}76 \times 10^{-6}$	$1{,}73 \times 10^{-6}$	$1{,}76 \times 10^{-6}$	$1{,}75 \times 10^{-6}$
Porenanzahl	178	826	135	97	446	1073
Max. Porenvolumen [mm³]	0,28	0,01	0,25	0,09	0,34	0,11
Ø Porenvolumen [mm³]	$3{,}4 \times 10^{-3}$	$4{,}6 \times 10^{-4}$	$2{,}3 \times 10^{-3}$	$1{,}3 \times 10^{-3}$	$1{,}8 \times 10^{-3}$	$1{,}6 \times 10^{-3}$
Σ Porenvolumen [mm³]	0,60	0,38	0,31	0,13	0,82	1,74
Σ Porenoberfläche [mm²]	8,7	23,1	6,4	3,7	22,9	63,5

Detektionsgrenze: 16 Voxel

Abbildung 6-35: Porenanalyse anfangsfest gefügter Fügeproben nach dem Laserkontaktieren - Computertomografie

Pore analysis of initially *fixed joints after laser contacting - computed tomography*

Eine Porenbildung kann bei allen Schweißproben einschließlich der unbeeinflussten Referenzprobe erkannt werden und ist auf physikalische Effekte im Schweißprozess zurückzuführen.[511] Das geringste Maß an Porenbildung kann qualitativ bei den Schweißproben festgestellt werden, die durch Umfließen vorfixiert wurden. Die in Abschnitt 6.4.1 identifizierte Schmelzbaddynamik und die daraus resultierende erhöhte Porenbildung durch das Zusatzelement Niet kann durch die CT-Analyse bestätigt werden. Die untersuchte Nietprobe mit einem Z-Maß von 3 mm zeigt eine sehr feinporige Schweißlinsenstruktur mit einem Gesamtfehlstellenvolumen von 1,74 mm³. Das Porenvolumen der weiteren anfangsfest vorfixierten Schweißproben ist mit unter einem Kubikmillimeter zu quantifizieren. Ein erhöhtes feinporiges Fehlstellenvorkommen kann des Weiteren beim Durchsetzfügen mit Vorlochoperation und beim Fügen mit Hülse festgestellt werden, was sich ebenfalls in einer höheren Gesamtporenoberfläche ausdrückt.

Es ist anzunehmen, dass eine erhöhte Porenbildung, bezogen auf das Porenvolumen und die Porenoberfläche, einen Einfluss auf die Fügestellenfestigkeit und die Leitfähigkeit der Kontaktstelle hat.

---

511 Vgl. Lindström (Defect Formation and Mitigation During Laser Powder Bed Fusion of Copper) 2021, S. 16ff.

6.4.3 Mechanische Belastbarkeit nach dem stoffschlüssigen Fügen

Mechanical Load Capacity after Welding

Die mechanische Belastbarkeit der anfangsfest vorfixierten Fügestellen nach dem Laserstrahlschweißen wird anhand der Haltekräfte im Zugversuch ermittelt. Entsprechend der in Abschnitt 5.4.2 vorgestellten Prüfmethode werden die Prüfkörper im Schäl- und im Schubzugversuch untersucht. Die Untersuchung erfolgt an je 15 Prüfkörpern, gefügt mit den in Kapitel 6.1 identifizierten präferierten Parametersätzen, je Fügeverfahren und Belastungsrichtung.

Für die Referenzfügestelle werden ertragbare Haltekräfte von ca. 630 N in der Schälzugbelastung und ca. 370 N in der Schubzugbelastung ermittelt. Als Versagensarten kann der Bruch der Schweißnaht oder der Bruch eines Fügepartners in der WEZ beobachtet werden. Die Abbildung 6-36 stellt die Ergebnisse der Zugversuche vergleichend für die unterschiedlichen anfangsfesten Fügeverfahren mit Variation des Z-Abstandsmaßes bzw. der Hülsenlänge grafisch dar.

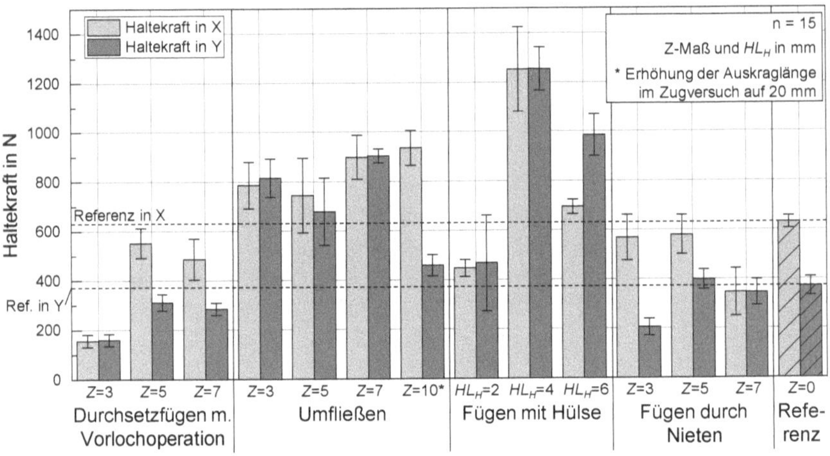

Abbildung 6-36: Mechanische Belastbarkeit der anfangsfest vorfixierten Fügestellen nach dem Laserstahlschweißen im Vergleich – Variation des Z-Maßes

Mechanical load capacity of the initially fixed pre-fixed joints after laser welding in comparison - variation of the Z-distance

Für das Durchsetzfügen mit Vorlochoperation kann gegenüber der Referenz eine reduzierte Fügestellenfestigkeit erkannt werden. Für ein Z-Maß von 3 mm erstreckt sich die Schweißlinse in die anfangsfeste Fügestelle. Die ertragbaren Haltekräfte der Verbindung betragen in X- und Y-Belastungsrichtung im Mittel ca. 160 N. Als Versagensart wird der Bruch in der Übergangszone zwischen mechanischer und stoffschlüssiger Verbindung bestimmt. Ein reduzierter Bruchflächenquerschnitt ist zu erkennen, welcher auf den mechanisch reduzierten Fügestellenquerschnitt zurückzuführen ist. Ein weiterer Einfluss kann in der feinporigen Fehlstellenstruktur der Fügestelle erkannt werden. Für die Stirnflächenabstände 5 und 7 mm ergeben sich ertragbare Haltekräfte von ca. 500 N in X-Richtung und 320 N in Y-Richtung. Damit liegen die Haltkräfte geringfügig unterhalb des Streubereiches der Referenzfügestelle. Die mechanische Fügestelleneigenschaft kann hinsichtlich der im Stator auftretenden Belastungsarten als hinreichend beurteilt werden. Die Proben versagen bevorzugt durch Lochleibungsbruch der mechanischen Fügestelle, wenn auch vereinzelt Brüche der Schweißlinse zu dokumentieren sind.

Für das anfangsfeste Fügeverfahren des Umfließens werden hinsichtlich der mechanischen Belastbarkeit nach dem Laserkontaktieren durchgehend hinreichende Fügestelleneigenschaften ermittelt. Die ertragbaren Haltekräfte im Schälzugversuch liegen innerhalb oder oberhalb des Streubereiches der Referenzfügestelle. Für die Belastung im Schubzugversuch können im Vergleich zur Referenzfügestelle signifikant höhere Haltekräfte ermittelt werden. Die erhöhte Fügestellenfestigkeit kann in der hybriden und überlagerten Fixierung aus anfangsfester und endfester Fügestelle und der erhöhten Fügestellenbreite begründet werden. Bei Stirnflächenabständen von 3 und 5 mm dehnt sich die Schweißlinse in den mechanischen Fügestellenbereich aus. Die Fügeproben versagen durch Bruch am Schweißlinsenauslauf oder in der Schweißlinse. Bei größeren Stirnflächenabständen wird zunehmend der Schweißlinsenbruch beobachtet. Auffällig ist der sprunghafte Abfall der Haltekraft in Y-Richtung bei einem Z-Maß von 10 mm. Diese Auffälligkeit kann auf einen veränderten Lastfall zurückgeführt werden, da bauraumbedingt die Auskraglänge der Fügestelle im Zugversuch auf 20 mm erhöht wurde.

Die ertragbaren Haltekräfte für endfest gefügte Fügestellen mit Hülsen der Längen 2 und 4 mm erreichen in beiden untersuchten Belastungsrichtungen ähnliche Größenordnungen. Die absolute Festigkeit der Fügestelle wird durch das Laserkontaktieren erhöht. Als Versagensart ist bevorzugt der kombinierte Bruch von Schweißlinse und Fügehülse zu beobachten. Vereinzelt kommt es zum Versagen des Flachdrahtes. Für eine Fügehülsenlänge von 2 mm werden Haltekräfte in X- und Y-Richtung von jeweils ca. 450 N gemessen, die hinsichtlich der mechanischen Belastbarkeit als hinreichend angenommen werden. Bei einer Hülsenlänge von 4 mm ist eine starke Erhöhung der mittleren Haltekraft auf über 1250 N feststellbar. Für eine Hülsenlänge von 6 mm ist bei identischen Schweißparametern wieder ein Abfall der Fügestellenfestigkeit zu erkennen, der z. B. aufgrund des erhöhten Fügestellenvolumens auf eine verschlechterte stoffschlüssige Anbindung hindeutet. Nichtsdestotrotz kann die ausreichende mechanische Belastbarkeit nach dem Laserkontaktieren für alle Fügeproben mit Hülse bestätigt werden.

Der Einfluss des Nietes auf die Schmelzbaddynamik und die erhöhte Neigung der Schweißlinse zur Porenbildung wurden bereits in den vorangegangenen Kapiteln erkannt und analysiert. Die Ergebnisse der Zugversuche bestätigen den Festigkeitsabfall nach dem stoffschlüssigen Fügen. Eine verstärkte Porenbildung kann bei allen Z-Maßen in der Bruchfläche beobachtet werden. Als Versagensursachen treten der Lochleibungsbruch oder der Bruch der Schweißnaht nach dem Abstreifen des Nietkopfes auf. Die ertragbaren Haltekräfte liegen mit ca. 350–580 N in der Größenordnung der anfangsfesten Fügemethode des Durchsetzfügens mit Z-Maßen von 5 und 7 mm. Lediglich für einem Nietabstand von 3 mm reduziert sich die Haltekraft im Schubzugversuch auf ca. 200 N. In der betrachteten Werkstoffkombination kann die hinreichende mechanische Belastbarkeit für das anfangsfeste Fügen durch Nieten nur bedingt bestätigt werden. Aufgrund der verstärkten Materialwechselwirkungen ist ein Z-Maß von 3 mm in der vorliegenden Materialkombination nicht praktikabel.

6.4.4 Kontaktwiderstände nach dem stoffschlüssigen Fügen

Contact Resistances after Welding

Die Abbildung 6-37 stellt die ermittelten Kontaktstellenwiderstände der anfangsfest vorfixierten und anschließend endfest laserkontaktierten Fügestellen dar. Die Kontaktstellenwiderstände wurden mit dem in Kapitel 5.4.4 vorgestellten Messverfahren ermittelt. Je Parametersatz werden fünf Prüfkörper untersucht.

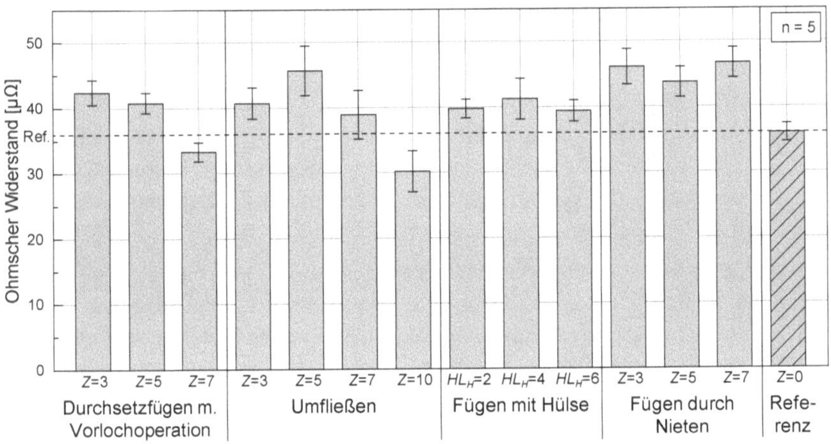

Abbildung 6-37: Kontaktstellenwiderstände der anfangsfest vorfixierten Fügestellen nach dem Laserstahlschweißen im Vergleich – Variation des Z-Maßes

Contact resistances of the initially fixed pre-fixed joints after laser welding in comparison - variation of the Z-distance

Für die Referenzfügestelle wird der Vergleichswiderstand zu ca. 36 µΩ bestimmt. Die Messwerte für die anfangsfest vorfixierten Fügestellen nach dem Laserstrahlschweißen liegen in einem Bereich von 30–46 µΩ. Die anfangsfesten Fügeverfahren beeinflussen die Fügestelle je nach Art und Ausprägung der Vorfixierung durch Widerstanderhöhungen oder -absenkungen. Die absolute Widerstandsänderung ist in einem Toleranzbereich zu verorten, welcher für die Funktionalität des Elektromotors als unkritisch einzuordnen ist, vergleiche Abschnitt 4.1.3.

Für das Durchsetzfügen mit Vorlochoperation kann mit Zunahme des Z-Abstandes eine leichte Abnahme des Widerstandes pro Strecke festgestellt werden. Bereits eine nur anfangsfest gefügte Fügestelle weist eine gute Kontaktierung auf. Der Kontaktwiderstand kann bei einem Z-Maß von 3 mm zu etwa 40 µΩ bestimmt werden, ähnlich den ermittelten Widerständen nach dem stoffschlüssigen Kontaktieren. KALICH ET AL. beschreiben u. A. die Kontaktierungseigenschaften des Durchsetzfügens für elektrische Leiter aus Cu-ETP. Demnach kann die Kontaktierung vor dem endfesten Fügen auf das Phänomen der lokalen Kaltverschweißung beim Durchsetzfügen zurückgeführt werden.[512,513]

Bei einem Z-Maß von 3 mm überlappen anfangsfeste und endfeste Fügestelle. Der Zugversuch zeigt, dass der trag- und leitfähige Querschnitt der Fügestelle gegenüber der Referenzfügestelle reduziert ist. Der Widerstand pro Strecke nimmt leicht zu. Ab einem Z-Maß von 5 mm bleibt die anfangsfeste Fügestelle vollständig intakt und der Stromfluss erfolgt sowohl über die anfangsfeste als auch die endfeste Kontaktierung. Der Widerstand nimmt dementsprechend ab. Aufgrund der bei steigendem Z-Maß kürzer werdenden Distanz zwischen der Durchsetzfügung und den externen Kontaktierungspunkten der Messvorrichtung verringert sich die stromdurchflossene Leiterlänge. Bei einem Z-Maß von 7 mm kann der Kontaktstellenwiderstand über die gesamte Messtelle zu etwa 33 µΩ ermittelt werden.

Ein analoges Verhalten kann beim anfangsfesten Fügen durch Umfließen festgestellt werden. Für eine nur anfangsfest gefügte Fügestelle kann der Kontaktstellenwiderstand bei einem Z-Maß von 3 mm zu etwa 46 µΩ bestimmt werden. Die Widerstände nach dem stoffschlüssigen Kontaktieren betragen 30–45 µΩ. Auch hier ist mit zunehmendem Z-Abstand eine Reduktion des Widerstandes erkennbar, wobei für Z-Maße von 3–7 mm aufgrund der Streubreite der Messwerte kein statistisch signifikanter Unterschied nachweisbar ist.

Trotz der Querschnittsreduktion im Bereich der Fügestelle, die bei den mechanischen Fügeverfahren ohne Zusatzelement eintritt, können durch die oben beschrieben Effekte im Vergleich zur Referenzfügestelle die gleichen oder sogar geringere Kontaktstellenwiderstände erzielt werden.

Durch das Fügen mit Hülse wird im reinen anfangsfesten Fügen nur eine eingeschränkte Kontaktierung der Fügepartner erreicht. Als Kontaktstellenwiderstand können Werte von 90–160 µΩ bestimmt werden. Die messbaren Widerstände nach dem stoffschlüssigen Fügen liegen in einem Bereich um 40 µΩ und damit geringfügig über den Referenzwerten. Ein Einfluss der Fügehülsenlänge kann nicht erkannt werden. In Abschnitt 6.4.2 wurde für das Fügen mit Hülse, im Vergleich zu den anderen Fügeverfahren, eine reduzierte Einschweißtiefe festgestellt, welche ursächlich für den leicht erhöhten Fügestellenwiderstand ist.

---

[512] Vgl. Kalich et al. (Clinchen von Kupferwerkstoffen zur Kontaktierung elektrischer Leiter) 2019.
[513] Vgl. Koch (Untersuchungen zum lokalen- und belastungsrichtungsabhängigen Stoffschluss) 2022.

Die höchsten Kontaktstellenwiderstände nach dem Laserstrahlschweißen können mit etwa 45 µΩ für das anfangsfeste Fügen durch Nieten bestimmt werden. Die Ursache liegt in der stark porenbehafteten Schweißlinse, der Querschnittsreduktion durch die Vorlochoperation und der nicht signifikant leitfähigen Anbindung des Nietes.

6.5 Zwischenfazit

Intermediate Conclusion

Die allgemeine Umsetzbarkeit eines spannvorrichtungslosen, anfangsfesten Fügeverfahrens für das Vorfixieren von Kupferflachleitern vor dem endfesten Laserkontaktieren kann bestätigt werden. Hierfür wurden für die vier konzeptionierten Technologieansätze geeignete Prozessparameter entwickelt und die charakteristischen Fügestelleneigenschaften am Beispiel der Referenzprüfkörpergeometrie analysiert. Eine objektivierte Bewertung der Technologieansätze hinsichtlich der im Anhang 4 festgelegten Qualitätsanforderungen ist der Tabelle 6-9 zu entnehmen. Erklärungen zum Bewertungsschema sind im Anhang 8 ergänzt. Alle Kriterien sind gleichgewichtet.

Tabelle 6-9: Bewertung der anfangsfesten Fügetechnologien hinsichtlich ihrer Anforderungserfüllung

Evaluation of the initial joining technologies with regard to their fulfilment of requirements

Nr.	Bewertungskriterium	Durchsetzfügen m. V			Umfließen				Fügen m. Hülse			Fügen d. Nieten		
		$Z = 3$ mm	$Z = 5$ mm	$Z = 7$ mm	$Z = 3$ mm	$Z = 5$ mm	$Z = 7$ mm	$Z = 10$ mm	$HL_H = 2$ mm	$HL_H = 4$ mm	$HL_H = 6$ mm	$Z = 3$ mm	$Z = 5$ mm	$Z = 7$ mm
1	Festigkeit der anfangsfesten Fügestelle (X/Y)	+			o				++			++		
2	Festigkeit der anfangsfesten Fügestelle (Z)	++			+				++			++		
3	Festigkeit im endfesten Fügeprozess	o	+	+	o	+	+	+	--	+	+	+	+	+
4	Festigkeit der endfesten Fügestelle	--	o	o	++	++	++	+	o	++	+	-	o	-
5	Nullspalt	+			+				+			o		
6	Querschnittsänderung im anfangsfesten Fügen	-			+				+			-		
7	Querschnittsänderung im endfesten Fügen	+	+	+	+	+	+	+	+	+	+	+	+	+
8	Elektrischer Kontaktstellenwiderstand	+	+	++	+	o	+	++	+	+	+	o	o	o
9	Stirnfläche	+	+	+	+	+	+	+	+	+	+	+	+	+
10	Fügestellengeometrie	+	+	+	o	o	o	o	-	-	-	-	-	-
11	Gesamtfügestellenlänge	+	+	+	+	+	-	--	+	+	+	+	+	+
	Wertigkeit	0	20	21	20	20	19	0	0	23	22	16	18	17

Skala					
++	Anforderung übertroffen	(3 Punkte)	-	Anforderung nicht erfüllt	(0 Punkte)
+	Anforderung erfüllt	(2 Punkte)	--	Ausschluss des Verfahrens	(Σ 0 Punkte)
o	Anforderung weitgehend erfüllt	(1 Punkt)			

Die Stärken des Fügeverfahrens Durchsetzfügen mit Vorlochoperation liegen in der kompakten geometrischen Ausprägung der Fügestelle sowie den guten elektrischen Kontaktwiderständen nach dem Laserkontaktieren. Eine Einschränkung kann in der starken mechanischen Querschnittsreduktion der Fügestelle identifiziert werden, welche eine Abnahme der endfesten Fügestellenfestigkeit bewirkt. Aufgrund der stark reduzierten Fügestellenfestigkeit bei einem Z-Maß von 3 mm ist diese Konfiguration als nicht praktikabel auszuschließen. Mit einer Punktzahl von 20 bzw. 21 Punkten erzielt das Durchsetzfügen mit Vorlochoperation bei Z-Maßen von 5 und 7 mm hohe Wertigkeiten.

Das Fügeverfahren Umfließen erzielt mit 19 bis 20 Punkten eine geringfügig schlechtere Bewertung, wobei die Z-Konfiguration 10 mm wegen der geometrischen Längenausdehnung der Gesamtfügestelle ausgeschlossen wird. Die anfangsfeste Fixierung durch Umfließen zeigt eine gute Schweißeignung im Laserkontaktierprozess und erzielt damit hohe Fügestellenfestigkeiten. Die Fügestellenquerschnittsfläche wird nur geringfügig reduziert. Die anforderungsgerechte mechanische Belastbarkeit der anfangsfesten Fügestelle kann im Schubzugversuch nur eingeschränkt nachgewiesen werden und erfordert eine weitere Prozessoptimierung.

Bei den anfangsfesten Fügeverfahren ohne Zusatzelement kann aufgrund der qualitätsorientierten Bewertung keine eindeutige Präferenz identifiziert werden.

Das anfangsfeste Fügen mit Hülse erzielt mit 22 bis 23 Punkten die absolut höchste Wertigkeit. Die Stärken sind besonders in der Fügestellenfestigkeit vor und nach dem Laserkontaktieren zu verorten. Nachteilig ist die geometrische Ausdehnung der Fügestelle. Für Fügehülsenlängen von 4 und 6 mm kann die Umsetzungsfähigkeit des Verfahrens nachgewiesen werden. Bei einer Hülsenlänge von 2 mm besteht die Gefahr des Festigkeitsverlustes im Kontaktierprozess durch vollständiges Aufschmelzen des Zusatzelementes, weswegen diese Konfiguration ausgeschlossen wird.

Das Nietverfahren erzielt absolut betrachtet mit 16 bis 17 Punkten die geringste Wertigkeit. Die Nietverbindung weist mechanisch sehr hohe Festigkeiten auf, jedoch kann eine werkstoffliche Unverträglichkeit des Zusatzelementes mit dem Leitergrundwerkstoff ermittelt werden, welche zu einer erhöhten Porenbildung beim Laserkontaktieren führt. Dadurch reduzieren sich die Festigkeit und die Leitfähigkeit der Kontaktstelle signifikant. Zudem wird der Leiterquerschnitt durch die Vorlochoperation erheblich reduziert. Eine Verbesserung der Qualitätseigenschaften wäre durch Substitution des Nietgrundwerkstoffes mutmaßlich möglich, bleibt im Rahmen dieser Arbeit aber unberücksichtigt.

Zusammenfassend können anhand der in Kapitel 6 gewonnenen Erkenntnisse die dritte und vierte Nebenforschungsfrage beantwortet werden. Mit den präferierten Parametersätzen erfüllen alle anfangsfesten Fügeverfahren in bestimmten Konfigurationen die qualitätsbezogenen Anforderungen an eine optimale Schweißvorbereitung. Ein Einfluss der anfangsfesten Vorfixierung auf den Laserkontaktierprozess kann erkannt werden. Durch Anpassung der Schweißprozessparameter kann dieser Einfluss jedoch überwiegend kompensiert werden.

Die Untersuchung der Adaptierbarkeit der anfangsfesten Fügeverfahren auf veränderliche Flachleiterdimensionen sowie die Beurteilung der Integrationsfähigkeit in den Stator und den Produktionsprozess steht noch aus.

Hierbei sind die in Tabelle 6-10 aufgeführten prozessualen Randbedingungen zu berücksichtigen. Die entsprechenden Untersuchungen werden in Kapitel 7 thematisiert.

Tabelle 6-10: Prozessuale Randbedingungen anfangsfester Fügeverfahren
Process-related boundary conditions of initial strength joining processes

Anfangsfestes Fügeverfahren	Vorbereitung[1]	Zusatzelement	Werkzeughub
Durchsetzfügen m. Vorlochoperation	Vorloch (einseitig)	ohne	radial (einseitig)
Umfließen	ohne	ohne	radial (einseitig), zweistufig
Fügen mit Hülse	ohne	axiale Zuführung	radial/tangential (einseitig/beidseitig)
Fügen durch Nieten	Vorloch (beidseitig)	radiale Zuführung	radial (einseitig)

[1] Abisolieren (PS2) wird grundsätzlich vorausgesetzt

7 Integration des anfangsfesten Fügens in die Hairpin-Statorproduktion

Integration of the Initially Fixed Joining Technology into the Harpin Stator Production

In den vorangegangenen Kapiteln wurden vier Lösungsvarianten für das anfangsfeste Fügen von flachleiterbasierten Formspulen zur optimierten Schweißvorbereitung entwickelt, charakterisiert und ihre individuellen technischen Fähigkeiten nachgewiesen.

Im Folgenden werden in Kapitel 7.1 anwendungsorientierte Anlagenkonzepte für die Integration der inkrementellen Prozessinnovation in die Statorprozesskette entwickelt. Darüber hinaus wird in Kapitel 7.2 die praktische Prozessvalidierung an einem Referenzstator vorgenommen und eine theoretischen Plausibilitätsüberprüfung der Adaptierbarkeit der Verfahren durchgeführt. In Kapitel 7.3 erfolgt die abschließende technische und wirtschaftliche Bewertung der anfangsfesten Fügetechnologie flachleiterbasierter Formspulen zur optimierten Schweißvorbereitung in der Hairpin-Technologie.

7.1 Integrierte Anlagenkonzepte für das anfangsfeste Fügen

Integrated Machine Concepts for the Initial Strength Joining

Entsprechend der Anforderungsdefinition aus Anhang 4 soll ein integriertes Anlagenkonzept sowohl automatisierte und teilautomatisierte als auch manuelle Konfigurationen ermöglichen, um damit variable Stückzahlszenarien zu bedienen. Zudem stellt die Diversität der Gestaltungsmerkmalsausprägungen der Hairpin-Statoren, siehe Tabelle 2-3, ein weiteres Haupteinflusskriterium dar. Zu beachten sind des Weiteren die prozessualen Randbedingungen der anfangsfesten Fügeverfahren gemäß Tabelle 6-10. Die hierarchische Funktionsstruktur und mögliche Teilfunktionsausprägungen der Integrationskonzepte wurden bereits in Kapitel 4.2.2 erarbeitet.

Im Weiteren werden zunächst mögliche Integrationspunkte innerhalb der Hairpin-Prozesskette identifiziert und anschließend beispielhafte Integrationskonzepte vorgestellt. Abschließend werden potenzielle Prozesslimitationen eingeordnet und mögliche Modifikationen am Prozessdesign diskutiert.

7.1.1 Integrationspunkte in der Hairpin-Statorprozesskette

Integration Points in the Hairpin Stator Process Chain

Die anfangsfesten Fügeverfahren des Durchsetzfügens mit Vorlochoperation und des Fügens durch Nieten setzen Vorlochoperationen am Fügepartner voraus. Mögliche Integrationspunkte können im Prozesscluster A der Hairpin-Herstellung (siehe Abbildung 2-7) identifiziert werden. Die Vorlochoperation kann sowohl am gerichteten Draht als auch am gebogenen Hairpin erfolgen. Der Prozess kann parallelisiert, z. B. zum Abisolieren (PS2), oder sequenziell durch eine eigene Prozessstufe erfolgen. Die einseitige Vorlochoperation für das Durchsetzfügen muss aufgrund der Zugänglichkeit in die Hairpin-Herstellung integriert werden. Für das Nieten kann die Vorlochoperation optional im Wickelkopf ausgeführt werden, wobei unter Gesichtspunkten der technischen Sauberkeit von dieser Variante abgeraten wird.

Der anfangsfeste Fügeprozess ist in das Prozesscluster C oder D einzuordnen. Die Abbildung 7-1 stellt mögliche Integrationspunkte auf Prozessebene oder als Übergangsprozess dar.

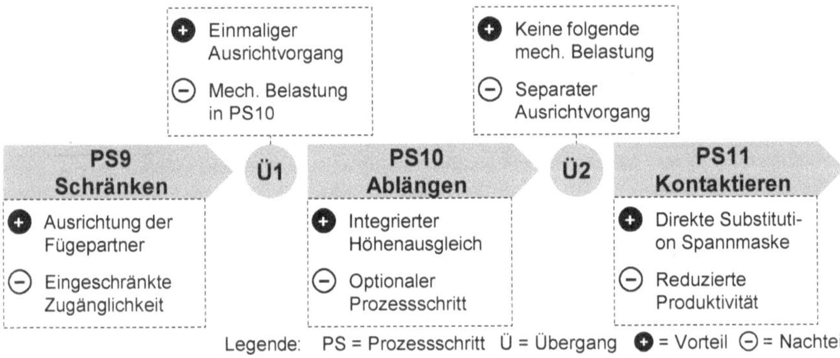

Abbildung 7-1: Potenzielle Integrationspunkte der anfangsfesten Fügetechnologie in die Hairpin-Statorprozesskette mit Vor- und Nachteilen

Potential integration points of the initial strength joining technology in the hairpin-stator process chain with advantages and disadvantages

Beim Schränken (PS9) werden die Drahtlagen werkzeuggebunden gegenläufig zueinander tangential verschränkt. Durch die Werkzeugbindung ist die Position der Drahtenden exakt bestimmt. Sofern eine radiale Zugänglichkeit der Drahtenden besteht, ist die Fixierung der Fügepartner z. B. durch das Durchsetzfügen mit Vorlochoperation anwendbar.

Für das Ablängen der Drahtenden (PS10) werden z. B. radiale Scherschneidprozesse eingesetzt, deren Bewegungsrichtung mit der Werkzeugbewegungsrichtung der anfangsfesten Fügetechnologien übereinstimmt. Die direkte Integrationsfähigkeit der inkrementellen Prozessinnovation in den höhenausgleichenden Prozessschritt ist damit für alle Verfahrensalternativen denkbar. Zu berücksichtigen ist, dass der Höhenausgleich durch Beschneiden einen optionalen Prozess in der Prozesskette darstellt.

Auf Prozessebene besteht des Weiteren die Möglichkeit der Integration des anfangsfesten Fügens in den Kontaktierprozess. Das vorfixierende Verfahren ersetzt dort die direkten Spann- und Ausrichtverfahren, z. B. Spannmasken. Durch den mechanischen Vorprozess kann die Produktivität des Laserkontaktierens reduziert werden.

Neben der Integration auf Prozessebene können zusätzliche Integrationspunkte an den Übergangspunkten zwischen PS9, PS10 und PS11 identifiziert werden. Durch einen isolierten anfangsfesten Fügeprozess am Übergangspunkt 1 (Ü1), zwischen Schränken und Ablängen, kann der Aufwand für das Ausrichten der Drahtenden auf einen einzelnen Prozess reduziert werden. Es ist sicherzustellen, dass die anfangsfeste Fügestelle den nachfolgenden Prozessbelastungen uneingeschränkt standhält. Am Übergangspunkt 2 (Ü2), zwischen Ablängen und Kontaktieren, können die nachgelagerten mechanischen Belastungen umgangen werden, allerdings wird ggf. ein wiederholter Ausrichtprozess nach dem Ablängen notwendig.

Des Weiteren ist die Anwendung der anfangsfesten Fügetechnologie für das Vorfixieren von Verschaltelementen und -baugruppen anwendbar. Eine Prozesskettenintegration wäre entsprechend vor oder im Verschaltprozess (PS12) anzuordnen.

7.1.2 Entwicklung integrierter Anlagenkonzepte

Development of Integrated Machine Concepts

Die Entwicklung eines integrierten Anlagenkonzeptes für das anfangsfeste Fügen von flachleiterbasierten Formspulen stellt einen prozess- und produktindividuellen Vorgang dar. In diesem Abschnitt werden drei Konzepte für unterschiedliche Anwendungsszenarien vorgestellt.

Durchsetzfügen mit Vorlochoperation im Schränkprozess

Das in Abbildung 7-2 schematisch dargestellte Integrationskonzept kombiniert das anfangsfeste Fügeverfahren des Durchsetzfügens mit dem Schränken. Das vollintegrierte Verfahren ist für die Serienanwendung mit hohen Stückzahlen und geringer Variantenkomplexität konzeptioniert. Die Schränkkronen umschließen die Flachleiter von drei Seiten, sodass sich die Fügepartner im Schränkprozess unmittelbar begegnen können. Durch eine Bohrung senkrecht zur Schränknut wird die Zugänglichkeit der Fügestelle hergestellt. Über den Umfang angeordnete Fügestempel werden radial in die Schränkkrone eingeführt und die mit Kraft beaufschlagte Fügebewegung ausgeführt. Die exakte Ausrichtung der Fügepartner erfolgt durch die Schränkkinematik.

Das Konzept setzt das zeitsynchrone Schränken jeder Hairpin-Ebene voraus. Je Ebene ist ein Werkzeugsatz erforderlich, der aus zwei Schränkkronen besteht und automatisch, z. B. durch ein Einschubsystem, gewechselt werden kann. Die Stempelkinematik kann durch variabel einstellbare Verfahrwege für die Fügeaufgabe adaptiert werden. Das Integrationskonzept setzt eine uneingeschränkte einseitige Zugänglichkeit der Fügestelle voraus. Bei einem Stator mit vier Leitern pro Nut ist die Zugänglichkeit von innen und außen gegeben. Eine höhere Leiteranzahl pro Nut erfordert Modifikationen am Produktdesign. Mögliche Ansätze werden in Abschnitt 7.1.3 vorgestellt. Darüber hinaus ist aufgrund der Verbreiterung der Fügestelle (siehe Kapitel 6.2.1) die Entformbarkeit der gefügten Drahtenden aus den Schränkkronen zu überprüfen. Einem Verklemmen kann, z. B. durch aktiv oder passiv gesteuerte Stützelemente, entgegengewirkt werden. Durch den ergänzenden Fügestempelhub erhöht sich die Prozesszykluszeit im Schränkprozess nur geringfügig und ohne signifikanten Einfluss auf die Gesamtzykluszeit. Aufgrund der exakten Fügestellenausrichtung im Schränkprozess wird diesem Verfahren eine hohe Wiederholgenauigkeit und damit ein hohes Qualitätsmaß zugesprochen.

Funktionsprinzip - Schaubild

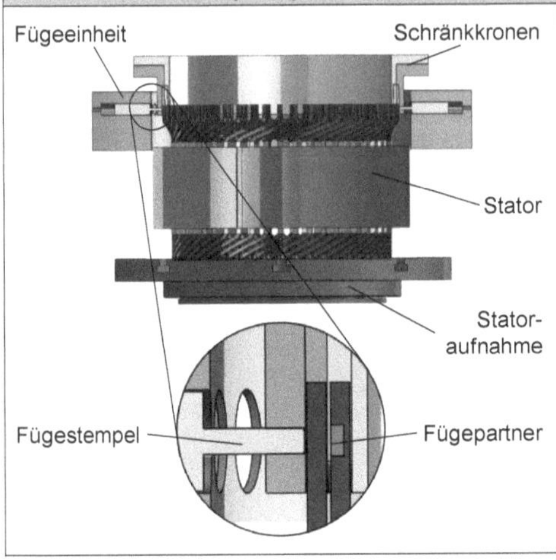

Funktionsstruktur

HF		Teilfunktion	Ausprägung
Werkzeug anpassen	1	WZ vorbereiten	Programm
	2	WZ montieren	Einschübe
	3	WZ überprüfen	Sichtprüfung
Fügepartner ausrichten	4	WZ positionieren	Entfällt
	5	Radial- und Lateralversatz	Schränken
	6	Höhenversatz	Entfällt
Mechanisch fügen	7	Ausrichtung übernehmen	Integriert
	8	WZ positionieren	Linearachsen
	9	Fügen	Umformen

HF = Hauptfunktion | WZ = Werkzeug

Abbildung 7-2: Integrationskonzept: Durchsetzfügen mit Vorlochoperation im Schränkprozess (PS9)
Integration concept: Clinching with pre-hole operation in the twisting process (PS9)

Sequenzielles anfangsfestes Fügen mit Mehrachsensystem

Das Konzept des sequenziellen anfangsfesten Fügens stellt ein geometrie- und stückzahlvariables System dar. Es ist für Anwendungsszenarien vom Prototypenbau bis zur Serienanwendung mit moderaten Stückzahlen praktikabel. Das Fügen erfolgt sequenziell je Fügestelle oder je Nut, wobei zwischen jedem Werkzeughub ein Umsetzen der Fügekinematik erfolgt. Das Fügewerkzeug kann mit einem Mehrachssystem individuell am Stator positioniert werden. Die Positionierung erfolgt je nach Stückzahlanforderung manuell, teilautomatisiert oder vollautomatisiert. Eine Parallelisierung mehrerer über den Umfang angeordneter Achssysteme ist zur Erhöhung der Produktivität denkbar.

Das System ist durch seine modulare Bauweise für die vier entwickelten anfangsfesten Fügeverfahren adaptierbar. Gegebenenfalls zuzuführende Zusatzelemente können direkt an die Fügestelle gefördert oder indirekt in das Werkzeug eingelegt werden. Durch aktive oder passive Ausrichtelemente werden die Fügepartner beim Eintauchen des Werkzeuges in den Stator vorausgerichtet. Ein hydraulisches, elektrisches oder pneumatisches Kraftpaket führt anschließend die Fügebewegung aus. Die Werkzeuge sind bei mehrlagigen Statoren aufgrund der eingeschränkten Zugänglichkeit der Fügestelle auskragend auszulegen. In Abbildung 7-3 ist beispielhaft ein solches teilautomatisiertes NC-Achsensystem dargestellt. Besonderheit dieser Konfiguration ist die Funktionskombination des anfangsfesten Fügens mit dem Ablängen (PS10). Die radiale Werkzeugbewegung wird parallel für das Fügen von drei Fügestellen je Nut in Kombination mit dem Hub eines Scherschneidprozesses ausgeführt.

Die Zykluszeit für eine automatisierte Anlagenkonfiguration kann je Fügeoperation mit 5–15 Sekunden abgeschätzt werden, wobei etwa zwei Drittel des Zeitbedarfs auf die Prozessnebenzeiten der Werkzeugpositionierung und des Ausrichtens der Fügepartner entfallen. Durch Parallelisierung wäre damit eine Prozesszeitanforderung von 90 Sekunden plausibel, siehe Anhang 4. Es ist von einer guten Wiederholgenauigkeit der Fügevorgänge auszugehen, sofern die Synchronisation der Mehrachsbewegung exakt ist und die Ausrichtelemente am Werkzeug zu einer guten Grundausrichtung der Fügepartner resultieren.

Funktionsprinzip - Schaubild

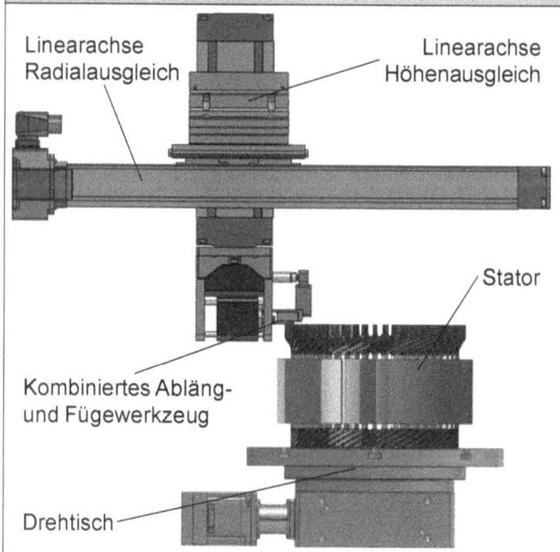

Funktionsstruktur

HF		Teilfunktion	Ausprägung
Werkzeug anpassen	1	WZ vorbereiten	Manuell
	2	WZ montieren	Manuell
	3	WZ überprüfen	Sichtprüfung
Fügepartner ausrichten	4	WZ positionieren	Linearachsen
	5	Radial- und Lateralversatz	Kombination
	6	Höhenversatz	Beschneiden
Mechanisch fügen	7	Ausrichtung übernehmen	Integriert
	8	WZ positionieren	Linearachsen
	9	Fügen	Alle

HF = Hauptfunktion | WZ = Werkzeug

Abbildung 7-3: Integrationskonzept: Sequenzielles anfangsfestes Fügen mit Mehrachsensystem, integriert in den Ablängprozess (PS10)

Integration concept: Sequential initial strength joining with multi-axis system, integrated in the cutting process (PS10)

Manuelles Werkzeug für Prototypenanwendungen

Das Integrationskonzept des manuellen Werkzeuges adressiert den Prototypenbau mit variabler Produktgeometrie bei geringen Stückzahlen. Das Rumpfwerkzeug besteht aus einem händisch manipulierbaren Aktuator, der über eine standardisierte Werkzeugschnittstelle verfügt. Das Rumpfwerkzeug kann mit Werkzeugen für die vier entwickelten Fügeverfahren ausgestattet werden. Die Variantenflexibilität wird durch Werkzeugwechsel sichergestellt. Über ein Spindel- oder Keilgetriebe wird eine Vertikalbewegung des Aktuators in einen radialen Werkzeughub umgewandelt.

Die Fügepartner sind im Wickelkopf zunächst händisch vorauszurichten und ggf. nachzukalibrieren. Sofern die notwendige Ausrichtung der Fügepartner für das Aufsetzen der Fügewerkzeuge nicht sichergestellt wird, können Hilfselemente in den Wickelkopf eingebracht werden. Zum Beispiel können verlorene, additiv gefertigte Klemmhülsen auf die Fügepartner aufgeschoben werden. Anschließend wird das Handwerkzeug auf die Fügestelle aufgesetzt und ggf. das Zusatzelement eingelegt. Nach erfolgtem Werkzeughub ist die Fügestelle anfangsfest fixiert. Das temporäre Klemmelement kann zerstörend entfernt und das Handwerkzeug umgesetzt werden.

Das Handwerkzeug erfüllt nicht den Anspruch kurzer Prozesszykluszeiten und ist für die Schweißvorbereitung von maximal 10–20 Statoren am Tag, je nach Komplexität, gedacht. Aufgrund der manuellen Werkzeugführung ist von einem Einfluss auf die Qualität, z. B. die Wiederholgenauigkeit der Fügestellenergebnisse, auszugehen.

Das schematische Funktionsprinzip und eine beispielhafte Funktionsstruktur sind in Abbildung 7-4 dargestellt.

Funktionsprinzip - Schaubild

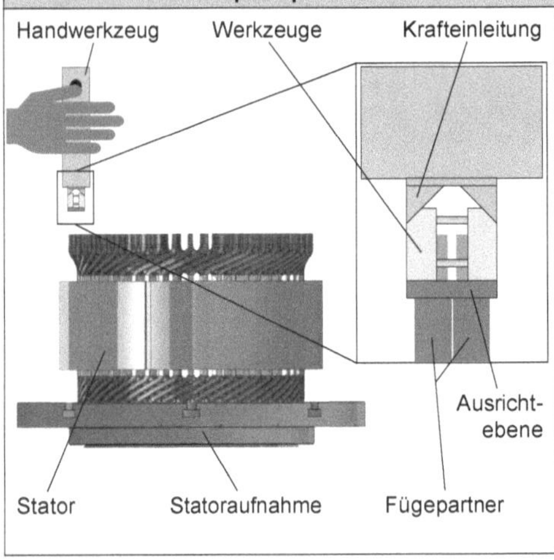

Funktionsstruktur

HF		Teilfunktion	Ausprägung
Werkzeug anpassen	1	WZ vorbereiten	Manuell
	2	WZ montieren	Manuell
	3	WZ überprüfen	Sichtprüfung
Fügepartner ausrichten	4	WZ positionieren	Manuell
	5	Radial- und Lateralversatz	Kombination
	6	Höhenversatz	Drücken
Mechanisch fügen	7	Ausrichtung übernehmen	Sequenziell
	8	WZ positionieren	Manuell
	9	Fügen	Alle

HF = Hauptfunktion | WZ = Werkzeug

Abbildung 7-4: Integrationskonzept: Handwerkzeug für das anfangsfeste Fügen in Prototypenanwendungen

Integration concept: Hand tool for initial strength joining in prototype applications

7.1.3 Prozesslimitationen und mögliche Modifikationen am Produktdesign

Process Limitations and Possible Modifications to the Product Design

Die eingeschränkte Zugänglichkeit der Fügestelle im Wickelkopf eines Hairpin-Stators stellt eine Kernlimitation für die Integration der anfangsfesten Fügetechnik dar. Die anfangsfesten Fügeverfahren erfordern eine einseitige oder beidseitige Zugänglichkeit zur Fügestelle. Aufgrund der radialen Überdeckung der Fügestellen ist eine direkte beidseitige Zugänglichkeit nur bei zwei Leitern pro Nut und eine direkte einseitige Zugänglichkeit nur bei vier Leitern pro Nut gegeben. Gemäß Anforderung 1.3, siehe Anhang 4, kann bei höherer Leiteranzahl radial von einem Fügestellenabstand von 2–5 mm ausgegangen werden. Auskragende, wandstärkenreduzierte Werkzeuge stellen werkzeugseitige Lösungsansätze dar. Für das Fügen mit Hülse ist zudem die

Transformation der radialen Werkzeugbewegung in eine tangentiale Werkzeugbewegung möglich. In Kapitel 6 werden Fügekräfte von bis zu 22 kN im Vorstauchprozess des Umfließens festgestellt. Die Möglichkeit einer belastungsgerechten Auslegung bauraumreduzierter Werkzeuge ist unter diesen Randbedingungen nicht allgemeingültig zu bestätigen.

Alternativ können Modifikationen am Produktdesign vorgenommen werden, wie beispielhaft in Abbildung 7-5 dargestellt.

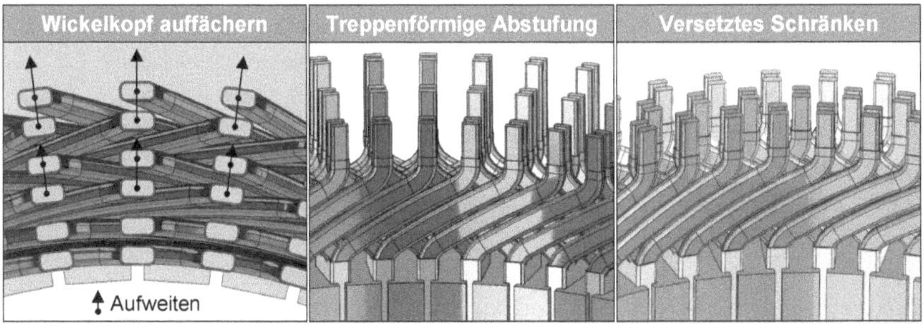

Abbildung 7-5: Potenzielle Modifikationen am Produktdesign zur Verbesserung der radialen Fügestellenzugänglichkeit

Potential modifications to the product design to improve radial joint accessibility

Sofern der notwendige Bauraum zur Verfügung steht, kann der Wickelkopf aufgefächert werden. Die Abstände zwischen den Leiterebenen werden dabei nach außen stärker aufgeweitet und entsprechend auf einem größeren Teilkreisdurchmesser geschränkt. Damit wird unter Vergrößerung des Wickelkopfdurchmessers die Zugänglichkeit zur Fügestelle verbessert.

Alternativ kann eine treppenförmige Abstufung der zu kontaktierenden Leiterpaare eine einseitige Zugänglichkeit der Fügestelle unabhängig von der Leiteranzahl pro Nut garantieren. Allerdings geht mit dieser Modifikation ein Wachstum der Wickelkopfhöhe einher.

Eine Modifikation, welche die äußere Hüllkontur des Wickelkopfes nicht verändert, ist das versetzte Schränken. Die Schränkwelten je Hairpin-Lage werden so modifiziert, dass die Fügepaare in radialer Blickrichtung tangential zueinander versetzt stehen. Die radiale Überdeckung wird tangential aufgefächert und die innenliegende Hairpin-Lagen radial zugänglich. Die Leiterenden einer Hairpin-Ebene erfordern somit unterschiedliche Schränkwinkel, was eine individuelle Anpassung der gestreckten Drahtlängen bedingt.

Zusammenfassend kann festgestellt werden, dass die Integration der anfangsfesten Fügetechnologie in die bestehende Hairpin-Stator-Prozesskette keine „Plug and Play"-Applikation darstellt. Vielmehr muss individuell eine anforderungsgerechte Produkt- und Prozesskonfiguration gefunden werden, die es ermöglicht, den Mehrwert der optimierten Schweißvorbereitung industriell nutzbar zu machen. Dies erfordert eine Veränderungsbereitschaft in der Entwicklung und der Produktion sowie beim Anwender.

7.2 Praktische Prozessvalidierung und theoretische Plausibilitätsprüfung

Practical Process Validation and Theoretical Plausibility Check

Das Kapitel 7.2.1 behandelt die praktische Prozessvalidierung des anfangsfesten Fügens im anwendungsnahen Umfeld der Hairpin-Statorproduktion. In Kapitel 7.2.2 erfolgt die theoretische Plausibilitätsprüfung der im Rahmen dieser Arbeit gewonnenen Erkenntnisse. Damit wird eine Aussage zur Übertragbarkeit der anfangsfesten Fügetechnik auf veränderliche Produkt- und Produktionsrandbedingungen getroffen.

7.2.1 Praktische Prozessvalidierung

Practical Process Validation

Die praktische Prozessvalidierung erfolgt durch Demonstration der anfangsfesten Fügeverfahren an einem Referenzstator. Der Referenzstator wurde vom PEM der RWTH Aachen entworfen und verfügt über sechs Leiter pro Nut. Die weiteren geometrischen Merkmale sind in Abbildung 7-6 zusammengefasst. Für die Prozessvalidierung wird ein reduziertes, einreihiges[514] Statordesign mit nur zwei Leitern pro Nut verwendet und damit der Herstellungsaufwand für die Fügewerkzeuge reduziert. Die minimale tangentiale Zugänglichkeit der Fügestelle beträgt 6,1 mm. Die radiale Zugänglichkeit ist uneingeschränkt gegeben.

Referenzstator	Reduzierter Referenzstator	Merkmal	Ausprägung
dreireihig	einreihig		
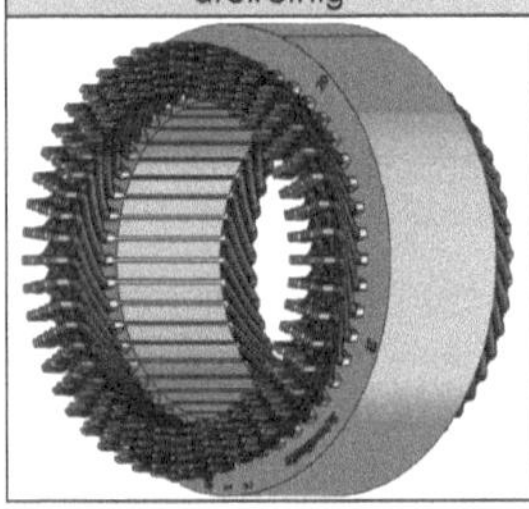	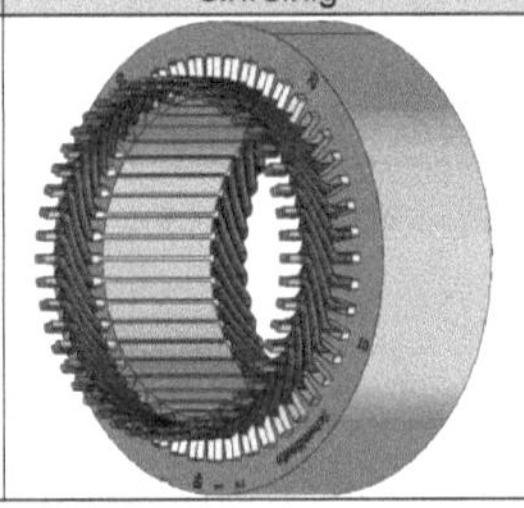	Ø Außen	215 mm
		Ø Innen	150 mm
		Nutanzahl	48
		Aktive Länge	70 mm
		Leiter pro Nut	6 bzw. 2
		Drahtdicke	2 mm
		Drahtbreite	4 mm
		Isolationsschichtdicke	> 60 µm

Abbildung 7-6: Merkmale des PEM-Referenzstators in der U-Hairpin-Technologie – dreireihige und einreihige Konfiguration

Features of the PEM reference stator in U-hairpin technology – three-row and single-row configuration

[514] Synonym für eine Hairpin-Ebene.

Die Versuchsvorrichtung folgt dem zweiten Anlagenkonzept aus Abschnitt 7.1.2. Der Stator wird auf einem manuell verstellbaren Drehtisch positioniert. Das Werkzeug wird mittels Zweiachssystem im Wickelkopf positioniert. Die Radialachse ist für den Toleranzausgleich schwimmend gelagert. Die Werkzeugkraft wird durch einen hydraulischen Mehrzweckzylinder mit Handpumpe aufgebracht. Die Verfahrwege werden durch Wegbegrenzer eingestellt. Das System ist für maximale Fügekräfte bis 80 kN ausgelegt. Eine technische Zeichnung und die Stückliste können dem Anhang 10 entnommen werden. Die Versuchsvorrichtung sowie Schnittansichten der auswechselbaren Werkzeugsysteme sind in Abbildung 7-7 dargestellt. Die Werkzeuge bestehen aus je einem Stempel und einer Matrize bzw. einem Gegenhalter. Die Werkzeugparameter entsprechen den in Kapitel 6.1 identifizierten präferierten Parametern. Die Werkzeuge für das Durchsetzfügen, das Umfließen und das Fügen durch Nieten sind zusätzlich mit einem federgelagerten Niederhaltersystem ausgestattet. Die Zusatzelemente werden händisch positioniert.

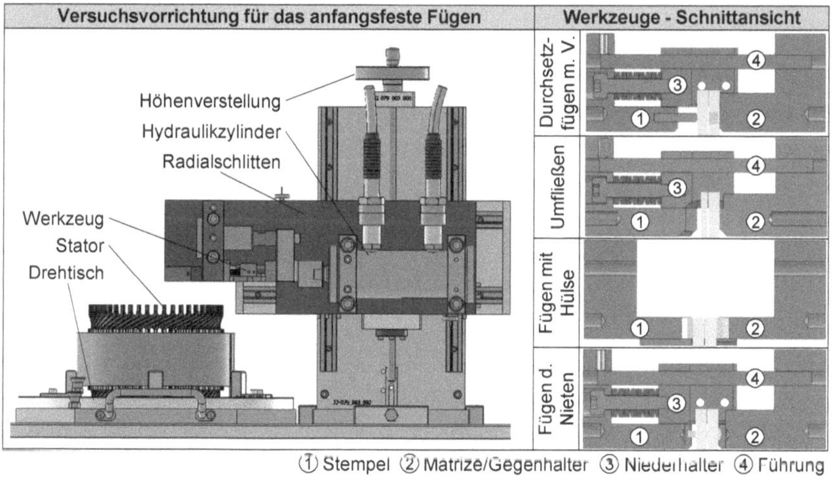

Abbildung 7-7: Versuchsvorrichtung für das anfangsfeste Fügen von Hairpin-Statoren mit auswechselbaren Werkzeugsätzen – eingerichtet für das Fügen einreihiger Statoren

Experimental test machine for the initial strength joining of hairpin stators with interchangeable tool sets – setup for the joining of single-row stators

Im Rahmen der Prozessvalidierung werden zwei einreihige Statoren aufgebaut und für das anfangsfeste Fügen vorbreitet. Die Drahtenden werden mittels Laserstrahlung der Wellenlänge 1064 nm im Pulsbetrieb ohne messbaren Kupferabtrag abisoliert. Die Abisolierlänge beträgt 12 mm. Notwendige Vorlochoperationen für das Durchsetzfügen und Nieten werden am gebogenen Hairpin außerhalb des Stators durchgeführt, siehe Anhang 11. Der Wickelkopf wird in vier Segmente unterteilt. Je Segment wird ein Fügeverfahren demonstriert, sodass je Stator jeweils 12 Fügestellen mit folgenden Verfahren und Parametern gefügt werden:

- Durchsetzfügen mit Vorlochoperation: CL_{SD} = 2,5 mm; VL_D = 2,5 mm; VL_T = 1,25 mm; CL_A = 3,5 mm; Vorlochoperation durch Fräsen.
- Umfließen: VN_A = 2,4 mm; Vorstauchnut C; SN_A = 3,7 mm; Schleppnut A; SN_L = 6 mm.
- Fügen mit Hülse: Hülsengeometrie Variante B; Crimpbackengeometrie Variante A; CB_A = 6,0 mm; HL_H = 4 mm.
- Fügen durch Nieten: N_D = 2,0 mm; N_L = 8,0 mm; VL_N = 2,1 mm; NB_A = 4,2 mm.

Die Versuchsträger werden nach dem anfangsfesten Fügen visuell beurteilt. Anschließend erfolgt die Überprüfung der Weiterverarbeitbarkeit mittels Laserkontaktieren.

Die Abbildung 7-8 stellt die Ergebnisse nach dem anfangsfesten Fügen dar. Alle Fügestellen bilden eine ausreichende mechanische Festigkeit aus, um die Fügepartner für das Laserkontaktieren in der Schweißposition zu fixieren. Die geometrische Ausprägung der Fügestellen entspricht den Feststellungen aus Kapitel 6.2. In der Verarbeitung kann eine robustere Prozessführung bei den Verfahren mit Zusatzelement erkannt werden, indem durch die Vorlochoperation oder die Werkzeuggeometrie die laterale Ausrichtung der Fügepartner begünstigt wird. Vorlochoperationen für das Nieten oder Durchsetzfügen sind oberhalb des Schränkradius zu positionieren, da die Drahtenden ansonsten im Schränkvorgang deformiert werden.

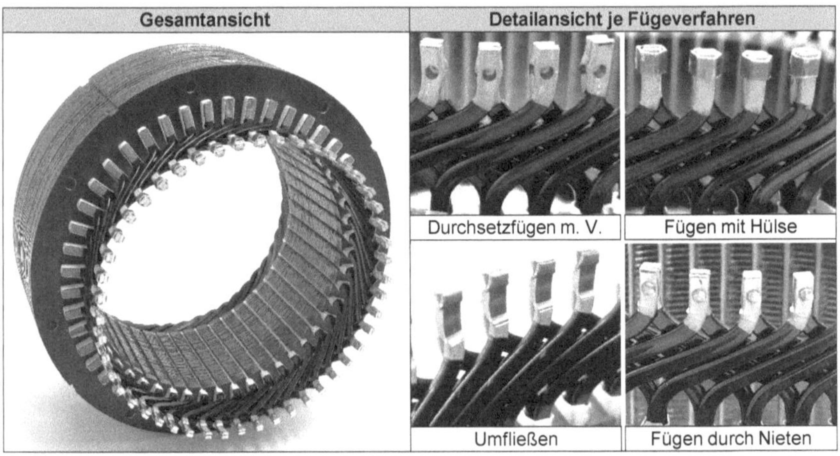

Abbildung 7-8: Einreihiger PEM-Referenzstator mit anfangsfest gefügten Drahtenden – jeweils 12 Fügestellen je anfangsfester Fügetechnologie

Single-row PEM reference stator with initial strength joined wire ends – 12 joints per joining technology

Beim Durchsetzfügen mit Vorlochoperation führt eine Lateralverschiebung des Vorlochs bzw. der Stempelposition relativ zur Fügestelle zu einer asymmetrischen Fügestelle. Selbst sichtbare laterale Stempelversätze von 0,2–0,4 mm prägen anfangsfeste Fügestellen aus. Weiterer Optimierungsbedarf kann für das kombinierte Niederhalter-

und Auswerfersystem erkannt werden, welches zu parasitärer Deformation am freien Drahtende oder zum Klemmen der Werkzeuge am Draht führen kann. Darüber hinaus ist eine exakte Vorausrichtung der Drahtenden vor dem Fügevorgang sicherzustellen.

Das Umfließen zeigt in den Validierungsversuchen eine hohe Sensitivität hinsichtlich der Drahtvorausrichtung auf. Eine tangentiale Verschiebung der Fügepartner führt zu einer einseitigen Verbreiterung des matrizenseitigen Drahtes. Beim Umfließen wird der Grundwerkstoff unsymmetrisch um den innenliegenden Fügepartner geformt und die Festigkeit der Fügestelle subjektiv reduziert. Winkelfehler in der Werkzeuganordnung oder Nachgiebigkeiten in der Werkzeugführung überlagern diese Beobachtung. Die Anwendbarkeit des Umfließens ist unter Berücksichtigung einer exakten Fügestellen- und Werkzeugausrichtung zu bestätigen.

Das Fügen mit Hülse und das Fügen durch Nieten weisen in der in der Verarbeitung am Referenzstator keine Auffälligkeiten auf. Die anfangsfesten Fügestellen bilden sich vergleichbar mit den Ergebnissen aus Kapitel 6 aus.

Da die Versuchsvorrichtung zum anfangsfesten Fügen über keinen integrierten Höhenausgleich der Fügestelle verfügt, wurden die Fügepartner vor dem Laserkontaktieren manuell abgelängt. Das Z-Maß wurde auf ca. 5 mm eingestellt bzw. die Hülse stirnseitig bündig beschnitten.

Für das Laserkontaktieren wurde die in Abschnitt 5.3 vorgestellte Infrastruktur mit den in Abschnitt 6.4.1 identifizierten adaptierten Schweißstrategien verwendet. In Abbildung 7-9 ist exemplarisch ein kontaktierter Referenzstator dargestellt. Die Übertragbarkeit der Schweißstrategien auf den Referenzstator kann bestätigt werden.

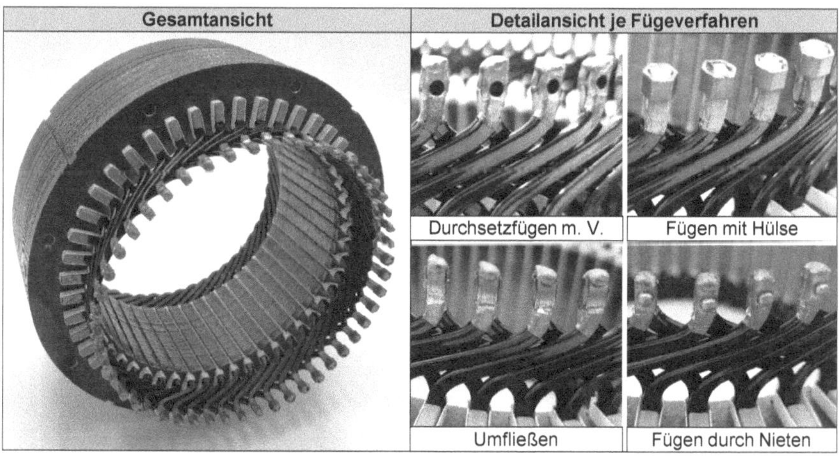

Abbildung 7-9: Einreihiger PEM-Referenzstator mit anfangsfest gefügten Drahtenden nach dem Laserkontaktieren – jeweils 12 Fügestellen je anfangsfester Fügetechnologie

Single-row PEM reference stator with initial strength joined wire ends after laser contacting – 12 joints per joining technology

Folgende Erkenntnisse können aus den Kontaktierversuchen am Referenzstator gewonnen werden:

- Eine optische Fügespalterkennung und Nullpunktfestlegung der anfangsfest vorgefügten Fügestelle ist automatisiert möglich. Die Schweißbahnsteuerung erfolgte im Rahmen der Validierung manuell.
- Die für die I-Prüfkörper entwickelten Schweißstrategien sind auf den Referenzstator übertragbar.
- Der Wickelkorb stellt eine größere Wärmesenke als der I-Prüfkörper dar. Der Anbindungsquerschnitt parallel zum Fügespalt ist am Referenzstator dadurch geringfügig kleiner, unterschreitet aber an keiner Fügestelle die Mindestanforderung. Als Kompensationsmaßnahme kann der Energieeintrag, z. B. durch eine Leistungserhöhung des Laserstrahls oder Reduzierung der Vorschubgeschwindigkeit, angehoben werden.
- Das äußere Erscheinungsbild der Schweißlinse weist am Referenzstator aufgrund einer größeren Anzahl an Störeinflüssen eine höhere Inhomogenität auf. Diese prägt sich z. B. in Form asymmetrischer oder scharfkantiger Schweißlinsen aus. Mögliche Störeinflüsse bestehen in Schwankungen des Z-Maßes und der Fügestellengeometrie, in Verunreinigungen aus der manuellen Prozessführung und in der Fokuseinstellung der Laseroptik.
- Der Laserkontaktierprozess ist spritzerbehaftet. Für eine funktionale Anwendung ist der Wickelkopf gegen Beschädigungen zu maskieren.
- Der Referenzstator ist nach dem endfesten Fügen für die Weiterverarbeitung geeignet.

7.2.2 Theoretische Plausibilitätsprüfung

Theoretical Plausibility Check

Die Eignung der anfangsfesten Fügetechnologie für das Vorfixieren von flachleiterbasierten Formspulen wird in den vorangegangenen Kapiteln für einen Leiterquerschnitt von $4 \times 2\ mm^2$, gefügt über die Leiterbreite, nachgewiesen. Die Adaptierbarkeit der Fügeverfahren an veränderliche Drahtquerschnitte wird im Folgenden theoretisch bewertet. Zudem wird der Einfluss von Abweichungen in der Ausrichtung der Fügepartner und der Fügewerkzeuge betrachtet.

Zunächst kann festgestellt werden, dass die Adaptierbarkeit der Fügeverfahren mit Zusatzelement mit wenigen geometrischen Einschränkungen bestätigt werden kann. Die Limitation des Fügens durch Nieten besteht in der Querschnittsreduktion durch die Vorlochoperation. Für eine partielle Drahtquerschnittsreduktion von 50 % können signifikante Verschlechterungen der elektrischen Leitfähigkeit und der mechanischen Fügestellenfestigkeit nach dem Kontaktieren erkannt werden. Unter mechanischen und elektrischen Gesichtspunkten würde die Fügestelle den Basisfunktionsanforderungen unter Effizienzeinbußen weiterhin standhalten. Mit Bezug auf die Auslegung der Fügestelle kann für das Nieten eine Querschnittsreduktion von maximal 50 % empfohlen werden. Entsprechend ist die Verfügbarkeit geeigneter Nietelemente sicherzustellen, wobei mit einem Nietschaftdurchmesser von 2 mm gute Ergebnisse erzielt wurden. Eine weitere Durchmesserreduzierung ist denkbar, aber stets mit dem Herstellungsverfahren des Vorlochs abzustimmen. Durch die Variation der Nietschaftlänge kann das Fügeverfahren flexibel an die Fügestellendicke adaptiert werden. Eine Anpassung der Fügewerkzeuge ist lediglich bei veränderlichem Nietkopfdurchmessern und ggf. bei unterschiedlichen Drahtbreiten erforderlich. Durch die Individualisierung der Nietkopfgeometrie, losgelöst von der DIN 660,[515] könnte des Weiteren Bauraum an der Fügestelle eingespart werden. Die Ausrichtung der Fügepartner wird durch die Vorlochoperation bestimmt und kann durch das Fügewerkzeug nicht korrigiert werden. Verschiebungen der Werkzeughälften zueinander führen zu einer asymmetrischen Ausformung des Schließkopfes, was bei Verschiebungen größer dem halben Nietkopfdurchmesser funktionsrelevant ist.

Für das Fügen mit Hülse ist bei zylindrischen Zusatzelementen und hexagonaler Crimpgeometrie stets eine Fügestellengeometrie die geeignetste, bei der die beiden gestapelten Fügepartnerquerschnitte eine quadratische Kontur ergeben. Abweichungen im Seitenverhältnis der Gesamtfügestelle sind für eine zylindrische Hülse bis zur Größe des maximal ausgleichbaren Lateralversatzes praktikabel, führen im Schließprozess jedoch zu einer stärkeren Deformation des Leiterquerschnitts oder zu größeren Freiflächen im Fügestellenquerschnitt. Sofern der Hülseninnendurchmesser von vornherein deutlich größer als die Diagonale der gestapelten Fügepartnerquerschnitte gewählt wird, kann durch die Hülse ein größerer Drahtvariantenbereich abgedeckt werden. Zu bedenken ist, dass durch die erhöhte Fügeluft die anfangsfest gefügte Fügestellenbreite zunimmt und damit ggf. die zulässigen Luft- und Kriechstreckenabstände unterschritten werden. Für Seitenverhältnisse der Fügestelle *B/2D* deutlich größer oder kleiner als eins ist eine individuelle Anpassung der Zusatzelemente und der Fügewerkzeuge empfehlenswert. Es ist dann eine ovale oder rechteckige Formgebung der Fügehülse, mit annähernd gleichem unlaufenden Wandabstand zu den Fügepartnern, anzustreben. Der Vorteil einer hexagonalen Crimpgeometrie ist die Selbstzentrierung der Fügepartner. Verschiebungen der Werkzeughälften zueinander werden im gleichen Maße auf die Fügestelle übertragen.

Die Fügeverfahren ohne Zusatzelement basieren auf umformenden Fügemechanismen und weisen eine höhere Sensitivität sowohl hinsichtlich der Drahtdimension als auch hinsichtlich der Fügeprozessparameter auf. Das Verhältnis aus Drahtbreite *B* und Drahtdicke *D* wird durch die dimensionslose Größe τ ausgedrückt.

---

[515] Vgl. Deutsches Institut für Normung (DIN 660) 2012.

Das Durchsetzfügen findet vorrangig, wie in Kapitel 4.2.3 erwähnt, in der Blechverarbeitung Anwendung, weswegen die Drahtbreite deutlich größer als die Drahtdicke sein sollte. Bei ungleicher Blechdicke ist die Fügerichtung vom dickem in den dünnen Fügepartner zu bevorzugen.[516] Die Anwendbarkeit der am Markt verfügbaren Clinch-Technik wird in einem Applikationsversuch von der Firma BTM-Europe für ein Drahtverhältnis $\tau = 5$ nachgewiesen, siehe Anhang 12. Für kleinere τ wurde in Vorversuchen gezeigt, dass es bei einem relativen Hub $\eta > 2$ zum Materialabriss unterhalb des Stempels kommt, weswegen die Lösung des Durchsetzfügens mit Vorlochoperation für einen Drahtquerschnitt von 4×2 mm² entwickelt wurde. Zur Plausibilitätsüberprüfung der praktischen Versuchsergebnisse und Durchführung einer Sensitivitätsbetrachtung wurde ein Simulationsmodell für das Durchsetzfügen mit Vorlochoperation aufgebaut. Angaben zu der verwendeten Software, dem Aufbau des Modells und den gewählten Randbedingungen sind dem Anhang 13 zu entnehmen. Das Modell wurde iterativ entwickelt. Der Vergleich der Verformungen aus den experimentellen Parameterstudien aus Kapitel 6.1 mit den Simulationsergebnissen diente der Identifikation geeigneter Simulationsrandbedingungen und der Verifikation des Simulationsmodells.

Die Sensitivitätsbetrachtung der Werkzeug- und Prozessparameter für das Durchsetzfügen mit Vorlochoperation bestätigt allgemein die in Kapitel 6.1 identifizierten Wirkzusammenhänge. Für einen ausgeprägten Formschluss sollte das Verhältnis aus Vorloch- und Stempeldurchmesser ca. eins betragen. Zudem sollte der Stempelhub der zweifachen Drahtdicke entsprechen und das Verhältnis aus Drahtdicke und Vorlochtiefe bei 1,3–1,6 liegen. Eine Übersicht der identifizierten Parameterempfehlungen kann der Tabelle 7-1 entnommen werden.

Tabelle 7-1: Werkzeug- und Prozessparameterempfehlungen für das Durchsetzfügen mit Vorlochoperation

Tool and process parameter recommendations for clinching with pre-hole operation

Hinterschnitt *f1* und *f2*	Durchmesserverhältnis VL_D/CL_{SD}	Drahtdicke zu Vorlochtiefe D/VL_T	Stempelhub CL_A
gering	≥ 1,3	≥ 2,0	≤ 1,5 × *D*
mittel	≥ 1,1 bis <1,3	≥ 1,6 bis <1,3	> 1,5 × *D* bis ≤ 1,75 × *D*
gut	≥ 1,0 bis <1,1	≥ 1,3 bis <1,6	> 1,75 × *D* bis ≤ 2,0 × *D*

Des Weiteren kann simulativ gezeigt werden, dass ein ausgeprägter Hinterschnitt bei Drahtquerschnittsverhältnissen $\tau \geq 2$ ausgebildet wird. Die Tabelle 7-2 stellt die Simulationsergebnisse und die theoretisch erreichbaren Hinterschnitte für drei verschiedene Drahtdicken bei konstanter Drahtbreite dar. Für die Simulationen wurden die zuvor aufgeführten Parameterempfehlungen zugrunde gelegt. Der relative Formschluss, das Verhältnis aus einseitigem Hinterschnitt zur Drahtdicke, ist für geringe Drahtdicken

[516] Vgl. Deutscher Verband für Schweißen und verwandte Verfahren; Europäische Forschungsgesellschaft für Blechverarbeitung (DVS-EFB 3420) 2012.

nahezu konstant bzw. steigt mit abnehmender Drahtdicke an. Für die Drahtdicke 2,6 mm wird eine Halbierung des relativen Hinterschnittes festgestellt. Für den Leiterquerschnitt von 5 × 4 mm² ist auf Basis der Simulation eine Ausbildung einer formschlüssigen Verbindung nicht mehr zu prognostizieren, das Fügeverfahren also potenziell ungeeignet.

Tabelle 7-2: Durchsetzfügen mit Vorlochoperation: Variation des Drahtquerschnittsverhältnisses τ – Simulation

Clinching with pre-hole operation: Variation of the wire cross-section ratio τ – simulation

Parameter	τ = 3,08	τ = 2,0	τ = 1,54
B [mm]		4,0	
D [mm]	1,3	2,0	2,6
CL_{SD} [mm]		2,5	
VL_D [mm]		2,5	
VL_T [mm]	0,81	1,25	1,63
CL_A [mm]	2,6	4,0	5,2
Verformung			
$f1$; $f2$ [mm]	0,19	0,29	0,11

Bei den vorherigen Datensätzen wurde eine optimale Ausrichtung zwischen Stempel und Fügestelle angenommen. Bauteil-, Werkzeug- und Maschinentoleranzen können Fehlausrichtungen verursachen. Um den Einfluss der Fehlausrichtung zu verstehen, wurden Simulationen mit einem seitlichen Versatz bzw. mit einem Winkelversatz des Stempels durchgeführt. Die Ergebnisdokumentation ist dem Anhang 15 zu entnehmen. Es kann erkannt werden, dass Lateralversätze zu einer Asymmetrie der Fügestelle führen und bereits bei geringen Verschiebungen von 0,1 und 0,2 mm eine signifikante Abnahme des Hinterschnittes in der Ebene der Verschiebung verursachen oder gar keinen Formschluss ausbilden lassen. Ein ähnliches Verhalten ist bei einem Winkelversatz in der Kippebene zu beobachten. Die Fügestelle verkippt und ein mechanischer Formschluss wird bereits ab einem Winkel von ca. 2,5° nicht mehr ausgebildet. Zudem ist mit steigendem Winkelversatz eine signifikante Abnahme der stempelseitigen Restwandstärke zu beobachten. Wird das Schnittbild senkrecht zur Versatzebene betrachtet, wird ein Hinterschnitt in der Fügestelle ausgebildet, der weiterhin eine Festigkeit der Fügestelle ermöglicht. Im Realprozess verhält sich das Durchsetzfügen nicht in gleicher Ausprägung sensitiv auf laterale Stempelversätze und Winkelversätze. Die Annahme, dass sich der matrizenseitige Draht zur Auflage nicht verschiebt oder verdreht, limitiert die induzierte Selbstausrichtung der Fügepartner, welche jedoch im Realprozess erkannt werden kann. Der Realprozess kompensiert im

Versuchsumfeld Lateralversätze bis zu einer Größenordnung von 0,2–0,4 mm, wobei eine exakte Werkzeugausrichtung stets zu empfehlen ist.

Das Umfließen ist für kleinere Seitenverhältnisse τ besser geeignet. Je größer das Seitenverhältnis τ, desto größere Umformgrade werden notwendig, um eine ausreichende Verbreiterung des matrizenseitigen Fügepartners im Vorstauchprozess zu erzielen. Die Verbreiterung beim Vorstauchen muss annähernd proportional zur Drahtdicke D sein, damit genug Material für das Umfließen zur Verfügung steht. Der dafür notwendige Umformgrad kann vereinfacht über die Annahme eines konstanten Querschnitts ermittelt werden. In den realen Umformprozessen ist das Volumen, nicht der Querschnitt, konstant und für höhere Umformgrade reduziert sich entsprechend der Drahtquerschnitt, wie in Kapitel 6.2.1 nachgewiesen. Die über einen konstanten Querschnitt berechneten Umformgrade sind folglich für große Stauchungen zu gering. Dies verändert die prinzipielle Abhängigkeit vom Seitenverhältnis nicht und führt in diesem Kontext zu einer konservativen Abschätzung. Die mit dem Vorstauchen einhergehende Querschnittsreduzierung nimmt für größere Seitenverhältnisse zu.

Analog zum Durchsetzfügen wurde ein Simulationsmodell für das Umfließen aufgebaut. Die Angaben zu der verwendeten Software, dem Aufbau des Modells und den gewählten Randbedingungen sind dem Anhang 14 zu entnehmen. Das Modell wurde iterativ, in Anlehnung an die in Kapitel 6.1 erfassten experimentellen Ergebnisse, entwickelt und verifiziert. Die identifizierten Wirkzusammenhänge aus Kapitel 6.1 können simulativ nachvollzogen und bestätigt werden.

Die Tabelle 7-3 stellt die Umformergebnisse für 4 × 2 mm² Flachleiter bei veränderlichem Vorstauchmaß dar.

Tabelle 7-3: Umfließen: Variation des Vorstauchmaßes für einen Drahtquerschnitt – Simulation

Enclosing: Variation of the pre-compression dimension for one wire cross-section – simulation

Parameter	VN_A = 2,6 mm	VN_A = 2,2 mm	VN_A = 1,9 mm
Drahtabmessung	B = 4,0 mm; D = 2,0 mm		
Vorstauchnut	VN_B = 4,0 mm; VN_T = 1,4 mm; α_{VN} = 93°; VN_X = 0,15 mm; VN_Y = 0,3 mm		
Schleppnut	SN_{B1} = 3,0 mm; SN_{B2} = 5,33 mm; SN_T = 3,2 mm; $\alpha_{SN1} = \alpha_{SN2}$ = 40°		
Schleppmaß	SN_A = 3,3 mm (Stempelhub = 1,8 mm)	SN_A = 3,6 mm (Stempelhub = 1,8 mm)	SN_A = 4,0 mm (Stempelhub = 1,8 mm)
Geometrie nach Vorstauchen	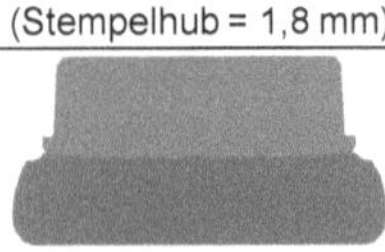		
Geometrie nach Umfließen	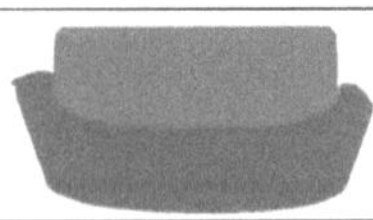		
Bewertung der Fügestelle	mangelhaft	gut	ausreichend

Die Bewertung der Fügestellen zeigt, dass bei zu großem Vorstauchmaß kein Formschluss ausgeformt wird. Ein zu kleines Vorstauchmaß reduziert die Festigkeit der Fügestelle hinsichtlich der verbleibenden Halsdicke. Die folgenden in Tabelle 7-4 dargestellten Zusammenhänge können für die prädiktive Parameteridentifikation für das Vorstauchen und Umfließen identifiziert werden:

Tabelle 7-4: Werkzeug- und Prozessparameterempfehlungen für das Umfließen
Tool and process parameter recommendations for enclosing

Vorstauchen		Umfließen	
Parameter	Auslegungs-empfehlung	Parameter	Auslegungs-empfehlung
Vorstauchmaß (VN_A)	$2 \times D$ - ($1{,}2–1{,}5 \times VN_T$)	Schleppmaß (SN_A)	$2 \times D$ / (2,0–2,4)
Vorstauchnutbreite (VN_B)	B	Schleppnutbreite 1 (SN_{B1}) (resultierend)	SN_{B2} - (2 x tan(α_{SN1} - 90°) $\times SN_T$)
Vorstauchnuttiefe (VN_T)	D / (1,4–1,6)	Schleppnutbreite 2 (SN_{B2})	(1,2–1,4) $\times B$
Eckengeometrie ($VN_{X,Y}$)	0,1–0,4 mm	Schleppnuttiefe (SN_T)	(1,5–1,65) $\times D$
Öffnungswinkel (α_{VN})	ca. 93°	Öffnungswinkel ($\alpha_{SN1,2}$)	ca. 40°

Für den Vorstauchprozess ist die Vorstauchnutbreite VN_B in etwa gleich der Drahtbreite B auszulegen. Die Nuttiefe VN_B sollte mit 1,4 bis 1,6 multipliziert etwa der Drahtdicke D entsprechen. Der Öffnungswinkel α_{VN} dient lediglich der Entformbarkeit des Drahtes aus dem Werkzeug. Gute Ergebnisse werden mit 93° erzielt.

Die Schleppnutbreite SN_{B2} des Werkzeugs zum Umfließen sollte der 1,2- bis 1,4-fachen Drahtbreite B entsprechen. Die Nuttiefe SN_T orientiert sich an der Drahtdicke D, stellt aber kein kritisches Funktionsmaß dar, da die Umformbewegung über die Seitenflächen der Schleppnut erfolgt und i. d. R. keine Bodenanlage zwischen Werkzeug und Fügepartner auftritt. Als Öffnungswinkel kann ein konstanter Schleppnutwinkel $\alpha_{SN1} = \alpha_{SN2}$ von ca. 40° empfohlen werden. Die Schleppnutbreite SN_{B1} stellt ein aus den anderen Geometrieparametern resultierendes Maß dar.

Die Adaptierbarkeit der Parameterempfehlungen wurde für verschiedne Drahtquerschnitte und -querschnittsverhältnisse untersucht, siehe Tabelle 7-5. Für Seitenverhältnisse $\tau \leq 2$ können die Parameterempfehlungen bestätigt werden, wie am Beispiel von Flachleitern der Abmaße 4×3 mm² und 3×3 mm² demonstriert. Ein ausgeprägter Formschluss mit solider Halsdicke wird simulativ prognostiziert. Für kleine Seitenverhältnisse τ kann das Schleppmaß SN_A sogar schrittweise erhöht werden, ohne Einbußen im Formschluss zu verzeichnen. Hingegen kann für Drahtquerschnittsverhältnisse $\tau > 2$ eine Verschlechterung des Fügemechanismus erkannt werden, indem ein unzureichender Formschluss ausgebildet wird. Durch Reduktion des Vorstauchmaßes VN_A und des Schleppmaßes SN_A kann diesem Effekt entgegengewirkt werden, wobei die Halsdicke weiter reduziert wird. Ab einem Seitenverhältnis $\tau \approx 3$ wird für einen Flachleiter der Abmaße $2{,}8 \times 0{,}9$ mm² simulativ keine formschlüssige Verbindung mehr prognostiziert.

Tabelle 7-5: Umfließen: Variation des Drahtquerschnittes – Simulation
Enclosing: Variation of the wire cross section – simulation

Draht-abmessung	Vorstauchen*	Umfließen*	Bewertung der Fügestelle
B = 2,8 mm D = 0,9 mm τ = 3,11	 VN_A = 0,8 mm (2)	 SN_A = 1,67 mm (2)	kein Formschluss und stark reduzierte Materialdicke an der Umscherung
B = 4,0 mm D = 1,5 mm τ = 2,67	 VN_A = 1,45 mm (2)	 SN_A = 2,13 mm (2)	ausreichend ausgeprägter Formschluss
B = 4,0 mm D = 2,0 mm τ = 2,0	 VN_A = 2,2 mm (0)	 SN_A = 3,6 mm (0)	gut ausgeprägter Formschluss
B = 4,0 mm D = 3,0 mm τ = 1,33	 VN_A = 3,1 mm (0)	 SN_A = 5,25 mm (1)	gut ausgeprägter Formschluss
B = 3,0 mm D = 3,0 mm τ = 1,0	 VN_A = 3,1 mm (0)	 SN_A = 2,6 mm (1)	gut ausgeprägter Formschluss

Anpassungen: (0) Werkzeughub unverändert | (1) Werkzeughub reduziert | (2) Werkzeughub erhöht
*Die Werkzeugparameter wurden entsprechend den Parameterempfehlungen festgelegt.
(Die Abbildungen unterliegen keinem einheitlichen Maßstab)

Bei dem Fügeverfahren des Umfließens können Bauteil-, Werkzeug- und Maschinentoleranzen zu Fehlausrichtungen zwischen Stempel und Bauteil führen. Um den Einfluss der Fehlausrichtungen zu verstehen, wurden Simulationen mit einem seitlichen Versatz und mit einem Winkelversatz des Schleppstempels durchgeführt. Die Ergebnisdokumentation ist dem Anhang 16 zu entnehmen.

Mit zunehmendem seitlichem Versatz des Stempels in Y-Richtung bildet sich eine stärkere Asymmetrie der Fügestelle aus. Ab einer lateralen Verschiebung von 0,2 mm kann für die Referenzfügestelle eines 4 × 2 mm² Flachleiters ein den Fügemechanismus signifikant schwächender Einfluss erkannt werden. Wächst die Lateralverschiebung so weit an, dass die Schleppstempelkante deckungsgleich mit der Außenkante des innenliegenden Fügepartners abschließt, besteht die Gefahr des einseitigen Abscherens des außenliegenden Leitermaterials. Die Fügeverbindung wird keine Festigkeit ausbilden. Eine Winkelversatz des Werkzeuges bewirkt eine Veränderung des wirkenden Schleppnutwinkels und des effektiven Werkzeughubs. Bei einem Winkelversatz von 5° wird an der Referenzfügestelle einseitig kein Hinterschnitt ausgebildet. Diese theoretischen Feststellungen können im Rahmen der praktischen Prozessvalidierung, siehe Kapitel 7.2.1, qualitativ bestätigt werden.

7.3 Abschließende Bewertung

Concluding Evaluation

Das Anforderungsprofil für die Entwicklung der inkrementellen Technologieinnovation des anfangsfesten Fügens wurde in Kapitel 4.1.3 in die drei Grundkategorien Rahmenbedingungen, Funktionalanforderungen und Qualitätsanforderungen unterteilt. Entsprechend formulierte Anforderungen sind in Anhang 4 dokumentiert. Der Erfüllungsgrad der Qualitätsanforderungen der vier betrachteten Fügetechnologien wurde bereits in Kapitel 6.5 diskutiert. Nachfolgend soll nun der Erfüllungsgrad der beiden verbleibenden Anforderungskategorien diskutiert werden.

Rahmenbedingungen:

Die Rahmenbedingungen hinsichtlich der Festanforderungen, wie z. B. Leiter- und Fügestellengeometrie, werden durch die Entwicklungen uneingeschränkt respektiert. Auch kann die Anwendbarkeit der anfangsfesten Fügetechnologie für veränderliche Drahtabmessungen bestätigt werden. Für variable Verhältnisse aus Drahtbreite und Drahtdicke können jeweils besonders günstige Verfahren identifiziert werden, wie in Abschnitt 7.2.2 dargestellt. So eignet sich das Durchsetzfügen bevorzugt für Drahtquerschnittsverhältnisse $\tau > 2$, wohingegen für $\tau < 2$ das Umfließen zu empfehlen ist. Die eingeschränkte Zugänglichkeit der Fügestelle stellt eine Limitation der Werkzeugauslegung dar. Im Rahmen der in dieser Arbeit untersuchten Anwendungsszenarien kann die Umsetzbarkeit nachgewiesen werden. Der Nachweis ist jedoch für jedes Anwendungsszenario individuell zu erbringen, z. B. analog zu dem in dieser Arbeit verwendeten Vorgehen. Ergänzend werden in Abschnitt 7.1.3 mögliche Produktmodifikationen diskutiert, die die Zugänglichkeit zur Fügestelle verbessern. Alle Lösungsprinzipien verwenden zum Ausrichten der Fügepartner zusätzliche Ausrichtelemente, die entweder im Fügewerkzeug integriert oder exkludiert sind. Die selbstinduzierte Ausrichtung der Fügepartner im Werkzeughub des Fügevorgangs kann nur in eingeschränktem Maße attestiert werden.

Funktionalanforderungen:

Die diskreten Funktionalanforderungen werden in vollem Maße erfüllt. Die allgemeingültigen Zielkriterien können im Zuge dieser Arbeit nur konzeptionell eingeordnet werden. Der Nachweis ist in der industriellen Erprobung zu erbringen. Das Produktdesign wird hinsichtlich der Erscheinungsform der Kontaktierstelle durch die Vorfixierung geringfügig verändert, wobei kein signifikanter Einfluss auf die Sekundärisolation zu erwarten ist. Die Kontaktierstelle kann weiterhin in Pilzkopfgeometrie ausgeführt werden. Integrationskonzepte in der Statorproduktion wurden sowohl als Prozessintegration,

Prozesssubstitution oder als ergänzender Prozessschritt in verschiedenen Automatisierungsgraden vorgestellt, siehe Kapitel 7.1.2. Die Prozesszeit für die anfangsfeste Fügetechnologie beläuft sich auf wenige Sekunden. Die effektiven Werkzeughübe betragen wenige Millimeter. Für das Vorausrichten der Fügepartner und das Positionieren der Werkzeuge im Wickelkopf sowie ggf. für das Zuführen der Zusatzelemente fallen Nebenzeiten an. Für das Umfließen ist zudem ein zweistufiger Fügeprozess notwendig. Die Fügeprozesse können im Wickelkopf des Stators parallelisiert ausgeführt werden, sodass Zykluszeiten von 90 Sekunden für einen Stator mit 144–216 Fügestellen konzeptionell bestätigt werden können. In der Vollintegration kann das anfangsfeste Fügen zykluszeitneutral in die Prozessfolge, z. B. in den Ablängprozess, integriert werden.

Über den Werkzeugverschleiß kann aufgrund des limitierten Untersuchungsumfangs im Rahmen dieser Arbeit keine Aussage getätigt werden. Es ist aufzuzeigen, dass der Vorstauchprozess im Umfließen die absolut höchsten Werkzeugkräfte erfordert, was wiederum in hohen resultierenden Flächenpressungen und potenziellem Werkzeugverschleiß mündet. Die Werkzeugkonzepte für das anfangsfeste Fügen sind für die vier charakterisierten Verfahren modular und auswechselbar aufgebaut, sodass der Rüstaufwand hinsichtlich der Demontage- und Montagezeit sowie dem Einstellaufwand minimal ist.

Die initiale Motivation für die inkrementelle Prozessinnovation des anfangsfesten Fügens liegt in der optimierten Schweißvorbereitung von Kupferflachleitern für den Kontaktierprozess (PS11) und das Verschalten (PS12) in der Hairpin-Statortechnologie. Darüber hinaus können die Verfahren ebenso in artverwandten Bereichen der Elektro- und Energietechnik Anwendung finden.

Als letzter Bewertungspunkt der abschließenden Bewertung wird die Gesamtkostenbilanz der inkrementellen Innovation innerhalb der Hairpin-Statorprozesskette diskutiert. Kosten beschreiben in der Betriebswirtschaftslehre den bewerteten „Verzehr von wirtschaftlichen Gütern materieller und immaterieller Art zur Erstellung und zum Absatz von Sach- und/oder Dienstleistungen zur Schaffung und Aufrechterhaltung der dafür notwendigen Teilkapazitäten.“[517] WESTKÄMPER beschreibt die verschiedenen Kostenarten, welche in einer Produktion anfallen. Dazu zählen Kosten für Material, Betriebsmittel, Personal, Energie, Räumlichkeiten, Instandhaltung, Kapital, Dienstleistungen und sonstige Kosten, wie z. B. Gebühren und Steuern.[518]

Die Kostenstruktur einer Hairpin-Statorproduktion kann exemplarisch wie folgt dargestellt werden:

---

[517] Vgl. Wischermann et al. (Kosten) 2022.
[518] Vgl. Westkämper (Einführung in die Organisation der Produktion) 2006, S. 75ff.

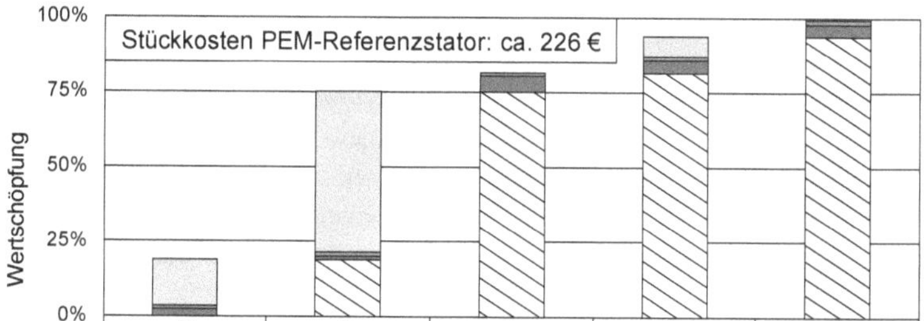

	A: Hairpin-Herstellung	B: Nutisolation & Montage	C: Wickelkopf formen	D: Elektrische Kontaktierung	E: Sekundäriso-lation & EOL
□ Materialkosten	15,4%	53,8%	0,0%	6,7%	0,6%
▩ Personalkosten	1,3%	1,3%	1,2%	1,2%	1,6%
■ Maschinenkosten	2,3%	1,1%	5,3%	4,3%	4,1%
⧅ Halbzeugkosten*	0,0%	18,9%	75,1%	81,6%	93,8%

* Kumulierte Wertschöpfungskosten aus Vorprozessen

Abbildung 7-10: Exemplarische Kostenstruktur der Hairpin-Statorproduktion für ein Produktionsszenario von 100.000 Einheiten pro Jahr am Beispiel des PEM-Referenzstators

Exemplary cost structure of hairpin stator production for a production scenario of 100.000 units per year using the example of the PEM reference stator

Das Produktszenario orientiert sich am Produktdesign des PEM-Referenzstators aus Abbildung 7-6. Es wird eine Ausbringungsmenge von 100.000 Einheiten pro Jahr angenommen, wobei Ausschussanteile vorerst nicht berücksichtigt werden. Die Gesamtwertschöpfung wird in die drei Hauptkostenarten Material-, Personal- und Maschinenkosten unterteilt. Die Materialkosten werden entsprechend der Statorgeometrie und der daraus berechenbaren Materialvolumina abgeschätzt. Die Personalkosten berücksichtigen die direkte und indirekte Tätigkeit von zehn Personen unterschiedlicher Qualifikation in einer weitestgehend automatisierten Produktionslinie. Unter den Maschinenkosten werden Energie- und Raumkosten, Instandhaltungs- und Betriebsmittelkosten sowie Abschreibungskosten für die Maschinenanschaffung zusammengefasst. Die Datengrundlage für die Kostenstruktur beruht auf Realdaten einer in Deutschland betrieben Hairpin-Statorproduktion sowie Angebotsdaten, Literaturdaten und Experteneinschätzungen. Weitere Ausführungen zu dem Kostenmodell sind dem Anhang 17 zu entnehmen.

Für den PEM-Referenzstator ergeben sich Stückkosten von ca. 226 €. Die Halbzeugkosten des Stators vor dem Kontaktierprozess, also die kumulierte Wertschöpfung bis zu diesem Prozessschritt, machen bereits ca. 80 % der Gesamtwertschöpfung aus. Hohe Ausschussraten verursachen somit einen hohen Wertschöpfungsverlust. Des Weiteren ist ersichtlich, dass ca. 76 % der Gesamtwertschöpfung auf die Materialkosten entfallen. Auf die Maschinenkosten entfallen weitere ca. 17 % und auf die Personalkosten nur etwa 7 % der Gesamtwertschöpfung. Die Fehlerkosten summieren sich für ein Annahmeszenario von 5 % kumulierter Ausschussrate in den Prozessen des Kontaktierens (PS 11 und PS12) auf ca. 1.000.000 € pro Jahr.

Die Komplexität integrierter Anlagenkonzepte für das anfangsfeste Fügen sind mit der Komplexität der eingesetzten Spann- und Ausrichtvorrichtungen für die konventionelle Schweißvorbereitung vergleichbar. Die Maschinen- und die Personalkosten blieben im Alternativszenario durch Technologiesubstitution nahezu unverändert. Sofern durch die Implementierung des anfangsfesten Fügens der Kupferflachleiter als Kontaktiervorbereitung eine Ausschussreduktion zu erzielen ist, wirkt sich diese reduzierend auf die Fehlerkosten und damit positiv auf die Gesamtwirtschaftlichkeit der Produktion aus. Den Fehlerkosteneinsparungen stehen ggf. Materialkosten für notwendige Zusatzelemente oder Prozesskosten für Vorlochoperationen entgegen. Die Materialaufwände für die Zusatzelemente belaufen sich für den PEM-Referenzstator auf etwa 0,4–0,8 € je Stator[519] und entsprechen damit etwa 4–8 % der entstehenden Fehlerkosten im Beispielszenario. Für die anfangsfesten Fügeverfahren ohne Zusatzelement fallen keine zusätzlichen Materialkosten an.

Aufgrund der bislang fehlenden Datengrundlage für die im Serienumfeld erreichbare Ausschussreduktion durch das anfangsfeste Fügen kann die Wirtschaftlichkeitsbetrachtung als Kostenvergleichsrechnung an dieser Stelle nicht abschließend durchgeführt werden. Es kann die Hypothese aufgestellt werden, dass eine Wirtschaftlichkeit wahrscheinlich ist.

Wegen der entfallenden Zusatzelementkosten für die Verfahren *Durchsetzfügen mit Vorlochoperation* und *Umfließen* bieten sich diese Verfahren bevorzugt für die Großserienproduktion an.[520]

Für kleinere Stückzahlen, wie z. B. im Prototypenbau oder in der Kleinserie, bei denen die Maschinen- und Personalkostenanteile potenziell deutlich höhere Anteile an den Gesamtwertschöpfungskosten annehmen, wären die anfangsfesten Fügeverfahren des *Fügens mit Hülse* oder des *Fügens durch Nieten* prädestiniert. Diese Verfahren weisen eine höhere Eignung hinsichtlich der Variantenflexibilität auf und sind in der Prozessführung weniger sensibel bei veränderten Randbedingungen.

Zusammenfassen kann die fünfte Nebenforschungsfrage, siehe Kapitel 3.3.1, wie folgt beantwortet werden:

Die Methoden des anfangsfesten Fügens können in die Hairpin-Prozesskette integriert werden. Es wurden variable Ansätze für verschiedene Integrations- und Automatisierungsstufen vorgestellt. Die Prozesse der Kontaktiervorbereitung und des Kontaktierens werden durch die anfangsfeste Vorfixierung entkoppelt und eine anforderungsgerechte Schweißvorbereitung sichergestellt.

[519] Gravimetrische Materialkostenabschätzung gemäß den Annahmen aus Anhang 17.

[520] Ausbringungsmengen zwischen 50.000 und 500.000 Einheiten je Produktionslinie und Jahr.

8 Zusammenfassung und Ausblick

Summary and Outlook

Flachleiterbasierte Formspulen ersetzen zunehmend die Runddrahtwickeltechnologie in der Statorproduktion für elektrische Traktionsmotoren im automobilen Produktionsumfeld. Gründe hierfür können beispielsweise in den erreichbaren Kupferfüllgraden und den deterministisch geprägten Prozessketten erkannt werden. Die Hairpin-Statorproduktion in der U-Konfiguration ist derzeitig die am weitesten verbreitete Steckspulentechnologie. Aufgrund einer stark interdependenten Prozesskette weist diese Technologie in der Produktion signifikante Herausforderungen auf, die sich in hohen Ausschussraten und instabilen Prozessen manifestieren. Im Rahmen dieser Dissertationsschrift konnte der Schweißprozess als qualitätskritischer Schritt der Prozesskette identifiziert und zahlreiche Effizienzeinbußen auf eine unzureichende geometrische Schweißstellenvorbereitung zurückgeführt werden. Bekannte Spann- und Ausrichtverfahren stellen stets einen Kompromiss zwischen optimaler Positioniergenauigkeit und Handhabbarkeit der Vorrichtung dar. Darüber hinaus besteht zwischen der Vorrichtung und dem Schweißvorgang eine starke Wechselwirkung.

Die Zielsetzung der vorliegenden Dissertation liegt in der Entkopplung der Schweißvorbereitung vom Kontaktierprozess. Hierfür wird der Lösungsansatz der spannvorrichtungslosen Schweißvorbereitung verfolgt, indem die Fügestelle durch ein mechanisches Fügeverfahren anfangsfest vorfixiert wird. Die Fügestelle erfüllt die Anforderungen an die geometrische Ausrichtung der Fügepartner für das Laserkontaktieren, bildet aber keine dauerfeste und elektrisch leitfähige Verbindung aus. Vier anfangsfeste Fügeverfahren wurden im Rahmen der Dissertation entwickelt, charakterisiert und auf Integrationsfähigkeit erprobt.

Das *Durchsetzfügen mit Vorlochoperation* und das *Umfließen* wurden als umformbasierte, formschlüssige Fügetechnologien ohne Zusatzelement entwickelt und untersucht. Das Durchsetzfügen mit Vorlochoperation stellt eine Adaption des klassischen Clinchens dar. Durch ein Vorloch im matrizenseitigen Fügepartner wird der relative Stempelhub reduziert und das Durchsetzen für vergleichsweise dicke Fügepartner ermöglicht. Es bildet sich eine kompakte Fügestelle am Flachleiter aus, die nach dem Laserkontaktieren geringe Kontaktstellenwiderstände aufweist. Einschränkungen können in der hohen mechanischen Querschnittsreduktion der Fügestelle identifiziert werden, welche eine Abnahme der endfesten Fügestellenfestigkeit bewirkt. Beim Umfließen werden die Fügepartner in einem zweistufigen Fügeprozess zunächst gestaucht und anschließend Material von einem Fügepartner um den anderen geformt. Die anfangsfeste Fixierung zeigt eine gute Schweißeignung und erzielt damit hohe Fügestellenfestigkeiten. Die Fügestellenquerschnittsfläche wird nur geringfügig reduziert, die Fügestelle aber deutlich verbreitert. Das Durchsetzfügen ist bevorzugt für Drahtquerschnittsverhältnisse aus Drahtbreite zu Drahtdicke größer als zwei geeignet, wohingegen das Umfließen für Verhältnisse kleiner als zwei zu empfehlen ist.

Darüber hinaus wurden zwei Fügeverfahren mit Zusatzelement erprobt, welche aufgrund der zusätzlichen Material- und Handhabungsaufwände eher für kleinere Stückzahlen, wie z. B. im Prototypenbau oder in der Kleinserie, geeignet sind. Zum einen wurde das *Fügen mit Hülse* erprobt, zum anderen das *Fügen durch Nieten*. Die mit einer Fügehülse vorfixierte Fügestelle weist absolut die größte Fügestellenfestigkeit vor und nach dem Laserkontaktieren auf. Als nachteilig ist die ausgeprägte geometrische Ausdehnung der Fügestelle aufzuzeigen. Die Nietverbindung weist mechanisch hohe Festigkeiten an der schweißvorbereiteten Fügestelle auf. Es kann eine werkstoffliche Unverträglichkeit des Zusatzelementes aus CuNiSi mit dem Leitergrundwerkstoff aufgezeigt werden, welche zu einer erhöhten Porenbildung beim Laserkontaktieren und damit zu reduzierter Fügestellenfestigkeit und schlechterer Leitfähigkeit führt. Eine Verbesserung der Qualitätseigenschaften wäre durch Substitution des Nietgrundwerkstoffes mutmaßlich möglich.

Die zentrale Forschungsfrage, siehe Kapitel 3.3.1, kann abschließend nicht mit dem Verweis auf eine Universaltechnologie beantwortet werden. Die Charakterisierung hat gezeigt, dass die vier untersuchten anfangsfesten Fügeverfahren die Anforderungen an eine spannvorrichtungslose Kontaktiervorbereitung für flachleiterbasierte Formspulen erfüllen. Die Verfahren weisen individuelle, anwendungs- und produktbezogene Stärken und Schwächen auf. Zudem kann die Kompatibilität mit dem endfesten Fügeprozess, sowohl isoliert als auch im Statorwickelkopf, bestätigt werden. Erste Ansätze für die Übertragung der inkrementellen Prozessinnovation in bestehende Prozessketten wurden vorgestellt und diskutiert. Sowohl technisch als auch wirtschaftlich können dem Verfahren des anfangsfesten Fügens in der Flachdrahttechnologie Vorteile gegenüber dem gegenwärtigen Status quo attestiert werden.

Ausstehender Handlungsbedarf besteht in der Detailkonzeption, der Umsetzung und der Erprobung des anfangsfesten Fügens für Flachleiter im industriellen, seriennahen Umfeld. Es gilt, die Werkzeugsysteme hinsichtlich Bauraum und Entformbarkeit zu optimieren. Darüber hinaus ist die Robustheit der Verfahren innerhalb größerer Untersuchungsumfänge zu bewerten und die Sensitivität der Systeme hinsichtlich realer Störeinflüsse und Verschleiß zu beurteilen. Des Weiteren sind die Einflüsse der mechanischen Vorfixierung auf die Produkteigenschaften z. B. in vergleichenden Motorprüfstandsläufen und Bauraumprüfungen zu bewerten. Die Anpassbarkeit der anfangsfesten Fügeverfahren auf veränderliche Leitergeometrien wurde theoretisch erbracht und systemische Grenzen aufgezeigt. Der praktische Nachweis ist ausstehend.

Neben der initial motivierten Anwendbarkeit der anfangsfesten Fügetechnologie für das Standardschweißen (PS11) innerhalb der Hairpin-Prozesskette besitzt die Technologie eine allgemeingültige Anwendbarkeit für Flachleiterverbindungen. Innerhalb des technologischen Nahfeldes kann z. B. das Positionieren und Fixieren von Verschaltelementen und -baugruppen sowie Stromschienen genannt werden, welche ähnliche Wechselwirkungen zwischen Spannvorrichtung und Kontaktierprozess aufweisen. Eine reduzierte Anzahl an Verbindungsstellen bei besserer Zugänglichkeit zur Fügestelle sind Vorteile dieses Anwendungsgebietes, die die Integrität der Verfahren potenziell verbessern. Darüber hinaus können die Verfahren in artverwandten Bereichen der Elektro- und Energietechnik Anwendung finden, in denen Kupfer- bzw. Aluminiumflachleiter verarbeitet werden. Auch das Fügen von Mischverbindungen mit variablen Leiterquerschnitten und Materialpaarungen ist ein mögliches Anwendungsfeld.

Mit dieser Dissertation wurde ein wissenschaftlicher Beitrag zur Verbesserung des Qualitäts- und Prozessstabilitätsniveaus in der geometrischen Schweißvorbereitung von flachleiterbasierten Formspulen geleistet. Die Technologielandkarte der geometrischen Schweißvorbereitung wurde um das Technologiefeld der spannvorrichtungslosen Verfahren erweitert und darin robuste Technologiealternativen für die Elektromotorenproduktion entwickelt.

Literaturverzeichnis

Bibliography

Adunka, R.; Wartzack, S. (Evaluator):
Evaluator - Computerunterstützung für die multikriterielle, verteilte Bewertung technischer Systeme. In: Tagungsband zum 10. Symposium Fertigungsgerechtes Konstruieren. Schnaittach, 14.-15. Oktober 1999. Erlangen: FAU, 1999, S. 19–26.

Agapiou, J. S.; Perry, T. A. (Resistance Mash Welding):
Resistance mash welding for joining of copper conductors for electric motors. In: Journal of Manufacturing Processes, Jg. 15, 2013, Nr. 4, S. 549–557.

Albers, A.; Reiss, N.; Bursac, N.; Richter, T. (iPeM):
iPeM – Integrated Product Engineering Model in Context of Product Generation Engineering. In: Proceedings of 26th CIRP Design Conference. Stockholm, Schweden, 15.-17. Juni 2016. Amsterdam, Niederlande: Elsevier, 2016, S. 100–105.

Arzillo, A.; Braglia, P.; Nuzzo, S.; Barater, D.; Franceschini, G.; Gerada, D.; Gerada, C. (Challenges and Future Opportunities of Hairpin Technologies):
Challenges and Future Opportunities of Hairpin Technologies. In: Proceedings of 29th International Symposium on Industrial Electronics. Delft, Netherlands, 17.-19. Juni 2020: IEEE, 2020, S. 277–282.

Baader, M.; Mayr, A.; Raffin, T.; Selzam, J.; Kuhl, A.; Franke, J. (Potentials of Optical Coherence Tomography):
Potentials of Optical Coherence Tomography for Process Monitoring in Laser Welding of Hairpin Windings. In: Proceedings of 11th International Electric Drives Production Conference. Erlangen, Germany, 07.-09. Dezember 2021: IEEE, 2021, S. 1–10.

Bachheibl, F. (Von Manufaktur bis Serie):
Von Manufaktur bis Serie. Skalierung in einem dynamischen Umfeld. Vortrag bei: 9. Elektromobilproduktionstage. Aachen, am 26.10.2021.

Balasubramanian, S.; Langmaack, N.; Henke, M. (Evaluation and Loss Estimation of a High-Speed Permanent Magnet Synchronous Machine):
Evaluation and loss estimation of a high-speed permanent magnet synchronous machine with hairpin windings for high-volume fuel cell applications. In: Elektrotechnik und Informationstechnik, Jg. 138, 2021, Nr. 6, S. 415–423.

Basler, S. (Encoder und Motor-Feedback-Systeme):
Encoder und Motor-Feedback-Systeme. Winkellage- und Drehzahlerfassung in der industriellen Automation. Wiesbaden: Springer, 2016.

Bauschinger, J. (Über die Veränderung der Elastizitätsgrenze und der Festigkeit):
Über die Veränderung der Elastizitätsgrenze und die Festigkeit des Eisens und Stahls durch Strecken und Quetschen, durch Erwärmen und Abkühlen und durch oftmals wiederholte Beanspruchungen. München: Technische Hochschule, 1886.

Bender, B.; Gericke, K. (Hrsg.) (Pahl/Beitz Konstruktionslehre):
Pahl/Beitz Konstruktionslehre. Methoden und Anwendung erfolgreicher Produktentwicklung. 9. Aufl., Berlin: Springer, 2021.

Beranek, M. (Hochintegrierte Lasersysteme):
Hochintegrierte Lasersysteme und innovative Schweißtechnologien für die Großserienproduktion von Elektromotoren. Vortrag bei: Expertenseminar Elektromotorproduktion. Aachen, am 29.10.2021.

Berardi, G.; Bianchi, N. (Design Guideline of an AC Hairpin Winding):
Design Guideline of an AC Hairpin Winding. In: Proceedings of 13th International Conference on Electrical Machines. Alexandroupoli, Griechenland, 03.-06. September 2018: IEEE, 2018, S. 2444–2450.

Berardi, G.; Nategh, S.; Bianchi, N.; Thioliere, Y. (A Comparison between Random and Hairpin Winding):
A Comparison Between Random and Hairpin Winding in E-mobility Applications. In: Proceedings of 46th Annual Conference of the IEEE Industrial Electronics Society. Singapur, 18.-21. Oktober 2020: IEEE, 2020, S. 815–820.

Berger-Grabner, D. (Wissenschaftliches Arbeiten in den Wirtschafts- und Sozialwissenschaften):
Wissenschaftliches Arbeiten in den Wirtschafts- und Sozialwissenschaften. Hilfreiche Tipps und praktische Beispiele. 3. Aufl. Wiesbaden: Springer, 2016.

Berin, I. S.; Chernyshova, Y. P.; Presnyakov, A. A. (Effect of Oxygen):
Effect of Oxygen on the Mechanical Properties of Deformed Copper. In: Metal Science and Heat Treatment, Jg. 20, 1978, Nr. 6, S. 467–469.

Bernstein, H. (Elektrotechnik/Elektronik für Maschinenbauer):
Elektrotechnik/Elektronik für Maschinenbauer. Grundlagen und Anwendungen. 2. Aufl. Wiesbaden: Springer, 2012.

Berrenberg, T. (Kurzzeitwärmebehandlung von Kupfer):
Kurzzeitwärmebehandlung von Kupfer-und Kupferlegierungen im Werkstofflabor unter Glühbedingungen wie in Banddurchlaufanlagen. In: Metall - Fachzeitschrift für Metallurgie, Jg. 66, 2012, Nr. 11, S. 505–509.

Bewersdorff, J. (Statistik – wie und warum sie funktioniert):
Statistik – wie und warum sie funktioniert. Ein mathematisches Lesebuch mit einer Einführung in R. 2. Aufl. Wiesbaden: Springer, 2011.

Binder, A. (Elektrische Maschinen und Antriebe):
Elektrische Maschinen und Antriebe. Grundlagen, Betriebsverhalten. 2. Aufl. Berlin, Heidelberg: Springer, 2017.

Bliedtner, J.; Müller, H.; Barz, A. (Lasermaterialbearbeitung):
Lasermaterialbearbeitung. Grundlagen – Verfahren – Anwendungen – Beispiele. München: Hanser, 2013.

Bochtler, W.; Laufenberg, L. (Simultaneous Engineering):
Simultaneous Engineering. Erfahrungen aus der Industrie für die Industrie. Berlin, Heidelberg: Springer, 1995.

Böcker, J. (Geregelte Drehstromantriebe):
Geregelte Drehstromantriebe. Skript zur Vorlesung. Paderborn, 2016. Stand vom 26.01.2016.

Bocksrocker, O.; Speker, N.; Beranek, M.; Hesse, T. (Reduction of Spatters and Pores in Laser Welding):
Reduction of spatters and pores in laser welding of copper hairpins using two superimposed laser beams. In: Proceedings of Lasers in Manufacturing Conference. München, 23.-27. Juni 2019. Hannover: WLT, 2019.

Böge, A.; Böge, W. (Handbuch Maschinenbau):
Handbuch Maschinenbau. 22. Aufl. Wiesbaden: Springer, 2014.

Böge, A.; Böge, W. (Formeln und Tabellen zur Technischen Mechanik):
Formeln und Tabellen zur Technischen Mechanik. 27. Aufl. Wiesbaden: Springer, 2021.

Böllhoff Gruppe (RIVTAC® Automation P):
RIVTAC® Automation P. Bolzensetzen in Hochgeschwindigkeit. https://www.boellhoff.com/de-de/produkte/spezialverbindungselemente/rivtac-hochgeschwindigkeits-bolzensetzen/#c524. Abruf 09.08.2022.

Braymer, D. H. (Armature Winding and Motor Repair):
Armature Winding and Motor Repair. Madison, USA: McGraw-Hill, 1920.

Brüggemann, H.; Bremer, P. (Grundlagen Qualitätsmanagement):
Grundlagen Qualitätsmanagement. Von den Werkzeugen über Methoden zum TQM. 2. Aufl. Wiesbaden: Springer, 2015.

Büttner, S. (Qualitätssicherung mittels Prozessmesstechnik):
Qualitätssicherung mittels Prozessmesstechnik. Fluoreszenzmessung beim Laserentschichten von Kupferleitern - Anwendungshinweise. 5. Aufl. Dresden: Sita Messtechnik GmbH, 2021.

Cho, H. K. (KR101998419B1):
The Hairpin and the Hairpin Winding Motor Including the Same. Schutzrecht: KR101998419B1, publiziert am: 09.07.2019.

Demmel, P.; Golle, R.; Hoffmann, H.; Petry, R. (Schneiden):
Schneiden. In: Siegert, K. (Hrsg.): Blechumformung. Verfahren, Werkzeuge und Maschinen. Berlin, Heidelberg: Springer, 2015, S. 223–240.

Deutscher Verband für Schweißen und verwandte Verfahren; Europäische Forschungsgesellschaft für Blechverarbeitung (DVS-EFB 3420):
DVS-EFB 3420. *Clinchen. Überblick.* (Merkblatt). Düsseldorf: DVS Media, 2012.

Deutsches Institut für Normung (DIN 6325):
DIN 6325. *Werkzeuge der Stanztechnik. Zylinderstifte, gehärtet.* (Entwurf). Berlin: Beuth, 1997.

Deutsches Institut für Normung (DIN 8586):
DIN 8586. *Fertigungsverfahren Biegeumformen. Einordnung, Unterteilung, Begriffe.* Berlin: Beuth, 2003.

Deutsches Institut für Normung (DIN 8593-0):
DIN 8593 - Teil 0. *Fertigungsverfahren Fügen. Allgemeines; Einordnung, Unterteilung, Begriffe.* Berlin: Beuth, 2003.

Deutsches Institut für Normung (DIN 8593-1):
DIN 8593 - Teil 1. *Fertigungsverfahren Fügen. Zusammensetzen.* Berlin: Beuth, 2003.

Deutsches Institut für Normung (DIN 8593-3):
DIN 8593 - Teil 3. *Fertigungsverfahren Fügen. Anpressen, Einpressen.* Berlin: Beuth, 2003.

Deutsches Institut für Normung (DIN 8593-5):
DIN 8593 - Teil 5. *Fertigungsverfahren Fügen. Fügen durch Umformen.* Berlin: Beuth, 2003.

Deutsches Institut für Normung (DIN 8593-6):
DIN 8593 -Teil 6. *Fertigungsverfahren Fügen. Fügen durch Schweißen Einordung, Unterteilung, Begriffe.* Berlin: Beuth, 2003.

Deutsches Institut für Normung (DIN 8593-7):
DIN 8593 - Teil 7. *Fertigungsverfahren Fügen. Fügen durch Löten.* Berlin: Beuth, 2003.

Deutsches Institut für Normung (DIN EN 1465):
DIN EN 1465. *Klebstoffe. Bestimmung der Zugscherfestigkeit von Überlappungsklebungen.* Berlin: Beuth, 2009.

Deutsches Institut für Normung (DIN 660):
DIN 660. *Halbrundniete. Nenndurchmesser 1 mm bis 8 mm.* Berlin: Beuth, 2012.

Deutsches Institut für Normung (DIN 8588):
DIN 8588. *Fertigungsverfahren Zerteilen. Einordnung, Unterteilung, Begriffe.* Berlin: Beuth, 2013.

Deutsches Institut für Normung (DIN EN 13602):
DIN EN 13602. *Kupfer und Kupferlegierungen. Gezogener Runddraht aus Kupfer zur Herstellung elektrischer Leiter.* Berlin: Beuth, 2013.

Deutsches Institut für Normung (DIN EN 60034-30-1):
DIN EN 60034 - Teil 30-1. *Drehende elektrische Maschinen. Wirkungsgrad-Klassifizierung von netzgespeisten Drehstrommotoren.* Berlin: Beuth, 2014.

Deutsches Institut für Normung (DIN EN 60317-0-2):
DIN EN 60317 - Teil 0-2. *Technische Lieferbedingungen für bestimmte Typen von Wickeldrähten. Allgemeine Anforderungen - Lackisolierte Flachdrähte aus Kupfer.* Berlin: Beuth, 2014.

Deutsches Institut für Normung (DIN EN ISO 9000):
DIN EN ISO 9000. *Qualitätsmanagementsysteme. Grundlagen und Begriffe.* Berlin: Beuth, 2015.

Deutsches Institut für Normung (DIN EN ISO 14270):
DIN EN ISO 14270. *Widerstandsschweißen. Zerstörende Prüfung von Schweißverbindungen.* Berlin: Beuth, 2016.

Deutsches Institut für Normung (DIN 8580):
DIN 8580. *Fertigungsverfahren. Begriffe, Einteilung.* (Entwurf). Berlin: Beuth, 2020.

Deutsches Kupferinstitut Berufsverband (Kupfer in der Elektrotechnik):
Kupfer in der Elektrotechnik. Kabel und Leitungen. Düsseldorf, 2000.

Deutsches Kupferinstitut Berufsverband (CU-ETP):
CU-ETP. Datenblatt. https://www.kupferinstitut.de/wp-content/uploads/2019/11/Cu-ETP.pdf. Abruf 11.04.2022.

Deutsches Kupferinstitut Berufsverband (CuNi1Si):
CuNi1Si. Datenblatt. https://kupfer.de/wp-content/uploads/2019/11/CuNi1Si.pdf. Abruf 08.11.2022.

Deutsches Kupferinstitut Berufsverband (Cu-OFE):
Cu-OFE. Datenblatt. https://www.kupferinstitut.de/wp-content/uploads/2019/11/Cu-OFE.pdf. Abruf 11.04.2022.

Deutsches Kupferinstitut Berufsverband (Schweißen von Kupfer und Kupferlegierungen):
Schweißen von Kupfer und Kupferlegierungen. Informationsdruck i.12. Düsseldorf, 2009.

Deutsches Kupferinstitut Berufsverband (Anhaltswerte für die Wärmebehandlung von nicht aushärtbaren Kupferwerkstoffen):
Wärmebehandeln. Anhaltswerte für die Wärmebehandlung von nicht aushärtbaren Kupferwerkstoffen. https://www.kupferinstitut.de/kupferwerkstoffe/verarbeitung/waermebehandeln/. Abruf 10.08.2022.

Deutsches Patent- und Markenamt (Deutsches Patent- und Markenamt 2021):
Prüfung und Erteilung. https://www.dpma.de/patente/pruefung_erteilung/index.html. Abruf 28.04.2022.

Dietz, M. (Beitrag zum Wesen und zu den Ursachen des Bauschinger-Effekts):
Beitrag zum Wesen und zu den Ursachen des Bauschinger-Effekts. Dissertation. Zwickau: Ingenieurhochschule Zwickau, 1978.

Dilthey, U. (Schweißtechnische Fertigungsverfahren):
Schweißtechnische Fertigungsverfahren 1. Schweiß- und Schneidtechnologien. 3. Aufl. Berlin, Heidelberg: Springer, 2006.

Dimatteo, V.; Ascari, A.; Faverzani, P.; Poggio, L.; Fortunato, A. (The Effect of Process Parameters):
The effect of process parameters on the morphology, mechanical strength and electrical resistance of CW laser-welded pure copper hairpins. In: Journal of Manufacturing Processes, Jg. 23, 2021, Nr. 62, S. 450–457.

Dobroschke, A. (Flexible Automatisierungslösungen für die Fertigung wickeltechnischer Produkte):
Flexible Automatisierungslösungen für die Fertigung wickeltechnischer Produkte. Bamberg: Meisenbach, 2011.

Doege, E.; Behrens, B.-A. (Handbuch Umformtechnik):
Handbuch Umformtechnik. Grundlagen, Technologien, Maschinen. 2. Aufl. Berlin, Heidelberg: Springer, 2010.

Dold, E.-M.; Kaiser, E.; Klausmann, K.; Pricking, S.; Zaske, S.; Brockmann, R. (High-Performance Welding of Copper with Green Lasers):
High-performance welding of copper with green multi-kW continuous wave disk lasers. In: Proceedings of High-Power Laser Materials Processing. Applications, Diagnostics, and Systems VIII. San Francisco, USA, 02.-07. Februar 2019. Bellingham, USA: SPIE, 2019, S. 28.

Dorn, B. (HaPiPro²):
HaPiPro². E-Motor-Projekt soll NRW als Produktionsstandort vorantreiben. https://www.pem.rwth-aachen.de/go/id/oggto. Abruf 15.02.2022.

Dorn, B. (An Integrated View on Variables in Electric Drive Production):
An integrated view on variables in electric drive production. Managing the mix of product and process innovations in hairpin stator production. Vortrag bei: 9th International Conference Advanced E-Motor Technology 2022. Berlin, am 22.02.2022.

Du Rietz, D.; Koch, H. (Praktisches Handbuch der Lichbogenschweissung):
Praktisches Handbuch der Lichbogenschweissung. 3. Aufl. Wiesbaden: Springer, 1948.

Dümpelmann, R. (Schmelzschweißung von Nichteisenmetallen):
Fortschritte der Schmelzschweißung von Nichteisenmetallen und legierten Stählen. In: International Journal of Materials Research, Jg. 47, 1956, Nr. 7, S. 478–486.

Dwivedi, D. K. (Fundamentals of Metal Joining):
Fundamentals of Metal Joining. Processes, Mechanism and Performance. Singapur: Springer, 2022.

Eckstein, P. P. (Statistik für Wirtschaftswissenschaftler):
Statistik für Wirtschaftswissenschaftler. Eine realdatenbasierte Einführung mit SPSS. 4 Aufl. Wiesbaden: Springer, 2014.

El Ghazi, M. (Statistische Versuchsplanung für Einsteiger):
Statistische Versuchsplanung für Einsteiger. https://www.researchgate.net/publication/336286514_Statistische_Versuchsplanung_fur_Einsteiger. Abruf 29.12.2022.

e-mobil BW GmbH (Strukturstudie BWe Mobil 2015):
Strukturstudie BWe Mobil 2015. Elektromobilität in Baden-Württemberg. 3. Aufl. Stuttgart, 2015.

Erhard, G. (Konstruieren mit Kunststoffen):
Konstruieren mit Kunststoffen. 4. Aufl. München: Hanser, 2008.

Fauth, G.; Winkelbauer, W.; Pfeifer, T.; Prefi, T. (Den Anlauf im Griff):
Den Anlauf im Griff. Quality Gates in der Produktion sichern Markenqualität. In: Qualität und Zuverlässigkeit, Jg. 44, 1999, Nr. 6, S. 756–758.

Feuchtenbeiner, S.; Hesse, T.; Speker, N.; Haug, P.; Seebach, J.; Dubitzky, W.; Havrilla, D.; Hermani, J.-P. (Beam shaping BrightLine Weld):
Beam shaping BrightLine Weld. Latest application results. In: Proceedings of High-Power Laser Materials Processing. Applications, Diagnostics, and Systems VIII. San Francisco, USA, 02.-07. Februar 2019. Bellingham, USA: SPIE, 2019, S. 207–214.

Feve, J. P.; Silva Sa, M.; Finuf, M.; Fritz, R.; Pelaprat, J.-M.; Zediker, M. S. (500 Watt Blue Laser System for Welding Applications):
500 watt blue laser system for welding applications. In: Proceedings of High-Power Diode Laser Technology XVII. San Francisco, USA, 02.-07. Februar 2019. Bellingham, USA: SPIE, 2019.

Fischer, R. (Elektrische Maschinen):
Elektrische Maschinen. 17. Aufl. München: Hanser, 2017.

Fleischer, J.; Haag, S.; Hofmann, J. (Quo Vadis Winding Technology):
Quo Vadis Winding Technology? A study on the state of the art and research on future trends in automotive engineering. Karlsruhe: wbk/KIT, 2017.

Fleischer, J.; Hausmann, L.; Halwas, M.; Hofmann, J.; Wirth, F.; Wößner, W. (Wissen Kompakt):
Wissen Kompakt. Produktion elektrischer Traktionsmotoren. Stuttgart: e-mobil BW GmbH, 2020.

Fleischer, J.; Hausmann, L.; Wirth, F. (Production-Oriented Design of Electric Traction Drives with Hairpin Winding):
Production-oriented design of electric traction drives with hairpin winding. In: Proceedings of 31st CIRP Design Conference 2021. Enschede, Niederlande, 19.-21. Mai 2021. Amsterdam, Niederlande: Elsevier, 2021, S. 169–174.

Franzoni, N. (The Impregnation Process of Hairpin Winding Electric Motors for Automotive):
The impregnation process of hairpin winding electric motors for automotive. Masterarbeit. Mailand, Italien: Politecnico di Milano, 2019.

Freymann, R. (Strukturdynamik):
Strukturdynamik. Ein anwendungsorientiertes Lehrbuch. Berlin, Heidelberg: Springer, 2011.

Gäbler, F. (Optimizing Automotive Welding Applications with CleanWeld):
Optimizing Automotive Welding Applications with CleanWeld. In: PhotonicsViews, Jg. 16, 2019, Nr. 4, S. 52–55.

Gassmann, O.; Bader, M. A. (Patentmanagement):
Patentmanagement. Innovationen erfolgreich nutzen und schützen. 4. Aufl. Berlin, Heidelberg: Springer, 2017.

Geiger, W.; Kotte, W. (Handbuch Qualität):
Handbuch Qualität. Grundlagen und Elemente des Qualitätsmanagements: Systeme - Perspektiven. 5. Aufl. Wiesbaden: Vieweg, 2008.

Glaessel, T. (Prozessketten zum Laserstrahlschweißen von flachleiterbasierten Formspulenwicklungen):
Prozessketten zum Laserstrahlschweißen von flachleiterbasierten Formspulenwicklungen für automobile Traktionsantriebe. Dissertation. Erlangen: Friedrich-Alexander-Universität Erlangen-Nürnberg, 2020.

Glaessel, T.; Pinhal, D. B.; Masuch, M.; Gerling, D.; Franke, J. (Manufacturing Influences on the Motor Performance of Traction Drives with Hairpin Winding):
Manufacturing Influences on the Motor Performance of Traction Drives with Hairpin Winding. In: Proceedings of 9th International Electric Drives Production Conference. Esslingen, 03.-04. Dezember 2019: IEEE, 2019, S. 61–68.

Glaessel, T.; Seefried, J.; Franke, J. (Challenges in the Manufacturing of Hairpin Windings and Application Opportunities):
Challenges in the manufacturing of hairpin windings and application opportunities of infrared lasers for the contacting process. In: Proceedings of 7th International Electric Drives Production Conference. Würzburg, 05.-06. Dezember 2017: IEEE, 2017, S. 1–7.

Glaessel, T.; Seefried, J.; Masuch, M.; Riedel, A.; Mayr, A.; Kuehl, A.; Franke, J. (Process Reliable Laser Welding of Hairpin Windings):
Process Reliable Laser Welding of Hairpin Windings for Automotive Traction Drives. In: Proceedings of International Conference on Engineering, Science, and Industrial Applications. Tokio, Japan, 22.-24. August 2019: IEEE, 2019, S. 1–6.

Gläßel, T.; Franke, J. (Kontaktierung von Antrieben für die Elektromobilität):
Kontaktierung von Antrieben für die Elektromobilität. In: Zeitschrift für wirtschaftlichen Fabrikbetrieb, Jg. 112, 2017, Nr. 5, S. 322–326.

Gould, J. (Joining Challenges in the Manufacture of Motors):
Joining Challenges in the Manufacture of Motors for Electric Vehicles. Stator Winding Assemblies. https://ewi.org/new-paper-joining-challenges-in-the-manufacture-of-motors-for-electric-vehicles-stator-winding-assemblies/. Abruf 14.04.2022.

Gui, H.-L.; Li, Q.; Huang, Q.-X. (The Influence of Bauschinger Effect in Straightening Process):
The Influence of Bauschinger Effect in Straightening Process. In: Mathematical Problems in Engineering, Jg. 2015, 2015, Artikel: 612840.

Guo, Y.; Soulard, J.; Greenwood, D. (Challenges in Electric Machine Stator Manufacturing and Their Influences on Thermal Performance):
Challenges in Electric Machine Stator Manufacturing and Their Influences on Thermal Performance. In: Proceedings of 9th International Electric Drives Production Conference. Esslingen, 03.-04. Dezember 2019: IEEE, 2019, S. 201–212.

Habenicht, G. (Kleben):
Kleben. Grundlagen, Technologien, Anwendungen. 6. Aufl. Berlin, Heidelberg: Springer, 2009.

Hagedorn, J.; Sell-Le Blanc, F.; Fleischer, J. (Handbuch der Wickeltechnik für hocheffiziente Spulen und Motoren):
Handbuch der Wickeltechnik für hocheffiziente Spulen und Motoren. Ein Beitrag zur Energieeffizienz. Berlin, Heidelberg: Springer, 2016.

Halwas, M.; Hausmann, L.; Wirth, F.; Fleischer, J.; Jux, B.; Doppelbauer, M. (Influences of Design and Manufacturing on the Performance of Electric Traction Drives):
Influences of Design and Manufacturing on the Performance of Electric Traction Drives. In: Proceedings of International Conference on Electrical Machines. Gothenburg, Schweden, 23.-26 August 2020: IEEE, 2020, S. 488–494.

Hartung, J.; Jahn, A.; Bocksrocker, O.; Heizmann, M. (Camera-Based In-Process Quality Measurement of Hairpin Welding):
Camera-Based In-Process Quality Measurement of Hairpin Welding. In: Applied Sciences, Jg. 11, 2021, Nr. 21, S. 1–14.

Haubold, M.; Ganser, A.; Eder, T.; Zäh, M. F. (Laser Welding of Copper Using a High Power Disc Laser at Green Wavelength):
Laser welding of copper using a high power disc laser at green wavelength. In: Proceedings of 10th CIRP Conference on Photonic Technologies. Fürth, 03.-06. September 2018. Amsterdam, Niederlande: Elsevier, 2018, S. 446–449.

Hausmann, L.; Wirth, F.; Fleischer, J. (Opportunities of Model-Based Production-Oriented Design of Stators with Hairpin Winding):
Opportunities of Model-Based Production-Oriented Design of Stators with Hairpin Winding. In: Proceedings of 10th International Electric Drives Production Conference. Ludwigsburg, 08.-09. Dezember 2020: IEEE, 2020, S. 122–131.

Heider, A. (Erweitern der Prozessgrenzen beim Laserstrahlschweißen): *Erweitern der Prozessgrenzen beim Laserstrahlschweißen von Kupfer mit Einschweißtiefen zwischen 1 mm und 10 mm*. Dissertation. Stuttgart: Universität Stuttgart, 2018.

Helfferich, C. (Leitfaden- und Experteninterviews): *Leitfaden- und Experteninterviews*. In: Baur, N.; Blasius, J. (Hrsg.): Handbuch Methoden der empirischen Sozialforschung. Wiesbaden: Springer, 2014, S. 559–574.

Helfrich, C. (Das Prinzip Einfachheit): *Das Prinzip Einfachheit. Reduzieren Sie die Komplexität*. 2. Aufl. Renningen: Expert, 2018.

Heller, Burkhard: Chatti,Sami; Schikorra, M.; Tekkaya, A. E.; Kleiner, M. (Blechbiegen): *Blechbiegen*. In: Siegert, K. (Hrsg.): Blechumformung. Verfahren, Werkzeuge und Maschinen. Berlin, Heidelberg: Springer, 2015, S. 121–221.

Herrmann, P.; Stenzel, P.; Vogele, U.; Endisch, C. (Optimization Algorithms for Maximizing the Slot Filling Factor): *Optimization algorithms for maximizing the slot filling factor of technically feasible slot geometries and winding layouts*. In: Proceedings of 6th International Electric Drives Production Conference. Nürnberg, 30. November - 01. Dezember 2016: IEEE, 2016, S. 149–155.

Hess, H. (Die Isolierstoffe elektrischer Maschinen): *Die Isolierstoffe elektrischer Maschinen unter Berücksichtigung der Heimstoffe*. Weingarten: Vieweg & Teubner, 1942.

HEW-Kabel GmbH (Werkstoff-Portfolio für innovative Kabellösungen): *Werkstoff-Portfolio für innovative Kabellösungen. Der passende Werkstoff für Ihre Anwendung*. https://hew-kabel.com/files/images/prospekte/prospekte_de_en/HEW_MATERIALS_DE.pdf. Abruf 28.03.2022.

Hilgers, R.-D.; Heussen, N.; Stanzel, S. (Haupteffekt): *Haupteffekt*. In: Gressner, A. M.; Arndt, T. (Hrsg.): Lexikon der Medizinischen Laboratoriumsdiagnostik. 3. Aufl. Berlin, Heidelberg: Springer, 2019, S. 1075.

Hughes, W. O. (The Use of Matrix Displacement Method): *The Use of Matrix Displacement Method for Vibrational Analysis of Structures*. Pittsburgh, USA: Carnegie-Mellon University, 1981.

Intelligence Market Report (Global Hairpin Stator Market Growth): *Global Hairpin Stator Market Growth 2022-2028*. London, UK, 2022.

Ishigami, T.; Tanaka, Y.; Homma, H. (Stator With Thick Rectangular Wire): *Motor Stator With Thick Rectangular Wire Lap Winding for HEVs*. In: IEEE Transactions on Industry Applications, Jg. 51, 2015, Nr. 4, S. 2917–2923.

Jackson, D. L. (Revisiting Sample Size and Number of Parameter Estimates): *Revisiting Sample Size and Number of Parameter Estimates. Some Support for the N:q Hypothesis*. In: Structural Equation Modeling: A Multidisciplinary Journal, Jg. 10, 2003, Nr. 1, S. 128–141.

Janicki, J.; Reinhard, H. (Schienenfahrzeugtechnik): *Schienenfahrzeugtechnik*. 2. Aufl. Heidelberg, Mainz: Bahn-Fachverlag, 2008.

Janssen, J.; Laatz, W. (Statistische Datenanalyse mit SPSS): *Statistische Datenanalyse mit SPSS. Eine anwendungsorientierte Einführung in das Basissystem und das Modul Exakte Tests*. 9. Aufl. Berlin, Heidelberg: Springer, 2017.

Johnson, L. D. (Some Observations on the Electron Beam Welding of Copper): *Some observations on the electron beam welding of copper. Bead-on-plate welds show the effects of impurities, focus position and energy input, and high rates of heat input can retard recrystallization effects*. In: Welding Journal, Jg. 49, 1970, Nr. 2, S. 55–60.

Juergens, J.; Fricasse, A.; Marengo, L.; Gragger, J.; Gennaro, M. de; Ponick, B. (Innovative Design of an Air Cooled Ferrite Permanent Magnet Assisted Synchronous Reluctance Machine): *Innovative design of an air cooled ferrite permanent magnet assisted synchronous reluctance machine for automotive traction application*. In: Proceedings of XXII International Conference on Electrical Machines. Lausanne, Schweiz, 04.-07. September 2016: IEEE, 2016, S. 803–810.

Jung, D. S. (US 2014/0077636A1): *Hairpin Connection Device and Hairpin Winding Motor Including the Same*. Schutzrecht: US 2014/0077636A1, publiziert am: 20.03.2014.

Jurkovic, S.; Rahman, K. M.; Savagian, P. J. (Design, Optimization and Development of Electric Machine for Traction Application): *Design, optimization and development of electric machine for traction application in GM battery electric vehicle*. In: Proceedings of International Electric Machines and Drives Conference. Coeur d'Alene, USA, 11.-13. Mai 2015: IEEE, 2015, S. 1814–1819.

Kaiser, E.; Pricking, S.; Stolzenburg, C.; Killi, A. (Sputter-Free and Reproducible Laser Welding of Electric or Electronic Copper Contacts): *Sputter-free and reproducible laser welding of electric or electronic copper contacts with a green laser*. In: Proceedings of Lasers in Manufacturing Conference. München, 22.-25. Juni 2015. Hannover: WLT, 2015.

Kalich, J.; St. Schlegel; Füssel, U.; St. Großmann (Clinchen von Kupferwerkstoffen zur Kontaktierung elektrischer Leiter): *Clinchen von Kupferwerkstoffen zur Kontaktierung elektrischer Leiter*. In: Metall - Fachzeitschrift für Metallurgie, Jg. 73, 2019, Nr. 11, S. 456–459.

Kallee, S. (Kaltpressschweißen):
Kaltpressschweißen. Schweißen von fest aufeinandergepressten, oxidschichtfreien Bauteilen ohne die Zugabe von Wärme. https://www.alustir.com/deutsch/kaltpressschwei%C3%9Fen/. Abruf 09.08.2022.

Kamiske, G. F.; Brauer, J.-P. (Qualitätsmanagement von A bis Z):
Qualitätsmanagement von A bis Z. Wichtige Begriffe des Qualitätsmanagements und ihre Bedeutung. 7. Aufl. München: Hanser, 2011.

Kampker, A.; Bergweiler, G.; Hollah, A.; Fiedler, F.; Hansen, J. O. (Produktionseffizienz in der Kleinserie):
Produktionseffizienz in der Kleinserie. (ProeK). In: Zeitschrift für wirtschaftlichen Fabrikbetrieb, Jg. 112, 2017, Nr. 9, S. 576–579.

Kampker, A.; Deutskens, C.; Kreiskother, K.; Kleine Büning, M.; Kuhn, M. (Return on Engineering):
Return on engineering. Design to cost for electric engine production. In: Proceedings of 5th International Electric Drives Production Conference. Nürnberg, 15.-16. September 2015: IEEE, 2015, S. 206–211.

Kampker, A.; Dorn, B.; Brans, F.; Stäck, C.; Windhausen, M.; Patil, K. V. (Analysis of the Behaviour of the Winding Head of a Hairpin Stator):
Analysis of the Behaviour of the Winding Head of a Hairpin Stator. In: Proceedings of 12th International Electric Drives Production Conference. Regensburg, 29.-30. November 2022: IEEE, 2022, S. 64–72.

Kampker, A.; Heimes, H. H.; Dorn, B.; Brans, F.; Hartmann, S.; Schaffrath, M. (Effects of the Reduction of the Copper Wire Cross-Section):
Effects of the reduction of the copper wire cross-section on the welding process in the manufacturing of hairpin stators for electric traction motors. In: Proceedings of 12th International Electric Drives Production Conference. Regensburg, 29.-30. November 2022: IEEE, 2022, S. 73–81.

Kampker, A.; Heimes, H. H.; Dorn, B.; Brans, F.; Stäck, C. (Challenges of the Continuous Hairpin Technology for Production Techniques):
Challenges of the continuous hairpin technology for production techniques. In: Proceedings of 9th International Conference on Power and Energy Systems Engineering. Kyoto, Japan, 09.-11. September 2022. Amsterdam, Niederlande: Elsevier, 2022, S. 107–114.

Kampker, A.; Heimes, H. H.; Dorn, B.; Brans, F.; Stäck, C. (Produktionsprozess eines Continuous-Hairpin-Stators):
Produktionsprozess eines Continuous-Hairpin-Stators. Aachen: PEM der RWTH, 2022.

Kampker, A.; Heimes, H. H.; Kawollek, S.; Treichel, P.; Kraus, A.; Raßmann, A.; Hitzel, T. (Produktionsprozess eines Hairpin-Stators):
Produktionsprozess eines Hairpin-Stators. 2. Aufl. Frankfurt am Main: PEM der RWTH; VDMA, 2020.

Kampker, A.; Kawollek, S.; Dorn, B.; Stäck, C. (Initial Strength Joining of Flat Conductor-Based Shaped Coils):
Initial Strength Joining of Flat Conductor-Based Shaped Coils for Optimised Laser Welding Preparation in Hairpin Technology. In: Proceedings of 11th International Electric Drives Production Conference. Erlangen, Germany, 07.-09. Dezember 2021: IEEE, 2021.

Kampker, A.; Kawollek, S.; Treichel, P.; Kraus, A.; Wendler, M.; Linde, M. (Inline Testing Method Based on Paschen's Law):
Inline Testing Method Based On Paschen's Law With Integrated Machine Learning For Hairpin Stator Production. In: Proceedings of 10th International Electric Drives Production Conference. Ludwigsburg, 08.-09. Dezember 2020: IEEE, 2020, S. 21–28.

Kampker, A.; Kawollek, S.; Treichel, P.; Shah, S. (Efficiency Deficits and Solution Principles of Requirements Management):
Efficiency Deficits and Solution Principles of Requirements Management for Hairpin Stator Production Ramp-up by Early Prototypes. In: Proceedings of 10th International Electric Drives Production Conference. Ludwigsburg, 08.-09. Dezember 2020: IEEE, 2020, S. 176–187.

Kampker, A.; Kreisköther, K. D.; Büning, M. K.; Treichel, P. (Herausforderung Hairpintechnologie):
Herausforderung Hairpintechnologie. Technologieschub für OEMs und Anlagenbauer. In: ATZelektronik, Jg. 13, 2018, Nr. 5, S. 62–67.

Kampker, A.; Nowacki, C. (Elektromobilproduktion):
Elektromobilproduktion. Berlin, Heidelberg: Springer, 2014.

Kampker, A.; Treichel, P.; Kreiskother, K. D.; Krebs, M.; Buning, M. K. (Ex-Ante Process-FMEA for Hairpin Stator Production):
Ex-Ante Process-FMEA for Hairpin Stator Production by Early Prototypical Production Concepts. In: Proceedings of 8th International Electric Drives Production Conference. Schweinfurt, 04.-05. Dezember 2018: IEEE, 2018, S. 141–148.

Kampker, A.; Vallée, D.; Schnettler, A. (Hrsg.) (Elektromobilität):
Elektromobilität. Grundlagen einer Zukunftstechnologie. 2. Aufl., Berlin: Springer, 2018.

Kampker, I. A.; Dorn, B.; Brans, F.; Stäck, C.; Burkhart, I. B.; Uththama, K. (Stator Design for Flexible Manufacturing in Hairpin Technology):
Stator design for flexible manufacturing in hairpin technology. In: Proceedings of 11th International Conference on Power Electronics, Machines and Drives. Newcastle, UK, 21.-23. Juni 2022: IET, 2022, S. 6–11.

Kanigalpula, P.; Jaypuria, S.; Pratihar, D. K.; Jha, M. N. (Spiking Phenomenon in Electron Beam Welding of ETP Copper Plates):
Experimental investigations, input-output modeling, and optimization of spiking phenomenon in electron beam welding of ETP copper plates. In: Measurement, Jg. 129, 2018, Nr. 1, S. 302–318.

Kar, J.; Dinda, S. K.; Roy, G. G.; Roy, S. K.; Srirangam, P. (X-ray Tomography Study on Porosity in Electron Beam Welded Dissimilar Copper):
X-ray tomography study on porosity in electron beam welded dissimilar copper–304SS joints. In: Vacuum, Jg. 149, 2018, Nr. 1, S. 200–206.

Kastner, M. (Patentrecherche und Bewertung):
Patentrecherche und Bewertung. In: Proceedings of Seminars Future Internet and Innovative Internet Technologies and Mobile Communications. München, 18. April.-29. Juli 2011. München: TU München, 2011, S. 9–16.

Kiefer, D. (DHD Winding Technology for Electric Motors):
DHD (Distributed High Density) Winding Technology for Electric Motors. Updates and Test Data Review. Vortrag bei: 11th International Electric Drives Production Conference, am 07.12.2021.

Kies, T. (10 Grundregeln zur Konstruktion von Kunststoffprodukten):
10 Grundregeln zur Konstruktion von Kunststoffprodukten. München: Hanser, 2014.

Kinnaird, C.; Kirchbeck, B. (Wie viele Elektromotoren befinden sich in Ihrem Auto?):
Wie viele Elektromotoren befinden sich in Ihrem Auto? https://www.next-mobility.de/wie-viele-elektromotoren-befinden-sich-in-ihrem-auto-a-726466/. Abruf 03.01.2022.

Kirchner, E. (Werkzeuge und Methoden der Produktentwicklung):
Werkzeuge und Methoden der Produktentwicklung. Von der Idee zum erfolgreichen Produkt. Berlin, Heidelberg: Springer, 2020.

Kirkhoff, J. (Processes and Design Considerations for Automatic Assembly of Electric Motor Stators):
Processes and design considerations for automatic assembly of electric motor stators. In: Proceedings of Electrical Insulation Conference and Electrical Manufacturing and Coil Winding Technology Conference. Indianapolis, USA, 23-25 September 2003: IEEE, 2003, S. 79–88.

Kistler Gruppe (DMS-Miniatur-Kraftsensor):
DMS-Miniatur-Kraftsensor. Typ 4577A. https://www.kistler.com/files/document/000-674d.pdf?callee=frontend. Abruf 23.08.2022.

Kistler Gruppe (Strain Gage Meter):
Strain Gage Meter. Typ 4703B. https://www.kistler.com/files/document/000-762d.pdf?callee=frontend. Abruf 23.08.2022.

Klahn, C.; Singer, D.; Meboldt, M. (Design Guidelines for Additive Manufactured Snap-Fit Joints):
Design Guidelines for Additive Manufactured Snap-Fit Joints. In: Proceedings of 26th CIRP Design Conference. Stockholm, Schweden, 15.-17. Juni 2016. Amsterdam, Niederlande: Elsevier, 2016, S. 264–269.

Kleber, R. M. (US8671559B2):
System for Joining Stator Wires. Schutzrecht: US8671559B2, publiziert am: 18.03.2014.

Klocke, F.; König, W. (Fertigungsverfahren 3):
Fertigungsverfahren 3. Abtragen, Generieren, Lasermaterialbearbeitung. 4. Aufl. Berlin, Heidelberg: Springer, 2007.

Klusmann, B. (Automatisiserte Träufelwickeltechnik):
Automatisiserte Träufelwickeltechnik für kontinuierliche Schrägwicklungen von Asynchronmaschinen. Vortrag bei: 8. Elektromobilproduktionstage. Aachen, am 06.10.2020.

Koch, C. (Untersuchungen zum lokalen- und belastungsrichtungsabhängigen Stoffschluss):
Untersuchungen zum lokalen- und belastungsrichtungsabhängigen Stoffschluss durchsetzgefügter Verbindungselemente. Dissertation. Clausthal: TU Clausthal, 2022.

Koch, H. C. (Zukunftsweisende Produktionsstrukturen im Automobilbau):
Zukunftsweisende Produktionsstrukturen im Automobilbau. In: Zeitschrift für wirtschaftlichen Fabrikbetrieb, Jg. 76, 1981, Nr. 6, S. 253–257.

Konishi (Query Terms Extraction from Patent Document for Invalidity Search):
Query Terms Extraction from Patent Document for Invalidity Search. In: Proceedings of NTCIR-5 Workshop Meeting. Tokio, Japan, 06.-09. Dezember 2005. Tokio, Japan: National Institute of Informatics, 2005.

Kreyenberg, D. (Fahrzeugantriebe für die Elektromobilität):
Fahrzeugantriebe für die Elektromobilität. Total Cost of Ownership, Energieeffizienz, CO2-Emissionen und Kundennutzen. Wiesbaden: Springer, 2016.

Kronsteiner, G. (Einführung in die Infrarotmesstechnik):
Einführung in die Infrarotmesstechnik. http://91.143.108.245/Downloads/Grundlagen-Infrarotmessung/Einfuehrung_in_die_IRMesstechnik.pdf. Abruf 01.09.2022.

Krüger, A. (Polyamidimid):
Polyamidimid. Datenblätter. https://akkut-kunststoffe.de/wp-content/uploads/2019/10/01_PAI.pdf. Abruf 11.12.2022.

Kruskal, W. H.; Wallis, W. A. (Use of Ranks in One-Criterion Variance Analysis):
Use of Ranks in One-Criterion Variance Analysis. In: Journal of the American Statistical Association, Jg. 47, 1952, Nr. 260, S. 583–621.

Kubes, L. (Cost Improvements Through Innovation for Electric Traction Drive Systems):
Cost Improvements Through Innovation for Electric Traction Drive Systems. Vortrag bei: Engine Expo 2011. Stuttgart, am 18.11.2011.

Kuntz, B. (Hot Application):
Hot Application. e-Mobility - Hairpin Welding. https://amadaweldtech.com/wp-content/uploads/2021/01/Hot-Application-Hairpin-Welding.pdf. Abruf 17.04.2022.

Kusch, M.; Matthes, K.-J.; Schneider, W. (Schweißtechnik):
Schweißtechnik. Schweißen von metallischen Konstruktionswerkstoffen. 7. Aufl. München: Hanser, 2022.

Lei, Y.; Yu, W.; Li, C.; Cheng, X. (Simulation on Temperature Field of TIG Welding of Copper):
Simulation on temperature field of TIG welding of copper without preheating. In: Transactions of Nonferrous Metals Society of China, Jg. 16, 2006, Nr. 4, S. 838–842.

Levermann, A. (High Performance Merkmale bei innovativen Wickeldrähten):
High Performance Merkmale bei innovativen Wickeldrähten. Vortrag bei: 9. Elektromobilproduktionstage. Aachen, am 27.10.2021.

Lindner, H. (Elektromagnetismus als Triebkraft im zweiten Drittel des 19. Jahrhunderts):
Elektromagnetismus als Triebkraft im zweiten Drittel des 19. Jahrhunderts. dargest. am Beisp. d. Arbeiten von Moritz Hermann Jacobi (1801-1874) u. Johann Philipp Wagner (1799-1879). Dissertation. Berlin: TU Berlin, 1986.

Lindström, C. T. V. (Defect Formation and Mitigation During Laser Powder Bed Fusion of Copper):
Defect formation and mitigation during laser powder bed fusion of copper. Dissertation. Lusanne, Schweiz: EPFL, 2021.

Link, C.; Sammer, G.; Stark, J. (Abschätzung des Marktpotenzials und zukünftigen Marktanteils von Elektroautos):
Abschätzung des Marktpotenzials und zukünftigen Marktanteils von Elektroautos. In: Elektrotechnik und Informationstechnik, Jg. 129, 2012, Nr. 3, S. 156–161.

Macherauch, E. (Praktikum in Werkstoffkunde):
Praktikum in Werkstoffkunde. 91 ausführliche Versuche aus wichtigen Gebieten der Werkstofftechnik. 11. Aufl. Wiesbaden: Vieweg & Teubner, 2011.

Marelli Electric Powertrain Cologne GmbH (Marelli baut Elektro-Motoren in Köln):
Marelli baut Elektro-Motoren in Köln. Neue Arbeitsplätze auch für freigestellte Ford-Mitarbeiter. In: Kölner Stadt-Anzeiger, am 26.11.2020

Mayer, D.; Hausmann, L.; Maul, N.; Reinschmidt, L.; Hofmann, J.; Fleischer, J. (Systematic Investigation of the Grooving Process and its Influence on Slot Insulation of Stators with Hairpin Technology):
Systematic Investigation of the Grooving Process and its Influence on Slot Insulation of Stators with Hairpin Technology. In: Proceedings of 9th International Electric Drives Production Conference. Esslingen, 03.-04. Dezember 2019: IEEE, 2019, S. 161–170.

Mayr, A.; Lutz, B.; Weigelt, M.; Glaessel, T.; Kißkalt, D.; Masuch, M.; Riedel, A.; Franke, J. (Evaluation of Machine Learning for Quality Monitoring of Laser Welding):
Evaluation of Machine Learning for Quality Monitoring of Laser Welding Using the Example of the Contacting of Hairpin Windings. In: Proceedings of 8th International Electric Drives Production Conference. Schweinfurt, 04.-05. Dezember 2018: IEEE, 2018, S. 177–186.

Melzer, A. (Six Sigma):
Six Sigma. Kompakt und praxisnah. 2. Aufl. Wiesbaden: Springer, 2015.

Merdan, M.; Zoitl, A.; Koppensteiner, G.; Melik-Merkumians, M. (Adaptive Produktionssysteme durch den Einsatz von autonomen Softwareagenten):
Adaptive Produktionssysteme durch den Einsatz von autonomen Softwareagenten. In: Elektrotechnik und Informationstechnik, Jg. 129, 2012, Nr. 1, S. 53–58.

Meyer, G. J. (Zur Theorie der Abschmelzsicherungen):
Zur Theorie der Abschmelzsicherungen. München, Berlin: Oldenbourg, 1906.

Moro, J. L. (Baukonstruktion):
Baukonstruktion - vom Prinzip zum Detail. Band 3 - Umsetzung. 3. Aufl. Berlin, Heidelberg: Springer, 2022.

Motor Design Ltd (Maximising E-Machine Efficiency with Hairpin Windings):
Maximising E-Machine Efficiency with Hairpin Windings. White Paper. Wrexham, UK, 2021.

Nategh, S.; Barber, D.; Lindberg, D.; Boglietti, A.; Aglen, O. (Review and Trends in Traction Motor Design):
Review and Trends in Traction Motor Design. Primary and Secondary Insulation Systems. In: Proceedings of 8th International Conference on Electrical Machines. Alexandroupoli, Griechenland, 03.-06. September 2018: IEEE, 2018, S. 2607–2612.

Nationale Plattform Elektromobilität (Zweiter Bericht der Nationalen Plattform Elektromobilität):
Zweiter Bericht der Nationalen Plattform Elektromobilität. Berlin: GGEMO, 2011.

Neugebauer, C.; Beranek, M.; Bocksrocker, O. (Manufacturing Electric Motors):
Manufacturing electric motors. Stripping and welding haipins using a laser. Ditzingen: TRUMPF Laser- und Systemtechnik GmbH, 2019.

Neuhausen, J. (Methodik zur Gestaltung modularer Produktionssysteme):
Methodik zur Gestaltung modularer Produktionssysteme für Unternehmen der Serienproduktion. Dissertation. Aachen: RWTH, 2001.

Niemann, G.; Winter, H.; Höhn, B.-R.; Stahl, K. (Maschinenelemente 1):
Maschinenelemente 1. Konstruktion und Berechnung von Verbindungen, Lagern, Wellen. 5 Aufl. Berlin, Heidelberg: Springer, 2019.

O'Brien, A. (Hrsg.) (Welding Handbook):
Welding handbook. Materials and Applications, Part 2. 9. Aufl., Miami, USA: American Welding Society, 2015.

Offenburger, O. (Patent und Patentrecherche):
Patent und Patentrecherche. Praxisbuch für KMU, Start-ups und Erfinder. Wiesbaden: Springer, 2015.

Olsson, T. (P2 On and Off Axis):
P2 On and Off axis. Efficient Hybrid Concepts. Vortrag bei: European All-Wheel Drive Congress 2019. Graz, Österreich, am 09.05.2019.

Organisation for Economic Co-operation and Development (OECD Patent Statistics Manual):
OECD patent statistics manual. Paris, Frankreich: OECD Publishing, 2009.

Ott, M.; Bocker, J. (Sensitivity Analysis on Production Tolerances for Electric Drive Systems):
Sensitivity analysis on production tolerances for electric drive systems in automotive application. In: Proceedings of 18th European Conference on Power Electronics and Applications. Karlsruhe, 05.-09. September 2016: IEEE, 2016.

P. Keil; D. Lützenkirchen-Hecht; R. Frahm (Investigation of Room Temperature Oxidation of Cu in Air):
Investigation of Room Temperature Oxidation of Cu in Air by Yoneda-XAFS. In: AIP Conference Proceedings, Jg. 882, 2007, Nr. 1, S. 490.

Park, S. W.; Cho, H. (Electrical Contact Resistance and Temperature Rise at at the Connections of the Copper Busbars in Switchgears):
A practical study on electrical contact resistance and temperature rise at at the connections of the copper busbars in switchgears. In: Proceedings of 60th Holm Conference on Electrical Contacts. New Orleans, USA, 12.-15. Oktober 2014: IEEE, 2014, S. 1–7.

Patel, D.; Hochstetler, D. R.; Friske, G. W. (US8487498B2):
Multipe Conductor Winding in Stator. Schutzrecht: US8487498B2, publiziert am: 16.07.2013.

Perregaux, A.; Melvin, J. (Electromagnetic Motors are the World's Biggest Energy Consumers):
Electromagnetic Motors are the World's Biggest Energy Consumers. https://www.engineering.com/story/electromagnetic-motors-are-the-worlds-biggest-energy-consumers. Abruf 17.12.2022.

Peter, M.; Blanc, F. S.-L.; Fleischer, J. (Trends im Elektromaschinenbau):
Trends im Elektromaschinenbau. In: Zeitschrift für wirtschaftlichen Fabrikbetrieb, Jg. 108, 2013, Nr. 6, S. 435–439.

Peterson, W.; Gould, J.; Agapiou, John, Perry, Thomas A.; Schroth, J. G. S. (Resistance-Spot-Mash-Welding):
Resistance-Spot-Mash-Welding. https://ewi.org/wp-content/uploads/2015/09/Resistance-Spot-Mash-Welding.pdf. Abruf 07.04.2021.

Pickin, C. G.; Williams, S. W.; Lunt, M. (Characterisation of the Cold Metal Transfer Process):
Characterisation of the cold metal transfer (CMT) process and its application for low dilution cladding. In: Journal of Materials Processing Technology, Jg. 211, 2011, Nr. 3, S. 496–502.

Pinhal, D. B.; Gerling, D. (Driving Cycle Simulation of Wound-Rotor Synchronous Machine):
Driving Cycle Simulation of Wound-Rotor Synchronous Machine with Hairpin Windings Considering AC-Losses. In: Proceedings of Transportation Electrification Conference and Expo. Detroit, USA, 19.-21. Juni 2019: IEEE, 2019.

Plaßmann, W.; Schulz, D. (Handbuch Elektrotechnik):
Handbuch Elektrotechnik. Grundlagen und Anwendungen für Elektrotechniker. 6. Aufl. Wiesbaden: Springer, 2013.

Pocius, A. V. (Adhesion and Adhesives Technology):
Adhesion and adhesives technology. An introduction. 3. Aufl. München: Hanser, 2012.

Pohl, K. (Requirements Engineering):
Requirements Engineering. Fundamentals, principles, and techniques. Berlin: Springer, 2010.

Promet AG (Material-Information Kupfer):
Material-Information Kupfer. Stromschienen aus Kupfer. https://www.promet.com/fileadmin/user_upload/Produkte/Stromschienen/PDF/Materialinformation_Kuper_ETP_OFE_low.pdf. Abruf 11.04.2022.

Pushev G.; Velev S.; Dulgerov N. (Advanced Conductor Shape Technology):
Advanced Conductor Shape Technology. In: Machines. Technologies. Materials., Jg. 10, 2016, Nr. 12, S. 3–7.

Reif, K.; Noreikat, K.-E.; Borgeeste, K. (Kraftfahrzeug-Hybridantriebe):
Kraftfahrzeug-Hybridantriebe. Grundlagen-Systeme-Komponenten-Anwendungen. Wiesbaden: Springer, 2012.

Reisgen, U.; Olschok, S.; Jakobs, S.; Turner, C. (Sound Welding of Copper):
Sound Welding of Copper. Laser Beam Welding in Vacuum. In: Proceedings of 9th International Conference on Photonic Technologies. Fürth, 19.-22. September 2016. Amsterdam, Niederlande: Elsevier, 2016, S. 447–454.

Richnow, J.; Stenzel, P.; Renner, A.; Gerling, D.; Endisch, C. (Influence of Different Impregnation Methods and Resins):
Influence of different impregnation methods and resins on thermal behavior and lifetime of electrical stators. In: Proceedings of 4th International Electric Drives Production Conference. Nürnberg, 30. September - 01. Oktober 2014: IEEE, 2014, S. 237–245.

Riedel, A.; Masuch, M.; Weigelt, M.; Glassel, T.; Kuhl, A.; Reinstein, S.; Franke, J. (Challenges of the Hairpin Technology for Production Techniques):
Challenges of the Hairpin Technology for Production Techniques. In: Proceedings of 21st International Conference on Electrical Machines and Systems. Jeju, Südkorea, 07.-10. Oktober 2018: IEEE, 2018, S. 2471–2476.

Ruf, A.; Pauli, F.; Schröder, M.; Hameyer, K. (Lebensdauermodellierung von nicht-teilentladungsresistenten Isoliersystemen):
Lebensdauermodellierung von nicht-teilentladungsresistenten Isoliersystemen elektrischer Maschinen in dynamischen Lastkollektiven. In: Elektrotechnik und Informationstechnik, Jg. 135, 2018, Nr. 2, S. 131–144.

Saarstahl AG (42CrMo4):
42CrMo4 - 42CrMoS4. Werkstoff-Datenblatt. https://www.saarstahl.de/sag/downloads/download/11180.

Sadiku, S.; Witwer, K. A. (US7703192B2):
Method for producing a coil winding for stators or rotors of electrical machines. Schutzrecht: US7703192B2, publiziert am: 27.04.2010.

Schaeffler Technologies AG & Co. KG (Technologien für die Elektromobilität):
Technologien für die Elektromobilität. Innovativ. Nachhaltig. Effizient. Herzogenaurach, 2021.

Schleich GmbH (Prüfmethodenfibel):
Prüfmethodenfibel. Kompetente Wicklungsprüfung. 3 Aufl. Hemer, 2019.

Schlick, T.; Hertel, G.; Hagemann, B.; Maiser, E.; Kramer, M. (Zukunftsfeld Elektromobilität):
Zukunftsfeld Elektromobilität. Chancen und Herausforderungen für den deutschen Maschinen-und Anlagenbau. München: Roland Berger, 2011.

Schmidt, H. C. (Ein Beitrag zum stoffschlüssigen Fügen durch plastische Deformation):
Ein Beitrag zum stoffschlüssigen Fügen durch plastische Deformation. Partielles Kaltpressschweißen durch inkrementelles Walzen. Dissertation. Paderborn: Universität Paderborn, 2018.

Schmidt, T. (Hairpin-Technologie):
Hairpin-Technologie. Warum Drähte in E-Maschinen oft eckig sind. In: Krafthand Technikmagazin, Jg. 94, 2021, Nr. 6.

Schmitt, R. (Basiswissen Qualitätsmanagement):
Basiswissen Qualitätsmanagement. Düsseldorf: Symposion, 2015.

Schneeweiss, C.; Eichler, J.; Brose, M. (Leitfaden für Laserschutzbeauftragte):
Leitfaden für Laserschutzbeauftragte. Ausbildung und Praxis. 2. Aufl. Berlin, Heidelberg: Springer, 2021.

Schoeneberg, K.-P. (Komplexitätsmanagement in Unternehmen):
Komplexitätsmanagement in Unternehmen. Herausforderungen im Umgang mit Dynamik, Unsicherheit und Komplexität meistern. Wiesbaden: Springer, 2014.

Schroth, J. G.; Perry, T. A.; Agapiou, J. S.; Lesperance, R. M. L. (US10213878B2):
Arc welding/brazing process for low-heat input copper joining. Schutzrecht: US10213878B2, publiziert am: 26.02.2019.

Schuisky, W. (Elektromotoren):
Elektromotoren. Ihre Eigenschaften und ihre Verwendung für Antriebe. Berlin, Heidelberg: Springer, 1951.

Schuler, V.; Twrdek, J. (Praxiswissen Schweißtechnik):
Praxiswissen Schweißtechnik. Werkstoffe, Prozesse, Fertigung. 6. Aufl. Wiesbaden: Springer Vieweg, 2019.

Schuler GmbH (Handbuch der Umformtechnik):
Handbuch der Umformtechnik. Berlin, Heidelberg: Springer, 1996.

Schulze, G. (Die Metallurgie des Schweißens):
Die Metallurgie des Schweißens. Eisenwerkstoffe - Nichteisenmetallische Werkstoffe. 4. Aufl. Berlin, Heidelberg: Springer, 2009.

Schütz, F. (Trickle Impregnation and Powder Coating Solutions):
Trickle impregnation and powder coating solutions for 800V hairpin stators. Vortrag bei: Coiltech Deutschland - World Magnetic Conference 2022. Ulm, am 06.04.2022.

Seiffert, U. (Fahrzeugantrieb im Wandel):
Fahrzeugantrieb im Wandel. In: MTZ - Motortechnische Zeitschrift, Jg. 75, 2014, Nr. 15, S. 122–125.

Seinschedt, F. (Electron Beam Technology in the Field of E Mobility):
Electron Beam Technology in the field of E Mobility. Gilching: pro-beam systems GmbH, 2020.

Sell-Le Blanc, F.; Hofmann, J.; Simmler, R.; Fleischer, J. (Coil Winding Process Modelling with Deformation Based Wire Tension Analysis):
Coil winding process modelling with deformation based wire tension analysis. In: CIRP Annals - Manufacturing Technology, Jg. 65, 2016, Nr. 1, S. 65–68.

Sequenz, H. (Die Wicklungen elektrischer Maschinen):
Die Wicklungen elektrischer Maschinen. Erster Band: Wechselstrom-Ankerwicklungen. Wien, Österreich: Springer, 1950.

Siebertz, K.; van Bebber, D.; Hochkirchen, T. (Statistische Versuchsplanung):
Statistische Versuchsplanung. Design of Experiments (DoE). 2. Aufl. Berlin, Heidelberg: Springer, 2017.

Sievi, P. (Solutions for E-Mobility by Scansonic):
Solutions for E-Mobility by Scansonic. Process-orientation: The application defines the technical solution. Online, am 12.08.2020.

Sievi, P.; Käfer, S. (Hairpins für E-Mobility schweißen):
Hairpins für E-Mobility schweißen. https://www.maschinenmarkt.vogel.de/hairpins-fuer-e-mobility-schweissen-a-1003621/. Abruf 11.04.2022.

Simons, J. S.; Richards, M. T. (Non-Destructive Electrical Test Methods):
Non-destructive electrical test methods for evaluating high-voltage stator insulation. In: Proceedings of the IEE - Part A: Power Engineering, Jg. 109, 1962, Nr. 3S, S. 71–79.

Slaby, S. (Online-Recherche in Patentdatenbanken):
Online Recherche in Patentdatenbanken. https://silo.tips/download/online-recherche-in-patentdatenbanken-dr-susanna-slaby. Abruf 17.04.2022.

Sola, J. (Towards Visual Localization, Mapping and Moving Objects Tracking):
Towards Visual Localization, Mapping and Moving Objects Tracking by a Mobile Robot. A Geometric and Probabilistic Approach. PhD Thesis. Toulouse, Frankreich: Institut National Polytechnique, 2012.

Spreng, S. (Numerische, analytische und empirische Modellierung des Heißcrimpprozesses):
Numerische, analytische und empirische Modellierung des Heißcrimpprozesses. Dissertation. Erlangen: Friedrich-Alexander-Universität Erlangen-Nürnberg, 2020.

Spreng, S.; Bongräber, T.; Glässel, T.; Franke, J. (Qualification of Main Impacts on the Inductive Skinning Process):
Qualification of main impacts on the inductive skinning process of copper wire bundles. In: Proceedings of 28th International Conference on Electric Contacts. Edinburgh, UK, 06.-09. Juni 2016. Edinburgh, UK: Heriot-Watt University, 2016.

Spring, E. (Elektrische Maschinen):
Elektrische Maschinen. Eine Einführung. 3. Aufl. Berlin, Heidelberg: Springer, 2009.

Stäck, C. (Research Project HaPiPro²):
Research Project HaPiPro². Product und Production Concepts for Variant-Flexible Hairpin-Stator-Production. Vortrag bei: Coiltech Deutschland 2022 - World Magnetic Conference. Ulm, am 07.04.2022.

Stanek, R.; Kirchen, J.; Klein, A.; Rupp, M.; Flemming, J.; Steiner, L.; Knecht, T. (Wertschöpfungspotenziale von E-Motoren für den Automobilbereich):
Wertschöpfungspotenziale von E-Motoren für den Automobilbereich in Baden-Württemberg. Themenpapier Cluster Elektromobilität Süd-West. Stuttgart: e-mobil BW GmbH, 2021.

Steinacker, A.; Bergemann, N.; Braghero, P.; Campanini, F.; Cuminetti, N.; Buck, J. de; Ferraris, M. (Possible Impregnation and Encapsulation Techniques, Materials and Variables):
Hair Pin motors. possible impregnation and encapsulation techniques, materials and variables to be considered. In: Proceedings of International Conference of Electrical and Electronic Technologies for Automotive. Turin, Italien, 18.-20. November 2020: IEEE, 2020, S. 1–6.

Stone, G. C.; Stranges, M. K.; Dunn, D. G. (Common Questions on Partial Discharge Testing):
Common Questions on Partial Discharge Testing. A Review of Recent Developments in IEEE and IEC Standards for Offline and Online Testing of Motor and Generator Stator Windings. In: IEEE Industry Applications Magazine, Jg. 22, 2016, Nr. 1, S. 14–19.

Thurman, C. E. (Trickle Impregnation of Small Motors):
Trickle impregnation of small motors. In: IEEE Electrical Insulation Magazine, Jg. 5, 1989, Nr. 3, S. 30–35.

Tober, W. (Praxisbericht Elektromobilität und Verbrennungsmotor):
Praxisbericht Elektromobilität und Verbrennungsmotor. Analyse elektrifizierter Pkw-Antriebskonzepte. Wiesbaden: Springer, 2016.

Tóth, T.; Hensel, J.; Thiemer, S.; Sieber, P.; Dilger, K. (Electron Beam Welding of Rectangular Copper Wires):
Electron beam welding of rectangular copper wires applied in electrical drives. In: Welding in the World, Jg. 65, 2021, Nr. 11, S. 2077–2091.

TOX® Pressotechnik GmbH & Co. KG (TOX®-Clinch-Technologie):
TOX®-Clinch-Technologie. https://de.tox-pressotechnik.com/assets/countries/DE/pdf/TOX_Clinching-Technology_80_de.pdf. Abruf 17.08.2022.

Treichel, P. (Expertenseminar Hairpin-Statorproduktionstechnologien):
Expertenseminar Hairpin-Statorproduktionstechnologien. Vortrag bei: Elektromobilproduktionstage 2020. Aachen, am 08.08.2020.

Tzscheutschler, R.; Olbrisch, H.; Jordan, W. (Technologie des Elektromaschinenbaus):
Technologie des Elektromaschinenbaus. Berlin: Technik, 1990.

Vater, J.; Schamberger, P.; Knoll, A.; Winkle, D. (Fault Classification and Correction based on Convolutional Neural Networks):
Fault Classification and Correction based on Convolutional Neural Networks exemplified by laser welding of hairpin windings. In: Proceedings of 9th International Electric Drives Production Conference. Esslingen, 03.-04. Dezember 2019: IEEE, 2019, S. 51–60.

Verein Deutscher Ingenieure (VDI 2860):
VDI 2860. *Montage- und Handhabungstechnik; Handhabungsfunktionen, Handhabungseinrichtungen. Begriffe, Definitionen, Symbole.* (Richtlinie - zurückgezogen). Düsseldorf: VDI Verlag, 1990.

Verein Deutscher Ingenieure (VDI 2906-2):
VDI 2906 - Blatt 2. *Schnittflächenqualität beim Schneiden, Beschneiden und Lochen von Werkstücken aus Metall. Scherschneiden.* (Richtlinie). Düsseldorf: VDI Verlag, 1994.

Verein Deutscher Ingenieure (VDI 2225-3):
VDI 2225 - Blatt 3. *Konstruktionsmethodik. Technisch-wirtschaftliches Konstruieren und technisch-wirtschaftliche Bewertung.* (Richtlinie). Düsseldorf: VDI Verlag, 1998.

Verein Deutscher Ingenieure (VDI 2221-1):
VDI 2221 - Blatt 1. *Entwicklung technischer Produkte und Systeme. Modell der Produktentwicklung.* (Richtlinie). Düsseldorf: VDI Verlag, 2019.

Wahid, Z.; Nadir, N. (Improvement of One Factor at a Time through Design of Experiments):
Improvement of one factor at a time through design of experiments. In: World Applied Sciences Journal, Jg. 21, 2013, Nr. 1, S. 56–61.

Wang, J.; Chen, Y.-J. (Patent Mining Approach for Analyzing Technological Opportunities):
A novelty detection patent mining approach for analyzing technological opportunities. In: Advanced Engineering Informatics, Jg. 42, 2019, Artikel: 100934.

Warnecke, G. (Komplexität):
Komplexität. Mit Kompetenz bewältigen, mit Technik beherrschen. In: Zeitschrift für wirtschaftlichen Fabrikbetrieb, Jg. 105, 2010, Nr. 7-8, S. 639–642.

Wartzack, S. (Auswahl- und Bewertungsmethoden):
Auswahl- und Bewertungsmethoden. In: Bender, B.; Gericke, K. (Hrsg.): Pahl/Beitz Konstruktionslehre. Methoden und Anwendung erfolgreicher Produktentwicklung. 9. Aufl. Berlin: Springer, 2021, S. 307–334.

wbk Institut für Produktionstechnik (AnStaHa):
AnStaHa. Anlagenentwicklung für die Fertigung von Statoren mit Haiprin-Technologie. https://sda2020.de/fileadmin/files/Themenfelder/TF1_PDF/TF1_AnStaHa_PO1.pdf. Abruf 15.02.2022.

Weiße, L. (Aktuelle Trends der Wickeltechnologie):
Aktuelle Trends der Wickeltechnologie. Vergleich der Fertigungsverfahren von Rund- und Profildraht. Vortrag bei: Expertenseminar Elektromotorproduktion 2019. Aachen, am 17.10.2021.

Westkämper, E. (Null-Fehler-Produktion in Prozessketten):
Null-Fehler-Produktion in Prozeßketten. Maßnahmen zur Fehlervermeidung und -kompensation. Berlin, Heidelberg: Springer, 1997.

Westkämper, E. (Einführung in die Organisation der Produktion):
Einführung in die Organisation der Produktion. Berlin, Heidelberg: Springer, 2006.

Wirth, F.; Fleischer, J. (Influence of Wire Tolerances on Hairpin Shaping Processes):
Influence of Wire Tolerances on Hairpin Shaping Processes. In: Proceedings of 9th International Electric Drives Production Conference. Esslingen, 03.-04. Dezember 2019: IEEE, 2019, S. 69–78.

Wirth, F.; Hofmann, J.; Fleischer, J. (Einfluss geometrischer Materialtoleranzen auf die werkzeuggebundene Formgebung):
Einfluss geometrischer Materialtoleranzen auf die werkzeuggebundene Formgebung und Eigenschaften von Hairpin-Steckspulen. Bamberg, 2019.

Wirth, F.; Kirgor, T.; Hofmann, J.; Fleischer, J. (FE-Based Simulation of Hairpin Shaping Processes for Traction Drives):
FE-Based Simulation of Hairpin Shaping Processes for Traction Drives. In: Proceedings of 8th International Electric Drives Production Conference. Schweinfurt, 04.-05. Dezember 2018: IEEE, 2018, S. 149–156.

Wirth, F.; Nguyen, C.; Hofmann, J.; Fleischer, J. (Characterization of Rectangular Copper Wire Forming Properties):
Characterization of Rectangular Copper Wire Forming Properties and Derivation of Control Concepts for the Kinematic Bending of Hairpin Coils. In: Procedia Manufacturing, Jg. 47, 2020, Nr. 1, S. 678–685.

Wischermann, B.; Weber, J.; Piekenbrock, D. (Kosten):
Kosten. Ausführliche Definition im Online-Lexikon. https://wirtschaftslexikon.gabler.de/definition/kosten-39327. Abruf 03.12.2022.

Witte, H. (Aspekte einer dynamischen Nutzwertanalyse):
Aspekte einer dynamischen Nutzwertanalyse unter Fehlerbetrachtung. In: Zeitschrift für die gesamte Staatswissenschaft, Jg. 134, 1978, Nr. 3, S. 490–502.

Zediker, M. S.; Fritz, R. D.; Finuf, M. J.; Pelaprat, J. M. (Laser Welding Components for Electric Vehicles):
Laser welding components for electric vehicles with a high-power blue laser system. In: Journal of Laser Applications, Jg. 32, 2020, Nr. 2, Artikel: 022038.

Zerbe, P. (Innovative Wickeltechnologien für Statorspulen zur Erhöhung des Füllfaktors):
Innovative Wickeltechnologien für Statorspulen zur Erhöhung des Füllfaktors und Reduzierung der Beanspruchungen im Wickelprozess. Berlin: TU Berlin, 2019.

Zhang, L.; Li, L.; Li, T. (Patent Mining):
Patent Mining. A Survey. In: SIGKDD Explorations, Jg. 16, 2014, Nr. 2, S. 1–19.

Zhang, L.-J.; Bai, Q.-L.; Ning, J.; Wang, A.; Yang, J.-N.; Yin, X.-Q.; Zhang, J.-X. (Microstructure and Properties of Copper Joint between MIG Welding and Laser-MIG Hybrid Welding):
A comparative study on the microstructure and properties of copper joint between MIG welding and laser-MIG hybrid welding. In: Materials & Design, Jg. 110, 2016, Nr. 1, S. 35–50.

Anhang

Appendix

Anhang 1: Interviewleitfaden Expertenstudie

A: Vorbemerkungen

Im Rahmen des Dissertationsvorhabens „Anfangsfestes Hairpin-Fügen“ werden spannvorrichtungslose Verfahren zum Ausrichten und Spannen der Hairpin-Enden vor dem Schweißprozess untersucht. Spannvorrichtungslose Verfahren für das Kontaktieren von Hairpin-Enden stellen ein weitgehend unbesetztes Forschungsfeld dar und bieten vermeintlich ein hohes Maß an Innovationspotenzial für die Hairpin-Technologie.

Die zentral zu beantwortende Forschungsfrage für das Dissertationsvorhaben lautet:

„Können spannvorrichtungslose Verfahren für das Kontaktieren von Hairpins die Qualität und Prozessstabilität der Hairpin-Prozesskette nachhaltig steigern?“[521]

Mit Hilfe von Experteninterviews soll die Aktualität und Relevanz der Thematik in Form einer qualitativen Vorstudie untersucht werden.

Hierfür sind drei zentrale Fragen zu beantworten:

1. Welche Praxisdefizite können beim Hairpin-Kontaktieren und insbesondere der Schweißvorbereitung identifiziert werden?
2. Wird das Potenzial spannvorrichtungsloser Prozessalternativen zum Ausrichten und Spannen der Hairpin-Enden vor dem Schweißprozess erkannt?
3. Welche technischen Anforderungen werden an die Entwicklung eines anfangsfesten Hairpin-Fügesystems gestellt?

B: Aufbau und Struktur der Experteninterviews

Interviews sind eine verbreitete und methodologisch vergleichsweise gut ausgearbeitete Methode qualitative Daten zu erzeugen. Ziel ist es die Untersuchungspersonen zur ausführlichen Darstellung ihrer eigenen Ansicht zu bringen. Die Struktur des Interviews wird in einem Interviewleitfaden vorbereitet. Befragte Probanden oder Experten sind definiert ausgewählt und verfügen über einen für die Zielstellung des Interviews geeigneten Hintergrund und Status.[522]

Es gibt verschiedene Interviewarten, die für die qualitative Forschung angewendet und nach dem Grad ihrer Strukturierung unterteilt werden können.[523]

1. Narrative Interviews und ethnografische Interviews (kaum strukturiert)
2. Problemzentriertes Interview (grob strukturiert)
3. Leitfadeninterview (strukturiert)

Die Unterschiede ergeben sich je nachdem, ob und in welchem Detaillierungsgrad ein Interviewleitfaden zugrunde gelegt wird. Kaum strukturierte Verfahren arbeiten mit einer das Thema einordnenden Frage und lassen die Probanden hierauf weitgehend frei antworten und den Verlauf des Interviews in einer freien Gesprächssituation gestalten. Bei grob strukturieren Verfahren werden einige zu beantwortende Fragen vorbereitet, die situativ in ein offenes Gespräch eingesteuert werden. Das Leitfadeninterview basiert auf einer vorgegebenen Fragestruktur, die sowohl den Forschenden als auch den Interviewten eine klare Gesprächsstrukturierung vorgibt.[524]

Im Rahmen des hier vorliegenden Interviewleitfadens sollen strukturierte Experteninterviews durchgeführt werden, die in den jeweiligen Subthemenfeldern durch Elemente des problemzentrierten Interviews ergänzt werden.

---

[521] Nicht vollständig identisch mit der Forschungsfrage der Dissertationsschrift.

[522] Vgl. Helfferich (Leitfaden- und Experteninterviews) 2014, S. 559ff.

[523] Vgl. Berger-Grabner (Wissenschaftliches Arbeiten in den Wirtschafts- und Sozialwissenschaften) 2016, S. 132.

[524] Vgl. Berger-Grabner (Wissenschaftliches Arbeiten in den Wirtschafts- und Sozialwissenschaften) 2016, S. 133ff.

B1: Durchführung und zeitlicher Rahmen

Aufgrund der vorherrschenden weltweiten COVID19-Situation[525] und den damit verbundenen Kontaktbeschränkungen werden die Experteninterviews fernmündlich abgehalten. Verwendet wird hierfür das Videokonferenzsystem „Microsoft Teams“ oder „Zoom“. Sofern vom Experten eingewilligt, wird das Interview aufgenommen und anschließend wörtlich, ansonsten sinngemäß transkribiert.

Der zeitliche Umfang eines jeden Interviews beträgt eine Zeitstunde. Dem Interview beiwohnen werden:

- Der Interviewte (ggf. zwei Interviewte des gleichen Unternehmens, wenn gewünscht)
- Der Interviewende
- Eine beisitzende Person (für die Dokumentation des Interviews)

Die Struktur des Interviews ist in folgender Abbildung dargestellt:

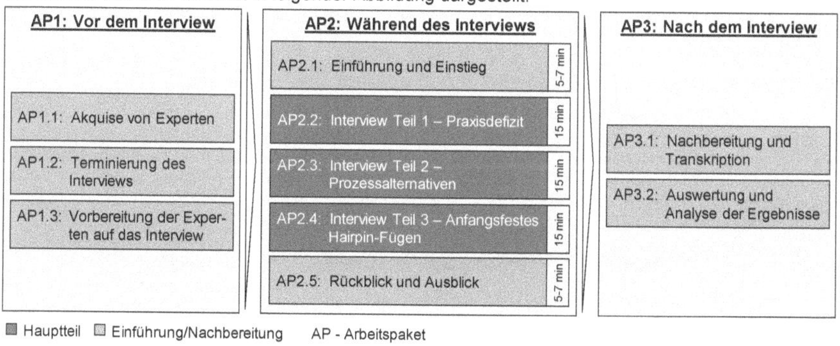

Arbeitspaket 1 – Vor dem Interview

Die Akquise der Experten erfolgt telefonisch oder per E-Mail-Kontakt. Die potenziellen Teilnehmer werden persönlich vom Interviewenden kontaktiert und kurz für das angedachte Thema sensibilisiert. Sofern die generelle Bereitschaft für die Teilnahme an einem Experteninterview signalisiert wird, erfolgt mit einem Vorlauf von mindestens zwei Wochen die Terminierung des Experteninterviews. Im Nachgang wird dem zu Interviewenden eine Vorabinformation zur Einführung in die Thematik zugesendet.

Arbeitspaket 2 – Während des Interviews

Das eigentliche Interview untergliedert sich in 5 Subarbeitspakete.

In Arbeitspaket 2.1 erfolgt neben einer kurzen Begrüßung und gegenseitigen Vorstellung der Einstieg in das Thema. Eine Einstiegsfrage dient zur Auflockerung des Gesprächs und schafft eine Verbindung zum Hauptteil, z. B. wie lange die Befragten sich schon mit dem Thema beschäftigt haben oder was zu ihren täglichen Aufgaben gehört.

Der Hauptteil des Interviews besteht aus drei Sequenzen, die jeweils von der Struktur und vom Umfang identisch aufgebaut sind. Zu Beginn einer jeden Sequenz wird der Interviewte durch eine Einleitungsfolie in den thematischen Zielbereich des Interviewblocks eingeführt. Durch eine einleitende, offene Fragestellung wird das Interview eröffnet. Der Interviewpartner hat im ersten Drittel eines jeden Interviewblocks die Möglichkeit eigene Fragen zu stellen, um das Verständnis der Aufgabenstellung zu festigen. Anschließend wird die Gesprächsführung durch weitere geschlossene Fragen präzisiert. Abgeschlossen wird jeder Interviewteil durch eine mit einer Antwortskala hinterlegten Schlussfragestellung. Folgende drei inhaltliche Interviewteile werden bearbeitet:

Interview Teil 1 – Praxisdefizit: Identifikation der Kerneinflussparameter auf den Schweißprozess und Charakterisierung der geometrischen Einflussparameter.

[525] abgekürzt aus dem Englischen: Corona Virus Disease 2019.

Interview Teil 2 – Prozessalternativen: Identifikation der spannvorrichtungslosen Verfahren, die nicht im industriellen Fokus stehen und Bestätigung des technologischen Potenzials spannvorrichtungsloser Verfahren.

Interview Teil 3 – Anfangsfestes Hairpin-Fügen: Identifikation von Anforderungen für das anfangsfeste Hairpin-Fügen sowie Technologiescreening und -bewertung.

Der Interviewhauptteil hat einen zeitlichen Umfang von ca. 45 Minuten.

Das Interview wird in AP2.5 durch eine kurze Zusammenfassung beendet. Dem Interviewten wird Dank für die Unterstützung ausgesprochen und über die weitere Verarbeitung und Auswertung der Interviewergebnisse informiert.

Arbeitspaket 3 – Nach dem Interview

Nach dem Interview werden, soweit vom Interviewten genehmigt, die Tonbandaufnahmen des Interviews transkribiert. Anschließend erfolgt die Auswertung/Analyse der Ergebnisse und Beantwortung der Forschungsfragen.

B2: Geplante Personenstichprobe

Insgesamt werden mindestens drei im Technologiebereich der Elektromotorenproduktion tätige Männer und Frauen befragt. Dabei soll die Personenstichprobe bereits einschlägige Erfahrungen im Bereich der Hairpin-Stator-Technologie aufweisen, welche mit einer minimalen Berufserfahrung in diesem Betätigungsfeld von 6 Monaten quantifiziert werden kann. Angesprochen werden mit der qualitativen Befragung Technologie- und Anwendungsexperten aus dem produzierenden Gewerbe, wie auch dem Anlagen- und Maschinenbau. Die Zielgruppe ergibt sich wie folgt:

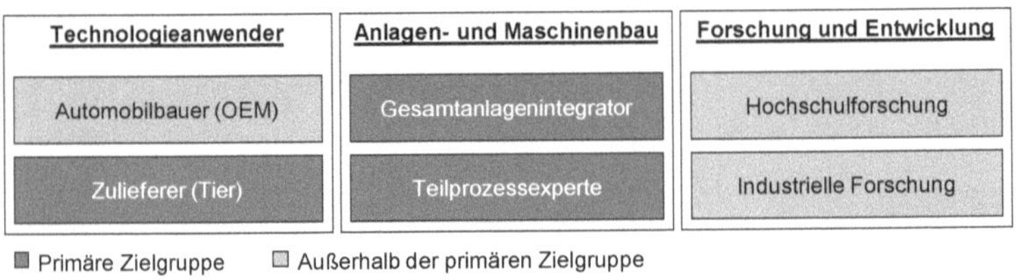

Als primäre Zielgruppe für die Experteninterviews werden der *Anlagen- und Maschinenbau* sowie die *Technologieanwender* der Hairpin-Technologie, ohne OEM, festgelegt. Als *Technologieanwender* wird der Automobilbau inkl. seiner Zulieferindustrie definiert. Die Hairpin-Stator-Technologie wird für die Herstellung der Aktivkomponente Stator eines Elektromotors eingesetzt. Demnach kann der Einsatz dieser Technologie vorrangig den Komponentenlieferanten zugeordnet werden, auch wenn die Komponente Elektromotor von einigen OEM zur Diversifizierung zum Wettbewerb in Eigenfertigung hergestellt wird. Von der Zielgruppe der *Technologieanwender* werden Einblicke aus der industriellen Praxis im Serienanwendungsumfeld sowie fundierte Anmerkungen zu Defiziten existierender Anwendungen- und Technologien erhofft. Die zweite primäre Zielgruppe, der *Anlagen- und Maschinenbau,* charakterisiert sich durch die unmittelbare Nähe zur Technologieentwicklung und Umsetzung der Fertigungstechnik sowohl im Klein- als auch im Großserienumfeld. Der *Anlagen- und Maschinenbau* wird im Rahmen dieser Expertenstudie in zwei Teilgruppen unterteilt. Die erste Teilgruppe stellt die Gesamtanlagenintegratoren dar, die die gesamte Prozesskette der Hairpin-Technologie betreuen und mehr oder minder in Eigenleistung entwickeln und umsetzen. Die zweite Teilgruppe der Teilprozessexperten beschäftigt sich mit einem konkreten Teilgebiet der Hairpin-Technologie auf einer sehr detaillierten Ebene, wie z. B. dem Kontaktierprozess. Von der Zielgruppe der Anlagen- und Maschinenbauer wird sich detaillierte fertigungstechnische Technologieexpertise erhofft. Die Zielgruppe der Forschung und Entwicklung wird im Rahmen der Experteninterviews nicht primär berücksichtigt. Diese Expertengruppe wird für das Forschungsvorhaben intrinsisch durch das PEM der RWTH Aachen und dessen Netzwerk berücksichtigt.

Die minimal geplante Personenstichprobe aus drei Personen soll alle kenntlich gemachten primären Zielgruppen umfassen.

C: Akquise und Vorbereitung

Im Rahmen der Akquise werden mögliche Interviewpartner aus den aufgezeigten primären Zielgruppen telefonisch oder per E-Mail kontaktiert. Nach positiver Signalisierung der Bereitschaft zur Teilnahme an einem Interview wird den Interviewpartnern in einem zweiten Kontakt eine Vorabunterlage zugesendet.

Die Vorabunterlage enthält vier Kernelemente:

1. Struktur der Hairpin-Prozesskette (Status Quo)
2. Exemplarische Ausschussverteilung in der industriellen Hairpin-Statorproduktion mit dem Augenmerk auf schweißtechnischen Defiziten
3. Auszüge und Impressionen aus dem spannvorrichtungsbehafteten Hairpin-Fügeprozess
4. Forschungsfrage

D: Interviewleitfaden

I. Einführung und Einstieg

Guten Tag Herr/Frau ...

Vielen Dank für ihre Bereitschaft, an diesem Experteninterview teilzunehmen.

Bevor wir anfangen, möchten wir uns kurz vorstellen. Unsere Namen sind [Name Interviewende/r] und [Name Beisitzende/r]. Wir sind Mitarbeitende des PEM der RWTH Aachen im Bereich „E-Drive Production". Unser Kernforschungsgebiet ist die Hairpin-Technologie. Da es sich um ein relativ langes Interview handelt, sind wir zu zweit hier. Das Interview wird durch [Name Interviewende/r] geführt. Wir werden gegenseitig darauf achten, dass wir keine wichtigen Punkte vergessen.

In unserem Forschungsvorhaben untersuchen wir den Einfluss von gegenwärtig bekannten Spannverfahren zum Ausrichten und Spannen von Kupfer-Hairpin-Enden vor und im Kontaktierprozess. In der industriellen Praxis und empirischen Forschung lassen sich vermeintliche Defizite aufzeigen. Wir beabsichtigen Prozessalternativen zu identifizieren und zu entwickeln und damit die Qualität und Prozessstabilität der Hairpin-Prozesskette nachhaltig zu steigern.

Uns soll heute folgende Kernforschungsfrage beschäftigen:

„Können spannvorrichtungslose Verfahren für das Kontaktieren von Hairpin-Enden die Qualität und Prozessstabilität der Hairpin-Prozesskette nachhaltig steigern?"

Das Interview ist in folgender Weise untergliedert: Wir werden Ihnen zuerst ein paar biographische Fragen stellen und anschließend ausführlicher auf ihre aktuelle berufliche Tätigkeit eingehen.

Der Hauptteil des Interviews ist in drei Teile untergliedert. Im ersten Teil soll es um die gegenwärtige Situation in der Hairpin-Technologie-Anwendung gehen. Im zweiten Teil sollen dann mögliche Prozessalternativen diskutiert werden. Der dritte Teil hat den Ansatz des „anfangsfesten Hairpin-Fügens" im Fokus.

Wenn Sie einverstanden sind, würden wir gerne das Gespräch auf der Tonspur mitschneiden und protokollieren, allein schon deshalb, damit wir später nicht nur auf unser Gedächtnis angewiesen sind, sondern tatsächlich den genauen Gesprächsverlauf nachvollziehen können. Natürlich werden wir das Tonbandprotokoll nach den geltenden Datenschutzgesetzen behandeln. Es werden also keinerlei personenbezogene Daten weitergegeben oder veröffentlicht. Außerdem werden sämtliche Angaben, aus denen Rückschlüsse auf Ihre Person gezogen werden könnten, bereits bei der Transkription der Interviews anonymisiert.

Sind Sie mit der Aufzeichnung des Interviews einverstanden? Ja ☐ Nein ☐

Damit wir im Gesprächsverlauf nichts vergessen, haben wir unsere Fragen noch einmal in einem Leitfaden festgehalten. Das heißt aber nicht, dass wir alle diese Fragen völlig schematisch abhaken werden. Es ist vielmehr wahrscheinlich, dass wir davon das ein oder andere Mal abweichen werden, um bestimmte Aspekte, die besonders interessant sind, etwas ausführlicher zu besprechen.

Haben Sie noch weitere Fragen? Ansonsten würden wir nun mit dem eigentlichen Interview beginnen.

II. Angaben zur Person und zum beruflichen Werdegang

Bevor wir mit dem eigentlichen Interview beginnen, haben wir noch einige Fragen zur Person.

(1) Wie lautet ihr Name? (i. d. R. vorher bekannt)

(2) Können Sie uns Ihren beruflichen Werdegang vom Schulabschluss bis zum Eintritt bei XY (bzw. bis zur Unternehmensgründung) kurz skizzieren?

(3) Wie lange arbeiten Sie bei XY?

(4) In welcher Position arbeiten Sie bei XY?

(5) Inwiefern hat ihr Unternehmen Bezug zur Hairpin-Technologie? (Anwender/Technologieentwickler/etc.)

(6) Inwiefern haben Sie Bezug zur Hairpin-Technologie?
   a. Zeitraum
   b. Tätigkeiten
   c. Intensität

(7) Beschäftigen Sie sich mit der gesamten Hairpin-Prozesskette oder nur mit ausgewählten Teilbereichen/Spezialgebieten? Wenn ja, mit welchen Teilgebieten/Spezialgebieten?

(8) Wie würden Sie ihre Affinität für den Prozess des Kontaktierens von Hairpins z. B. im Laserschweißverfahren beurteilen?

nicht vorhanden ☐ bedingt vorhanden ☐ vorhanden ☐ stark ausgeprägt ☐

(9) Wie würden Sie ihre Affinität für den Prozess der Schweißvorbereitung in der Hairpin-Prozesskette beurteilen?

nicht vorhanden ☐ bedingt vorhanden ☐ vorhanden ☐ stark ausgeprägt ☐

III. Interview Teil 1 – Praxisdefizit

In diesem Interviewabschnitt soll es um ihre bisherigen Erfahrungen und Eindrücke im Bereich der Hairpin-Statortechnologie gehen. (Folie Teil 1 vorstellen)

(1) Wie bewerten Sie die Prozessstabilität und Qualität beim Kontaktieren von Hairpin-Enden in der Serienproduktion?

(2) Was sind die zentralen Herausforderungen beim Kontaktieren von Hairpin-Enden? Wo treten Schwächen auf?

(3) Welche (geometrischen) Anforderungen werden an die Schweißvorbereitung gestellt?

(4) Kann folgende Behauptung unterstützt werden?: „Die Schweißvorbereitung ist mindestens genauso wichtig, wie der Schweißprozess selbst."

stimme gar nicht zu ☐ stimme eher nicht zu ☐ stimme eher zu ☐ stimme voll zu ☐

IV. Interview Teil 2 – Prozessalternativen

Im zweiten Interviewabschnitt soll es um eingesetzte Spannvorrichtungen im Kontaktierprozess und mögliche Prozessalternativen gehen. (Linke Seite der Folie Teil 2 vorstellen)

(1) Welchen Einfluss haben Spannvorrichtungen auf den Schweißprozess von Hairpin-Enden?

(2) Können Sie sich Prozessalternativen zum Spannen in der Hairpin-Prozesskette vorstellen?

(3) (Prozesschart vollständig einblenden) Ich unterteile die Verfahren des Spannens und Ausrichtens der Hairpins für den Kontaktierprozess in spannvorrichtungsbehaftete (direkte) und spannvorrichtungslose (indirekte) Verfahren. Diese Einteilung ist in der gezeigten Präsentationsfolie illustriert. Stimmen Sie dieser Unterteilung zu? Begründen Sie ihre Einschätzung bitte.

nein ☐ ja, uneingeschränkt ☐ ja, mit Anmerkungen ☐

(Hier kann im Gesprächsverlauf situativ auch auf die Subunterteilung eingegangen werden)

(4) Haben Sie bereits Erfahrungen mit spannvorrichtungslosen Verfahren für das Hairpinschweißen gesammelt? Wenn ja, können Sie diese kurz beschreiben (Technologie, Anwendungsfeld, etc.)?

(5) Welches Potenzial erkennen Sie in der Anwendung spannvorrichtungsloser Verfahren für das Hairpinschweißen?

(6) Stimmen Sie dieser Aussage zu?: „In der industriellen Praxis gibt es keine/kaum spannvorrichtungslose Hairpin-Schweißanwendungen."

stimme gar nicht zu ☐ stimme eher nicht zu ☐ stimme eher zu ☐ stimme voll zu ☐

V. Interview Teil 3 – Anfangsfestes Hairpin-Fügen

Im dritten Interviewabschnitt soll es um das „anfangsfeste Hairpin-Fügen" als technischer Ansatz für die Hairpin-Technologie gehen. (Folie Teil 3 einblenden)

Der Begriff „anfangsfest" beschreibt den gewünschten Zielzustand einer mechanisch fixierten Verbindung, die die Anforderungen an die geometrische Ausrichtung der Fügepartner erfüllt, aber noch keine dauerfeste Fügeverbindung und elektrisch leitfähige Verbindung herstellt. Die Fügeverbindung erfährt die Endfestigkeit durch eine nachgelagerten Post-Prozess, z. B. das Laserschweißen.

(1) Welche technischen Anforderungen hätten Sie an ein anfangsfestes Fügeverfahren für Hairpin-Enden?

a) An den Prozess

b) An die Fügestelle

(Lassen sich diese 1:1 vom vorrichtungsbehafteten Prozess übernehmen? Welche Anforderungen kommen neu hinzu?)

c) Welche Fügeverfahren könnten Sie sich für das „anfangsfeste Fügen" als geeignet vorstellen? (Technische Machbarkeit, Industrialisierung, Großserientauglichkeit)

Ich möchte ihnen drei Prozessskizzen für anfangsfeste Hairpin-Fügesysteme vorstellen (Folie erweitern).

d) Welche(s) Verfahren halten Sie für technisch umsetzbar?

e) Welche Vor- und Nachteile erkennen Sie auf den ersten Blick?

f) Welchen Automatisierungsgrad halten Sie für zielführend?

g) Welche Integrationsstufe würden Sie für das „anfangsfeste Hairpin-Fügen" wählen? (Kombination mit Schränken/Schneiden/etc. oder separat)

VI. Rückblick und Ausblick
Gerne würde ich Ihnen noch drei finale Fragen stellen, um das Interview damit kurz zusammenzufassen. (1) „Können spannvorrichtungslose Verfahren für das Kontaktieren von Hairpin-Enden die Qualität und Prozessstabilität der Hairpin-Prozesskette nachhaltig steigern?“ stimme gar nicht zu ☐ stimme eher nicht zu ☐ stimme eher zu ☐ stimme voll zu ☐ (2) Könnten Sie sich vorstellen das „anfangsfeste Hairpin-Fügen“ einzusetzen? nein ☐ ja, im Prototypenbau ☐ ja, in der Kleinserie ☐ ja, in der Großserie ☐ (3) Wären Sie bereit, den Entwicklungsprozess des anfangsfesten Hairpin-Fügens zu begleiten und zu unterstützen? nein ☐ ja, mit Expertise ☐ ja, mit Versuchen ☐ ja, in der industriellen Erprobung ☐ Damit wären wir am Ende unseres Interviews. Wir danken Ihnen herzlich für dieses Gespräch.

Anhang 2: Patentliste - Status quo der geometrischen Schweißvorbereitung in der Hairpin-Technologie

Lfd. Nr.	Patentnummer	Titel	Patentinhaber	Erfinder	Anmelde-jahr	Merkmale				Funktions-weise
						Prozess-technologie	Haupt-werkzeug-bewegung	Verfah-ren	Zusatz-element	
1	EP1041696A1	Verfahren zur Herstellung der Ständerwicklungen einer elektrischen Maschine	Denso Corporation	Tokizawa, Takashi; Kato, Mitsuru; Taira, Mitsuaki	1999	Kombiniert	Radial	Direkt	ohne	Keilsetzen
2	US6990724	Dynamoelectric machine winding joining method	Mitsubishi Denki Kabushiki Kaisha	Tamura, Syuuichi; Akita, Hiroyuki; Takizawa, Takushi; Oohashi, Atsushi	2002	Kombiniert	Radial	Direkt	ohne	Spannbacke
3	US20060141874A1	Arrangement for welding ends of electrical conductor segment pairs of a rotating electrical machine winding	Valeo Equipements Electriques Moteur SAS	Romaric Lenoir; Pierre Faveroll	2002	Kombiniert	Tangential	Direkt	ohne	Exzenter-finger
4	US20030214190A1	Connection device for Hairpin wound electric machines	Delco Remy America	Congdon, Christopher L.; Chai, Wei; Haworth, William	2003	Kombiniert	Axial	Indirekt	mit	Hülse
5	US20060001327A1	Method for producing coils and coil circuits	Robert Bosch GmbH	Ossenkopp, Stefan; Ermer, Martin	2003	Selektiv	Greifer	Direkt	ohne	Radialgreifer
6	US8487498	Multiple conductor winding in stator	Hamilton Sundstrand Corporation	Patel, Dhaval; Hochstetler, Derek R.; Friske, Gordon W.	2010	Selektiv	Axial	Indirekt	mit	Clip
7	US8671559	System for joining stator wires	GM Global Technology Operations LLC	Kleber; Richard M.	2011	Selektiv	Radial	Indirekt	mit	Hülse
8	WO2012119691A1	Apparatus and method for aligning conductors of coil members in cores of elecric dynamic machines prior to welding operations	ATOP S.p.A.	Corbinelli, Rubino; Ponzio, Massimo	2011	Kombiniert	Tangential	Direkt	ohne	Schermaske
9	US20140077636A1 (KR20120104326; US9847683B2; CN103683615BB; KR101365469B1)	Hairpin connecting device and hairpin winding motor including the same	Jung, Dae Sung	Jung, Dae Sung	2012	Kombiniert	Axial	Indirekt	mit	Hülse
10	US8443509B1	Preparing bar-wound stator conductors for electrical interconnection	GM Global Technology Operations LLC	De Souza, Urban J.; Kleber, Richard M.; Hanson, Justin; Rhoads; Frederick W.; Campbell; John D.	2012	Kombiniert	Axial	Direkt	ohne	Lochscheibe
11	US9757820	Welding fixture for joining bar-wound stator conductors	GM Global Technology Operations LLC	De Souza, Urban J.; Rhoads, Frederick W.; Hanson, Justin	2012	Kombiniert	Radial	Direkt	ohne	Spannbacke
12	KR20120153885	Hairpin and Hairpin winding motor having the same	HyeonDaeMoBiSeu CO., LTD HYUNDAI MOBIS CO., LTD.	Cho, Hyun Kyu	2012	Selektiv	Tangential	Indirekt	ohne	Rasthaken

Lfd. Nr.	Patentnummer	Titel	Patentinhaber	Erfinder	Anmeldejahr	Merkmale				Funktionsweise
						Prozesstechnologie	Hauptwerkzeugbewegung	Verfahren	Zusatzelement	
13	US2013300232A1	Methods of binding stator coils of motor	Hyundai Mobis Co., Ltd.	Jung, Deasung	2012	Selektiv	Axial	Indirekt	mit	Hülse
14	JP2015171260A	Positioning member, positioning device, and method of manufacturing stator	Hirata Corp.	金子 俊彦; Kaneko, Toshihiko; 俊彦 金子	2014	Kombiniert	Tangential	Direkt	ohne	Schermaske
15	EP3088124A1	Method for laser welding two adjacent metal elements of a stator winding with rigic bars for an electric machine	Magneti Marelli S.p.A	Ciampolini, Franco; Magri, Marco	2016	Selektiv	Greifer	Direkt	ohne	Radialgreifer/Parallelgreifer
16	US10693335B2	Modified stator leads and methods of joining stator leads	Faraday & Future Inc.	Dang, Dinh Dang	2016	Selektiv	Multidirektional	Indirekt	mit	Hülse
17	KR1020180028767 (KR1020200093499)	Method for winding hairpin coil with cap and winding structure thereof	Hyundai Mobis Co., Ltd.	Kim, Yong Ho	2016	Selektiv	Axial	Indirekt	mit	Hülse
18	DE102017213967A1	Vorrichtung zum Bearbeiten von Wicklungen	BMW Aktiengesellschaft	Baier, Burghard; Frank, Florian; Richter, Jens; Rietzschel, Eckehard, Dr.	2017	Selektiv	Radial	Direkt	ohne	Radialgreifer
19	WO2018185620A1	Apparatus for aligning wire conductors extending from coil members inserted in slots of a core of a dynamo electric machine	ATOP S.p.A.	Ponzio, Massimo; Corbinelli, Rubino	2017	Selektiv	Greifer	Direkt	ohne	Radialgreifer
20	US20200127517A1 (US20210399602A1; US11139709B2; DE202019105839U1; CN210693605UU; KR20200045271A)	Stator assembly of Hairpin winding motor	Hyundai Mobis Co., Ltd.	张锡瑛	2018	Kombiniert	Radial	Direkt	ohne	Keilsetzen
21	US20200153319A1	A method and device for positioning and clamping wire ends for electric machines	Grob-Werke GmbH & Co. KG	Reiser, Johannes; Kaufmann, Markus; Dreier, Günter	2018	Kombiniert	Tangential	Direkt	ohne	Schermaske
22	DE102018103930A1	Vorrichtung und Verfahren zum Umformen von Drahtenden in radialer Richtung	Grob-Werke GmbH & Co. KG	Binder, Johannes	2018	Kombiniert	Radial	Direkt	ohne	Spannbacke
23	DE102018128920A1	Abdeckung und Vorrichtung zum zeitgleichen Ausrichten und Maskieren von Hairpins eines Stators zur Vorbereitung eines Schweißvorgangs und Verfahren zum Verbinden von oberen Enden von Hairpins eines Stators	Gehring e-tech GmbH	Bapp, Jaro; Freitag, Martin; Günther, Luis; Wiens, Andreas; Bey, Oliver; Lohse, Wolfram	2018	Kombiniert	Axial	Direkt	ohne	Lochscheibe

Lfd. Nr.	Patentnummer	Titel	Patentinhaber	Erfinder	Anmeldejahr	Merkmale				Funktionsweise
						Prozesstechnologie	Hauptwerkzeugbewegung	Verfahren	Zusatzelement	
24	DE102018202381A1	Vorrichtung und Verfahren zur Herstellung einer Hairpinwicklung	ZF Friedrichshafen AG	Grübel, Andre; Tröster,Jürgen; Ebert, Matthias	2018	Kombiniert	Radial	Direkt	ohne	Keilsetzen
25	DE102018128918A1	Verfahren und Vorrichtung zum Positionieren und Maskieren von Hairpin-Anordnungen	Gehring e-tech GmbH	Bapp, Jaro; Freitag, Martin; Günther, Luis; Wiens, Andreas; Bey, Oliver; Lohse, Wolfram	2018	Kombiniert	Tangential	Direkt	ohne	Exzenterfinger
26	EP3672037A1	Device and method for positioning ends of at least first pair of legs of Hairpin conductors	ATOP S.p.A.	Massimo, Ponzio; Rubino, Corbinelli	2018	Selektiv	Radial	Direkt	ohne	Radialgreifer
27	KR102109501B1	Jig apparatus for hairpin welding of rotary electric machine and hairpin welding method using same	김명진김종식최수진신철희	김명진김종식최수진신철희	2018	Kombiniert	Tangential	Direkt	ohne	Schermaske
28	DE102018103926A1	Drahtendenumformvorrichtung, darin verwendbare Klemmvorrichtung sowie Verwendungen derselben	Grob-Werke GmbH & Co. KG	Burkhard, Manfred; Binder, Johannes; Haggenmüller, Tobias	2018	Kombiniert	Radial	Direkt	ohne	Spannbacke
29	DE102018106979A1	Vorrichtung und Verfahren zum Positionieren und Verspannen von Verschaltelementanschlussleitern	Grob-Werke GmbH & Co. KG	Reiser, Johannes	2018	Selektiv	Multidirektional	Direkt	ohne	Radialgreifer/Parallelgreifer
30	DE102018107598A1	Verfahren und Vorrichtung zum Fügen von Spulenelementen in einer Anordnung für eine Spule einer elektrodynamischen Maschine	Aumann Beelen GmbH	Frenser, Daniel; Flaming, Gerhard; Nieters, Henning	2018	Kombiniert	Radial	Direkt	ohne	Doppel-hammer
31	DE102018108615A1	Fingerelement, Positioniereinheit, Positioniervorrichtung und Positionierverfahren zum Positionieren wenigstens eines Leiterendes	Grob-Werke GmbH & Co. KG	Kaufmann, Markus	2018	Kombiniert	Tangential	Direkt	ohne	Exzenterfinger
32	DE102018112876A1	Spritzschutz und Verfahren für das Verschweißen von Drähten bei der Herstellung eines mit Spulen versehenen Bauteils einer elektrischen Maschine	Grob-Werke GmbH & Co. KG	Reiser, Johannes	2018	Selektiv	Multidirektional	Direkt	ohne	Radialgreifer/Parallelgreifer

Lfd. Nr.	Patentnummer	Titel	Patentinhaber	Erfinder	Anmelde-jahr	Merkmale				Funktions-weise
						Prozess-technologie	Haupt-werkzeug-bewegung	Verfah-ren	Zusatz-element	
33	WO2019192763A1	Verfahren zum Herstellen einer Statorwicklung in einem Stator einer elektrischen Maschine	Robert Bosch GmbH	Ossenkopp, Stefan; Lange, Fabian; Erlenkeuser, Heiko; Jacob, Steffen; Ermer, Martin; Hein, Tobias; Kern, Niklas Constatin; Frank, Georg	2018	Kombiniert	Radial	Direkt	ohne	Spannbacke
34	KR102117249B1 (WO202045734A1; CN111108669A)	Driving motor hairpin connection alignment apparatus	Hubis Huvis	Kim, Myeong Jin; Kim, Jong-Sik; Kim, Yeong Seok; Shin, Cheul Hee	2018	Kombiniert	Tangential	Direkt	ohne	Exzenter-finger
35	KR1020190127003	Stator assembly for hairpin winding motor	Hyundai Mobis Co., Ltd.	Hwang, Seangjun	2018	Selektiv	Radial	Indirekt	mit	Hülse
36	KR20200016088A	Stator fabricating method for hairpin winding motor	Jung, Jin-Ho	Jung, Jin-Ho	2018	Kombiniert	Tangential	Direkt	ohne	Schermaske
37	DE102019201037A1	Positioniervorrichtung zur Positionierung von Kupferstäben	ThyssenKrupp AG	Dreyer, Lutz	2019	Kombiniert	Tangential	Direkt	ohne	Schermaske
38	FR3098048A1	Electric winding for a rotating electric machine	Valeo Equipements Electriques Moteur SAS	Grospeaud, Maxime; Schmitt, Alexandre; De Clercq, Stephane; Bernard, Clement; Gautru, Jean Francois; Mandok, Wojciech; Faverolle, Pierre; Armiroli, Paul; Le Gac, Damien	2019	Selektiv	Axial	Indirekt	mit	Clip
39	DE102019135326B4 (EP3840196A1)	Vorrichtung zum Maskieren und Verspannen von zu verschweißenden Hairpinanordnungen eines Stators, System aus Stator und Vorrichtung sowie Verfahren zum Verbinden eines oberen Abschnitts der Hairpinanordnungen	Gehring e-tech GmbH	Bäder, Christoph	2019	Kombiniert	Radial	Direkt	ohne	Spannbacke
40	KR20210026264A	Manufacturing method of hairpin coil and stator assembly of hairpin winding motor using s.	Hyundai Mobis Co., Ltd.	Hwang, Seangjun; Seo, Youngwoo; Yang, Hye Sung	2019	Selektiv	Axial	Indirekt	mit	Hülse
41	KR102288593B1	Alignment method and device for hair pin with multiple layers of motor stator	Hubis Huvis	Kim, Myeong Jin; KIM, Jong-Sik	2019	Kombiniert	Tangential	Direkt	ohne	Exzenter-finger
42	KR102199465	Device for stator hairpin alignment	Inlaser	LEE, Jin-jong; CHO, Doo Hyeng	2020	Kombiniert	Tangential	Direkt	ohne	Schermaske

Lfd. Nr.	Patentnummer	Titel	Patentinhaber	Erfinder	Anmeldejahr	Merkmale				Funktionsweise
						Prozesstechnologie	Hauptwerkzeugbewegung	Verfahren	Zusatzelement	
43	KR102280560B1	Hairpin fixing jig for hairpin winding motor	Baek, Young-Man	Baek, Young-Man	2021	Kombiniert	Tangential	Direkt	ohne	Exzenterfinger
44	CN112958929B (CN214350565)	Copper wire welding equipment for stator of hairpin motor [Hairpin motor stator welding equipment]	Yueke Intelligent Manufacturing Wuxi	Ceng, Fanlin	2021	Selektiv	Radial	Direkt	ohne	Radialgreifer
45	KR102360289	Hairpin alignment device for stator	Fine	Lee, Sang-Joon	2021	Kombiniert	Tangential	Direkt	ohne	Exzenterfinger
46	CN214921283	Stator flat copper wire welding machine and stator welding conductive wire clamping fixing tool	Changsha Huarui Mechanical & Electrical	Wu, Wen; He, Xiaojing	2021	Kombiniert	Tangential	Direkt	ohne	Schermaske

Anhang 3: Technologiesteckbriefe - Status quo der geometrischen Schweißvorbereitung in der Hairpin-Technologie

Technologiebezeichnung: Lochscheibe

Prinzipskizze

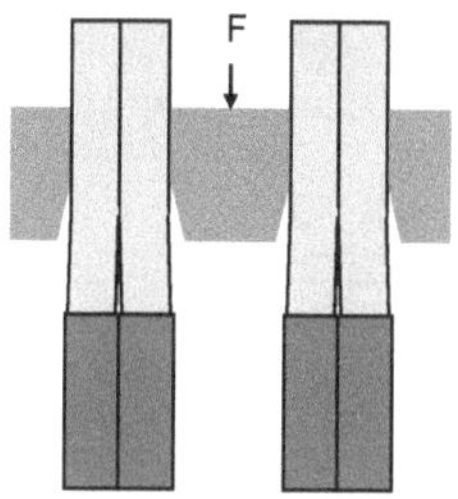

Einordnung in Technologieübersicht

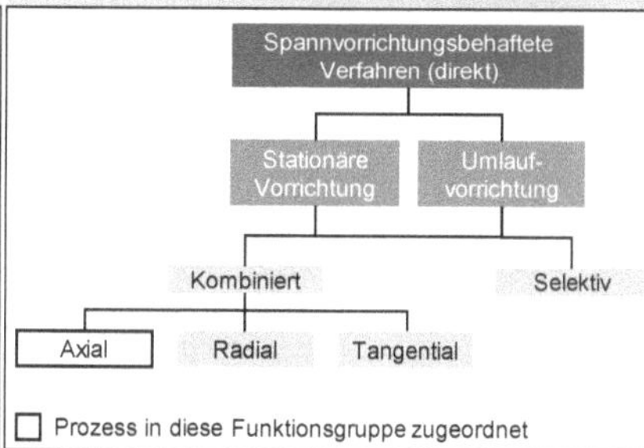

Prozessbeschreibung

Kurzbeschreibung:
Eine geometrisch definierte Lochscheibe führt die Hairpin-Enden beim axialen Aufstecken durch Formschrägen formschlüssig zusammen. Die Maske wird nach dem Schweißvorgang axial entformt.

Prozessablauf:
1. Axiales Anfahren der Schweißmaske auf den Wickelkopf
2. Fangen und Einführen der Kupferenden in die Einlassgeometrie der Schweißmaskenunterseite
3. Zusammenführen der Kupferenden durch den Formtunnel der Schweißmaske
4. Kontaktierprozess
5. Axiales Entformen der Schweißmaske

Auslegung:
- Axiale Länge der Maske begünstigt Anschmiegen der Hairpin-Enden aneinander (axiale Stecklänge beachten)
- Toleranzen der Hairpin-Enden müssen bei der Auslegung berücksichtigt werden
- Segmentierte Maske erleichtert Einführprozess

Besonderheiten:
Das axiale Spannen wir oftmals als Vorpositionierung für radiale oder tangentiale Spannvorrichtungen genutzt. Die Hairpin-Enden müssen axial gestützt werden.

Prozessfreiheiten und -restriktionen

+ Simultanes Spannen des gesamten Schaltbildes
+ Einfacher und kostengünstiger Vorrichtungsbau
+ Wartungsarme Vorrichtung

- Kein selektives Spannen einzelner Fügepaare
- Limitierter Spannbereich
- Hohe Toleranzsensitivität (Doppelpassungen)
- Komplexes Fangen und Einführen der Drahtenden
- Geringe Variantenflexibilität und Einstellmöglichkeiten
- Anhaftende und ausgeprägte Schweißnähte führen zu Komplikationen beim Entformen

Patentnachweise

Patentnummer	Titel	Patentinhaber	Anmeldejahr
US8443509B1	Preparing bar-wound stator conductors for electrical interconnection	GM Global Technology Operations LLC	2012
DE102018128920A1	Abdeckung und Vorrichtung zum zeitgleichen Ausrichten und Maskieren von Hairpins eines Stators zur Vorbereitung eines Schweißvorgangs und Verfahren zum Verbinden von oberen Enden von Hairpins eines Stators	Gehring e-tech GmbH	2018

Technologiebezeichnung: Spannbacke

Prinzipskizze	Einordnung in Technologieübersicht

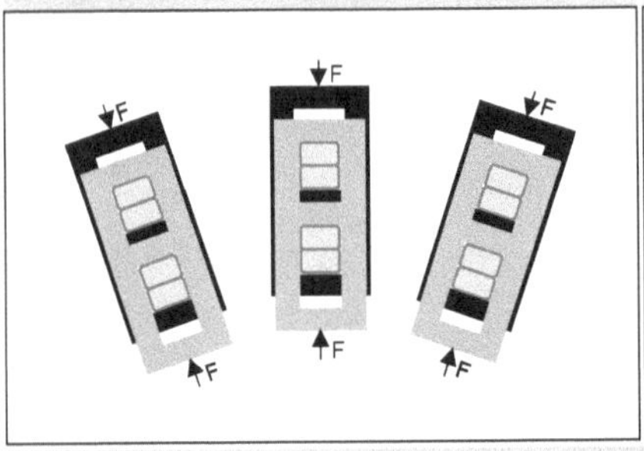

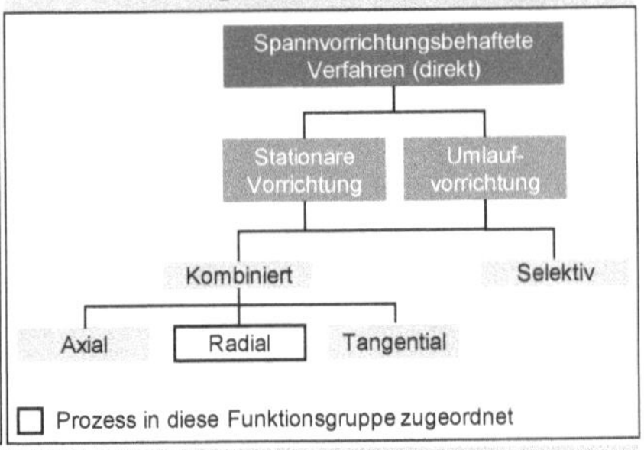

Prozessbeschreibung

Kurzbeschreibung:
Die Hairpin-Enden werden durch radiale Schieber gegen einen Gegenhalter von innen oder außen kraftschlüssig gespannt. Mehrere Windungsebenen können durch zusätzliche Trennstücke separiert werden.

Prozessablauf:
1. Axiales Anfahren der Spannvorrichtung auf den Wickelkopf und Fangen der Hairpin-Enden
2. Radiales Anfahren der Spannbacken
3. Kontaktierprozess
4. Entspannen und Entformen der Spannvorrichtung

Auslegung:
- Kinematik für radiales Verfahren der Spannbacken kraft- oder weggestützt ausgeführt (ggf. mechanische Kopplung)
- Toleranzen der Hairpin-Enden müssen bei der Auslegung berücksichtigt werden
- Auch für selektives Spannen geeignet

Besonderheiten:
Zum tangentialen Fangen der Hairpin-Enden können zusätzliche Flanken zum Ausrichten der Drahtenden vorgesehen werden.

Prozessfreiheiten und -restriktionen

+ Simultanes Spannen des gesamten Schaltbildes in der Schweißanlage
+ Robuster Prozess, kurze Taktzeit
+ Kraft- oder weggesteuertes Verfahren

- Geringe Positioniergüte (keine tangentiale Ausrichtung der Drahtenden)
- Begrenzte Variantenflexibilität (Vorauslegung der Werkzeuge auf definierten Statordurchmesser)
- Viele bewegliche Spannelemente, die durch Verunreinigungen in der Funktion gestört werden können

Patentnachweise

Patentnummer	Titel	Patentinhaber	Anmeldejahr
US6990724	Dynamoelectric machine winding joining method	Mitsubishi Denki Kabushiki Kaisha	2002
US9757820	Welding fixture for joining bar-wound stator conductors	GM Global Technology Operations LLC	2012
DE102018103930A1	Vorrichtung und Verfahren zum Umformen von Drahtenden in radialer Richtung	Grob-Werke GmbH & Co. KG	2018
DE102018103926A1	Drahtendenumformvorrichtung, darin verwendbare Klemmvorrichtung sowie Verwendungen derselben	Grob-Werke GmbH & Co. KG	2018
WO2019192763A1	Verfahren zum Herstellen einer Statorwicklung in einem Stator einer elektrischen Maschine	Robert Bosch GmbH	2018
DE102019135326B4 (EP3840196A1)	Vorrichtung zum Maskieren und Verspannen von zu verschweissenden Hairpinanordnungen eines Stators, System aus Stator und Vorrichtung sowie verfahren zum verbinden eines oberen Abschnitts der Hairpinanordnungen	Gehring e-tech GmbH	2019

Technologiebezeichnung: Keilsetzen

Prinzipskizze	Einordnung in Technologieübersicht
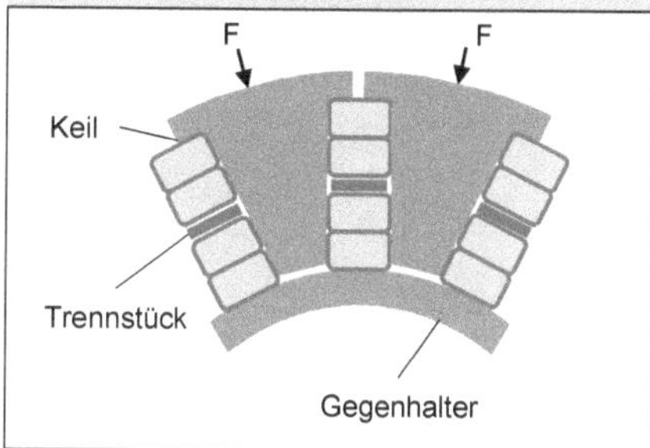	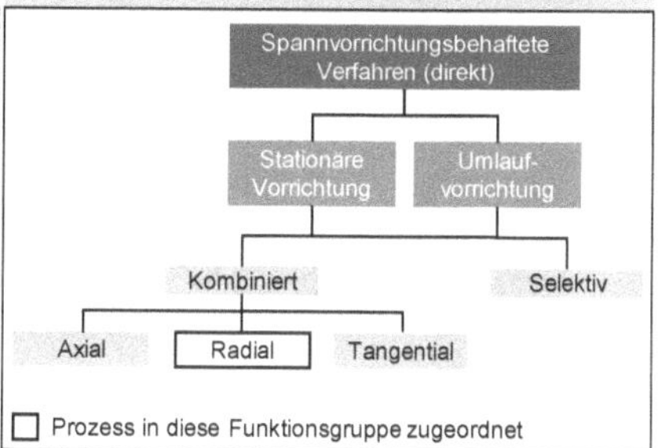

Prozessbeschreibung

Kurzbeschreibung:
Die Hairpin-Enden werden durch radiale Schieber gegen einen Gegenhalter von außen kraftschlüssig gespannt. Durch die Keilform werden die Hairpins zusätzlich tangential ausgerichtet. Mehrere Windungsebenen können durch zusätzliche Trennstücke separiert werden.

Prozessablauf:
1. Axiales Anfahren der Spannvorrichtung auf den Wickelkopf und Fangen der Drahtenden
2. Radiales Anfahren der Spannbacken
3. Kontaktierprozess
4. Entspannen und Entformen der Spannvorrichtung

Auslegung:
- Kinematik für radiales Verfahren der Spannbacken kraft- oder weggestützt ausgeführt (ggf. mechanische Kopplung)
- Toleranzen der Hairpin-Enden müssen bei der Auslegung berücksichtigt werden
- Segmentiert auch für selektives Spannen geeignet

Besonderheiten:
Die Zugänglichkeit für die Spannbewegung ist aufgrund der Keilform nur von außen möglich.

Prozessfreiheiten und -restriktionen

+ Simultanes Spannen des gesamten Schaltbildes
+ Hohe Positioniergüte (tangentiale Ausrichtung der Hairpin-Enden, minimaler Kopfspalt)
+ Robuster Prozess, kurze Taktzeit
+ Kraft- oder weggesteuertes Verfahren

- Geringe Variantenflexibilität (Vorauslegung der Werkzeuge auf definierte Wicklungsanordnung)
- Viele bewegliche Spannelemente, die durch Verunreinigungen in der Funktion gestört werden können
- Doppelpassungssystem

Patentnachweise

Patentnummer	Titel	Patentinhaber	Anmeldejahr
US20200127517A1 (US20210399602A1; US11139709B2; DE202019105839U1; CN210693605UU; KR20200045271A)	Stator assembly of Hairpin winding motor	Hyundai Mobis Co., Ltd.	2018
DE102018202381A1	Vorrichtung und Verfahren zur Herstellung einer Hairpinwicklung	ZF Friedrichshafen AG	2018
EP1041696A1	Verfahren zur Herstellung der Ständerwicklungen einer elektrischen Maschine	Denso Corporation	1999

Technologiebezeichnung: Doppelhammer

Prinzipskizze

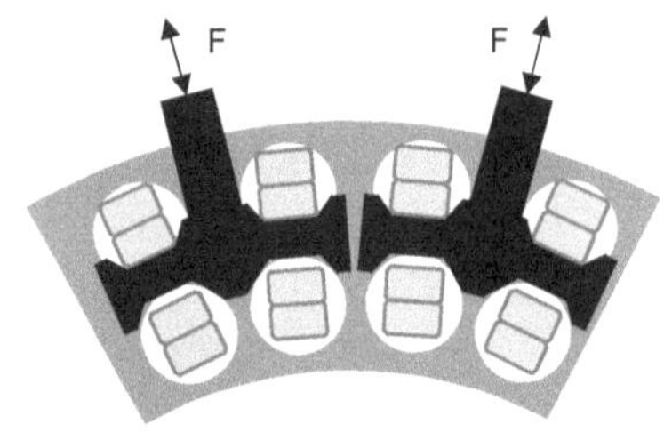

Einordnung in Technologieübersicht

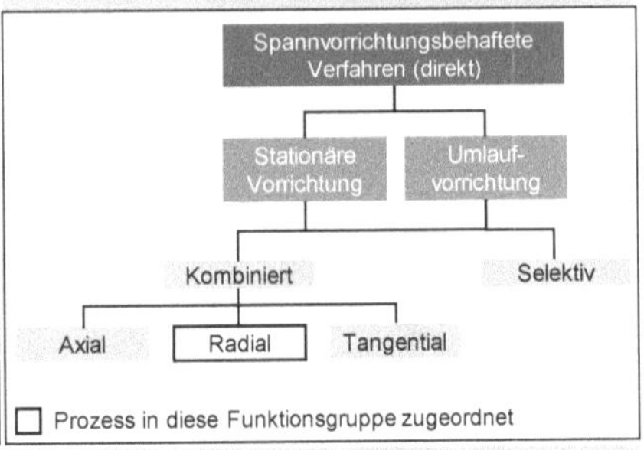

Prozessbeschreibung

Kurzbeschreibung:
Die Hairpin-Enden werden geometrisch, z. B. durch eine Lochscheibe vorpositioniert/separiert, die zeitgleich als Gegenhalter für eine radiale Spannbacke dient. Die Spannbacke führt als Doppelhammer sowohl durch Druck als auch durch Zug eine Spannbewegung aus.

Prozessablauf:
1. Axiales Anfahren der Spannvorrichtung in den Wickelkopf und Vorpositionierung des Gegenhalters
2. Radiales Spannen mittels des Doppelhammers in der ersten Spannposition
3. Kontaktierprozess
4. Entspannen und Umsetzen (Wiederholung von Prozessschritten 2, 3 und 4 bis alle Ebenen kontaktiert sind)
5. Entspannen und Entformen der Spannvorrichtung

Auslegung:
- Kinematik für radiales Verfahren der Spannbacken kraft- oder weggestützt ausgeführt (ggf. mechanische Kopplung)
- Toleranzen der Hairpin-Enden müssen berücksichtigt werden
- Auch für selektives Spannen geeignet

Besonderheiten:
Durch Umsetzen des Doppelhammers können beliebig viele Windungsebenen aufeinanderfolgend gespannt werden.

Prozessfreiheiten und -restriktionen

+ Ebenenweises Spannen & Kontaktieren der Drahtenden
+ Hohe Positioniergüte (Separierung der Schweißpaare in radialer Richtung, minimaler Kopfspalt, keine tangentiale Ausrichtung der Drahtenden)
+ Kraft- oder weggesteuertes Verfahren

- Relativ lange Taktzeit (sukzessives Spannen)
- Begrenzte Variantenflexibilität
- Viele bewegliche Spannelemente, die durch Verunreinigungen in der Funktion gestört werden können

Patentnachweise

Patentnummer	Titel	Patentinhaber	Anmeldejahr
DE102018107598A1	Verfahren und Vorrichtung zum Fügen von Spulenelementen in einer Anordnung für eine Spule einer elektrodynamischen Maschine	Aumann Beelen GmbH	2018

Technologiebezeichnung: Schermaske

Prinzipskizze

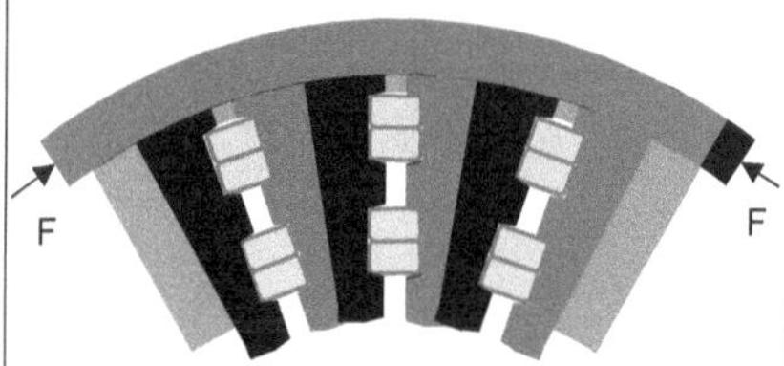

Einordnung in Technologieübersicht

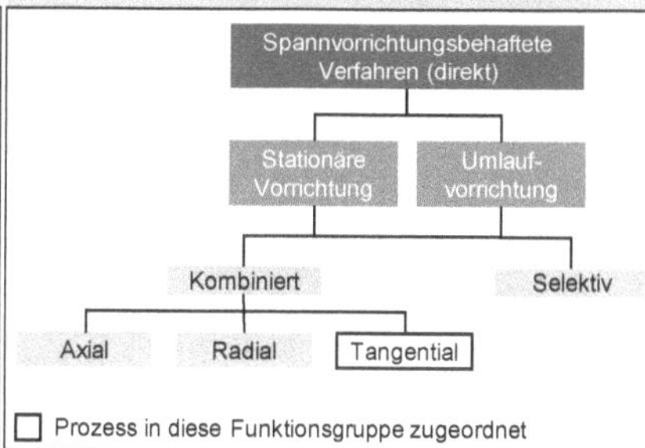

Prozessbeschreibung

Kurzbeschreibung:
Die Hairpin-Enden werden durch das tangentiale Verdrehen von ein oder zwei Scherscheiben gespannt. Durch Formschrägen an den Flanken der Spannscheiben wird zusätzlich ein radiales Ausrichten der Fügepaare erzielt.

Prozessablauf:
1. Axiales Aufsetzen der Schermaske
2. Gegenläufige Rotation der Scherscheiben
3. Kontaktierprozess
4. Entspannen und Entformen der Spannvorrichtung

Auslegung:
- Kinematik für tangentiales Verfahren der Spannbacken kraft- oder weggestützt ausgeführt
- Toleranzen der Hairpin-Enden müssen berücksichtigt werden
- Spannbereiche sollten sich in einer geometrischen Ebene befinden

Besonderheiten:
Ggf. sind die Hairpin-Enden mittels Lochscheibe vorauszurichten. Für nicht zu spannende Drahtenden sind Aussparungen in der Vorrichtung vorzusehen.

Prozessfreiheiten und -restriktionen

\+ Simultanes Spannen des gesamten Schaltbildes
\+ Hohe Positioniergüte (Separierung der Schweißpaare in radialer Richtung, Nullspalt, tangentiale Ausrichtung der Drahtenden)
\+ Kurze Taktzeit
\+ Kostengünstiges Verfahren

\- Geringe Variantenflexibilität
\- Reduzierte Toleranzkompensation fordert enge Toleranzen in vorgelagerten Prozessschritten
\- Spannbewegung erzeugt Scherkräfte in der Spannebene
\- Überbestimmtes System (Doppelpassungen)

Patentnachweise

Patentnummer	Titel	Patentinhaber	Anmeldejahr
US20200153319A1	A method and device for positioning and clamping wire ends for electric machines	Grob-Werke GmbH & Co. KG	2018
KR102109501B1	Jig apparatus for hairpin welding of rotary electric machine and hairpin welding method using same	김명진김종식최수진신철희	2018
WO2012119691A1	Apparatus and method for aligning conductors of coil members in cores of elecric dynamic machines prior to welding opertations	ATOP S.p.A.	2011
DE102019201037A1	Positioniervorrichtung zur Positionierung von Kupferstäben	ThyssenKrupp AG	2019
JP2015171260A	Positioning member, positioning device, and method of manufacturing stator	Hirata Corp.	2014
KR20200016088A	Stator fabricating method for hairpin winding motor	Jung, Jin-Ho	2018
CN214921283	Stator flat copper wire welding machine and stator welding conductive wire clamping fixing tool	Changsha Huarui Mechanical & Electrical Industry	2021
KR102199465	Device for stator hairpin alignment	Inlaser	2020

Technologiebezeichnung: Exzenterfinger

Prinzipskizze

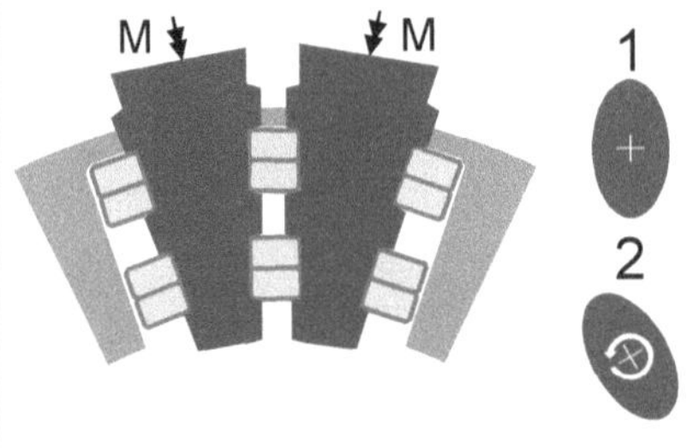

Einordnung in Technologieübersicht

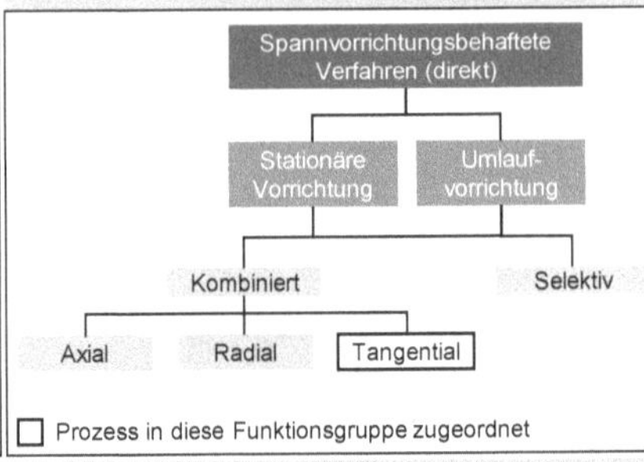

Prozessbeschreibung

Kurzbeschreibung:
Die Hairpin-Enden werden durch Rotation der Exzenterfinger um ihre eigene Achse gespannt. Durch Formschrägen an den Flanken wird zusätzlich ein Ausrichten der Fügepaare in radialer Dimension erzielt.

Prozessablauf:
1. Radiales oder axiales Anfahren der Exzenterfinger in den Wickelkopf
2. Simultane Rotation sämtlicher Exzenterfinger
3. Kontaktierprozess
4. Entspannen und Entformen der Spannvorrichtung

Auslegung:
- Drehbewegung der Exenterfinger muss synchronisiert werden
- Konische Form der Exzenterfinger entlang ihrer Längsachse
- Toleranzen der Drahtenden müssen berücksichtigt werden

Besonderheiten:
Das Spannverfahren kann segmentiert werden. Die äußeren beiden Exenterfinger werden hierfür als fester Gegenhalter ausgeführt.

Prozessfreiheiten und -restriktionen

+ Simultanes Spannen des gesamten Schaltbildes
+ Hohe Positioniergüte (Separierung der Schweißpaare in radialer Richtung möglich, Minimierung des Spalts je höher die Exzenterfinger ansetzen)
+ Kurze Taktzeit, robuster Prozess

- Begrenzte Variantenflexibilität (Werkzeug ist auf vordefinierte Wicklungsanordnung auszulegen)
- Aufwändige und damit kostenintensive Fertigung der Exzenterfinger

Patentnachweise

Patentnummer	Titel	Patentinhaber	Anmeldejahr
DE102018128918A1	Verfahren und Vorrichtung zum Positionieren und Maskieren von Hairpin-Anordnungen	Gehring e-tech GmbH	2018
DE102018108615A1	Fingerelement, Positioniereinheit, Positioniervorrichtung und Positionierverfahren zum Positionieren wenigstens eines Leiterendes	Grob-Werke GmbH & Co. KG	2018
US20060141874A1	Arrangement for welding ends of electrical conductor segment pairs of a rotating electrical machine winding	Valeo Equipements Electriques Moteur SAS	2002
KR102117249B1 (WO202045734A1; CN111108669A)	Driving motor hairpin connection alignment apparatus	Hubis Huvis	2018
KR102288593B1	Alignment method and device for hair pin with multiple layers of motor stator	Hubis Huvis	2019
KR102280560B1	Hairpin fixing jig for hairpin winding motor	Young-Man, Baek	2021
KR102360289	Hairpin alignment device for stator	Fine	2021

Technologiebezeichnung: Radialgreifer

Prinzipskizze

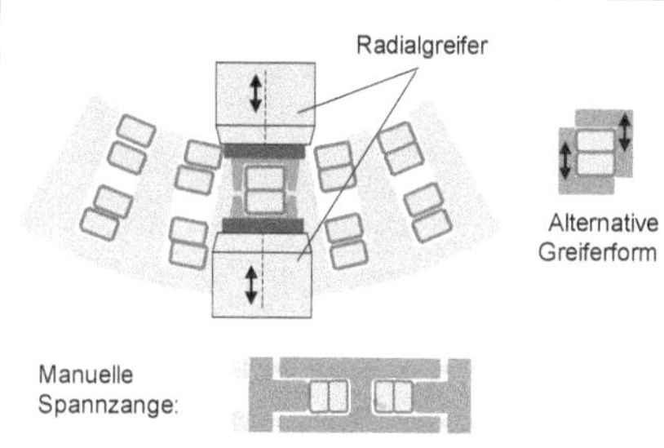

Einordnung in Technologieübersicht

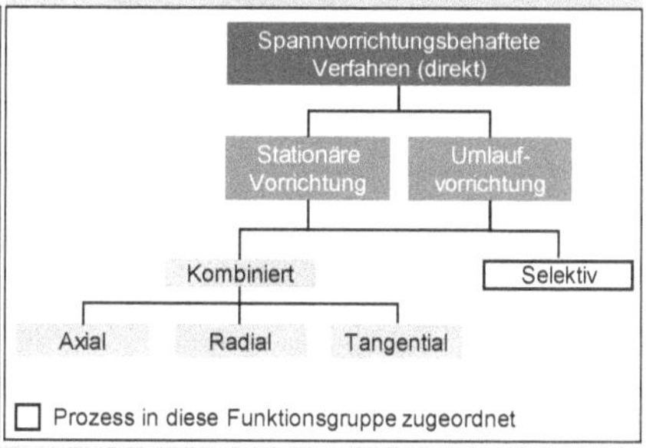

Prozessbeschreibung

Kurzbeschreibung:
Die Hairpin-Paare werden einzeln mit einem Radialgreifer gespannt. Durch die Geometrie der Greifbacken können die Drähte zusätzlich tangential ausgerichtet werden. Der Greifer ist an einer Bewegungseinrichtung zum Positionieren befestigt.

Prozessablauf:
1. Anfahren der Fügestelle mit geöffnetem Greifer
2. Schließen des Radialgreifers
3. Kontaktierprozess einer einzelnen Fügestelle
4. Entspannen und Umpositionieren

Auslegung:
- Antrieb der Spannbewegung elektrisch oder pneumatisch (oder manuell)
- Zugänglichkeit zum Wickelkopf beachten

Besonderheiten:
Je nach Geometrie der Greifwerkzeuge können auch mehrere Hairpin-Paare simultan gespannt werden. Der Prozess kann mit einer Spannzange auch manuell eingesetzt werden.

Prozessfreiheiten und -restriktionen

+ Robuster und flexibler Prozess
+ Selektives und kraftgesteuertes Spannen möglich
+ Hohe Variantenflexibilität
+ Geeignet für Standard- und Sonderpins

- Lange Taktzeiten durch ausgeprägte Nebenzeiten
- Hoher Programmieraufwand
- Bauraumrestriktion beim Spannen einzelner Schweißpaare

Patentnachweise

Patentnummer	Titel	Patentinhaber	Anmeldejahr
EP3088124A1	Method for laser welding two adjacent metal elements of a stator winding with rigid bars for an electric machine	Magneti Marelli S.p.A 20011 Corbetta	2016
DE102017213967A1	Vorrichtung zum Bearbeiten von Wicklungen	BMW Aktiengesellschaft	2017
EP3672037A1	Device and method for positioning ends of at least first pair of legs of Hairpin conductors	ATOP S.p.A.	2018
DE102018106979A1	Vorrichtung und Verfahren zum Positionieren und Verspannen von Verschaltelementanschlussleitern	Grob-Werke GmbH & Co. KG	2018
DE102018112876A1	Spritzschutz und Verfahren für das Verschweißen von Drähten bei der Herstellung eines mit Spulen versehenen Bauteils einer elektrischen Maschine	Grob-Werke GmbH & Co. KG	2018
US20060001327A1	Method for producing coils and coil circuits	Robert Bosch GmbH	2003
WO2018185620A1	Apparatus for aligning wire conductors extending from coil members inserted in slots of a core of a dynamo electric machine	ATOP S.p.A.	2017
KR1020190127003	Stator assembly for hairpin winding motor	Hyundai Mobis Co., Ltd.	2018
CN112958929B (CN214350565)	Copper wire welding equipment for stator of hairpin motor [Hairpin motor stator welding equipment]	Yueke Intelligent Manufacturing	2021

Technologiebezeichnung: Tangentialgreifer

Prinzipskizze

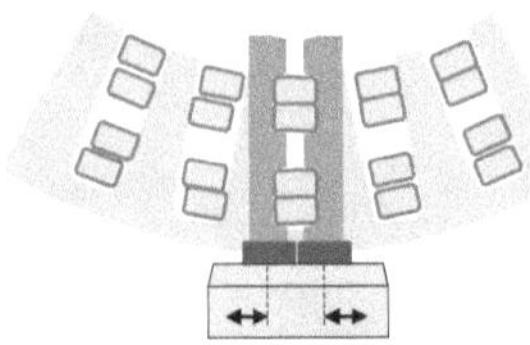

Manuelle Spannzange:

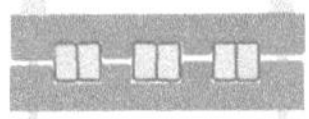

Einordnung in Technologieübersicht

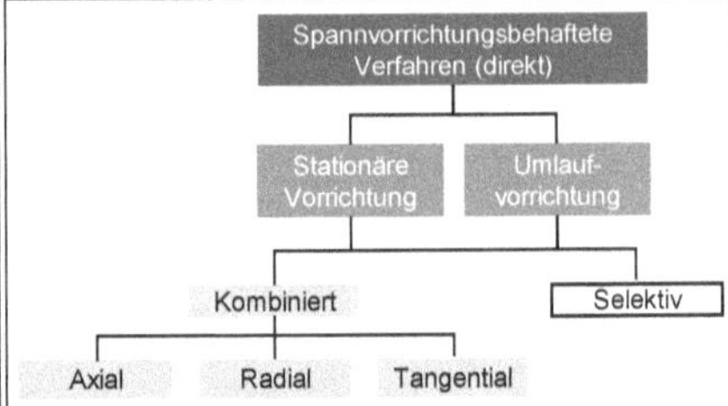

☐ Prozess in diese Funktionsgruppe zugeordnet

Prozessbeschreibung

Kurzbeschreibung:
Die Hairpin-Paare werden einzeln oder nutweise mit einem Tangentialgreifer gespannt. Durch die Geometrie der Greifbacken können die Hairpin-Enden zusätzlich radial ausgerichtet werden. Der Greifer ist an einer Bewegungseinrichtung zum Positionieren befestigt.

Prozessablauf:
1. Anfahren der Fügestelle mit geöffnetem Greifer
2. Schließen des Tangentialgreifers
3. Kontaktierprozess der gespannten Fügestellen
4. Entspannen und Umpositionieren

Auslegung:
- Antrieb der Spannbewegung elektrisch oder pneumatisch (oder manuell)
- Zugänglichkeit zum Wickelkopf beachten

Besonderheiten:
Je nach Geometrie der Greifwerkzeuge können auch mehrere Hairpin-Paare simultan gespannt werden.
Der Prozess kann mit einer Spannzange auch manuell eingesetzt werden.

Prozessfreiheiten und -restriktionen

+ Robuster und flexibler Prozess
+ Selektives und kraftgesteuertes Spannen möglich
+ Hohe Variantenflexibilität
+ Geeignet für Standard- und Sonderpins

- Lange Taktzeiten durch ausgeprägte Nebenzeiten
- Hoher Programmieraufwand
- Bauraumrestriktion beim Spannen einzelner Schweißpaare

Patentnachweise

Patentnummer	Titel	Patentinhaber	Anmeldejahr
EP3088124A1	Method for laser welding two adjacent metal elements of a stator winding with rigid bars for an electric machine	Magneti Marelli S.p.A	2016
DE102018106979A1	Vorrichtung und Verfahren zum Positionieren und Verspannen von Verschaltelementanschlussleitern	Grob-Werke GmbH & Co. KG	2018
DE102018112876A1	Spritzschutz und Verfahren für das Verschweißen von Drähten bei der Herstellung eines mit Spulen versehenen Bauteils einer elektrischen Maschine	Grob-Werke GmbH & Co. KG	2018

Technologiebezeichnung: Rasthaken

Prinzipskizze

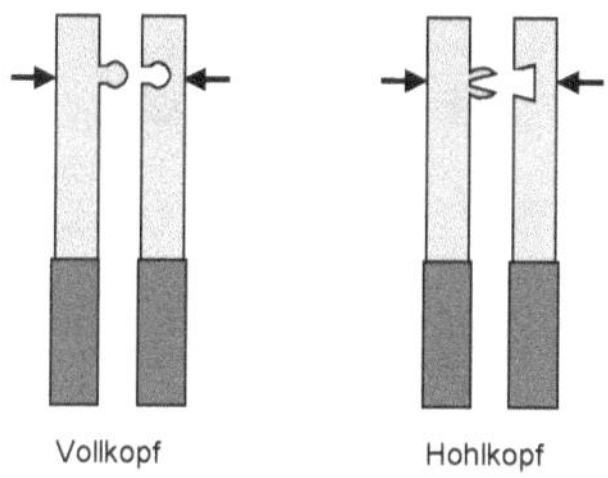

Einordnung in Technologieübersicht

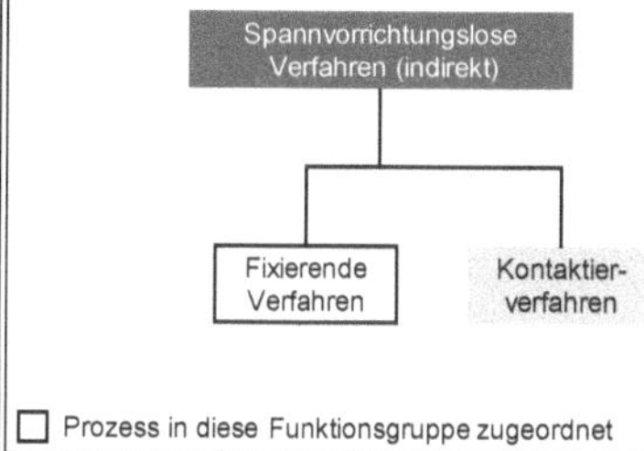

Prozessbeschreibung

Kurzbeschreibung:
Die Hairpin-Enden werden abwechselnd mit einer positiven (männlichen) und negativen (weiblichen) Rasthakengeometrie versehen. Die Fügepaare werden vor dem Kontaktierprozess „zusammengeclipst" und damit vorfixiert.

Prozessablauf:
1. Einbringen der Rasthakengeometrie z. B. in der Hairpin-Herstellung beim Ablängprozess
2. Vorpositionieren der Fügepartner durch „Zusammenclipsen" (raidale, tangentiale oder axiale Fügebewegung)
3. Radiales formschlüssiges Fügen durch Rasthakengeometrie
4. Kontaktierprozess

Auslegung:
- Die Rasthakengeometrie muss für eine Vorfixierung ausgelegt sein (Zielkonflikt zwischen Elastizität und mechanischer Festigkeit)
- Die positive Störgeometrie des Rasthakens muss innerhalb der Vorprozesse berücksichtigt werden

Besonderheiten:
Beachtung der Materialeinschnürung. Der positive Rasthaken sollte z. B. durch einen Umformprozess aus dem Kupferdraht herausgearbeitet werden.

Prozessfreiheiten und -restriktionen

+ Maximale Funktionsintegration
+ Anzahl der Schweißstellen einfach skalierbar
+ Variantenflexibilität über einen definierten Abmessungsbereich gegeben (Rasthakentiefe)
+ Hohe Tragfähigkeit durch Formschluss

- Vorprozess zum Ausbilden des Rasthakens notwendig
- Störkontur in Vorprozessen zu beachten (z. B. im Hairpin-Fügen)
- Positionsgüte direkt von der Rasthakenposition abhängig (kein Toleranzausgleich)
- Zweistufiger Prozess (Rasthaken erzeugen und Fügen)

Patentnachweise

Patentnummer	Titel	Patentinhaber	Anmeldejahr
KR20120153885	Hairpin and Hairpin winding motor having the same	Hyundai Mobis Co., LTD.	2012

Technologiebezeichnung: Hülse

Prinzipskizze

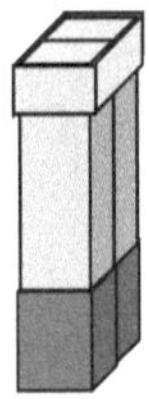

Ring / Busbar / Endkappe

Einordnung in Technologieübersicht

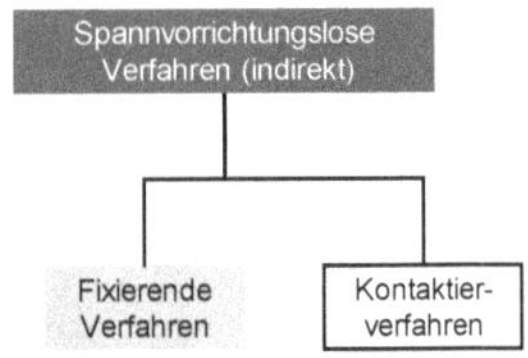

☐ Prozess in diese Funktionsgruppe zugeordnet

Prozessbeschreibung

Kurzbeschreibung:
Die Hairpin-Enden werden durch ein permanentes Zusatzelement ausgerichtet und fixiert. Die Schließmechanismen können passiv (z. B. Formschrägen) oder aktiv (z. B. Crimpen) realisiert werden. Das Zusatzelement stellt die Kontaktierung zwischen den Fügepartnern her.

Prozessablauf:
1. Ausrichten der Fügepartner
2. Aufsetzen einer Crimphülse/Schelle (aktiv zu schließen) oder eines Rings/Formtasche (passiver Formschluss)
3. Feinausrichten und Spannen der Fügepartner durch Schließen eines aktiven Spannmechanismusses oder Positionierung passiver Elemente in der Endposition

Auslegung:
- Axiale Zugänglichkeit für das Positionieren
- Ggf. Zugänglichkeit für den Schließmechanismus
- Zusatzelement muss entsprechend der Drahtquerschnittsfläche ausgelegt werden

Besonderheiten:
Optional werden nachfolgende Lötprozesse beschrieben.

Prozessfreiheiten und -restriktionen

+ Hohe Positioniergüte
+ Anzahl der Schweißstellen einfach skalierbar
+ Maximale Toleranz- und Variantenflexibilität durch individuelles Schließen
+ Mittlere bis hohe Tragfähigkeit der Verbindung

- Zusatzelement notwendig
- Ggf. zweistufiger Prozesses (Aufsetzen und Schließen)
- Beim axialen Aufsetzen einer Formtasche müssen die Hairpin-Enden gestützt werden
- Zusatzelement dehnt die Verbindungsstelle geometrisch aus

Patentnachweise

Patentnummer	Titel	Patentinhaber	Anmeldejahr
US8671559	System for joining stator wires	GM Global Technology Operations LLC	2011
US20140077636A1 (u.a.)	Hairpin connecting device and hairpin winding motor including the same	Jung, Dae Sung	2012
US20030214190A1	Connection device for Hairpin wound electric machines	Delco Remy America	2003
US10693335B2	Modified stator leads and methods of joining stator leads	Faraday & Future Inc.	2016
KR20210026264A	Manufacturing method of hairpin coil and stator assembly of hairpin winding motor using same	Hyundai Mobis Co., Ltd.	2019
US2013300232A1	Methods of binding stator coils of motor	Hyundai Mobis Co., Ltd.	2012
KR1020180028767 (KR1020200093499)	Method for winding hairpin coil with cap and winding structure thereof	Hyundai Mobis Co., Ltd.	2016

Technologiebezeichnung: Clip

Prinzipskizze

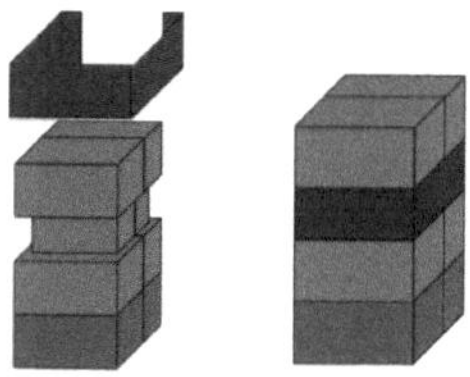

Einordnung in Technologieübersicht

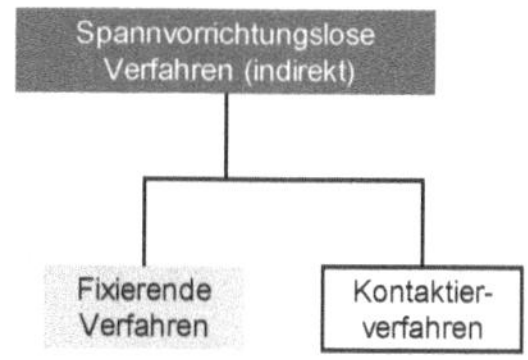

☐ Prozess in diese Funktionsgruppe zugeordnet

Prozessbeschreibung

Kurzbeschreibung:
Die Hairpin-Enden werden durch ein elastisches Zusatzelement vorfixiert. Optional kann eine vorher eingebrachte Kerbe an den Drahtenden die Positionierung erleichtern.

Prozessablauf:
1. Ausrichtung der Fügepartner (ggf. optionaler Kerbprozess in Pre-Prozessen)
2. Aufsetzen des Clips
3. Herstellung der elektrisch leitfähigen Verbindung

Auslegung:
- Axiale Zugänglichkeit für das Positionieren
- Zugänglichkeit entsprechend der Fügerichtung des Zusatzelementes
- Bei einem aufzuschiebenden Zusatzelement ist die benötigte Aufweitung zu beachten

Besonderheiten:
Optional werden nachfolgende Lötprozesse beschrieben.

Prozessfreiheiten und -restriktionen

\+ Hohe Positioniergüte bei Ausrichttaschen
\+ Mittlere bis hohe Tragfähigkeit der Verbindung (abhängig vom Zusatzelement)
\+ Kompakte Bauweise (Hüllkurve)

- Zusatzelement notwendig
- Ggf. zweistufiger Prozesses (Aufsetzen und Schließen)
- Ggf. Ausdehnung der Fügestelle durch Zusatzelement
- Querschnittsreduktion durch Kerbe/Tasche
- Optionaler Vorprozess notwendig zum Kerben

Patentnachweise

Patentnummer	Titel	Patentinhaber	Anmeldejahr
US8487498	Multiple conductor winding in stator	Hamilton Sundstrand Corporation	2010
FR3098048A1	Electric winding for a rotating electric machine	Valeo Equipements Electriques Moteur SAS	2019

Anhang 4: Anforderungsliste für ein anfangsfestes Fügeverfahren für Kupferflachleiter

Nr.	Eigenschaft	Zielkriterium allgemeingültig	Zielkriterium diskret
1	**Rahmenbedingungen**		
1.1	Leiterwerkstoff und Geometrie	Kupferflachdrähte für elektrische Anwendungen mit Kantenlängen von 1,0 - 5,0 mm	Kupferflachdraht aus CU-ETP nach DIN EN 13602 nominell: 4,00 x 2,00 mm als Lack- und Blankdraht nach DIN EN 60317-0-2
1.2	Geometrie der Fügestelle	Variantenvielfalt der Hairpinstatoren gemäß Tabelle 2-3	Freigestellter I-Pin-Parallelstoß und PEM-Referenzstator
1.3	Zugänglichkeit zur Fügestelle	Axiale Zugänglichkeit gegeben Radiale Zugänglichkeit > 2 mm Tangentiale Zugänglichkeit > 5 mm	Axiale Zugänglichkeit gegeben Radiale Zugänglichkeit > 5 mm Tangentiale Zugänglichkeit > 10 mm
1.4	Abisolierlänge	6-12 mm	Abisolierlänge 10-12 mm
1.5	Initialer Fügespalt X	≤ 2 mm	
1.6	Initialer Lateralversatz Y	≤ 1 mm	
1.7	Initialer Höhenversatz Z	≤ 1 mm	
1.8	Kontaktierung	Laserschweißen ($\lambda \approx$1064nm)	
2	**Funktionalanforderungen**		
2.1	Fügemechanismus	Mechanisches Fügeverfahren (z. B. form- oder kraftschlüssig)	
2.2	Handling und Relaxation	Anfangsfeste Fixierung muss während des Bauteiltransportes und der Bauteillagerung bestehen bleiben > 1 Tag	
2.3	Änderungen am Produktdesign	Das Produktdesign darf nur in der Erscheinungsform der Kontaktierstelle verändert werden. Prozessanforderungen an die Sekundärisolation müssen erfüllt werden.	
2.4	Änderungen an der Prozesskette	Das anfangsfeste Fügen kann als ergänzender Prozess oder Prozesssubstitution ausgeführt werden. Die Anpassung von Bestandsprozessen für das Formen des Wickelkopfes ist gestattet.	Keine
2.5	Funktionsweise	Automatisierte, teilautomatisierte und manuelle Konfigurationen	Manuelles Laborwerkzeug
2.6	Prozesszeit	Taktzeiten < 90 s je Stator müssen ermöglicht werden	Keine
2.7	Fügehilfsteile/Hilfsstoffe	Kein Einsatz von schädlichem Zusatzmaterial (Prozess/Umwelt/Gesundheit)	
2.8	Adaptivität und Modularität	Variable Drahtquerschnitte und Bauteilgeometrien bei minimalem Rüstaufwand fügbar	Referenzgeometrie
2.9	Wartungsintervall	> 1 Woche im Dreischichtbetrieb	Keine
2.10	Kosten	Positive Gesamtkostenbilanz für die gesamte Hairpin-Prozesskette inkl. Ausschussbetrachtung	Abbildbar im Forschungsprojekt "anfaHair"
3	**Qualitätsanforderungen**		
3.1	Festigkeit der anfangsfesten Fügestelle (in X und Y)	Haltekräfte: Schälzugversuch (Belastung in X): ≥ 50 N Schubzugversuch (Belastung in Y): ≥ 75 N	
3.2	Festigkeit der anfangsfesten Fügestelle (in Z)	Haltekräfte: Scherzugversuch (Versatz in Z): ≥ 100 N	
3.3	Festigkeit im endfesten Fügeprozess	Fügestelle muss auch während des Schweißens Festigkeit/Position beibehalten	
3.4	Festigkeit der endfesten Fügestelle	Vergleichbare Festigkeit mit spannvorrichtungsbehafteten Schweißungen (Die durchschnittliche Haltekraft in X und Y entspricht mindestens 80 % der Referenzhaltekraft für eine Referenzfügestelle ohne anfangsfeste Vorfixierung)	
3.5	Nullspalt	Kopffügespalt ≤ 0,2 mm und Nullspaltbildung über die mechanische Fügestelle (kein Strahldurchgang erlaubt)	
3.6	Querschnittsänderung anfangsfestes Fügen	Mittlerer Querschnitt der Gesamtfügestelle ≥ 70 % des doppelten Drahtquerschnittes über eine Fügestellenlänge von 8 mm	
3.7	Querschnittsänderung endfestes Fügen	Anbindungsquerschnitt nach dem Schweißen ≥ 100 % Drahtquerschnitt Anbindungsquerschnitt nach dem Schweißen ≥ 70 % Drahtquerschnitt	
3.8	Elektrischer Kontaktstellenwiderstand	Vergleichbarer elektrischer Widerstand mit spannvorrichtungsbehafteten Schweißungen (Die durchschnittliche Widerstandserhöhung beträgt maximal 20 % im Vergleich zur Referenzfügestelle ohne anfangsfeste Vorfixierung)	
3.9	Stirnfläche	Homogene Stirnfläche für reproduzierbares Einkopplungsverhalten und prozesssichere optische Nahterkennung	
3.10	Fügestellengeometrie	Maximale Verbreiterung in Y oder Aufdickung in X der Fügestelle von 2 mm (sowohl anfangsfest und endfest). Maximale Länge der anfangsfesten Fügestelle 6 mm	
3.11	Gesamtfügestellenlänge	Maximal 10 mm über die anfangsfeste und endfeste Fügestelle	
	Legende:	Festanforderung	Wunschanforderung

Anhang 5: Herleitung des analytischen Rechenmodells zur Beschreibung der Korrekturkräfte im Wickelkopf eines Hairpin-Stators zum Ausgleich von Verschiebungen in X-, Y- und Z-Richtung in der Schweißvorbereitung

(Die verwendeten Symbole in diesem Anhang sind nicht Teil des Symbolverzeichnisses)

Vereinfachung der Hairpin-Geometrie

Die Vereinfachung erfolgt in zwei Stufen. In der ersten Stufe der Vereinfachung wird das Modell vereinfacht, indem die vorhandene Krümmung des Hairpins entfernt wird. Dieses Modell wird als „Simplified Geometry" (SG) bezeichnet. In der zweiten Stufe der Vereinfachung wird das SG-Modell weiter vereinfacht, indem die Verdrehung am unteren Ende der Drahtgeometrie entfernt wird und sich die Hairpin-Endgeometrie somit in einer planaren Ebene erstreckt. Dieses Modell wird als „Super-Simplified Geometry" (SSG) bezeichnet. Anschließend wird das analytische Modell entwickelt, das für beide Vereinfachungsstufen anwendbar ist.

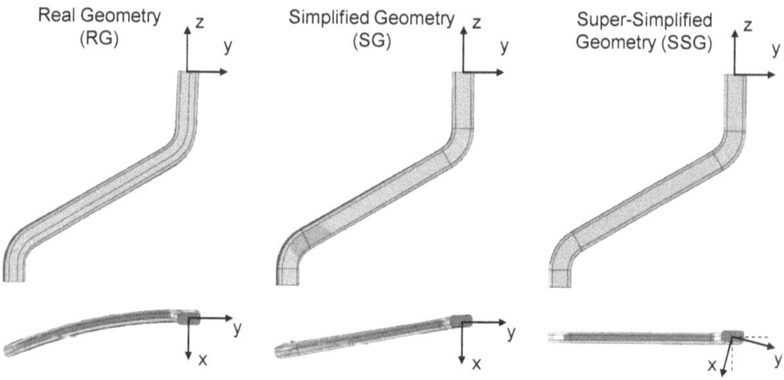

Ableitung des analytischen Modells

Für die Ableitung des analytischen Vorhersagemodells des Wickelkopfverhaltens wird ein einzelner geschränkter Drahtabschnitt als Raumstruktur betrachtet. Zur Vereinfachung wird angenommen, dass die Hairpin-Struktur aus drei geraden, an den Enden verbundenen Balkenelementen besteht.

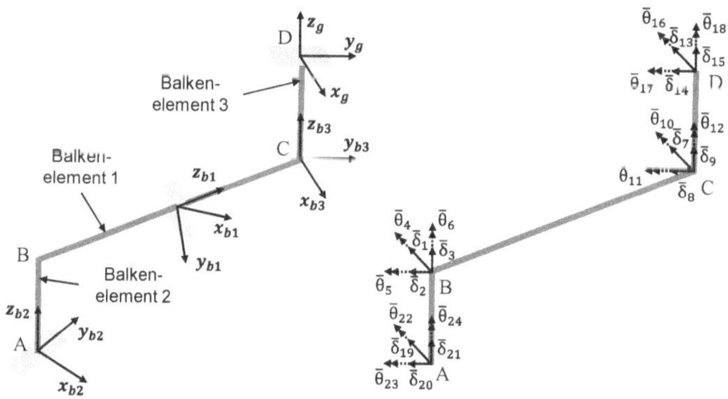

Es wird auch angenommen, dass jedes Balkenelement 6 Freiheitsgrade (DOF) an jedem Ende hat, d.h. 3 Translationen und 3 Rotationen. Jedem Balkenelement wurde ein lokales Balkenkoordinatensystem zugewiesen, wobei die Z-Achse als in Längsrichtung des Balkenelements liegend betrachtet wird.

Zur Entwicklung des Modells der Hairpin-Geometrie wird die Verschiebungsmethode aus der Matrixmethode der Strukturanalyse verwendet. Hierzu wird zunächst eine Verschiebungsmatrix bzw.

Nachgiebigkeitsmatrix entwickelt, die die Inverse der Steifigkeitsmatrix ist, und mit Hilfe derer die Kräfte oder Verschiebungen der Struktur bewertet werden können.

Für die Entwicklung der Nachgiebigkeitsmatrix der Gesamtstruktur werden Nachgiebigkeitsmatrizen für jedes Stabelement einzeln formuliert. Diese Nachgiebigkeitsmatrizen können später für die Entwicklung der Nachgiebigkeitsmatrix der Gesamtstruktur addiert werden. Zur weiteren Vereinfachung wird die Geometrie der Hairpin-Struktur reduziert, indem nur die ersten beiden Stabelemente der Struktur bei der Entwicklung des Gesamtmodells berücksichtigt werden.

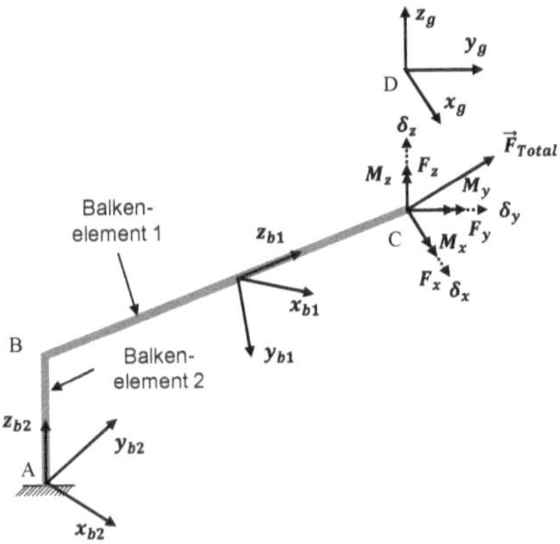

Zunächst werden für das Balkenelement 1 die Verschiebungen S_{x1}, S_{y1} und S_{z1} in X-, Y- und Z-Richtung für die aufgebrachten Kräfte F_x, F_y, und F_z im Punkt C wie folgt angegeben:

$$S_{x1} = F_x \left[\frac{l_{b2}{}^3}{3EI_y}\right]$$

$$S_{y1} = F_y \left[\frac{l_{b1}{}^3}{3EI_x}\right]$$

$$S_{z1} = F_z \left[\frac{l_{b1}}{EA}\right]$$

Dabei ist E der Elastizitätsmodul, $I_{x,y}$ das Flächenträgheitsmoment des Balkens in jeder Richtung, $l_{b1,2}$ die Balkenlänge der Elemente 1 und 2, $\frac{EA}{l_{b1,2}}$ die axiale Steifigkeit des Balkens, wobei A die Balkenfläche ist, und $\frac{GI_p}{l_{b1,2}}$ die Schersteifigkeit des Balkens, wobei G der Schermodul des Balkens und I_p das polare Trägheitsmoment ist.

Die Verschiebungen S_{x1}, S_{y1} und S_{z1} für das Balkenelement 1 sind in der folgenden Abbildung angegeben:

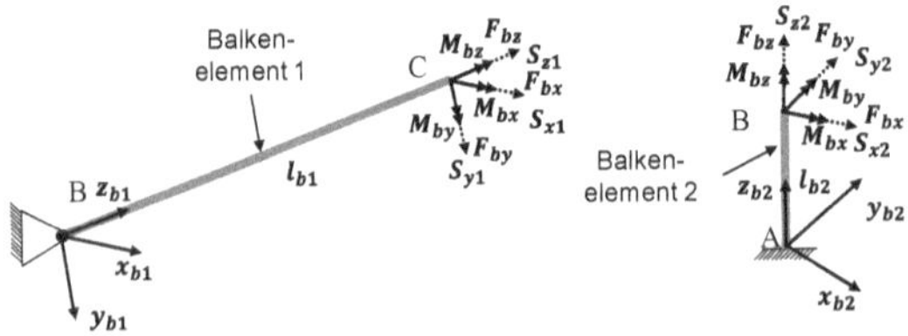

Aus den Verschiebungen im Punkt C ergibt sich die Nachgiebigkeitsmatrix $[D]_{p_1}$ der linearen Verschiebungen im lokalen Koordinatensystem des Balkenelementes 1 wie folgt:

$$[D]_{p_1} = \begin{bmatrix} \frac{l_{b1}{}^3}{3EI_y} & 0 & 0 \\ 0 & \frac{l_{b1}{}^3}{3EI_x} & 0 \\ 0 & 0 & \frac{l_{b1}}{EA} \end{bmatrix}$$

Bei Balkenelement 2 wird davon ausgegangen, dass der Balken im Punkt A vollständig fixiert ist und sich wie ein Kragträger verhält. Die linearen Verschiebungen S_{x2}, S_{y2} und S_{z2} im Punkt B des Balkenelementes 1 entlang der X-, Y- und Z-Achse werden aufgrund der lokalen Verschiebungen im Punkt C des Balken 1 im lokalen Koordinatensystem des Balken 2 wie folgt angegeben:

$$S_{x2} = F_x \left[\frac{l_{b2}{}^3}{3EI_y} + \frac{l_{b2}{}^2 r_{bz}}{2EI_y}\right] - F_z \left[\frac{l_{b2}{}^2 r_{bx}}{2EI_y}\right]$$

$$S_{y2} = F_y \left[\frac{l_{b2}{}^3}{3EI_x} + \frac{l_{b2}{}^2 r_{bz}}{2EI_x}\right] - F_z \left[\frac{l_{b2}{}^2 r_{by}}{2EI_x}\right]$$

$$S_{z2} = F_z \left[\frac{l_{b2}}{EA}\right]$$

Die Verschiebungen S_{x2}, S_{y2} und S_{z2} für Balkenelement 2 sind in der obigen Abbildung angegeben.

Mit der Kenntnis dieser Verschiebungen im Punkt B ergibt sich die Nachgiebigkeitsmatrix $[D]_{p_2}$ für lineare Verschiebungen im Punkt B des Balkenelementes 2 wie folgt:

$$[D]_{p_2} = \begin{bmatrix} \frac{l_{b2}{}^3}{3EI_y} + \frac{l_{b2}{}^2 r_{bz}}{2EI_y} & 0 & -\frac{l_{b2}{}^2 r_{bx}}{2EI_y} \\ 0 & \frac{l_{b2}{}^3}{3EI_x} + \frac{l_{b2}{}^2}{2EI_x} & -\frac{l_{b2}{}^2 r_{by}}{2EI_x} \\ 0 & 0 & \frac{l_{b2}}{EA} \end{bmatrix}$$

Im Punkt B kommt es zu zusätzlichen Verschiebungen aufgrund der Kräfte im Punkt C. Daher wird die Nachgiebigkeitsmatrix für diese zusätzlichen linearen Verschiebungen wie folgt formuliert:

$$[\vec{r_b}] = \begin{bmatrix} r_{bx} \\ r_{by} \\ r_{bz} \end{bmatrix} \text{ und } [\vec{\alpha_b}] = \begin{bmatrix} 0 & \alpha_z & \alpha_y \\ \alpha_z & 0 & -\alpha_x \\ -\alpha_y & \alpha_x & 0 \end{bmatrix} \text{ und } [\vec{F}_{b\alpha 2}] = \begin{bmatrix} F_x \\ F_y \\ F_z \end{bmatrix}_{b\alpha 2}$$

Dabei ist $[\vec{r_b}]$ der Vektor der Richtungsabstände zwischen den Punkten B und C, $[\vec{\alpha_b}]$ die Matrix der Richtungsverschiebungen aufgrund der Winkelmomente im Punkt B für Balkenelement 2 und $[\vec{F}_{b\alpha 2}]$ der Vektor der Kräfte in X-, Y- und Z-Richtung des Koordinatensystems für Balkenelement 2. Daher kann die vollständige Verschiebungsmatrix $[S]_{\alpha 2}$ für Balkenelement 2 wie folgt angegeben werden:

$$[S]_{\alpha 2} = \begin{bmatrix} 0 & \alpha_z & \alpha_y \\ \alpha_z & 0 & -\alpha_x \\ -\alpha_y & \alpha_x & 0 \end{bmatrix} [\vec{r}_b]$$

$$[S]_{\alpha 2} = \begin{bmatrix} -\alpha_z r_{by} + \alpha_y r_{bz} \\ \alpha_z r_{bx} - \alpha_x r_{bz} \\ -\alpha_y r_{bx} - \alpha_x r_{by} \end{bmatrix}$$

Die Verschiebungen aufgrund der Winkelmomente α_x, α_y und α_z im Punkt B entlang der X-, Y- und Z-Achse des Koordinatensystems von Balkenelement 2 sind gegeben als:

$$\alpha_x = F_y \left[-\frac{l_{b2}{}^2}{2EI_x} - \frac{l_{b2}{}^2 r_{bz}}{2EI_x}\right] + F_z \left[\frac{l_{b2} r_{by}}{2EI_x}\right]$$

$$\alpha_y = F_x \left[\frac{l_{b2}{}^2}{3EI_y} + \frac{l_{b2} r_{bz}}{2EI_y}\right] - F_z \left[\frac{l_{b2} r_{bx}}{2EI_y}\right]$$

$$\alpha_z = F_x\left[-\frac{l_{b2}r_{by}}{GI_p}\right] + F_y\left[\frac{l_{b2}r_{bx}}{GI_p}\right]$$

Durch Kombination der obigen Gleichungen für Balkenelement 2 ergibt sich:

$$[S]_{\alpha 2} = \begin{bmatrix} F_x\left[\frac{l_{b2}{r_{by}}^2}{GI_p}\right] - F_y\left[\frac{l_{b2}r_{bx}r_{by}}{GI_p}\right] + F_x\left[\frac{{l_{b2}}^2 r_{bz}}{2EI_y}\right] + F_x\left[\frac{l_{b2}{r_{bz}}^2}{EI_y}\right] - F_z\left[\frac{l_{b2}r_{bx}r_{bz}}{EI_y}\right] \\ -F_x\left[\frac{l_{b2}r_{bx}r_{by}}{GI_p}\right] + F_y\left[\frac{l_{b2}{r_{bx}}^2}{GI_p}\right] + F_y\left[\frac{{l_{b2}}^2 r_{bz}}{2EI_x}\right] + F_y\left[\frac{l_{b2}{r_{bz}}^2}{EI_x}\right] - F_z\left[\frac{l_{b2}r_{by}r_{bz}}{EI_x}\right] \\ -F_x\left[\frac{{l_{b2}}^2 r_{bz}}{2EI_y}\right] - F_x\left[\frac{l_{b2}r_{bx}r_{bz}}{EI_y}\right] + F_y\left[\frac{{l_{b2}}^2 r_{by}}{2EI_x}\right] + F_y\left[\frac{l_{b2}r_{by}r_{bz}}{EI_x}\right] + F_z\left[\frac{l_{b2}{r_{by}}^2}{EI_x}\right] + F_z\left[\frac{l_{b2}{r_{bx}}^2}{EI_y}\right] \end{bmatrix}$$

$$[S]_{\alpha 2} = \underbrace{\begin{bmatrix} \frac{{l_{b2}}^2 r_{bz}}{2EI_y} + \frac{l_{b2}{r_{bz}}^2}{EI_y} + \frac{l_{b2}{r_{by}}^2}{GI_p} & -\frac{l_{b2}r_{bx}r_{by}}{GI_p} & -\frac{l_{b2}r_{bx}r_{bz}}{EI_y} \\ -\frac{l_{b2}r_{bx}r_{by}}{GI_p} & \frac{{l_{b2}}^2 r_{bz}}{2EI_x} + \frac{l_{b2}{r_{bz}}^2}{EI_x} + \frac{l_{b2}{r_{bx}}^2}{GI_p} & -\frac{l_{b2}r_y r_z}{EI_x} \\ -\frac{{l_{b2}}^2 r_x}{2EI_y} - \frac{l_{b2}r_x r_z}{EI_y} & \frac{{l_{b2}}^2 r_y}{2EI_x} + \frac{l_{b2}r_y r_z}{EI_x} & \frac{l_{b2}{r_y}^2}{EI_x} + \frac{l_{b2}{r_x}^2}{EI_y} \end{bmatrix}}_{[D]_{\alpha_2}} [\vec{F}_{b\alpha 2}]$$

$$[S]_{\alpha 2} = [D]_{\alpha_2}[\vec{F}_{b\alpha 2}]$$

Daraus ergibt sich die Nachgiebigkeitsmatrix $[D]_{\alpha_2}$ für Verschiebungen im Punkt B des Balkenelementes 2 im lokalen Koordinatensystem des Balken 2:

$$[D]_{\alpha_2} = \begin{bmatrix} \frac{{l_{b2}}^2 r_{bz}}{2EI_y} + \frac{l_{b2}{r_{bz}}^2}{EI_y} + \frac{l_{b2}{r_{by}}^2}{GI_p} & -\frac{l_{b2}r_{bx}r_{by}}{GI_p} & -\frac{l_{b2}r_{bx}r_{bz}}{EI_y} \\ -\frac{l_{b2}r_{bx}r_{by}}{GI_p} & \frac{{l_{b2}}^2 r_{bz}}{2EI_x} + \frac{l_{b2}{r_{bz}}^2}{EI_x} + \frac{l_{b2}{r_{bx}}^2}{GI_p} & -\frac{l_{b2}r_y r_z}{EI_x} \\ -\frac{{l_{b2}}^2 r_x}{2EI_y} - \frac{l_{b2}r_x r_z}{EI_y} & \frac{{l_{b2}}^2 r_y}{2EI_x} + \frac{l_{b2}r_y r_z}{EI_x} & \frac{l_{b2}{r_y}^2}{EI_x} + \frac{l_{b2}{r_x}^2}{EI_y} \end{bmatrix}$$

Nach der Formulierung der drei Nachgiebigkeitsmatrizen für Balkenelement 1 und Balkenelement 2 in ihrem lokalen Balkenkoordinatensystem müssen diese Matrizen in das globale Koordinatensystem transformiert werden, damit sie addiert und für die Berechnung der Kräfte oder der Verschiebungen in globalen Koordinaten weiterverwendet werden können.

Diese Transformation wird mit Hilfe einer Transformationsmatrix durchgeführt. Diese Transformationsmatrix muss für jedes Balkenelement einzeln mit Hilfe der eulerschen Winkel in der Konvention ZY'X'' berechnet werden. Diese Winkel sind vom lokalen Balkenkoordinatensystem des jeweiligen Balkens zum globalen Koordinatensystem der Hairpin-Struktur zu messen. Die Orientierung der beiden lokalen Koordinatensysteme und eines globalen Koordinatensystems wird vorher festgelegt.

Die Transformationsmatrix $[T]_1$ für die Transformation vom lokalen Koordinatensystem des Balken 1 in das globale Koordinatensystem der Hairpin-Struktur wird wie folgt angegeben:

$$[T]_1 = [R]_{z_1}.[R]_{y_1}.[R]_{x_1}$$

Die Rotationsmatrizen in der X-, Y- und Z-Achse zur Bildung der vollständigen Transformationsmatrix für Balkenelement 1 werden wie folgt festgelegt:

$$[R]_{z_1} = \begin{bmatrix} \cos\psi_1 & -\sin\psi_1 & 0 \\ \sin\psi_1 & \cos\psi_1 & 0 \\ 0 & 0 & 1 \end{bmatrix}$$

$$[R]_{y_1} = \begin{bmatrix} \cos\theta_1 & 0 & \sin\theta_1 \\ 0 & 1 & 0 \\ -\sin\theta_1 & 0 & \cos\theta_1 \end{bmatrix}$$

$$[R]_{x_1} = \begin{bmatrix} 1 & 0 & 0 \\ 0 & \cos\phi_1 & -\sin\phi_1 \\ 0 & \sin\phi_1 & \cos\phi_1 \end{bmatrix}$$

Die Transformationsmatrix $[T]_2$ für die Transformation vom lokalen Koordinatensystem des Balkenelementes 2 in das globale Koordinatensystem der Hairpin-Struktur wird wie folgt angegeben:

$$[T]_2 = [R]_{z_2} . [R]_{y_2} . [R]_{x_2}$$

Die Rotationsmatrizen in der X-, Y- und Z-Achse zur Bildung der vollständigen Transformationsmatrix für Balkenelement 2 werden wie folgt festgelegt:

$$[R]_{z_2} = \begin{bmatrix} \cos\psi_2 & -\sin\psi_2 & 0 \\ \sin\psi_2 & \cos\psi_2 & 0 \\ 0 & 0 & 1 \end{bmatrix}$$

$$[R]_{y_2} = \begin{bmatrix} \cos\theta_2 & 0 & \sin\theta_2 \\ 0 & 1 & 0 \\ -\sin\theta_2 & 0 & \cos\theta_2 \end{bmatrix}$$

$$[R]_{x_2} = \begin{bmatrix} 1 & 0 & 0 \\ 0 & \cos\phi_2 & -\sin\phi_2 \\ 0 & \sin\phi_2 & \cos\phi_2 \end{bmatrix}$$

Nun können die Nachgiebigkeitsmatrizen für Balkenelement 1 und Balkenelement 2 wie folgt von ihren lokalen Balkenkoordinatensystemen in globale Koordinatensysteme transformiert werden:

$$[D]_{p_{1T}} = [T]_1 [D]_{p_1} {[T]_1}^T$$

$$[D]_{p_{2T}} = [T]_2 [D]_{p_2} {[T]_2}^T$$

$$[D]_{\alpha_{2T}} = [T]_2 [D]_{\alpha_2} {[T]_2}^T$$

Dabei sind ${[T]_1}^T$und ${[T]_2}^T$die transponierten Transformationsmatrizen 1 und 2.

Die Gesamtkonformitätsmatrix $[D]_{Total}$ lässt sich dann wie folgt berechnen:

$$[D]_{Total} = [D]_{p_{1T}} + [D]_{p_{2T}} + [D]_{\alpha_{2T}}$$

Die Inverse der Gesamtnachgiebigkeitsmatrix wird auch als Steifigkeitsmatrix der gesamten Hairpin-Struktur bezeichnet.

$${[D]_{Total}}^{-1} = Gesamtnachgiebigkeitsmatrix\ der\ Struktur$$

Mit Hilfe der Gesamtnachgiebigkeitsmatrix der Hairpin-Struktur können die Kräfte für die erforderliche Verschiebung des Hairpin-Endes wie folgt berechnet werden:

$$[\vec{F}]_{Total} = {[D]_{Total}}^{-1} [\vec{S}]_{Total}$$

Dabei sind $[\vec{F}]_{Total}$ und $[\vec{S}]_{Total}$ die Vektoren der Gesamtkräfte und -verschiebungen im Punkt D der Struktur im globalen Koordinatensystem:

$$[\vec{F}]_{Total} = \begin{bmatrix} F_x \\ F_y \\ F_z \end{bmatrix}_{Total} \quad and\ [\vec{S}]_{Total} = \begin{bmatrix} \delta_x \\ \delta_y \\ \delta_z \end{bmatrix}$$

Dabei sind δ_x, δ_y und δ_z die Verschiebungen am Drahtende D und F_x, F_y und F_z die resultierenden Kräfte, die für die Korrektur der Verschiebungen entlang der X-, Y- und Z-Achse des globalen Koordinatensystems erforderlich sind.

Um die ermittelten Kräfte mit den Simulationswerten vergleichen zu können, müssen auch für die analytischen Berechnungen ähnliche Randbedingungen angewendet werden. Für X- und Y-Verschiebungen wird die Verschiebung entlang der Z-Achse als frei betrachtet und für Z-Abweichungen werden die Verschiebungen entlang der X- und Y-Richtung als frei angenommen. Diese Randbedingungen für die Lösung dieses analytischen Problems sind in der mathematischen Formulierung enthalten.

Bedingung für $[F]_x = 0$: Der Draht ist entlang der X-Achse des globalen Koordinatensystems frei beweglich, daher sind die Kräfte in X-Richtung gleich null:

$$\delta_x = \frac{(-\delta_y . {[D]_{Total}}^{-1}{}_{(1,2)}) - (\delta_z . {[D]_{Total}}^{-1}{}_{(1,3)})}{({[D]_{Total}}^{-1}{}_{(1,1)})}$$

Bedingung für $[F]_y = 0$: Der Draht ist entlang der Y-Achse des globalen Koordinatensystems frei beweglich, daher sind die Kräfte entlang der Y-Richtung null:

$$\delta_y = \frac{(-\delta_x . [D]_{Total}{}^{-1}{}_{(2,1)}) - (\delta_z . [D]_{Total}{}^{-1}{}_{(2,3)})}{([D]_{Total}{}^{-1}{}_{(2,2)})}$$

Bedingung für $[F]_z = 0$: Der Draht ist entlang der Z-Achse des globalen Koordinatensystems frei beweglich, daher sind die Kräfte entlang der Z-Richtung null:

$$\delta_z = \frac{(-\delta_x . [D]_{Total}{}^{-1}{}_{(3,1)}) - (\delta_y . [D]_{Total}{}^{-1}{}_{(3,2)})}{([D]_{Total}{}^{-1}{}_{(3,3)})}$$

Auf der Grundlage der mathematischen Formulierung des analytischen Modells wurde ein Matlab-Code entwickelt. Dieser Matlab-Code ist weiter unten zu finden und für die SG und SSG der Hairpin-Struktur ausführbar.

Vergleich zwischen analytischen und simulativen Ergebnissen

Auf der Grundlage der mit dem analytischen Modell erzielten Ergebnisse wurde ein Vergleich zwischen den Ergebnissen des analytischen Modells und des Simulationsmodells für drei verschiedene Geometrien vorgenommen. Die Parameter, die für drei verschiedene Wickelkopfkonfigurationen berücksichtigt werden, sind in der folgenden Tabelle aufgeführt:

Parameter	Symbol	Einheit	Geometrie		
			1	2	3
Elastizitätsmodul	E	N/mm^2	115000		
Schubmodul	G	N/mm^2	41045		
Drahtbreite	b	mm	4	5	5
Drahtdicke	h	mm	2	3	2
Draht-Eckradius	r_c	mm	0,6	0,6	0,6
Fläche des Drahtquerschnitts	A	mm^2	7,78	14,69	9,69
Flächenträgheitsmoment um die X-Achse	I_x	mm^4	9,88	29,52	19,10
Flächenträgheitsmoment um die Y-Achse	I_y	mm^4	2,49	10,67	3,10
Polares Flächenträgheitsmoment	I_p	mm^4	12,37	30,19	22,20
für das SG-Modell					
Länge Balkenelement 1	l_{b1}	mm	36,51	50,11	52,03
Länge Balkenelement 2	l_{b2}	mm	6,48	6,14	7,38
Abstand in X-Richtung zwischen den Enden des Balkenelements 1	r_x	mm	6,45	9,90	14,04
Abstand in Y-Richtung zwischen den Enden des Balkenelements 1	r_y	mm	31,21	44,51	41,04
Z-gerichteter Abstand zwischen den Enden des Balkenelements 1	r_z	mm	17,82	20,79	28,73
Eulersche Winkel in ZY'X"-Konvention (vom Koordinatensystem des Balken 1 zum globalen Koordinatensystem)	ψ_1	°	-11,04	-12,54	-18,88
	θ_1	°	0	0	0
	ϕ_1	°	60,75	65,52	56,47
Eulersche Winkel in ZY'X"-Konvention (vom Koordinatensystem des Balken 2 zum globalen Koordinatensystem)	ψ_2	°	-22,50	-25,71	-40,00
	θ_2	°	0	0	0
	ϕ_2	°	0	0	0
für das SSG-Modell					
Länge Balkenelement 1	l_{b1}	mm	36,51	50,11	52,03
Länge Balkenelement 2	l_{b2}	mm	6,48	6,14	7,38
Abstand in X-Richtung zwischen den Enden des Balkenelements 1	r_x	mm	0	0	0
Abstand in Y-Richtung zwischen den Enden des Balkenelements 1	r_y	mm	31,21	44,51	41,04
Z-gerichteter Abstand zwischen den Enden des Balkenelements 1	r_z	mm	17,82	20,79	28,73
Eulersche Winkel in ZY'X"-Konvention (vom Koordinatensystem des Balken 1 zum globalen Koordinatensystem)	ψ_1	°	0	0	0
	θ_1	°	0	0	0
	ϕ_1	°	60,28	64,95	55,00
Eulersche Winkel in ZY'X"-Konvention (vom Koordinatensystem des Balken 2 zum globalen Koordinatensystem)	ψ_2	°	0	0	0
	θ_2	°	0	0	0
	ϕ_2	°	0	0	0

Ausgehend von den Ergebnissen der Vergleichsrechnung wurde festgestellt, dass für die Berechnung ein empirischer Korrekturvektor eingeführt werden muss, um den Fehler zwischen den Simulationsergebnissen und den analytischen Ergebnissen zu kompensieren. Dieser Korrekturvektor ist wie folgt spezifiziert:

$$[\vec{F}]'_{Total} = \begin{bmatrix} 1 \\ 0.29 \\ 1 \end{bmatrix} [\vec{F}]_{Total}$$

Die Werte für den Korrekturfaktor werden auf der Grundlage des minimalen Gesamtfehlerwertes bestimmt, der bei Anwendung des Korrekturfaktors auf die analytischen Ergebnisse für die drei betrachteten Geometrien erzielt wird. Durch Anwendung des Korrekturfaktors auf die endgültigen Werte der resultierenden Kraft erhält man die endgültigen Ergebnisse für die Kräfte, die für die Korrektur der Verschiebungen in X-, Y- und Z-Richtung erforderlich sind. Die folgende Tabelle zeigt die Ergebnisse für die drei Geometriemodelle mit unterschiedlichen Wickelkopfkonfigurationen.

		Kraft (N)						Steifigkeit (N/mm)						Mittl. Steifigkeit	
Geometrie 1															
Ergebnisse der Simulation		*SG*			*SSG*			*SG*			*SSG*			*SG*	*SSG*
	Dev.	*0,5*	*1*	*2*	*0,5*	*1*	*2*	*0,5*	*1*	*2*	*0,5*	*1*	*2*		
	F_x	9,7	20,4	43,1	6,1	12,4	25,8	19,5	20,4	21,5	12,3	12,4	12,9	20,5	12,5
	F_y	17,0	34,1	68,4	19,5	39,0	77,9	34,1	34,1	34,2	39,0	39,0	38,9	34,1	39,0
	F_z	-26,4	-52,9	-105,7	-30,4	-60,7	-121,4	-52,9	-52,9	-52,9	-60,7	-60,7	-60,7	-52,9	-60,7
Analytische Ergebnisse		*SG*			*SSG*			*SG*			*SSG*			*SG*	*SSG*
	Dev.	*0,5*	*1*	*2*	*0,5*	*1*	*2*	*0,5*	*1*	*2*	*0,5*	*1*	*2*		
	F_x	11,1	22,2	44,4	6,5	13,1	26,1	22,2	22,2	22,2	13,1	13,1	13,1	22,2	13,1
	F_y	18,1	36,2	72,5	25,8	51,6	103,2	36,2	36,2	36,2	51,6	51,6	51,6	36,2	51,6
	F_z	-28,8	-57,6	-115,1	-31,5	-63,1	-126,2	-57,5	-57,6	-57,6	-63,1	-63,1	-63,1	-57,6	-63,1
Geometrie 2															
		Kraft (N)						Steifigkeit (N/mm)						Mittl. Steifigkeit	
Ergebnisse der Simulation		*SG*			*SSG*			*SG*			*SSG*			*SG*	*SSG*
	Dev.	*0,5*	*1*	*2*	*0,5*	*1*	*2*	*0,5*	*1*	*2*	*0,5*	*1*	*2*		
	F_x	20,5	42,6	86,6	12,3	24,9	51,8	41,0	42,6	43,3	24,5	24,9	25,9	42,3	25,1
	F_y	52,1	104,2	207,9	60,2	120,3	240,5	104,3	104,2	103,9	120,4	120,3	120,3	104,1	120,3
	F_z	-32,8	-65,7	-131,3	-37,9	-75,7	-151,5	-65,7	-65,7	-65,7	-75,7	-75,7	-75,7	-65,7	-75,7
Analytische Ergebnisse		*SG*			*SSG*			*SG*			*SSG*			*SG*	*SSG*
	Dev.	*0,5*	*1*	*2*	*0,5*	*1*	*2*	*0,5*	*1*	*2*	*0,5*	*1*	*2*		
	F_x	19,5	38,9	77,9	11,8	23,6	47,1	38,9	38,9	38,9	23,5	23,6	23,6	38,9	23,5
	F_y	35,1	70,2	140,3	47,7	95,5	190,9	70,2	70,2	70,2	95,5	95,5	95,5	70,2	95,5
	F_z	-34,4	-68,9	-137,8	-38,0	-76,0	-152,1	-68,9	-68,9	-68,9	-76,0	-76,0	-76,0	-68,9	-76,0
Geometrie 3															
		Kraft (N)						Steifigkeit (N/mm)						Mittl. Steifigkeit	
Ergebnisse der Simulation		*SG*			*SSG*			*SG*			*SSG*			*SG*	*SSG*
	Dev.	*0,5*	*1*	*2*	*0,5*	*1*	*2*	*0,5*	*1*	*2*	*0,5*	*1*	*2*		
	F_x	10,6	21,2	42,4	3,6	7,2	14,4	21,2	21,2	21,2	7,2	7,2	7,2	21,2	7,2
	F_y	12,8	25,5	51,0	20,6	41,3	82,6	25,5	25,5	25,5	41,3	41,3	41,3	26,6	41,3
	F_z	-15,6	-31,1	-62,2	-26,4	-52,8	-105,6	-31,1	-31,1	-31,1	-52,8	-52,8	-52,8	-31,1	-52,8
Analytische Ergebnisse		*SG*			*SSG*			*SG*			*SSG*			*SG*	*SSG*
	Dev.	*0,5*	*1*	*2*	*0,5*	*1*	*2*	*0,5*	*1*	*2*	*0,5*	*1*	*2*		
	F_x	7,7	15,4	30,7	3,3	6,5	13,1	15,3	15,4	15,4	6,5	6,5	6,5	15,3	6,5
	F_y	8,5	17,0	33,9	15,2	30,5	61,0	17,0	17,0	17,0	30,5	30,5	30,5	17,0	30,5
	F_z	-19,5	-39,0	-78,0	-27,0	-54,1	-108,2	-39,0	-39,0	-39,0	-54,1	-54,1	-54,1	-39,0	-54,1

Die Fehlerwerte zwischen der Simulation und der analytischen Berechnung werden für das SG- und SSG-Modell berechnet. Die folgende Tabelle zeigt die resultierenden prozentualen Fehler für verschiedene Geometrien:

	Geometrie 1		Geometrie 2		Geometrie 3	
	SG	*SSG*	*SG*	*SSG*	*SG*	*SSG*
F_x	-8,4 %	-4,4 %	8,0 %	6,1 %	27,6 %	9,3 %
F_y	-6,1 %	-32,4 %	32,6 %	20,7 %	33,6 %	26,2 %
F_z	-8,9 %	-3,9 %	-4,9 %	-0,4 %	-25,5 %	-2,4 %

Auf der Grundlage der Ergebnisse des analytischen Modells für die Vorhersage des Wickelkopfverhaltens kann festgestellt werden, dass das Modell mit dem Korrekturfaktor mit einer maximal möglichen Fehlerabweichung von ca. 27 % in X- und Z-Richtung und mit einer maximal möglichen Fehlerabweichung von ca. 33 % in Y-Richtung verwendet werden kann.

MATLAB-Programmcode (Version: R2022a):

```
%%Input data
b=4;                              %Beam width
h=2;                              %Beam depth
r_x=6.4516;                       %X-directional distance between ends of beam element 1
r_y=31.214;                       %Y-directional distance between ends of beam element 1
r_z=17.824;                       %Z-directional distance between ends of beam element 1
l_b=sqrt(r_x^2+r_y^2+r_z^2);      %Length of beam 1
l2=6.487;                         %Length of beam 2
I_y=2.4919;                       %Moment of inertia about Y axis
I_x=9.8828;                       %Moment of inertia about X axis
I_p=I_y+I_x;                      %Polar Moment of inertia
A=7.7804;                         %Cross sectional area of beam
E=115000;                         %Modulus of Elasticity
G=41045;                          %Shear Modulus
s=[0.5;0.0;0.0];                  %Deviation at the end of beam
%%Transformation from beam 1 Coordinate system to Global Coordinate system
%Cardan z y' x'' Convention
psi=-11.039/180*pi;               %Angle of rotation about Z axes (Roll)
theta=0/180*pi;                   %Angle of rotation about Y axes (Pitch)
phi=60.75/180*pi;                 %Angle of rotation about X axes (Yaw)
%%Transformation from beam 2 Coordinate system to Global Coordinate system
%Cardan z y' x'' Convention
psi2=-22.5/180*pi;                %Angle of rotation about Z axes (Roll)
theta2=0/180*pi;                  %Angle of rotation about Y axes (Pitch)
phi2=0/180*pi;                    %Angle of rotation about X axes (Yaw)
%%Compliance matrix1 D_b1 for Beam 1:
D_b1=zeros(3,3);
D_b1(1,1)=l_b^3/3/E/I_y;
D_b1(2,2)=l_b^3/3/E/I_x;
D_b1(3,3)=l_b/E/A;
%%Compliance matrix2 D_alpha2 for Beam 2:
D_alpha2=zeros(3,3);
D_alpha2(1,1)=l2^2*r_z/(2*E*I_y)+l2*r_z^2/(E*I_y)+r_y^2*l2/(G*I_p);
D_alpha2(1,2)=-r_y*r_x*l2/(G*I_p);
D_alpha2(1,3)=-r_z*r_x*l2/(E*I_y);
D_alpha2(2,1)=-r_x*r_y*l2/(G*I_p);
D_alpha2(2,2)=l2^2*r_z/(2*E*I_x)+l2*r_z^2/(E*I_x)+r_x^2*l2/(G*I_p);
D_alpha2(2,3)=-r_z*r_y*l2/E/I_x;
D_alpha2(3,1)=-r_x*l2^2/(2*E*I_y)-r_x*r_z*l2/(E*I_y);
D_alpha2(3,2)=r_y*l2^2/(2*E*I_x)+r_y*r_z*l2/(E*I_x);
D_alpha2(3,3)=r_y^2*l2/(E*I_x)+r_x^2*l2/(E*I_y);
%%Compliance matrix3 D_b2 for Beam 2:
D_b2=zeros(3,3);
D_b2(2,2)=l2^3/(3*E*I_x)+l2^2/(2*E*I_x);
D_b2(2,3)=-l2^2*r_y/(2*E*I_x);
D_b2(1,1)=l2^3/(3*E*I_y)+l2^2*r_z/(2*E*I_y);
D_b2(1,3)=-l2^2*r_x/(2*E*I_y);
D_b2(3,3)=l2/E/A;
%%Transformation matrix for beam 1 system
%Rotation matrices for beam 1 system
R_z = [cos(psi),-sin(psi),0;sin(psi),cos(psi),0;0,0,1];
R_y = [cos(theta),0,sin(theta);0,1,0;-sin(theta),0,cos(theta)];
R_x = [1,0,0;0,cos(phi),-sin(phi);0,sin(phi),cos(phi)];
T1=R_z*R_y*R_x;
T1t=transpose(T1);
%%Transformation matrix for beam 1 system
```

```
%Rotation matrices for beam 2 system
R_z2 = [cos(psi2),-sin(psi2),0;sin(psi2),cos(psi2),0;0,0,1];
R_y2 = [cos(theta2),0,sin(theta2);0,1,0;-sin(theta2),0,cos(theta2)];
R_x2 = [1,0,0;0,cos(phi2),-sin(phi2);0,sin(phi2),cos(phi2)];
T2=R_z2*R_y2*R_x2;
T2t=transpose(T2);

%%Transformation of beam 1 compliance matrix from beam 1 Coordinate system to Global Coordinate system
D_b1_t=T1*D_b1*T1t;

%%Transformation of beam 2 compliance matrices from beam 2 Coordinate system to Global Coordinate system
D_alpha2_t=T2*D_alpha2*T2t;
D_b2_t=T2*D_b2*T2t;

%%Complete compliance matrix of hairpin wire structure:
Dtotal=D_b1_t+D_alpha2_t+D_b2_t
D_inv = inv(Dtotal);     %Stiffness matrix in global coordinate system

%%boundry conditions in X, Y, and Z directions
s(3,1)=(-s(1,1)*D_inv(3,1)-s(2,1)*D_inv(3,2))/D_inv(3,3);     % condition for F_z =0
%s(1,1)=(-s(2,1)*D_inv(1,2)-s(3,1)*D_inv(1,3))/D_inv(1,1);    % condition for F_x =0
%s(2,1)=(-s(1,1)*D_inv(2,1)-s(3,1)*D_inv(2,3))/D_inv(2,2);    % condition for F_y =0

%%Calculation of force required for applied displacements
F=Dtotal\s

%%Consideration of the Correction factor
Ftotal=[F(1,1)*1; F(2,1)*0.29; F(3,1)*1]
F_b=T1t*Ftotal
```

Anhang 6: Technologiesteckbriefe alternativer Lösungskonzepte für das Fügen von Kupferflachleitern (Ergebnis einer kreativen Lösungsfindungsphase)

Technologiebezeichnung: Durchsetzfügen TL1.1

Prinzipskizze

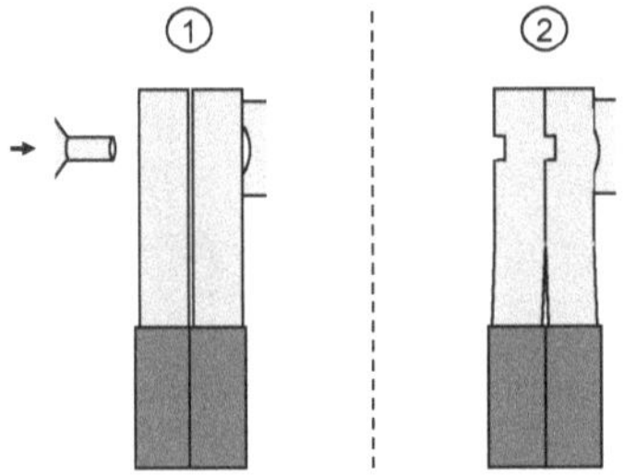

Kategorie
Umformen

Prozessbeschreibung

Kurzbeschreibung:
Die Fügepaare werden mittels Stempel und Matrize in radialer Richtung formschlüssig miteinander gefügt. Im Umformprozess wird eine hinterschnittige Verbindung ausgeformt. Der Prozess orientiert sich an dem Durchsetzfügen/Clinchen für Blechbauteile.

Prozessablauf:
1. Anfahren des Werkzeugkopfes, dabei Ausrichten der Kupferenden in integrierter Formtasche/ integrierten Anschlägen
2. Der Stempel formt eine Vertiefung in die Fügeteile und bildet dabei eine hinterschnittige Verbindung aus
3. Entformen des Fügepaars aus Werkzeugkavität

Auslegung:
- Beidseitige radiale Zugänglichkeit zur Fügestelle (Stempel muss radial verfahren können)
- Antrieb pneumatisch, hydraulisch oder mechanisch
- Fügewerkzeug muss auf die Drahtquerschnittsgeometrie abgestimmt werden

Besonderheiten:
Das Verhältnis zwischen Stempelgröße zu Fügeteildicke ist deutlich größer als beim klassischen Durchsetzfügen für Blechbauteile.

Prozessfreiheiten und -restriktionen

+ Hohe Tragfähigkeit der Verbindung durch Hinterschnitt
+ Mechanisches Verfahren ohne Zusatzbauteil
+ Integration einer Ausrichtvorrichtung möglich
+ Spanfreies Verfahren

- Beidseitige Zugänglichkeit zur Fügestelle
- Werkzeugauslegung von Fügestellendicke abhängig
- Limitierte Anwendbarkeit bei kleinen Drahtquerschnitten

Technologiebezeichnung: Schneiden mit Quetschanteil TL1.2

Prinzipskizze

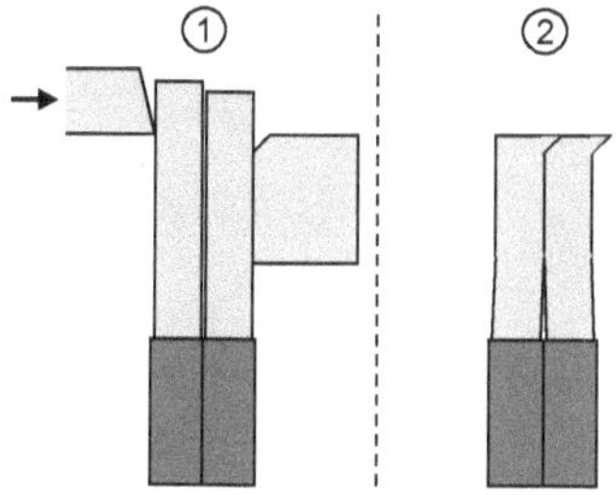

Kategorie
Umformen

Prozessbeschreibung

Kurzbeschreibung:
Die Fügepaare werden stirnseitig auf einer Höhe durch einen Scherschneidprozess horizontal abgelängt. Durch die Schneidengeometrie wird keine „saubere“ Schnittfläche erzeugt, sondern ein deformierter und gequetschter Übergangsbereich, der eine Vorfixierung ermöglicht.

Prozessablauf:
1. Anfahren des Werkzeugkopfes, dabei Ausrichten der Kupferenden in radialer und tangentialer Richtung
2. Ablängen der Drahtenden durch Scherschneidprozess
3. Ausbilden einer Deformation in der Schnittfläche
4. Entformen der Werkzeugkavität

Auslegung:
- Beidseitige radiale oder tangentiale Zugänglichkeit zur Fügestelle
- Antrieb pneumatisch, hydraulisch oder mechanisch
- Schneidengeometrie muss auf die Drahtquerschnittgeometrie abgestimmt werden

Besonderheiten:
Die Drahtenden müssen mit einer Beschnittzugabe versehen werden.

Prozessfreiheiten und -restriktionen

+ Drahtpaare einer Nut können in einer Werkzeugbewegung bearbeitet werden
+ Mechanisches Verfahren ohne Zusatzbauteil
+ Integrierter Höhenausgleich
+ Hohe Variantenflexibilität

- Beidseitige Zugänglichkeit zur Fügestelle
- Spanendes Verfahren mit Beschnittzugabe
- Werkzeugauslegung von Fügestellendicke abhängig
- Geringe bis mittlere Tragfähigkeit
- Verschleiß der Schneidwerkzeuge

Technologiebezeichnung: Verkeilen TL1.3

Prinzipskizze

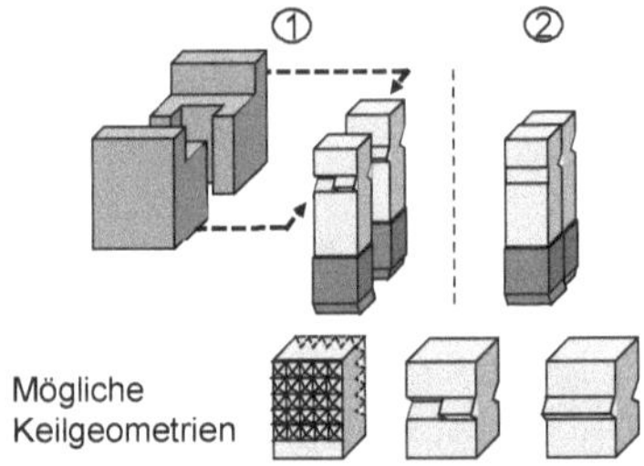

Kategorie
Umformen

Prozessbeschreibung

Kurzbeschreibung:
Die abisolierten Enden der bereits montierten Hairpins werden durch einen Umformprozess mit einer Keilgeometrie versehen. Die positive und negative Geometrie sind nicht passgenau ausgeprägt, sondern verkeilen sich beim Fügen der Drahtenden anfangsfest.

Prozessablauf:
1. Prägen der Keilgeometrie in die Drahtenden
2. Positionierung der Drahtenden durch Anfahren des Führungswerkzeugs
3. Verprägen durch Schließen der Werkzeugkavität
4. Entformen der Werkzeugkavität

Auslegung:
- Beidseitige Zugänglichkeit zur Fügestelle
- Antrieb pneumatisch, hydraulisch oder mechanisch
- Keilgeometrie muss entsprechend der Drahtquerschnittsfläche ausgelegt werden

Besonderheiten:
Die Keilgeometrie muss in einem Vorprozess eingebracht werden und definiert durch deren Position die vertikale Ausrichtung der Drahtenden.

Prozessfreiheiten und -restriktionen

+	-
+ Mechanisches Verfahren ohne Zusatzbauteil	- Beidseitige Zugänglichkeit zur Fügestelle
+ Integrierter Höhenausgleich und hohe Positioniergüte durch Keilposition	- Mehrstufiger Prozess mit komplexer Anlagentechnik
+ Mittlere bis hohe Tragfähigkeit der Verbindung	- Werkzeugauslegung von Fügestellendicke abhängig
+ Spanfreies Verfahren	- Bedingte Anwendbarkeit bei kleinen Drahtquerschnitten

Technologiebezeichnung: Crimpen / Quetschen TL1.4

Prinzipskizze

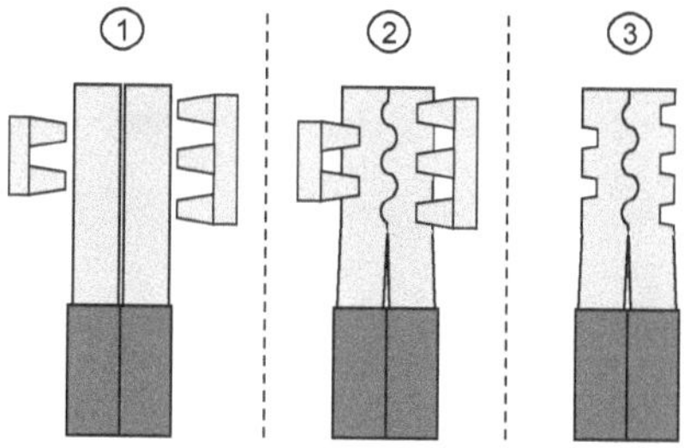

Kategorie
Umformen

Prozessbeschreibung

Kurzbeschreibung:
Die Fügepaare werden durch mehrere kleine Umformstempel bzw. Umformnocken vercrimpt bzw. verquetscht.

Prozessablauf:
1. Anfahren des Werkzeugkopfes
2. Werkzeug schließen und Drahtenden verquetschen
3. Rückhub und Entformen der Werkzeugkavität

Auslegung:
- Beidseitige Zugänglichkeit zur Fügestelle
- Antrieb pneumatisch, hydraulisch oder mechanisch
- Werkzeuggeometrie und Zustellweg müssen entsprechend der Drahtquerschnittsfläche ausgelegt werden

Besonderheiten:
Das Ausrichten der Drahtenden kann durch Formschrägen im Vorhub der Werkzeugbewegung integriert werden. Prozessalternative zum Quetschen von 90° angeordneten Busbars in der industriellen Anwendung bekannt.

Prozessfreiheiten und -restriktionen

+ Einfacher, weitgehend flexibler Werkzeugaufbau
+ Mechanisches Verfahren ohne Zusatzbauteil
+ Integration einer Ausrichtvorrichtung möglich
+ Spanfreies Verfahren
+ Mittlere bis hohe Tragfähigkeit der Fügestelle

- Beidseitige Zugänglichkeit zur Fügestelle
- Limitierte Anwendbarkeit bei großen Drahtquerschnitten
- Hohe Positioniergüte nur durch zusätzliche Ausrichteinheit möglich

Technologiebezeichnung: Twisten / Verdrehen TL1.5

Prinzipskizze

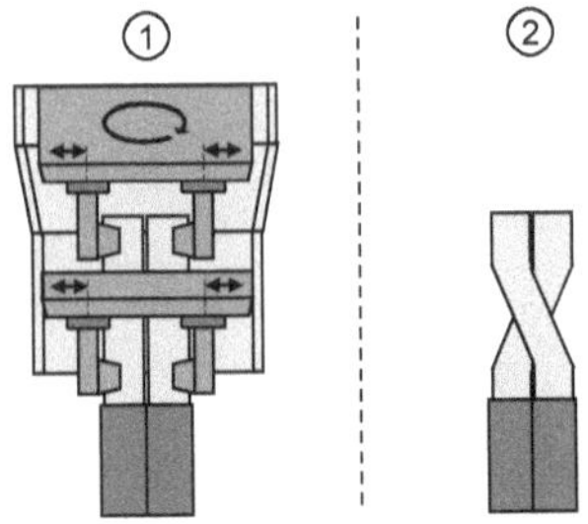

Kategorie
Umformen

Prozessbeschreibung

Kurzbeschreibung:
Die Drahtenden werden an Kopf und Wurzel jeweils mit einem Radialgreifer fixiert. Durch Rotation des oberen Greifmoduls werden die Fügepartner gegeneinander verdreht.

Prozessablauf:
1. Axiales Anfahren des Werkzeugkopfes und Schließen der Radialgreifer
2. Verdrehen der Drahtenden durch Rotation des oberen Greifermoduls
3. Entformung und Rückhub

Auslegung:
- Beidseitige Zugänglichkeit zur Fügestelle
- Linearantrieb pneumatisch, hydraulisch oder mechanisch, Rotationsantrieb mechanisch
- Elastischer Rückfedereffekt ist zu beachten

Besonderheiten:
Deformation im Drahtquerschnitt beim Twisten und axiale Zugbelastung auf Draht.

Prozessfreiheiten und -restriktionen

+ Mechanisches Verfahren ohne Zusatzbauteil	- Ausgeprägte Fügestelle in Z-Richtung
+ Integration einer Ausrichtvorrichtung möglich	- Mehrstufiger Prozess mit komplexer Anlagentechnik
+ Spanfreies Verfahren	- Werkzeugauslegung von Fügestellendicke abhängig
+ Hohe Variantenflexibilität	- Hohe Positioniergüte nur durch zusätzliche Ausrichteinheit möglich

Technologiebezeichnung: Hülse / Formtasche TL2.1

Prinzipskizze

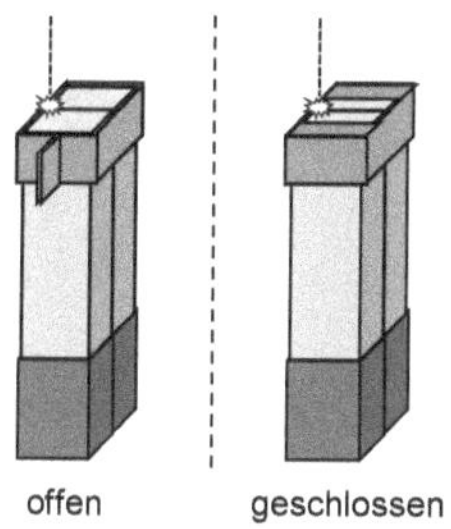

Kategorie
Zusatzelement

Prozessbeschreibung

Kurzbeschreibung:
Die Drahtenden werden durch ein permanentes Zusatzelement ausgerichtet und vorfixiert. Die Schließmechanismen können passiv (z. B. Formschrägen) oder aktiv (z. B. Crimpen) realisiert werden. Das Zusatzelement verbleibt im Schweißprozess und wird ggf. aufgeschmolzen.

Prozessablauf:
1. Aufsetzen einer Crimphülse (aktiv zu schließen) oder einer Formtasche (passiver Formschluss)
2. Feinausrichten und Spannen der Fügepartner durch Schließen eines aktiven Spannmechanismusses oder Positionierung passiver Elemente in der Endposition
3. Rückhub von Werkzeugen falls notwendig

Auslegung:
- Axiale Zugänglichkeit für das Positionieren
- Ggf. zusätzliche Zugänglichkeit für den Schließmechanismus
- Zusatzelement muss entsprechend der Drahtquerschnittsfläche ausgelegt werden

Besonderheiten:
Der Einfluss des Zusatzelementes auf den Schweißprozess muss berücksichtigt werden.

Prozessfreiheiten und -restriktionen

+ Hohe Positioniergüte
+ Anzahl der Schweißstellen einfach skalierbar
+ Maximale Toleranz- und Variantenflexibilität durch individuelles Umschlingen
+ Mittlere bis hohe Tragfähigkeit der Verbindung

- Zusatzelement notwendig
- Ggf. zweistufiger Prozess (Aufsetzen und Schließen)
- Beim axialen Aufsetzen einer Formtasche müssen die Drähte gestützt werden
- Zusatzelement dehnt die Verbindungsstelle geometrisch aus

Technologiebezeichnung: Nieten TL2.2

Prinzipskizze

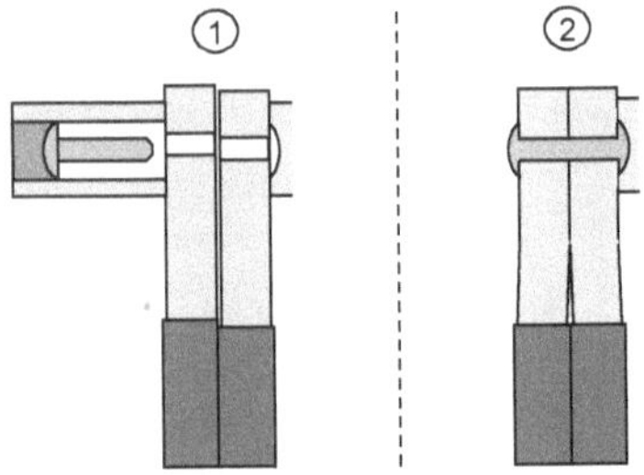

Kategorie
Zusatzelement

Prozessbeschreibung

Kurzbeschreibung:
In die Drahtenden wird durch eine Vorlochoperation eine Durchgangsbohrung eingebracht. Durch das Einsetzen eines Zusatzelementes/Nietes werden die Drahtenden ausgerichtet und durch Kopfschluss anfangsfest fixiert.

Prozessablauf:
1. Vorlochoperation einzeln oder im Zusammenbau
2. Einführen eines Zusatzelementes/Nietes
3. Verspannen des Zusatzelementes durch Anschlagen/Schließen der Kopfgeometrie

Auslegung:
- Prozess zur Vorlochoperation zu definieren
- Beidseitige Zugänglichkeit zur Fügestelle
- Antrieb pneumatisch, hydraulisch oder mechanisch
- Die Dimensionierung des Zusatzelementes ist an die Bauteilgeometrie anzupassen

Besonderheiten:
Das Zusatzelement ist optimalerweise aus einem ähnlichen Grundwerkstoff wie die Drahtenden auszulegen, um im Schweißprozess mit auf-/angeschmolzen zu werden.

Prozessfreiheiten und -restriktionen

+ Hohe Positioniergüte und hohe Tragfähigkeit
+ Anzahl der Schweißstellen skalierbar
+ Variantenflexibilität über einen definierten Spannbereich gegeben
+ Integriertes Ausrichten durch Vorlochoperation

- Zusatzelement und Vorlochoperation notwendig
- Zweistufiger Prozess mit Vorlochoperation
- Kopfgeometrie des Zusatzelementes dehnt die Verbindungsstelle geometrisch aus

Technologiebezeichnung: Bolzensetzen TL2.3

Prinzipskizze

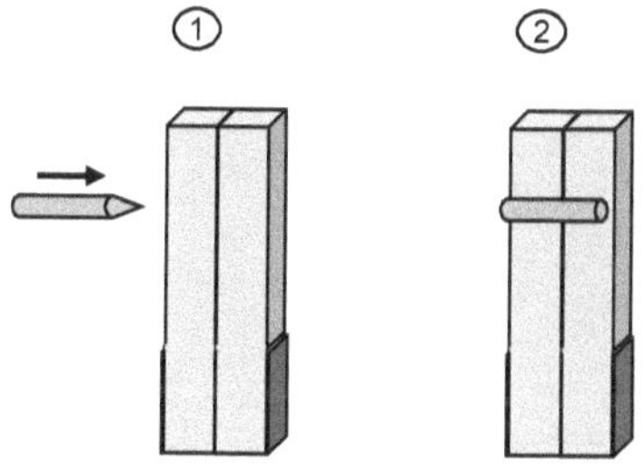

Kategorie
Zusatzelement

Prozessbeschreibung

Kurzbeschreibung:
Ein Bolzen wird nach dem Prinzip des Bolzensetzens in die vorausgerichteten Drahtenden eingedrückt bzw. stark beschleunigt „eingeschossen".

Prozessablauf:
1. Geometrisches Ausrichten der Fügepartner
2. Setzen des Fügeelementes und Verbinden der Fügepartner
3. Entformen der Ausricht- und Setzvorrichtung

Auslegung:
- Mindestens einseitige Zugänglichkeit zur Fügestelle
- Antrieb pneumatisch, hydraulisch oder mechanisch
- Gegenhalter bei unzureichender Steifigkeit des Wickelkopfes zum Stützen notwendig
- Das Zusatzelement muss so ausgelegt sein, dass es im Fügeprozess ohne Vorlochoperation in die Grundwerkstoffe beider Fügepartner eindringen kann

Besonderheiten:
Das Zusatzelement ist optimalerweise aus einem ähnlichen Grundwerkstoff wie die Drahtenden auszulegen, um im Schweißprozess mit auf-/angeschmolzen zu werden.

Prozessfreiheiten und -restriktionen

+ Einstufiger Prozess
+ Hohe Tragfähigkeit und Positioniergüte
+ Anzahl der Schweißstellen einfach skalierbar
+ Variantenflexibilität über einen definierten Spannbereich gegeben (Bolzenlänge und Durchmesser)

- Zusatzelement notwendig
- Ausgedehnte einseitige Zugänglichkeit erforderlich
- Bei abweichendem Grundwerkstoff des Zusatzelementes ggf. negativer Einfluss auf den Kontaktierprozess

Technologiebezeichnung: Klammern TL2.4

Prinzipskizze

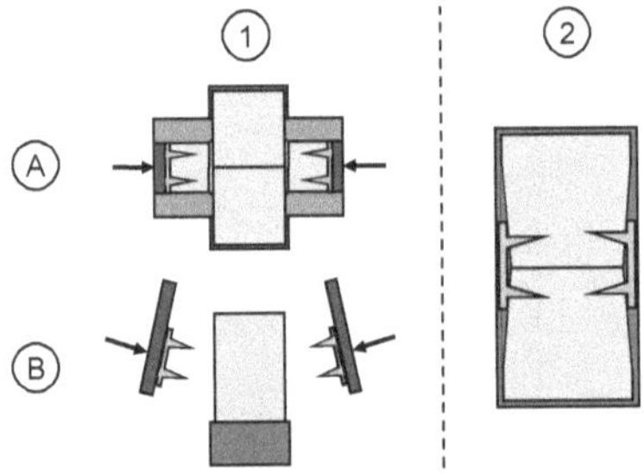

Kategorie
Zusatzelement

Prozessbeschreibung

Kurzbeschreibung:
Eine scharfkantige Klammer wird am Umfang oder stirnseitig über den Fügespalt in die Fügepartner eingedrückt und fixiert diese in ihrer Position.

Prozessablauf:
1. Geometrisches Ausrichten der Fügepartner
2. Vorpositionieren des Fügeelementes (ggf. mehrere)
3. Eindrücken der Klammer(n)
4. Entformen der Ausricht- und Einbringvorrichtung

Auslegung:
- Stirnseitige oder tangentiale Zugänglichkeit erforderlich
- Antrieb pneumatisch, hydraulisch oder mechanisch
- Das Zusatzelement muss so ausgelegt sein, dass es im Fügeprozess ohne Vorlochoperation in die Grundwerkstoffe beider Fügepartner eindringen kann

Besonderheiten:
Das Zusatzelement ist optimalerweise aus einem ähnlichen Grundwerkstoff wie die Drahtenden auszulegen, um im Schweißprozess mit auf-/angeschmolzen zu werden.

Prozessfreiheiten und -restriktionen

+	-
+ Einstufiger Prozess	- Zusatzelement notwendig
+ Hohe Tragfähigkeit und Positioniergüte	- Bei abweichendem Grundwerkstoff des Zusatzelementes ggf. negativer Einfluss auf den Kontaktierprozess
+ Anzahl der Schweißstellen einfach skalierbar	- Zweistufiger Prozess aus Ausrichten und Klammern
+ Variantenflexibilität über einen definierten Abmessungsbereich gegeben (Eindringtiefe Klammer)	

Technologiebezeichnung: Umwickeln TL2.5

Prinzipskizze

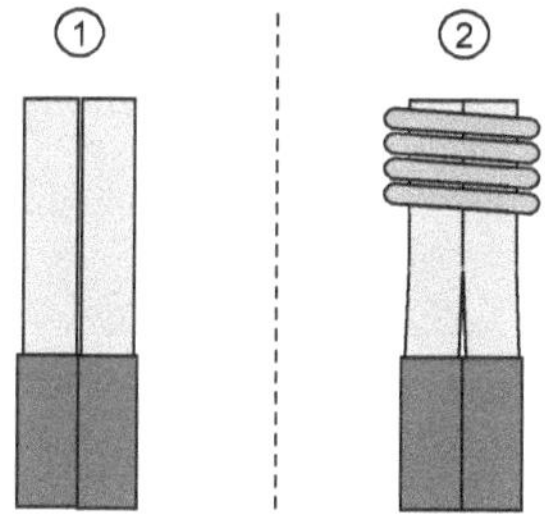

Kategorie
Zusatzelement

Prozessbeschreibung

Kurzbeschreibung:
Die Drahtenden werden durch einen dünnen, biegeschlaffen Wickeldraht umwunden und durch die Vorspannung im Draht aneinander gepresst und verspannt.

Prozessablauf:
1. Terminieren des Wickeldrahtes
2. Wickeln mit ggf. Stützkinematik zum Vorausrichten
3. Wickeldraht abschneiden und Fügestelle freifahren

Auslegung:
- Stirnseitige und ggf. tangentiale und radiale Zugänglichkeit erforderlich
- Antrieb pneumatisch, hydraulisch oder mechanisch
- Die Formstabilität und Festigkeit der Fügestelle wird durch den Umschlingungswinkel/ Windungszahl definiert
- Der Wickeldraht sollte so dimensioniert werden, dass eine ausreichende Vorspannung auf die Fügestelle ausgeübt werden kann

Besonderheiten:
Der Wickeldraht ist optimalerweise aus einem ähnlichen Grundwerkstoff wie die Drahtenden auszulegen, um im Schweißprozess mit auf-/angeschmolzen zu werden.

Prozessfreiheiten und -restriktionen

+ Einstufiger Prozess
+ Anzahl der Schweißstellen einfach skalierbar
+ Variantenflexibilität über einen definierten Abmessungsbereich gegeben

- Zusatzelement notwendig
- Bei abweichendem Grundwerkstoff des Zusatzelementes ggf. negativer Einfluss auf den Kontaktierprozess
- Biegeschlaffes Halbzeug zu beherrschen

Technologiebezeichnung: Clip / Formelement TL2.6

Prinzipskizze

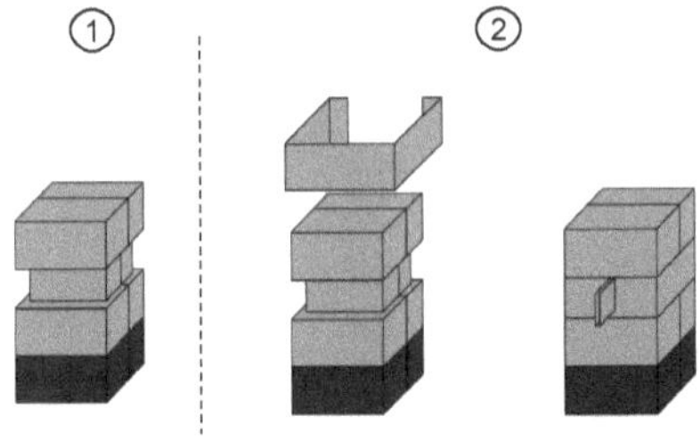

Kategorie
Zusatzelement

Prozessbeschreibung

Kurzbeschreibung:
Die Drahtenden werden durch ein elastisches Zusatzelement, wie z. B. einen Clip vorgefügt. Eine ggf. vorher eingebrachte Tasche an den Drahtenden dient zur Führung und Ausrichtung der Drähte.

Prozessablauf:
1. Ggf. Funktionsgeometrie (z. B. Tasche) in einem vorgelagerten Prozessschritt einbringen
2. Ausrichtung der Fügepartner
3. Aufsetzen des Zusatzelementes

Auslegung:
- Axiale Zugänglichkeit für das Positionieren
- Zugänglichkeit entsprechend der Fügerichtung des Zusatzelementes
- Bei einem aufzuschiebenden Zusatzelement ist die benötigte Aufweitung zu beachten

Besonderheiten:
Einfluss des Zusatzelements auf den Schweißprozess. Vorgelagerter Prozessschritt in der Statorproduktion ggf. notwendig.

Prozessfreiheiten und -restriktionen

+ Axiale Fixierung durch Tasche
+ Mittlere bis hohe Tragfähigkeit der Verbindung (abhängig vom Zusatzelement)
+ Anzahl der Schweißstellen einfach skalierbar

- Zusatzelement notwendig
- Ggf. zweistufiger Prozess
- Ggf. Ausdehnung der Fügestelle durch Zusatzelement
- Querschnittsreduktion durch Kerbe/Tasche

Technologiebezeichnung: Rasthaken TL3.1

Prinzipskizze

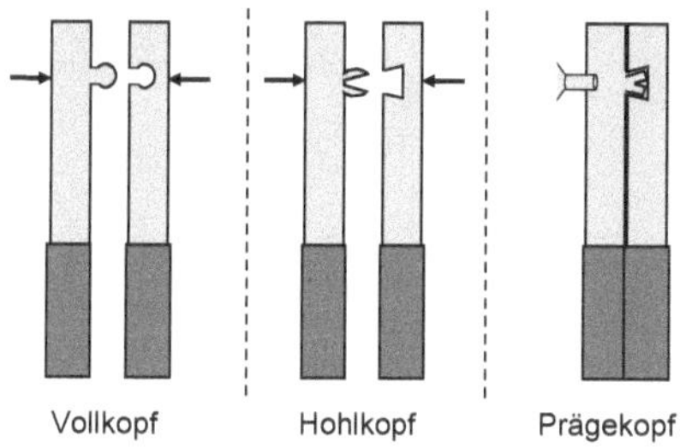

Kategorie
Funktionsintegration

Prozessbeschreibung

Kurzbeschreibung:
Die Drahtenden werden abwechselnd mit einer positiven (männlichen) und negativen (weiblichen) Rasthakengeometrie versehen. Die Fügepaare werden vor dem Kontaktierprozess „zusammengeclipst" und damit anfangsfest miteinander verbunden.

Prozessablauf:
1. Einbringen der Rasthakengeometrie z. B. in der Hairpin-Herstellung
2. Ausrichten der Fügepartner
3. Radiales formschlüssiges Fügen durch Rasthakengeometrie

Auslegung:
- Die Rasthakengeometrie muss für eine anfangsfeste Verbindung ausgelegt sein (Zielkonflikt zwischen Elastizität und mechanischer Festigkeit)
- Die positive Störgeometrie des Rasthakens muss innerhalb der Vorprozesse berücksichtigt werden

Besonderheiten:
Der vorgelagerte Prozessschritt der Rasthakengeometrieherstellung ist in der Statorproduktion zu berücksichtigen. Zudem stellt der positive Rasthaken eine Störgeometrie im Handling und der Montage der Hairpins dar.

Prozessfreiheiten und -restriktionen

+ Maximale Funktionsintegration	- Vorprozess zum Ausbilden des Rasthakens
+ Anzahl der Schweißstellen einfach skalierbar	- Störkontur in Vorprozessen zu beachten
+ Variantenflexibilität über einen definierten Abmessungsbereich gegeben (Rasthakentiefe)	- Positionsgüte direkt von der Rasthakenposition abhängig (kein Toleranzausgleich)
+ Reversibilität der Verbindung	- Zweistufiger Prozess (Rasthaken erzeugen und Fügen)

Technologiebezeichnung: Strukturierte Oberfläche TL3.2

Prinzipskizze

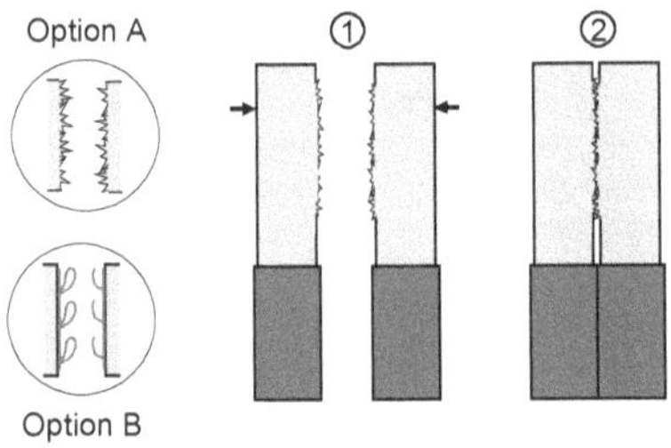

Kategorie

Funktionsintegration

Prozessbeschreibung

Kurzbeschreibung:
Die Fügeflächen der Drahtenden werden in einem Vorprozess mikrostrukturiert. Die Strukturierung der Oberfläche ermöglicht ein Anhaften der Fügepartner nach dem Schränkprozess und ein Vorfixieren vor dem Kontaktieren.

Prozessablauf:
1. Modifizieren der zu kontaktierenden Oberflächen, z. B. in der Hairpin-Herstellung
2. Ausrichten der Fügepartner
3. Radiales/Tangentiales Andrücken
4. Entformen der Werkzeuggeometrie

Auslegung:
- Die Mikrostrukturierung muss für die anfangsfeste Verbindung von Kupfer ausgelegt sein
- Struktur kann beispielhaft eingewalzt oder gebürstet werden

Besonderheiten:
Berücksichtigung des Einflusses der Mikrostrukturierung auf die Vorprozesse und Bauteilhandhabung. Reduzierte Haftkraft bei mehrfachem Fügen und Lösen.

Prozessfreiheiten und -restriktionen

+ Maximale Funktionsintegration
+ Anzahl der Schweißstellen einfach skalierbar
+ Hohe Variantenflexibilität
+ Geringe Fügekraft
+ Geringe Prozesskomplexität beim Fügen

- Vorprozess zum Ausbilden der Mikrostruktur notwendig
- Mikrostruktur in Vorprozessen zu beachten
- Positionierung durch separaten Ausrichtprozess
- Mäßige Tragfähigkeit der Verbindung
- Zweistufiger Prozess

Technologiebezeichnung: Kalibrieren TL3.3

Prinzipskizze

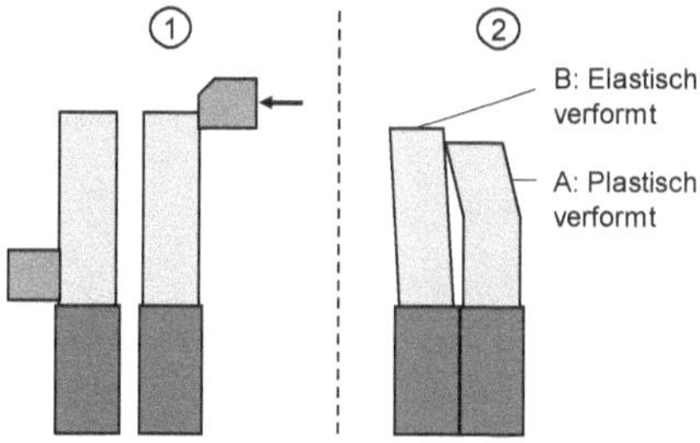

Kategorie
Funktionsintegration

Prozessbeschreibung

Kurzbeschreibung:
Durch eine plastische und eine elastische Umformung des Wickelkopfes werden die Fügepartner so verspannt, dass diese ohne das Anlegen einer Vorrichtung ausreichend für den Kontaktierprozess positioniert sind.

Prozessablauf:
1. Axiales Anfahren der Kalibriervorrichtung (bestehend aus zentralem Gegenhalter und Kalibrierbacken)
2. Kalibrierumformen (Verformung des Fügepartners A bis in den plastischen Bereich, Verformung des Fügepartners B elastisch)
3. Entformen der Kalibriervorrichtung

Auslegung:
- Ein- oder zweiseitige Zugänglichkeit der Fügestelle
- Wahlweises Kalibrieren von innen/außen
- Kalibrierbacke mit Formtasche zur tangentialen Führung des Schweißpaars

Besonderheiten:
Die Vorfixierung basiert ausschließlich auf einer kraftschlüssigen Anformung der Fügepartner durch Rückfederungskräfte. Es existiert keine formschlüssige Verbindung zwischen den beiden Fügepartnern.

Prozessfreiheiten und -restriktionen

+ Maximale Funktionsintegration
+ Anzahl der Schweißstellen einfach skalierbar
+ Hohe Variantenflexibilität
+ Minimale Querschnittsveränderung der Fügepartner

- Mäßige Positionsgüte der Fügepartner (z. B. Höhenversatz)
- Keine mechanische Tragfähigkeit der Verbindung
- Sensitiver Prozess abhängig von Material- und Vorprozesseinflüssen

Technologiebezeichnung: Widerstandsschweißen TL4.1

Prinzipskizze

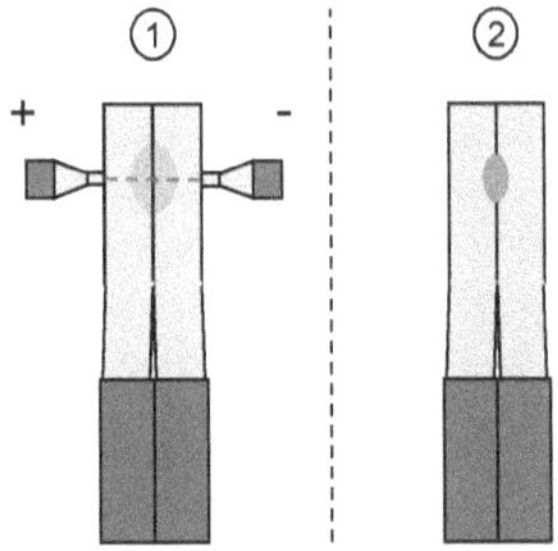

Kategorie
Physikalisch/Chemisch

Prozessbeschreibung

Kurzbeschreibung:
Mittels Widerstandspunktschweißens wird eine stoffschlüssige und mechanisch belastbare Verbindung zwischen den Fügepartnern ausgebildet.

Prozessablauf:
1. Anfahren des Werkzeugkopfes, dabei Ausrichten der Kupferenden in integrierter Formtasche
2. Anfahren der beiden im Werkzeugkopf verfahrbar installierten Elektroden
3. Beaufschlagung eines elektrischen Stroms und Erzeugung einer stoffschlüssigen Verbindung durch Freisetzung der joule'schen Stromwärme
4. Entformen der Vorrichtung

Auslegung:
- Beidsetige Zugänglichkeit der Fügestelle
- Definierte Anlage zwischen den Fügepartnern zu realisieren

Besonderheiten:
Alternative zum Widerstandspunktschweißen: Widerstandsbuckelschweißen (Einprägen eines konvexen Buckels in einen der beiden zu kontaktierenden Drahtenden).

Prozessfreiheiten und -restriktionen

+	-
+ Leitfähige Verbindung durch Stoffschluss + Hohe Variantenflexibilität + Hohe Tragfähigkeit der Verbindung	- Sensitiver Prozess abhängig von Material- und Vorprozesseinflüssen (z. B. Verunreinigungen, Geometrie) - Kosten- und wartungsintensive Anlagentechnik - Hohe Prozesszeit durch nicht vollständig simultane Prozessführung

Technologiebezeichnung: Kleben TL4.2

Prinzipskizze

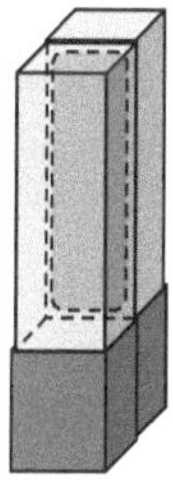

Kategorie
Physikalisch/Chemisch

Prozessbeschreibung

Kurzbeschreibung:
Auf die Drahtenden wird ein Klebstoff appliziert der beim Aushärten eine anfangsfeste Verbindung ausbildet.

Prozessablauf:
1. Applizieren des Klebstoffes auf einer oder beiden zu kontaktierenden Drahtoberflächen
2. Verpressen der beiden Fügepartner mithilfe einer Schermaske oder eines Radialgreifers mit integrierter Ausrichtung der Fügepartner
3. Aushärten des Klebstoffes
4. Entformung der Andrückvorrichtung

Auslegung:
- Die Klebfläche muss technisch sauber sein und ggf. vorbehandelt werden (aufrauen oder aktivieren)
- Das Klebstoffsystem muss schnellhärtend sein (physikalisch oder chemisch aushärtend)
- Im Kontaktierprozess muss das thermische Zersetzen des Klebstoffes berücksichtigt werden

Besonderheiten:
Das Aushärten des Klebstoffes kann je nach Klebstoffsystem durch Licht oder Wärme beschleunigt werden.

Prozessfreiheiten und -restriktionen

+ Hohe Variantenflexibilität
+ Hohe Tragfähigkeit der Verbindung bei Raumtemperatur

- Verlust der Vorfixierung bei erhöhter Temperatur
- Lange Prozesszeit durch Vernetzungsvorgang
- Kontamination der Kontaktierstelle durch Zersetzung des Klebstoffes bei Erwärmung
- Verunreinigungen durch Klebstoffapplikation

Technologiebezeichnung: Oberflächenadhäsion TL4.3

Prinzipskizze

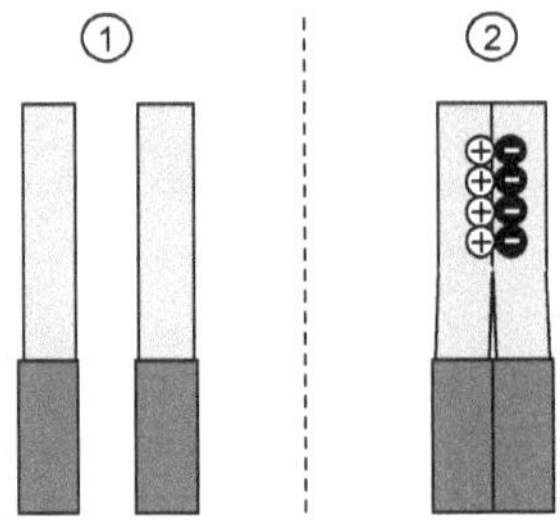

Kategorie
Physikalisch/Chemisch

Prozessbeschreibung

Kurzbeschreibung:
Die Grenzfläche zwischen den beiden Fügepartnern wird so aufbereitet, dass die Oberflächen durch Oberflächenadhäsion aneinander anhaften.

Prozessablauf:
1. Vorbereitung der zu kontaktierenden Oberflächen (z. B. Polieren oder Bürsten)
2. Positionieren der Drahtenden mithilfe einer Schermaske oder eines Tangentialgreifers
3. Andrücken der Fügepartner und maximale Annäherung der Grenzflächen
4. Entformung der Andrückvorrichtung

Auslegung:
- Hohe Ebenheit und Sauberkeit der Fügestelle notwendig
- Integration der Oberflächenvorbereitung in die Prozesskette, z. B. Abisolieren

Besonderheiten:
„Elektrostatische Theorie“: Ausbildung einer elektrischen Doppelschicht (mehrere Atomschichten bilden starke Raumladungszone, hervorgerufen durch Ladungsverschiebungen).

Prozessfreiheiten und -restriktionen

+	-
+ Anzahl der Schweißstellen einfach skalierbar + Hohe Variantenflexibilität	- Geringe Tragfähigkeit der Verbindung - Geringe Prozessstabilität durch Prozessvarianzen und technische Sauberkeit - Verlust der Adhäsionskraft beim Erwärmen und Aufschmelzen der Grundwerkstoffe

Technologiebezeichnung: Ultraschallschweißen TL4.4

Prinzipskizze

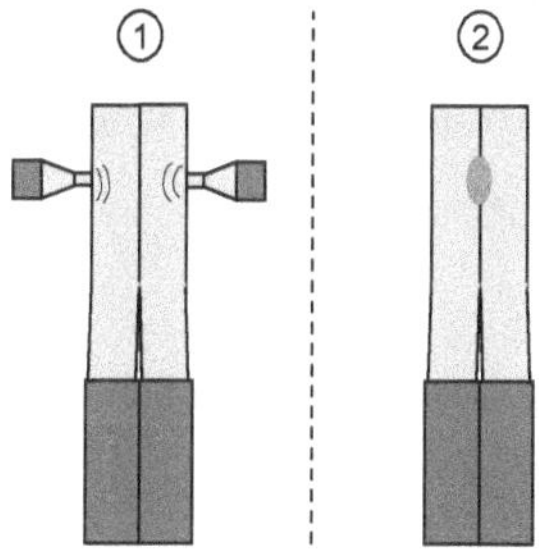

Kategorie
Physikalisch/Chemisch

Prozessbeschreibung

Kurzbeschreibung:
Durch mechanische Schwingungen wird das Material erhitzt und plastifiziert (Reibschweißen). So wird ein Vorfixieren der Drahtenden ermöglicht.

Prozessablauf:
1. Vorausrichtung der Hairpins
2. Anfahren der Sonotroden und Verschweißung
3. Rückhub Werkzeug

Auslegung:
- Radiale und tangentiale Zugänglichkeit erforderlich (beidseitig)
- Erwärmung der Drähte beim Schweißen ist zu beachten
- Schwingungsbeschädigung anderer Bauteile ist zu vermeiden

Besonderheiten:
Die Drahtenden werden mit Ultraschall (Frequenzbereich 20-35 kHz) beaufschlagt. Durch die entstehenden Schwingungen werden die Oberflächen der Drähte plastifiziert.

Prozessfreiheiten und -restriktionen

+	-
+ Anzahl der Schweißstellen einfach skalierbar + Hohe Variantenflexibilität + Geringe Erwärmung und nur kleine Schädigung des umliegenden Grundwerkstoffes	- Geringe Prozessstabilität durch Prozessvarianzen und technische Sauberkeit - Tragfähigkeit abhängig vom Leiterquerschnitt - Zugänglichkeit zur Fügestelle - Komplexität der Anlagentechnik

Technologiebezeichnung: Tauchlöten TL4.5

Prinzipskizze

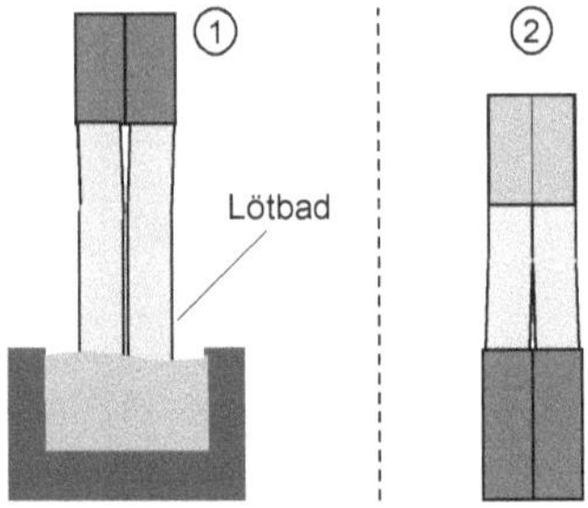

Kategorie

Physikalisch/Chemisch

Prozessbeschreibung

Kurzbeschreibung:
Die Drahtenden werden anfangsfest verlötet; d. h. stoffschlüssig verbunden. Im Unterschied zum Schweißen erfolgt das Löten unterhalb der Schmelztemperatur des Grundwerkstoffs. Die stoffschlüssige Verbindung wird mithilfe eines Lotes hergestellt.

Prozessablauf:
1. Geometrische Vorpositionierung und ggf. Einstellen eines definierten Fügespaltes
2. Erwärmen und Zuführen des Lotwerkstoffes (z. B. im Lötbad oder mit Lotzuführung als Draht/Ring)
3. Erstarren

Auslegung:
- Radiale oder axiale Zugänglichkeit erforderlich
- Temperatursteuerung < Schmelztemperatur Grundwerkstoff

Besonderheiten:
Entfernung von sog. Lötbrücken kann notwendig werden, wenn die Drahtenden zu nahe beieinander stehen.

Prozessfreiheiten und -restriktionen

+ Anzahl der Schweißstellen einfach skalierbar
+ Hohe Variantenflexibilität
+ Verschiedene Lötverfahren anwendbar
+ Elektrisch leitfähige Verbindung

- Radiale Zugänglichkeit erforderlich
- Geometrische Vorpositionierung erforderlich
- Unerwünschte Einflüsse während des Schweißprozesses durch Lötwerkstoff
- Festigkeitsverlust beim Erwärmen

Anhang 7: Präferenzmatrix - Bestimmung der Gewichtung der Bewertungskriterien

	Prozessaufwand	Exaktheit	Robustheit	Tragfähigkeit der Verbindung	Taktzeit	Adaptierbarkeit	Ausprägung der Fügestelle	Umsetzbarkeit	Kosten	Sicherheit und Umwelt	**Gewichtung**
Prozessaufwand		0	1	1	1	1	1	1	1	1	**8**
Exaktheit	2		2	0	1	2	1	1	2	2	**13**
Robustheit	1	0		0	1	2	1	1	2	1	**9**
Tragfähigkeit der Verbindung	1	2	2		2	2	2	2	1	2	**16**
Taktzeit	1	1	1	0		1	1	0	2	2	**9**
Adaptierbarkeit	1	0	0	0	1		2	1	1	2	**8**
Ausprägung der Fügestelle	1	1	1	0	1	0		1	0	2	**7**
Umsetzbarkeit	1	1	1	0	2	1	1		1	2	**10**
Kosten	1	0	0	1	0	1	2	1		1	**7**
Sicherheit und Umwelt	1	0	1	0	0	0	0	0	1		**3**

Legende: (von links gelesen)
0 = "weniger wichtig als"
1 = "genauso wichtig wie"
2 = "wichtiger als"

Anhang 8: Schema für die Bewertung der Qualitätsanforderungen anfangsfest vorfixierter Fügestellen

++	Die Wunschanforderung wird erfüllt oder die Festanforderung mit einem signifikanten Mehrwert übertroffen.
+	Die Festanforderung wird erfüllt.
o	Der Festanforderung wird weitestgehend entsprochen. Geringfügige Abweichungen, die z. B. durch kleine Prozesseingriffe behoben werden können, werden akzeptiert.
-	Die Festanforderung wird nicht erfüllt. Es besteht eine signifikante Abweichung, die nicht zum Ausschluss des Verfahrens führt.
--	Die Festanforderung wird nicht erfüllt. Es besteht eine signifikante Abweichung, die zum Ausschluss des Verfahrens führt.

Anhang 9: Vergleich der Schweißlinsengeometrie anfangsfest gefügter Fügeproben nach dem Laserkontaktieren (Ergebnistabelle mit Schweißlinsendicke D_S und Schweißlinsenbreite B_S)

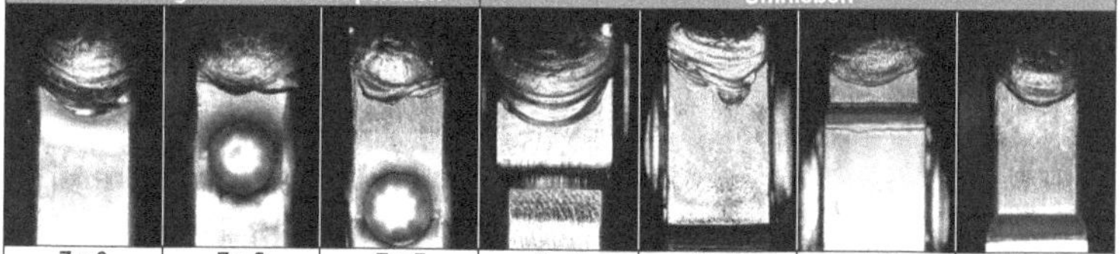

	Durchsetzfügen mit Vorlochoperation									Umfließen											
	$Z = 3$			$Z = 5$			$Z = 7$			$Z = 3$			$Z = 5$			$Z = 7$			$Z = 10$		
	B_S	D_S	A_S^*	B_S	D_S	A_S^*	B_S	D_S	A_S^*	B_S	D_S	A_S^*	B_S	D_S	A_S^*	B_S	D_S	A_S^*	B_S	D_S	A_S^*
Probenanzahl	30	30	30	30	30	30	30	30	30	30	30	30	30	30	30	30	30	30	30	30	30
arithm. Mittel	4,88	4,67	18,1	4,41	4,46	15,5	4,14	4,43	14,4	5,51	3,47	15,0	4,55	4,04	14,4	4,62	4,28	15,5	4,18	4,66	15,3
Median	4,95	4,65	18,1	4,45	4,48	15,6	4,14	4,46	14,3	5,55	3,52	15,4	4,46	4,02	14,3	4,63	4,23	15,4	4,15	4,71	15,0
Minimum	4,51	4,31	17,0	3,43	4,18	14,1	4,02	4,28	13,5	5,00	3,09	12,3	4,24	3,48	12,2	4,38	4,17	14,9	3,98	4,32	14,0
Maximum	5,11	5,65	19,8	4,76	4,74	16,4	4,31	4,51	15,2	6,03	3,71	16,9	5,10	4,65	16,6	4,78	4,43	16,4	4,45	4,82	16,8
SD	0,16	0,24	0,74	0,22	0,14	0,60	0,11	0,08	0,58	0,25	0,16	1,17	0,24	0,31	1,15	0,14	0,09	0,48	0,17	0,17	1,09

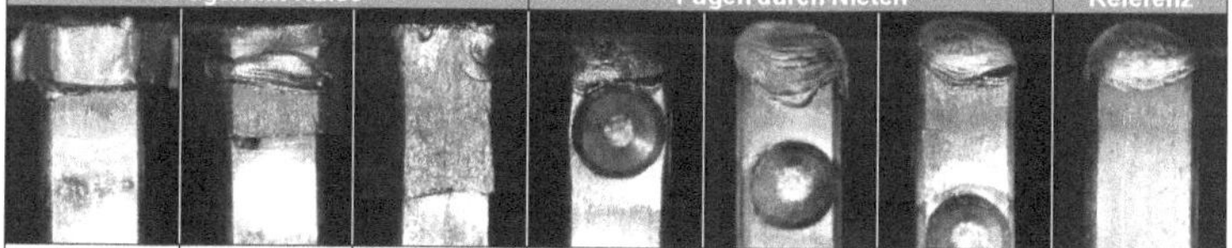

	Fügen mit Hülse									Fügen durch Nieten									Referenz		
	$HL_H = 2$			$HL_H = 4$			$HL_H = 6$			$Z = 3$			$Z = 5$			$Z = 7$			$Z = 0$		
	B_S	D_S	A_S^*	B_S	D_S	A_S^*	B_S	D_S	A_S^*	B_S	D_S	A_S^*	B_S	D_S	A_S^*	B_S	D_S	A_S^*	B_S	D_S	A_S^*
Probenanzahl	30	30	30	30	30	30	30	30	30	30	30	30	30	30	30	30	30	30	30	30	30
arithm. Mittel	6,44	5,76	29,2	6,34	5,66	28,2	6,38	5,65	28,3	4,28	4,39	14,8	4,27	4,38	14,7	4,17	4,48	14,7	4,34	4,33	14,8
Median	6,45	5,74	29,2	6,31	5,65	28,2	6,40	5,65	28,3	4,27	4,41	14,7	4,26	4,37	14,7	4,14	4,42	15,0	4,32	4,37	15,0
Minimum	5,72	5,70	25,6	6,27	5,59	27,7	6,21	5,51	27,5	3,97	4,01	12,8	3,98	4,15	13,8	3,98	4,17	13,2	4,07	3,52	11,0
Maximum	6,59	5,98	30,6	6,46	5,74	28,8	6,57	5,78	29,2	4,56	4,85	16,5	4,52	4,60	16,0	4,52	4,82	15,6	4,60	4,58	16,5
SD	0,15	0,06	0,75	0,06	0,04	0,32	0,11	0,09	0,59	0,15	0,19	0,79	0,13	0,11	0,57	0,17	0,24	0,85	0,14	0,19	0,91

B_S = Schweißlinsenbreite in mm | D_S = Schweißlinsendicke in mm | A_S = Proj. elliptischer Schweißlinsenquerschnitt in mm²

Anhang 10: Stückliste der Integrationsvorrichtung für das anfangsfeste Fügen von Hairpin-Statoren

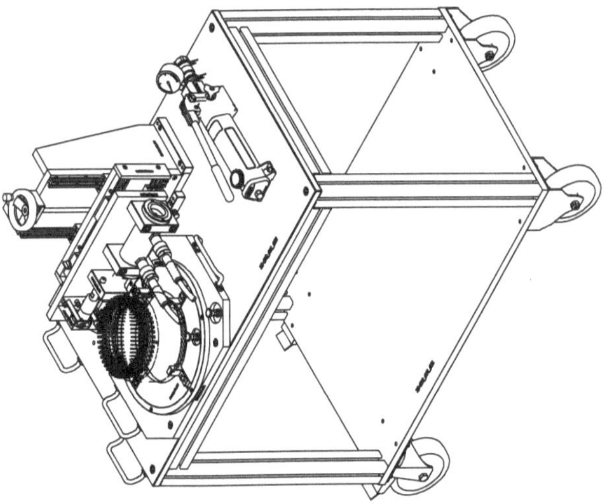

TEILELISTE alle Teile

Pos.	Stck.	Material	Zeichnungsnr./Normteil	Benennung	Hersteller
230	8		ISO 10642 - M5x16	Senkschraube	
225	2		ISO 8735 - 10 x 30 - A	Stift	
224	1		ISO 8735 - 10 x 26 - A(7)	Stift	
223	2		ISO 8735 - 6 x 45 - A	Stift	
222	8		ISO 8735 - 6 x 40 - A	Stift	
221	10		ISO 8735 - 6 x 30 - A	Stift	
220	2		ISO 8734 - 6 x 16 - A	Zylinderstift	
219	2		ISO 8734 - 6 x 14 - A	Zylinderstift	
218	2		ISO 8676 - M10 x 1 x 35(3)	Sechskantschraube	
217	2		ISO 8675 - M10 x 1(4)	Sechskantmutter	
216	16		ISO 7089 - 10 - 140 HV	Unterlegscheibe	
215	2		ISO 7089 - 6 - 140 HV	Unterlegscheibe	
214	4		ISO 4762 - M12 x 90(1)	Innensechskantschraube	
213	8		ISO 4762 - M12 x 30	Innensechskantschraube	
212	2		ISO 4762 - M10 x 90(1)	Innensechskantschraube	
211	6		ISO 4762 - M10 x 30	Zylinderschraube	
210	18		ISO 4762 - M10 x 25	Innensechskantschraube	
209	2		ISO 4762 - M6 x 35	Innensechskantschraube	
208	1		ISO 4762 - M8 x 25	Innensechskantschraube	
207	8		ISO 4762 - M6 x 30	Zylinderschraube	
206	19		ISO 4762 - M6 x 25	Innensechskantschraube	
205	8		ISO 4762 - M6 x 20ISO	Zylinderschraube	
204	4		ISO 4762 - M6 x 12	Zylinderschraube	
203	6		ISO 4762 - M5 x 25	Innensechskantschraube	
202	4		ISO 4762 - M5 x 12ISO	Innensechskantschraube	
201	32		ISO 4762 - M4 x 25	Innensechskantschraube	
200	29		ISO 4762 - M4 x 20	Zylinderschraube	
131	2		0678UAD160P63	Bockrolle	Tente
130	2		0677UAD160P63	Lenkrolle	Tente
127	4		UHFNSG125-S	Handgriff	Misumi
126	1		PSFGZ20-100-M8-N5-SC20	Linearwelle	Misumi
125	1		MFMW20	Lager	Misumi
123	8		item 0000350	Automatik-Verbindungssatz 12	item
122	4		item 0000116	Profil 12 60x60Lx660 M12 / M12	item
121	2		item 0000116	Profil 12 60x60Lx1600	item
120	2		item 0000116	Profil 12 60x60Lx500	item
116	1		GA45GC	Manometer	Enerpac
115	1		GN 184-25	Vorlegescheibe	Ganter
114	1		P142	Handpumpen	Enerpac
113	2		CR-400	Kupplungsmuffe	Enerpac
112	2		CH-604 / HC-7220	Kupplungsstecker m Schlauch	Enerpac
111	1		BRD91	Mehrzweckzylinder	Enerpac
110	2		BAD171	Fußbefestigung mit Haltemutter	Enerpac
105	1		24000-100211X400	Trapezgewindespindeln eingängig	NORELEM
104	4		21200-1530X350	Führungsschienen	NORELEM
103	8		21200-1510	Führungswagen	NORELEM
102	1		06277-4100X10	2-Speichenhandräder	NORELEM
100	3		03089-2105	Arretierbolzen	NORELEM
22	1	1.2842 - 90 MnCrV 8	22-079 003 016	Befestigungswinkel	
21	1		22-079 003 015	Trapezgewindemutter 24005-100213	NORELEM
20	2	1.2842 - 90 MnCrV 8	22-079 003 014	Anschlag	
19	2	1.2842 - 90 MnCrV 8	22-079 003 012	Anschlagleiste	
18	1	1.2842 - 90 MnCrV 8	22-079 003 011	Druckstück	
17	1	1.2842 - 90 MnCrV 8	22-079 003 010	Wellenhalter	
16	1	1.7131 - 16 Mn Cr 5	22-079 003 009	Anschlagleiste	
15	1	1.2842 - 90 MnCrV 8	22-079 003 008	Führungsplatte	
14	1	1.2842 - 90 MnCrV 8	22-079 003 007	Halter	
13	1	1.2842 - 90 MnCrV 8	22-079 003 006	Halter	
12	1	1.2842 - 90 MnCrV 8	22-079 003 005	Führungsplatte	
11	2	1.2842 - 90 MnCrV 8	22-079 003 004	Führungleiste	
10	2	1.2842 - 90 MnCrV 8	22-079 003 003	Seitenplatte	
9	1	1.2842 - 90 MnCrV 8	22-079 003 002	Führungsplatte	
8	1	1.2842 - 90 MnCrV 8	22-079 003 001	Schiebeplatte	
7	1	1.7131 - 16 Mn Cr 5	22-079 002 006	Nutabstecker	
6	1	1.2709 - X3NiCoMoTi18-9-5	22-079 002 005	Haltering	
5	4	1.7131 - 16 Mn Cr 5	22-079 002 003	Statorhalter	
4	1	1.2842 - 90 MnCrV 8	22-079 002 002	Aufnahmering	
3	1	1.2842 - 90 MnCrV 8	22-079 002 001	Platte	
2	1	1.2842 - 90 MnCrV 8	22-079 001 002	Platte oben	
1	1	3.3535 - EN AW-Al Mg 3	22-079 001 001	Grundplatte unten	

0 Erstausgabe 17.05.2022

Projekt/Project PEM

Sprache DE/EN · Gewicht/Weight 288,25 kg · Maßstab/Scale 1 : 5

Vorrichtung zum anfangsfesten Fügen · Bl./Sheet 3 / 3

22-079_000_ZSB · Format A2

Anhang 11: Frässchablone für die Vorlochoperation im anfangsfesten Fügen

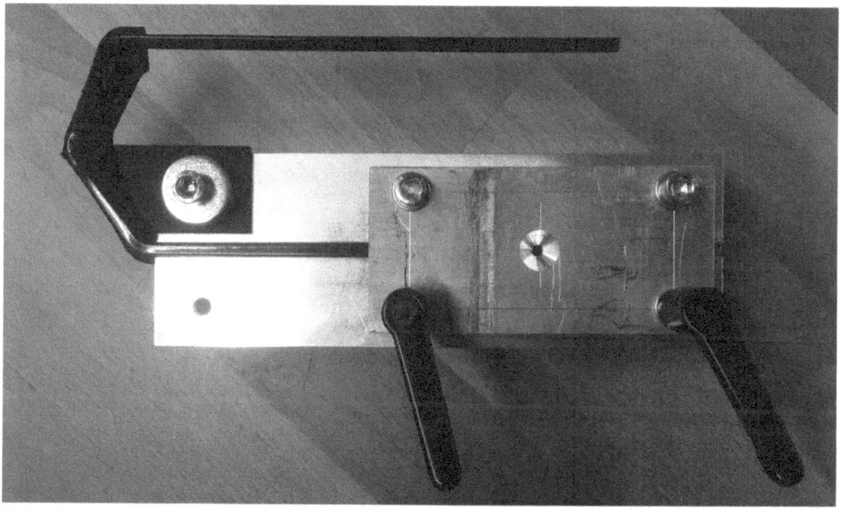

(Zur Anwendung auf einer konventionellen Fräsmaschine im Parallelschraubstock)

Anhang 12: Applikationsbericht für die Anwendung der Clinch-Technik Tog-L-Loc® von BTM-Europe für Kupferflachleiter aus Cu-ETP der Drahtabmessung 5x1 mm²

Probenspezifische Daten:	
Clinchwerkzeug	Ø2,0 mm/Ø1,5 mm Tog-L-Loc®
Abstreifersystem	Stahlabstreifersystem SS10
Federrate	216 N/mm
Vorspannkraft	280,8 N
Stempelseitige Lage	1,0 mm Cu
Mittellage	/
Matrizenseitige Lage	1,0 mm Cu
Traversengeschwindigkeit	10 mm/min

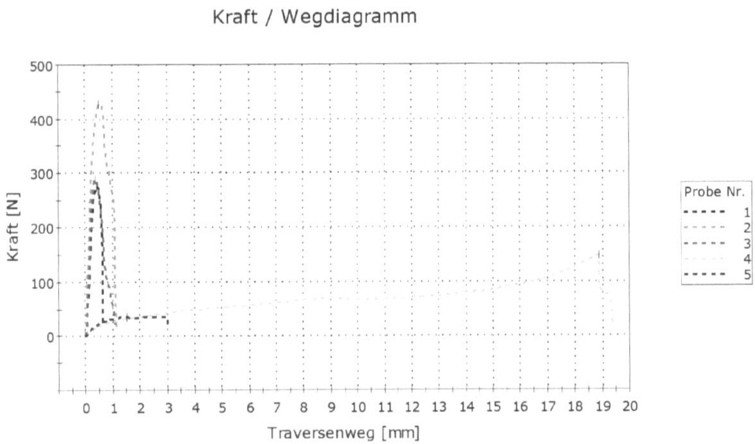

	Probentyp	Anmerkung	Matrizentiefe AD.	Stempelradius PTR.	KnopfØ do [mm]	Bodendicke tb [mm]	Presskraft [kN]	Max. Kraft Fm [N]	Energie bei Bruch [J]
1	Scherzug	Matrizenseitig unsymmetrisch	.040"	.020"	3,27	0,55	4,3	277	0,12
2	Scherzug	keine	.040"	.020"	3,22	0,55	4,3	429	0,34
3	Scherzug	keine	.040"	.020"	3,26	0,55	4,3	290	0,18
4	Schälzug	keine	.040"	.020"	3,23	0,55	4,3	148	1,33
5	Schälzug	exzentrisch	.040"	.020"	3,21	0,55	4,3	36	0,09

Bilder der Prüfkörper nach dem Fügen:

Anhang 13: Angaben zum Simulationsmodell - Durchsetzfügen mit Vorlochoperation

Die Simulationen für den mechanischen Formfügeprozess des Durchsetzfügens mit Vorlochoperation an Kupferflachleitern wurden mit ANSYS Workbench 2021 R1 durchgeführt. In den Modulen der statischen Strukturanalyse wurde ein 3D-Modell für das Durchsetzfügen der Fügepartner entwickelt und simuliert. Anhand der Ergebnisse des verformten 2D-Querschnittes wurden die Auswirkungen der Parameter ermittelt. Dämpfungs- und die Trägheitseffekte wurden vernachlässigt.

Materialspezifikationen

Beim Fügen wird aufgrund der hohen Verformung der Fügepartner eine plastische Verformung des Drahtmaterials angenommen. Daher werden in den Simulationen sowohl die elastischen als auch die plastischen Eigenschaften für Cu-ETP berücksichtigt. Die Materialspezifikationen sind wie folgt festgelegt:

Eigenschaft	Wert	Einheit
Dichte	8300	kg m^{-3}
Elastizitätsmodul	127000	MPa
Querkontraktionszahl	0,34	-

Da in ANSYS die plastische Dehnung für die reale Spannung angeben wird, wird das Modell nach dem multilinearen Ansatz verwendet. Um das plastische Verhalten des Materials zu definieren, wird das multilineare isotrope Verfestigungsmodell mit den folgenden plastischen Eigenschaften angewendet:

Plastische Dehnung (mm x mm^{-1})	Spannung (MPa)
0	172,3
0,0178	193,8
0,0372	208,0
0,0563	221,5
0,0750	234,1
0,0933	245,1
0,1113	255,4
0,1290	264,5
0,1464	274,3
0,1635	282,8
0,1803	290,8
0,2131	305,5
0,2449	318,7
0,2604	324,7
0,2756	330,8
0,2907	336,3
0,3055	341,9
0,3201	347,2
0,3344	352,5
0,3487	357,6

Die Werte wurden aus experimentellen Daten für das Versuchsmaterial aufbereitet.

Geometrie

Die Fügestelle wurde als 2D-Geometrie, wie in der folgenden Abbildung dargestellt, konstruiert:

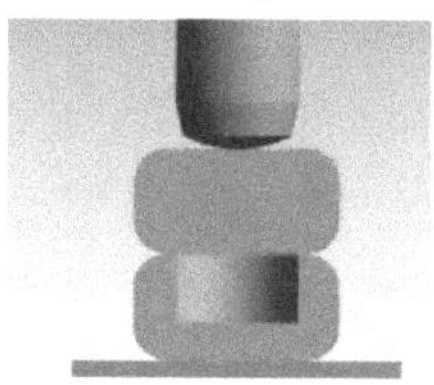

Die Baugruppe besteht aus einem Stempelprofil, zwei Drahtprofilen und einer ebenen Unterlage/Gegenhalter. Die Geometrieparameter aus den experimentellen Versuchen wurden übernommen.

Vernetzung

Für die durchgeführten Simulationen wurden dreidimensionale Elemente gewählt. Detaillierte Informationen zu den Vernetzungskonfigurationen für das Verfahren sind in der folgenden Tabelle aufgeführt:

Parameter	Spezifikation			
	Draht stempelseitig	Draht matrizenseitig	Stempel	Auflage
Netzphysik	Mechanisch	Mechanisch	Mechanisch	Mechanisch
Elementtyp	SOLID186 / SOLID187	SOLID186 / SOLID187	SOLID186 / SOLID187	SOLID186
Elementanordnung	quadratisch	quadratisch	quadratisch	quadratisch
Elementgröße	0,3 mm	0,5 mm	0,4 mm	0,6 mm
Anzahl Elemente	12251			
Anzahl Knoten	20733			

Für die Netzerstellung wird zunächst eine einheitliche Elementgröße verwendet, wobei die mechanisch relevanteren Bereiche nachträglich feiner vernetzt werden.

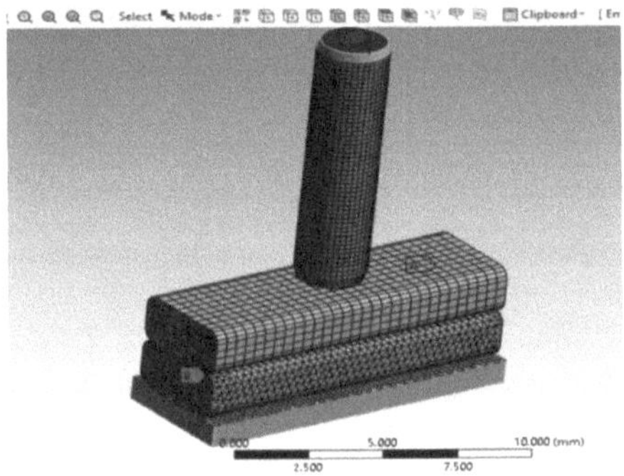

Randbedingungen

Stempel und Gegenlager werden als starre Strukturen betrachtet. Eine dem Hub des Stempels entsprechende Verschiebung wird auf den Stempel ausgeübt, der die Drahtkörper verformt. Der Gegenhalter wird fixiert. Die Kontakte zwischen Stempel und Kupfer, Kupfer und Kupfer sowie Kupfer und Gegenlager unterliegen einem Reibungskontakt mit einem statischen Reibungskoeffizienten. Die Reibungskoeffizienten wurden iterativ bestimmt. Dazu wurden die simulativen Verformungen mit den experimentellen Ergebnissen verglichen und die Abweichung stufenweise minimiert. Der Reibungskoeffizient zwischen den Kupferdrahtoberflächen wird mit 0,3 bestmöglich bestimmt. Für die weiteren Kontaktflächen wird der Reibungskoeffizient zu 0,03 ermittelt.

Solver

Es wurde ein automatisierter Solver verwendet. Im Allgemeinen wechselte der Solver während der Simulation zeitweise zum Newton-Raphson-Verfahren. Konvergenzprobleme wurden durch die Verbesserung der Pre-Prozessor-Einstellungen, wie z. B. der Vernetzung oder inkrementell kleiner Verschiebungsschritte, eliminiert.

Anhang 14: Angaben zum Simulationsmodell - Umfließen

Die Simulationen für den Fügevorgang des Umfließens an Kupferflachdrähten wurde mit ANSYS Workbench 2021 R1 durchgeführt. Unter Verwendung der statischen Strukturanalyse wurden implizite statische 2D-Simulationen durchgeführt, um den Fügeprozess der Fügepartner zu simulieren. Im Ergebnis wurden die Auswirkungen unterschiedlicher statischer Belastungszustände unter Vernachlässigung von Trägheits- und Dämpfungseffekten ermittelt.

Materialspezifikationen

Beim Fügen wird aufgrund der hohen plastischen Verformung der Fügepartner eine plastische Verformung des Drahtmaterials angenommen. Daher werden in den Simulationen sowohl die elastischen als auch die plastischen Eigenschaften für Cu-ETP berücksichtigt. Die Materialspezifikationen sind wie folgt festgelegt:

Eigenschaft	Wert	Einheit
Dichte	8300	kg m^{-3}
Elastizitätsmodul	127000	MPa
Querkontraktionszahl	0,34	-

Da in ANSYS die plastische Dehnung für die reale Spannung angeben wird, wird das Modell nach dem multilinearen Ansatz verwendet. Um das plastische Verhalten des Materials zu definieren, wird das multilineare isotrope Verfestigungsmodell mit den folgenden plastischen Eigenschaften angewendet:

Plastische Dehnung (mm x mm^{-1})	Spannung (MPa)
0	172,3
0,0178	193,8
0,0372	208,0
0,0563	221,5
0,0750	234,1
0,0933	245,1
0,1113	255,4
0,1290	264,5
0,1464	274,3
0,1635	282,8
0,1803	290,8
0,2131	305,5
0,2449	318,7
0,2604	324,7
0,2756	330,8
0,2907	336,3
0,3055	341,9
0,3201	347,2
0,3344	352,5
0,3487	357,6

Die Werte wurden aus experimentellen Daten für das Versuchsmaterial aufbereitet.

Geometrie

Für die Durchführung einer 2D-Simulation für die erste Stufe des Umfließens, das Vorstauchen, wird eine 2D-Geometrie konstruiert, wie in der folgenden Abbildung dargestellt:

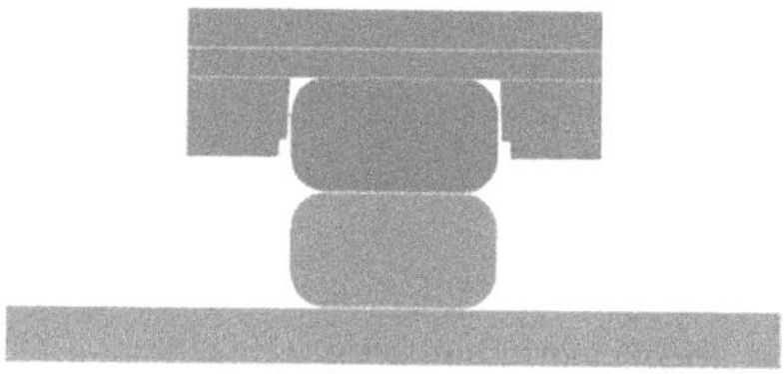

Die Baugruppe besteht aus einem Stempelprofil, zwei Drahtquerschnitten und einer flachen Auflage/ einem flachen Gegenhalter am Boden. Das Stempelprofil verfügt über identische Abmessungen, wie bei den experimentellen Versuchen untersucht/identifiziert.

Für die zweite Stufe des Umfließens, den Umfließvorgang, wird eine 2D-Geometrie der vorgestauchten Fügestelle, die aus dem Ergebnis der ersten Stufe gewonnen wurde, als Eingabe betrachtet. Zu diesem Zweck wird die verformte Geometrie als .stl-Datei exportiert, in ein neues 2D-Modell übertragen und wieder in ANSYS importiert. Zusätzlich wird das 2D-Modell um die Geometrie des Schleppstempels, gemäß der experimentellen Geometrieparameter, erweitert:

Die Baugruppe besteht aus dem Schleppstempelprofil und zwei vorgestauchten Drahtquerschnitten aus der ersten Stufe sowie einer flachen Auflage als Gegenlager.

Vernetzung

Für die durchgeführten Simulationen wurden zweidimensionale Elemente gewählt. Detaillierte Informationen zu den Vernetzungskonfigurationen für die erste Stufe des Umschließens sind in der folgenden Tabelle zu finden:

Parameter	Spezifikation
Elementname	PLANE182
Elementanordnung	Linear
Elementgröße	0,2 mm
Elementanzahl	~900
Knotenanzahl	~1102
Elementanzahl (mit nichtlinearer adaptiver Region)	~1763 (letzter Schritt der Neuvernetzung)
Knotenanzahl (mit nichtlinearer adaptiver Region)	~1494 (letzter Schritt der Neuvernetzung)

Das Mesh wird für kritische Bereiche verfeinert. So wird für Kanten der maximalen Deformation eine Elementbreite von 0,05 mm appliziert. Für den Drahtquerschnitt wird eine Elementgröße von 0,15 mm verwendet. Zusätzlich wird die nichtlineare Adaptivität für die Drähte im kritischen Bereich aktiviert. Diese Funktion von ANSYS vernetzt die ausgewählten Regionen bei verschiedenen Lastteilschritten während der Simulation des FE-Problems neu.

Detaillierte Informationen zu den Vernetzungskonfigurationen für die zweite Stufe des Umschließens sind in der folgenden Tabelle zu finden:

Parameter	Specification
Elementname	PLANE182
Elementanordnung	Linear
Elementgröße	0,15 mm
Elementanzahl	~770
Knotenanzahl	~965
Elementanzahl (mit nichtlinearer adaptiver Region)	~2335 (letzter Schritt der Neuvernetzung)
Knotenanzahl (mit nichtlinearer adaptiver Region)	~2118 (letzter Schritt der Neuvernetzung)

Das Mesh wird für kritische Bereiche verfeinert. So wird für Kanten der maximalen Deformation eine Elementbreite von 0,05 mm appliziert. Zusätzlich wird die nichtlineare Adaptivität für die Drähte im kritischen Bereich eingeschaltet.

Randbedingungen

In der ersten Phase des Umschließens, dem Vorstauchen, werden der Stempel und die untere flache Auflage als starre Strukturen betrachtet. Eine Verschiebung, die dem Hub des Stempels entspricht, wird auf die Stempelgeometrie angewendet, die dann die Drahtgeometrien verformt. Die flache Auflage wird fixiert. Die Kontakte zwischen dem Stempel und den Drähten, zwischen den Drähten untereinander und dem Draht und der unteren Auflage werden als Reibungskontakt mit einem statischen Reibungskoeffizienten definiert.

Für die zweite Stufe des Umschließens wird das Schleppstempelprofil als starre Struktur betrachtet, wobei die flache Struktur oben fest abgestützt wird. Die lineare Verschiebung wird auf das Schleppstempelprofil angewendet, wobei Verschiebungen angetragen werden, die den Werkzeughüben der experimentellen Untersuchungen entsprechen. Der Kontakt zwischen dem Schleppstempel und den vorgestauchten Drähten, zwischen den vorgestauchten Drähten selbst und zwischen dem Draht und der Auflage wird als Reibungskontakt mit einem statischen Reibungskoeffizienten definiert.

Die Reibungskoeffizienten wurden iterativ bestimmt. Dazu wurden die simulativen Verformungen mit den experimentellen Ergebnissen verglichen und die Abweichung stufenweise minimiert. Der Reibungskoeffizient zwischen den Kupferdrahtoberflächen wird mit 1,2 ermittelt. Für die weiteren Kontaktflächen wird der Reibungskoeffizient zu 0,6 angegeben.

Solver

Für die Konvergenz des Fügeproblems wurde ein iterativer Solver verwendet. Angewendet wurde der Sparse-Linear-Solver mit dem programmoptionalen Newton-Raphson-Verfahren.

Anhang 15: Sensitivitätsbetrachtung der Fehlausrichtung des Fügestempels im Durchsetzfügen mit Vorlochoperation – Simulationsergebnisse am 4 × 2 mm² Kupferflachdraht

Für die Simulationen wurden folgende Werkzeug- und Prozessparameter zugrunde gelegt:

CL_{SD} = 2,5 mm; VL_D = 2,5 mm; VL_T = 1,25 mm; CL_A = 3,5 mm

Lateralverschiebung in Z und Y

Die Bertachtung des Lateralversatzes des Stempels zum Vorloch erfolgte in Richtung der Drahtbreite (Y-Richtung) und in Längsrichtung (Z-Richtung)

	Lateralversatz in Z				
	0,1 mm	0,2 mm	0,3 mm	0,4 mm	0,5 mm
Mittlerer Hinterschnitt:	 0,07 mm	 0,02 mm	 0,00 mm	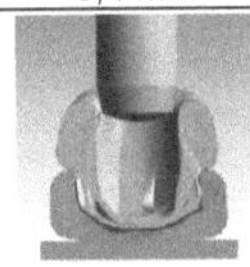 0,00 mm	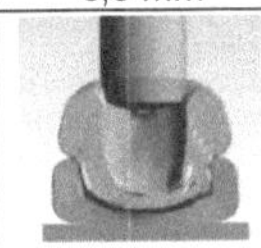 0,00 mm

Der zunehmende Versatz des Stempels in Z zeigt eine Abnahme des sich ausbildenden Hinterschnittes. Bei einem Versatz von 0,3 mm ist kein Hinterschnitt mehr zu erfassen. Die Verschiebung prägt sich in einer Streckung der Fügepartner aus.

	Lateralversatz in Y				
	0,1 mm	0,2 mm	0,3 mm	0,4 mm	0,5 mm
Mittlerer Hinterschnitt:	 0,02 mm	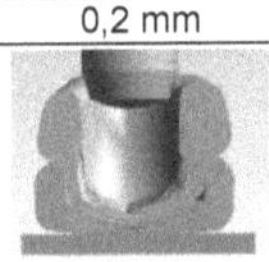 0,00 mm	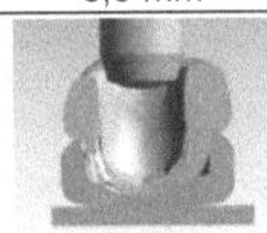 0,00 mm	 0,00 mm	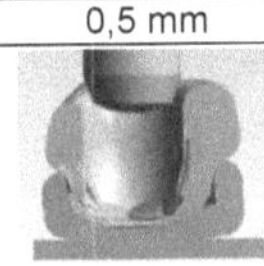 0,00 mm

Ein Versatz in Y-Richtung wirkt sich stärker auf den Verbindungsmechanismus aus. Bereits bei einem Versatz von 0,1 mm ist kein signifikanter Hinterschnitt mehr zu erfassen. Aufgrund der geringen Restwandstärke in der Drahtbreite wirkt sich bei einem fixierten matrizenseitigen Fügepartner der Lateralversatz direkt auf die Reduzierung des Hinterschnittes aus.

Im Realprozess ist das überaus sensitive Verhalten des Durchsetzfügens auf laterale Stempelversätze nicht in gleicher Ausprägung zu beobachten. Die Annahme, dass der matrizenseitige Draht zur Auflage nicht verschiebt, limitiert die induzierte Selbstausrichtung der Fügepartner, welche im Realprozess jedoch erkannt werden kann. Der Realprozess kompensiert Lateralversätze im Versuchsumfeld in einer Größenordnung von 0,2 bis 0,3 mm.

Winkelversatz

Der Fügestempel kann sowohl um die Z- oder Y-Achse verkippen. Im Folgenden werden die Simulationsergebnisse für das Verkippen um die Y-Achse vorgestellt.

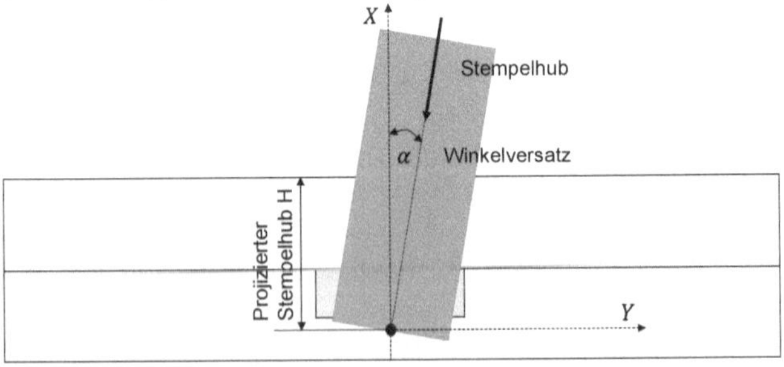

Es wird ein projizierter Stempelhub von 3,5 mm bei einem 4 × 2 mm² Draht angenommen. Das Zentrum des Stempels befindet sich in dieser Position zentrisch über dem Vorloch.

Winkelversatz α	Querschnitt	Längsschnitt
1,0°		
2.5°	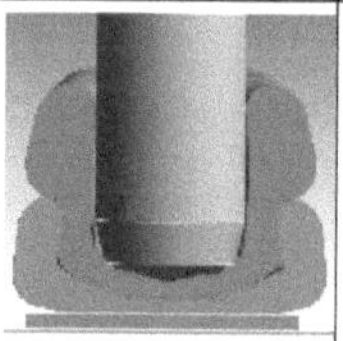	
5,0°		
10,0°		
12,5°	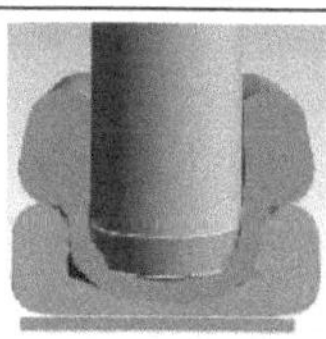	

In der Schnittebene quer zum Drahtquerschnitt lässt sich trotz Winkelversatz das Ausbilden einer formschlüssigen Verbindung prognostizieren. Der absolute, einseitige Hinterschnitt bildet sich mit 0,08 bis 0,14 mm geringer als bei der idealen Stempelanordnung aus. Ab einem Winkelversatz von 12,5° wird in der Querschnittsebene kein Formschluss ausgebildet.
In der Längsschnittebene ist der Einfluss des Winkelversatzes deutlich früher zu erkennen. Bereits bei einem Winkelversatz von 1,0° ist nur noch ein einseitiger Hinterschnitt kleiner 0,05 mm zu bestimmen. Ab 5,0° Winkelversatz kann kein Hinterschnitt mehr prognostiziert werden. Darüber hinaus reduziert sich die verbleibende Restwanddicke bei einem Winkelversatz ab ca. 10° zu kleiner 0,1 mm. Aufgrund der stark reduzierten inneren Festigkeit der Fügestelle weist dieses Szenario eine hohe Versagenswahrscheinlichkeit auf.
Die Winkelversätze um die Z-Achse weisen ein ähnliches Formgebungsverhalten auf, wobei kritische Grenzmaße bereits bei 5 bis 7° identifiziert werden. Aufgrund des Winkelversatzes in Richtung der Drahtbreite steht in diesem Szenario weniger Grundwerkstoff für die Ausformung der Fügestelle zur Verfügung.

Anhang 16: Sensitivitätsbetrachtung der Fehlausrichtung der Fügewerkzeuge im Umfließen – Simulationsergebnisse am 4 × 2 mm² Kupferflachdraht

Für die Simulationen wurden folgende Werkzeug- und Prozessparameter zugrunde gelegt:

Prozessstufe 1 – Vorstauchen:

VN_B = 4,0 mm; VN_T = 1,3 mm; α_{VN} = 93°; VN_X = 0,15 mm; VN_Y = 0,3 mm; VN_A = 2,2 mm

Prozessstufe 2 – Umfließen:

SN_{B1} = 3,0 mm; SN_T = 3,2 mm; α_{SN1} = α_{SN2} = 40°; SN_A = 3,6 mm

Lateralverschiebung in Y

Die Bertachtung des Lateralversatzes in Richtung der Drahtbreite (Y-Richtung) erfolgt in zwei Betrachtungsweisen:

1. Werkzeugversatz in Prozessstufe 2: Der Schleppstempel wird lateral versetzt. Die Fügepartner sind optimal ausgereichtet.
2. Werkzeug- und Fügepartnerversatz in Prozessstufe 2: Der Schleppstempel und der vorgestauchte Fügepartner (Stempelseite) wir im gleichen Maße lateral versetzt.

Die Fügestellen bilden sich wie folgt aus:

<table>
<tr><td>1</td><td colspan="6">Werkzeugversatz in Y (Verschiebung nach rechts)</td></tr>
<tr><td></td><td colspan="2">0,05 mm</td><td colspan="2">0,1 mm</td><td colspan="2">0,2 mm</td></tr>
<tr><td>Verformung</td><td colspan="2">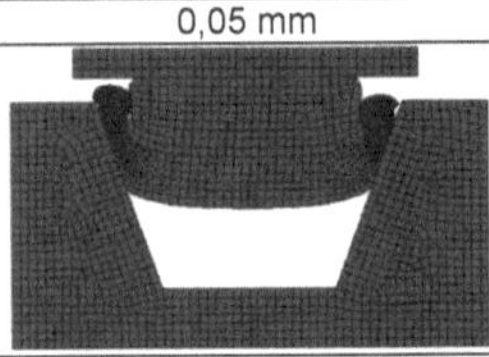</td><td colspan="2">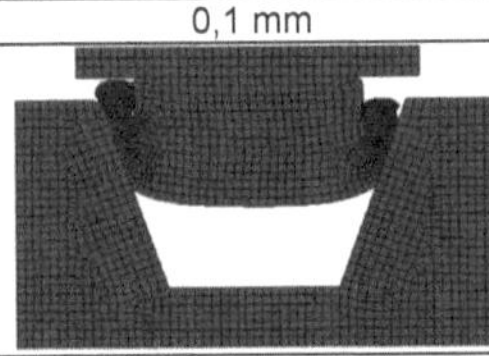</td><td colspan="2">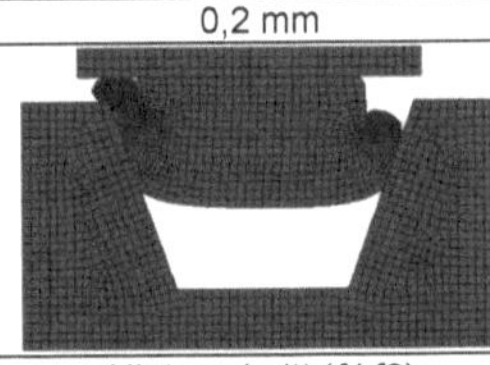</td></tr>
<tr><td rowspan="6">Maße</td><td colspan="2">Hinterschnitt (f1;f2)</td><td colspan="2">Hinterschnitt (f1;f2)</td><td colspan="2">Hinterschnitt (f1;f2)</td></tr>
<tr><td>L: 0,1 mm</td><td>R: 0,09 mm</td><td>L: 0,1 mm</td><td>R: 0,08 mm</td><td>L: 0,1 mm</td><td>R: 0,04 mm</td></tr>
<tr><td colspan="2">Halsdicke (HD1,HD2)</td><td colspan="2">Halsdicke (HD1,HD2)</td><td colspan="2">Halsdicke (HD1,HD2)</td></tr>
<tr><td>L: 0,35 mm</td><td>R: 0,42 mm</td><td>L: 0,33 mm</td><td>R: 0,46 mm</td><td>L: 0,27 mm</td><td>R: 0,53 mm</td></tr>
<tr><td colspan="2">Höhe „Flügel“</td><td colspan="2">Höhe „Flügel“</td><td colspan="2">Höhe „Flügel“</td></tr>
<tr><td>L: 2,11 mm</td><td>R: 1,9 mm</td><td>L: 2,17 mm</td><td>R: 1,82 mm</td><td>L: 2,2 mm</td><td>R: 1,63 mm</td></tr>
</table>

L: Linke Seite | R: Rechte Seite

<table>
<tr><td>2</td><td colspan="6">Werkzeug- und Fügepartnerversatz in Y (Verschiebung nach rechts)</td></tr>
<tr><td></td><td colspan="2">0,05 mm</td><td colspan="2">0,1 mm</td><td colspan="2">0,2 mm</td></tr>
<tr><td>Verformung</td><td colspan="2">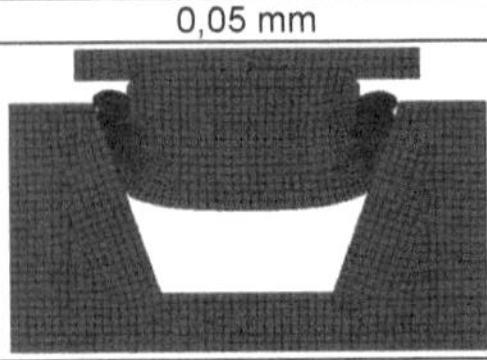</td><td colspan="2">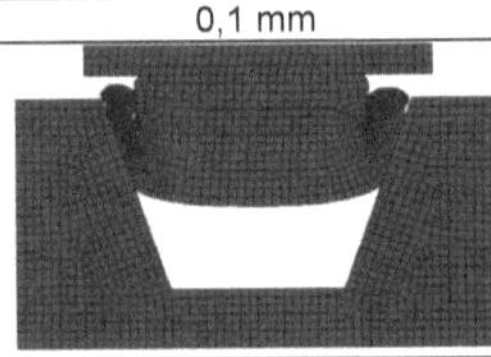</td><td colspan="2">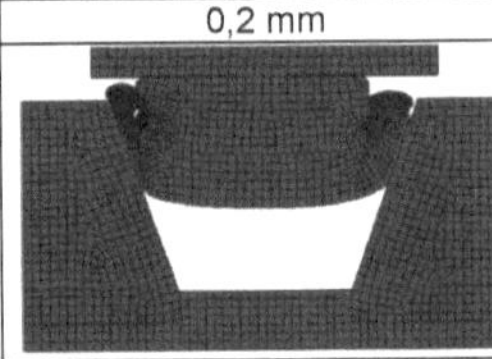</td></tr>
<tr><td rowspan="6">Maße</td><td colspan="2">Hinterschnitt (f1;f2)</td><td colspan="2">Hinterschnitt (f1;f2)</td><td colspan="2">Hinterschnitt (f1;f2)</td></tr>
<tr><td>L: 0,1 mm</td><td>R: 0,09 mm</td><td>L: 0,1 mm</td><td>R: 0,09 mm</td><td>L: 0,1 mm</td><td>R: 0,07 mm</td></tr>
<tr><td colspan="2">Halsdicke (HD1,HD2)</td><td colspan="2">Halsdicke (HD1,HD2)</td><td colspan="2">Halsdicke (HD1,HD2)</td></tr>
<tr><td>L: 0,34 mm</td><td>R: 0,4 mm</td><td>L: 0,32 mm</td><td>R: 0,45 mm</td><td>L: 0,27 mm</td><td>R: 0,53 mm</td></tr>
<tr><td colspan="2">Höhe „Flügel“</td><td colspan="2">Höhe „Flügel“</td><td colspan="2">Höhe „Flügel“</td></tr>
<tr><td>L: 2,04 mm</td><td>R: 1,98 mm</td><td>L: 2,06 mm</td><td>R: 1,98 mm</td><td>L: 2,11 mm</td><td>R: 1,94 mm</td></tr>
</table>

L: Linke Seite | R: Rechte Seite

Mit zunehmendem Versatz des Stempels in Y-Richtung bildet sich eine zunehmende Asymmetrie der Fügestelle aus. Aufgrund des asymmetrischen Umscherspaltes zwischen Schleppstempel und innerem Fügepartner wird das Material in Richtung der Verschiebung weniger stark um den inneren Fügepartner umflossen. Es bildet sich ein reduzierter Hinterschnitt bei vergrößerter Halsdicke auf dieser Fügestellenseite aus. Auf der anderen Fügestellenseite wird das Material entsprechend der Volumenkonstanz weiter um den innenliegenden Fügepartner umflossen. Die Höhe des umscherenden Materials (Höhe des Flügels) steigt an. Ab einer lateralen Verschiebung von 0,2 mm kann ein den Fügemechanismus signifikant schwächender Einfluss erkannt werden. Wächst die Lateralverschiebung so weit an, dass die Schleppstempelkante deckungsgleich mit der Außenkante des innenliegenden Fügepartners abschließt, besteht die Gefahr des einseitigen Abscherens des zu umfließenden Leitermaterials. Die Fügeverbindung wird keine Festigkeit ausbilden.

Versetzen der Schleppstempel und der stempelseitige Fügepartner um das gleiche Maß, werden ähnliche Effekte wie bei der reinen Verschiebung des Schleppstempels beobachtet, jedoch in weniger starker Ausprägung.

Winkelversatz

Bei der Betrachtung des Wickelversatzes wird eine Verdrehung des Werkezeuges um den Wurzelpunkt der Schleppnut angenommen. Der Stempelhub erfolgt in Richtung der Fügestellensymmetrieachse und wird ab dem ersten Kontaktpunkt zwischen Werkzeug und Fügestellenoberfläche gemessen.

<table>
<tr><td></td><td colspan="6">Werkzeugwinkelversatz</td></tr>
<tr><td></td><td colspan="2">1,0°</td><td colspan="2">2,5°</td><td colspan="2">5,0°</td></tr>
<tr><td>Verformung</td><td colspan="2"></td><td colspan="2">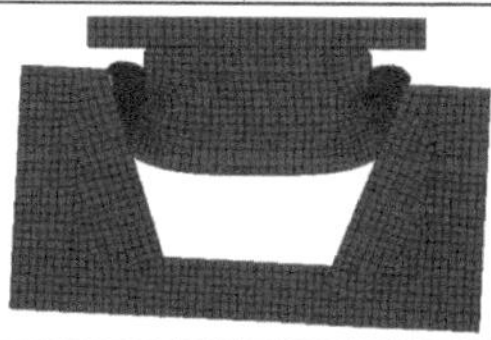</td><td colspan="2">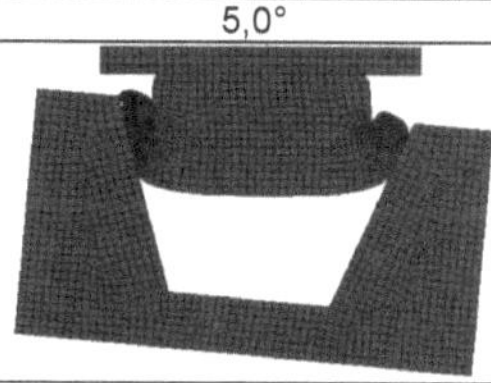</td></tr>
<tr><td rowspan="6">Maße</td><td colspan="2">Hinterschnitt (f1;f2)</td><td colspan="2">Hinterschnitt (f1;f2)</td><td colspan="2">Hinterschnitt (f1;f2)</td></tr>
<tr><td>L: 0,1 mm</td><td>R: 0,09 mm</td><td>L: 0,1 mm</td><td>R: 0,07 mm</td><td>L: 0,1 mm</td><td>R: 0,0 mm</td></tr>
<tr><td colspan="2">Halsdicke (HD1,HD2)</td><td colspan="2">Halsdicke (HD1,HD2)</td><td colspan="2">Halsdicke (HD1,HD2)</td></tr>
<tr><td>L: 0,4 mm</td><td>R: 0,4 mm</td><td>L: 0,4 mm</td><td>R: 0,43 mm</td><td>L: 0, 41mm</td><td>R: 0,62 mm</td></tr>
<tr><td colspan="2">Höhe „Flügel“</td><td colspan="2">Höhe „Flügel“</td><td colspan="2">Höhe „Flügel“</td></tr>
<tr><td>L: 1,97 mm</td><td>R: 1,96 mm</td><td>L: 1,96 mm</td><td>R: 1,91 mm</td><td>L: 1,91 mm</td><td>R: 1,54 mm</td></tr>
</table>

L: Linke Seite | R: Rechte Seite

Die Rotation der Schleppnutgeometrie führt effektiv zu einer Veränderung des Schleppnutwinkels α_{SN1}, welcher sich entsprechend der Fügestellenseiten unterschiedlich ausprägt. Auf der einen Seite wird der Schleppwinkel steiler, auf der anderen Seite flacher. Bei einem Winkelversatz von 5° reicht der einseitige Schleppwinkel in Kombination mit dem Werkzeughub nicht mehr aus, um einen Hinterschnitt auf der sich öffnenden Fügestellenseite (hier rechts) auszubilden.

Anhang 17: Exemplarische Kostenstruktur einer Hairpin-Statorproduktion für ein Produktionsszenario von 100.000 Einheiten pro Jahr am Beispiel des PEM-Referenzstators

Das parametrisierbare Kostenmodell berechnet entsprechend der hinterlegten Produktionsrahmenbedingungen die jährlichen Produktionskosten einer Hairpin-Statorproduktion. Die Rahmenbedingungen der Produktion werden dazu in einer Eingabemaske festgelegt. Es werden Personal-, Material-, Maschinen- und Werkzeugkosten betrachtet. Diese Kostenarten werden im Modell separat voneinander, aber für jeden Prozessschritt einzeln, berechnet. Das Modell wurde in dem Tabellenkalkulationsprogramm Microsoft Excel umgesetzt. Dabei ist ein bestimmter Farbcode zu beachten. In dunkelgrau hinterlegte Zellen sind vor der Nutzung des Modells Zahlenwerte einzutragen.

Im Folgenden sind die Eingabe- und Annahmedaten für ein explizites Beispielszenario dokumentiert. Das Szenario berücksichtigt ein ideales Qualitätsniveau von 100 %.

Folgende Eingabedaten wurden für das explizite Produktionsszenario angenommen:

Produktionsplanung	Kennzahl	Einheit
Geplante Ausbringung/Jahr	100.000	Stück
Qualität des Gesamtprozesses	100	%
Werktage/Jahr	250	Tage
Schichten/Tag	3	Schichten/Tag
Stunden/Schicht	8	h/Schicht
Nebenzeiten/Schicht	5	%
Nettoarbeitszeit/Schicht	7,6	h/Schicht
Nettoarbeitszeit/Jahr	5.700	h
Erforderliche Taktzeit	205,2	sek

[Datenquelle: Durch Recherche gewonnene Daten]

Produktionsdaten		
Lohnkostenniveau	Hochlohnland	
	mitt. jährl. Lohnkosten je Qualifikation	
Schichtleiter/in	40.734	€
Instandhalter/in	36.574	€
Qualitätsprüfer/in	38.738	€
Logistiker/in	29.704	€
Schweißtechniker/in	33.939	€
Linienmitarbeiter/in	35.210	€
Lohnnebenkosten	30	%
Personalüberhang	20	%
mittl. jährl. Mietkostensatz	65,50	€/m²
mittl. Mietkostenzuschlag	10	%
Stromkostensatz	0,17	€/kWh
Abschreibungszeitraum	10	Jahre
Zinssatz	2,621	%
Instandhaltungskostensatz	8	%

[Datenquelle: Durch Recherche gewonnene Daten]

Produktcharakteristika (PEM Referenzstator)		Kennzahl	Einheit
Stator	Nutanzahl	48	#
	Leiter/Nut	6	#
	Aktive Länge	100	mm
	Außendurchmesser	215	mm
	Innendurchmesser	150	mm
	Nutumfang	40,64	mm
Nutgrundpapier	Überstand	3	mm
	Dicke	0,18	mm
Kupferdraht	Breite	4	mm
	Dicke	2	mm
	Wickelkopfhöhe	25	mm
	Lackdicke	0,08	mm
Isolation	Schichtdicke	0,4	mm
Imprägnierung	Schichtdicke	0,1	mm

[Datenquelle: PEM-Referenzstator – eigenes Design]

Materialien		Preis		Dichte	
Material	Lackisolierung	2,5	€/kg	1,34	kg/dm³
	Kupfer	8,0	€/kg	8,93	kg/dm³
	Isolationspapier	80,0	€/kg	0,95	kg/dm³
	Isolationspulver	15,0	€/kg	1,02	kg/dm³
	Imprägnierharz	15,0	€/kg	1,2	kg/dm³
Zukaufteile	Blechpaket	10,0	€/kg	7,7	kg/dm³
	Kontaktring	15,0	€/Einheit		

[Datenquelle: Durch Recherche gewonnene Daten]

Darüber hinaus wurden folgende Grunddaten erfasst:

Maschinendaten je Prozessschritt	Hauptzeit in kleinster Einheit [sek]	Nebenzeit pro Stator [sek]	Anzahl benötigter Anlagen	Anschaffungswert einer Maschine [€]	Leistung einer Maschine [kW]	Abmessung einer Maschine [m2]	Kosten Werkzeugsatz [€]	Lebensdauer Wkz. [Statoren]
Draht vorbereiten (PS1,3,4)	2,3	0	2	762.570	21,84	15	0	-
Draht abisolieren (PS2)	2,3	0	2	200.000	14,56	5	520	694
Nut isolieren (PS5)	1,5	7	1	250.000	15	6	0	-
Vormontieren (PS6)	70	0	1	416.200	13,7	28,5	0	-
Fügen (PS7)	50	10	1	416.200	13,7	9,5	0	
Freistellen (PS8)	60	45	2	250.533	15,5	6	0	-
Schränken (PS9)	30	15	1	584.577	15,5	6	0	-
Ablängen (PS10)	30	35	1	350.000	15	15	300	2000
Kontaktieren (PS11)	0,45	8	1	1.166.670	50,5	15	100	2800
Verschalten (PS12)	120	90	2	1.514.955	40	48	0	-
Isolieren (PS13)	160	10	1	783.333	121,07	39,33	0	-
Imprägnieren (PS14)	160	10	1	1.566.667	242,13	78,67	0	-
Stator testen (PS15)	85	18	1	424.800	27,9	7	0	-

[Datenquelle: Experteninterviews und Realdaten]

Personalbedarf	Personenanzahl
Schichtleiter/in	1 (gleichverteilt)
Instandhalter/in	2 (gleichverteilt)
Qualitätsprüfer/in	1 (gleichverteilt)
Logistiker/in	2 (gleichverteilt)
Schweißtechniker/in	1 (PS11,12)
Mitarbeiter/in	3 (ungleichverteilt)

[Datenquelle: Experteninterviews und Realdaten]

Anpassungsfaktoren für unterschiedliche Stückzahlszenarien

Stückzahl (<=)	1.000	10.000	50.000	150.000	300.000	500.000
Anschaffungswert einer Maschine	0,5	0,6	0,8	1	1,2	1,4
Leistung einer Maschine [kW]	0,6	0,7	0,85	1	1,15	1,3
Abmessung einer Maschine [m^2]	0,7	0,8	0,9	1	1,1	1,2
Hauptzeit in kleinster Einheit [sek]	1,5	1,1	1,05	1	0,95	0,9
Nebenzeit pro Stator [sek]	2	1,2	1,1	1	0,9	0,8

Stückzahl (<=)	1.000	25.000	100.000	300.000	500.000
Schichtleiter/in	0	1	1	1	1
Instandhalter/in	0	0,5	1	1	1
Logistiker/in	0	0,5	1	1	1
Qualitätsprüfer/in	1	1	1	1	2
Schweißtechniker/in	1	1	1	2	2
Mitarbeiter/in	0	0,75	1	1,25	1,5

Das Kostenresultat für das betrachtete Szenario ergibt sich wie folgt:

Resultat	pro Jahr	pro Stator
Personalkosten	1.462.643,52 €	14,63 €
Maschinenkosten	3.745.739,39 €	37,46 €
Werkzeugkosten	112.040,00 €	1,12 €
Materialkosten	17.241.969,43 €	172,42 €
Gesamtkosten	22.562.392,35 €	225,62 €

In der Reihe **Ergebnisse aus der Elektromobilproduktion** zuletzt erschienen:

Stäck, Christian:

Anfangsfestes Fügen von flachleiterbasierten Formspulen zur optimierten Schweißvorbereitung in der Hairpin-Technologie

ISBN 978-3-98555-193-4

Erscheinungsdatum: 15.01.2024

Kehrer, Mario:

Methodik zur Gestaltung des Wiederanlaufs der Lithium-Ionen-Batteriezellproduktion

ISBN 978-3-98555-192-7

Erscheinungsdatum: 18.12.2023

Kraus, Andreas:

Anwendungsorientierte Methodik zur frühzeitigen Integration datenbasierter Ansätze in die Anlaufphase disruptiver Produkte

ISBN 978-3-98555-179-8

Erscheinungsdatum: 13.11.2023

Treichel, Patrick-Emanuel:

Hybride Prototypen im Anforderungsmanagement disruptiver Produktionstechnik der Elektromotorenproduktion

ISBN 978-3-98555-166-8

Erscheinungsdatum: 28.08.2023

Edition Wissenschaft
Apprimus

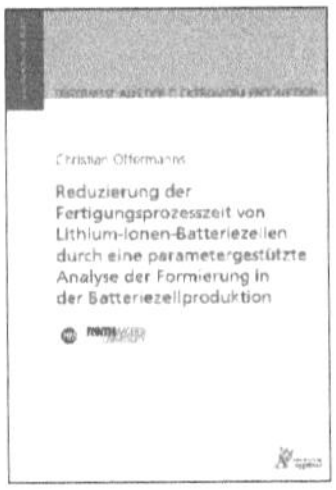

Offermanns, Christian:
Reduzierung der Fertigungsprozesszeit von Lithium-Ionen-Batteriezellen durch eine parametergestützte Analyse der Formierung in der Batteriezellproduktion
ISBN 978-3-98555-156-9
Erscheinungsdatum: 17.04.2023

Bührer, Ulrich Tobias:
Methodik zur proaktiven Integration von Data Analytics in die Serienfertigung
ISBN 978-3-98555-104-0
Erscheinungsdatum: 25.08.2022

Kawollek, Sebastian:
Systematische Gestaltung additiv gefertigter Vorrichtungen für die Automobilmontage
ISBN 978-3-98555-101-9
Erscheinungsdatum: 22.08.2022

Hehl, Fabian:
Resiliente Baukastengestaltung durch Risikomanagement in der Automobilindustrie
ISBN 978-3-98555-085-2
Erscheinungsdatum: 23.06.2022

Edition Wissenschaft
Apprimus

MIX
Papier | Fördert gute Waldnutzung
FSC® C083411

Zeitfracht Medien GmbH
Ferdinand-Jühlke-Straße 7
99095 Erfurt, Deutschland
produktsicherheit@kolibri360.de